普通高等院校计算机基础教育“十四五”系列教材

计算机应用基础

黄 娟 胡浩民 黄 容◎主编

中国铁道出版社有限公司
CHINA RAILWAY PUBLISHING HOUSE CO., LTD.

内 容 简 介

本书根据大学计算机基础课程教学要求编写，以应用性、实践性为重点，以数字化思维、创新思维和创新能力培养作为课程教学的基本目标，力图充分体现现代工程教育的特点。

全书包括理论篇和实践篇。理论篇由绪论、计算机基础知识、计算机网络基础、多媒体技术基础、应用创新与新技术和数据库技术基础组成。实践篇由 Windows 的基本操作、Visio 的基本操作、Excel 相关分析和回归分析在信息安全中的应用、计算机图像处理、图像识别与分类、Animate 的基本操作、网页编辑和布局、数据库的基本操作八个实验组成。

本书适合作为高等院校计算机基础课程的教材，也可作为计算机等级考试的自学用书。

图书在版编目（CIP）数据

计算机应用基础/黄娟，胡浩民，黄容主编. —北京：中国铁道出版社有限公司，2023. 8（2024.8 重印）
普通高等院校计算机基础教育“十四五”系列教材
ISBN 978-7-113-30409-6

Ⅰ. ①计… Ⅱ. ①黄…②胡…③黄… Ⅲ. ①电子计算机-高等学校-教材 Ⅳ. ①TP3

中国国家版本馆 CIP 数据核字（2023）第 138750 号

书　　名：计算机应用基础
作　　者：黄　娟　胡浩民　黄　容

策　　划：曹莉群　　编辑部电话：（010）51873202
责任编辑：张　彤　许　璐
封面设计：刘　颖
责任校对：刘　畅
责任印制：樊启鹏

出版发行：中国铁道出版社有限公司（100054，北京市西城区右安门西街 8 号）
网　　址：https://www.tdpress.com/51eds/
印　　刷：河北宝昌佳彩印刷有限公司
版　　次：2023 年 8 月第 1 版　　2024 年 8 月第 2 次印刷
开　　本：787 mm×1 092 mm 1/16　印张：16　字数：407 千
书　　号：ISBN 978-7-113-30409-6
定　　价：45.00 元

前　言

党的二十大报告指出："教育是国之大计，党之大计。培养什么人、怎样培养人、为谁培养人是教育的根本问题。"本书在编写时，注意全面贯彻党的教育方针，落实立德树人根本任务。同时注意到，随着信息技术的普及，"计算机应用基础"课程一直是各高等院校新生入学后的第一门计算机基础课程。社会数字化的快速发展不仅要求大学生具备运用信息资源的能力，还要求大学生具备运用计算机科学的基础概念来解决专业问题的能力。这使现行的"计算机应用基础"课程在教学内容的选取，知识结构的设置，教学的组织、方法、实验方式上都要做较大的改革，以加强学生的计算思维能力，从而满足社会发展对人才培养的要求。

本书根据大学计算机基础课程教学要求和大学生的特点，以人才培养的应用性、实践性为重点，调整学生的知识结构和能力要求；反映本学科领域的最新科技成果；系统深入地论述计算机科学与技术的基本概念，深入浅出地阐释计算机科学与技术领域的基本原理和基本方法，让学生学会计算机的基本操作，掌握计算机的基本原理、知识、方法和解决实际问题的技能，具备较强的信息系统安全与社会责任意识，为后续课程的学习打下必要的基础。

本书由理论篇和实践篇组成。理论篇包括绪论、计算机基础知识、计算机网络基础、多媒体技术基础、应用创新与技术和数据库技术基础；实践篇精心设计了八个实验，包含 Windows 操作系统、Excel、Visio、Photoshop、Animate、Dreamweaver、MySQL 等软件的应用。每个实验分为四部分：实验目的、实验环境、实验范例和实验内容。每个实验可以让学生明白本实验的实验目的和要求，学生根据实验范例提供的步骤完成范例，学有余力的同学可以自己动手完成实验内容，并总结完成实验报告。

通过本书的学习，不仅能提高学生数字化思维意识，还能提高学生的计算机应用能力，调动学生学习计算机技术的积极性，培养学生的创新实践能力。

本书由黄娟、胡浩民、黄容主编，由黄娟、黄容统稿定稿。为本书编写提供帮助的老师有王海玲、刘惠彬、张晓梅、赵毅、陈强、李睿、王泽杰、胡建鹏等，在此一并表示感谢。

由于计算机技术发展迅速，加之编者水平有限，书中难免有疏漏与不妥之处，敬请专家、教师及读者多提宝贵意见。

编　者

2023年4月

目 录

理论篇

实　践　篇

理　论　篇

第0章 绪论

信息技术发展非常快，普通高校计算机教学改革任务紧迫，但有限的课时，不是减少教学内容的理由，反而是梳理线条、明确目标、改进教材与教学的契机。本教材指导思想是：引导学生建立计算思维、数据思维、数字化工程师思维。有了主线，学习者沿着主线查漏补缺，为专业学习、未来工作打下扎实的信息技术基础。

计算机应用基础作为高校学生学习的第一门课程，肩负着使学生学会使用计算机、理解计算机系统、初步形成计算思维等重任，因而受到了各大高校的普通重视。

计算机作为现代信息社会的必备工具，其应用已遍及国民经济与社会生活的各个方面，在诸多领域发挥着十分重要的作用,这也使得使用计算机成为21世纪每个人都应掌握的基本技能之一。因此，国内外许多高校将计算机入门课程设置为各专业学生均需学习的一门基础课程。但是，计算机领域具有知识点多、涉及面广、应用性强、发展迅速等特点，这些特点也为此类课程的实施带来了问题。例如，如何合理设置课程目标，如何对内容进行取舍，如何有效培养学生的计算机应用能力，如何科学评价学生的学习情况等。这些问题是目前国内很多高校面临的共同问题，也是对计算机基础课程进行改革时需着重关注的问题。

课程的目标是基本一致的，即让学生会用计算机，更具体地说，是使零基础的学生学会用编程的方法解决实际问题。在此过程中，学生需要理解计算机的工作原理、基本思想、相关技术等，从而初步建立计算思维、形成信息素养。另外，也应看到，计算机基础课程的建设是一个长期的、多样化的、动态变化的过程，他校的有效经验并不一定适合本校。因此，在具体学习过程中，还应结合学生实际情况，经过不断探索，才能制定出适合本校的、本人的计算思维及其数据思维的学习计划。

数字化技术的快速发展正在改变传统制造业的发展基础和经营方式，中国相关产业在转型和结构调整过程中面临着巨大挑战，同时对产业急需的数字化转型中的工程师能力提出了全新要求。工程技术大学要培养未来的工程师，需要加强学生的计算机基础能力，强化学生的数字化工程师意识。

有学者把实验验证称为科学研究第一范式，理论推导称为第二范式；计算模拟称为第三范式（对应本章计算思维1.0）；数据思维与数据赋能称为第四范式（计算思维2.0）。

根据工程技术类大学学科建设、新工科建设的需求，本章内容包括计算思维、数据思维、数字化工程师意识等，旨在引导学生树立计算思维、数据思维理念。由于本课程是一门基础课程，所以本书的重点仍然是计算机的基础，对于计算思维、数据思维的内容这里只是引导，并没有给出更详细的内容。本课程受课时所限，无法包罗万象，但是新技术、新学科、新工科、新形势又迫使我们不得不增加一些引导。相关参考文献已经在章后面列出,读者可查阅。

0.1 计算思维

自计算思维于 2006 年在 ACM（Association for Computing Machinery，国际计算机学会）会议上提出以来，其概念已经逐步渗透到大学的专业和非专业教学内容，并进一步延伸到中学和小学，成为新时代公民教育中像语文、算术那样必不可少的基本素质。

随着大数据、人工智能等领域的兴起，计算思维的深刻内涵被进一步挖掘。到了 2020 年，人们对于计算思维的认识，无论从概念内容上，还是从应用实践上，都已经有了新的飞跃。

0.1.1 计算思维的概念

什么是计算思维？这是计算思维最基本的问题，对于它的研究也一直没有停止。2006 年，周以真在介绍计算思维时，表述为“计算思维是运用计算机科学的基础概念进行问题求解、系统设计以及人类行为理解等涵盖计算机科学之广度的一系列思维活动”。请思考以下问题：

- “计算机”的思维：计算机是如何工作的？计算机的功能是如何越来越强大的？
- 利用计算机的思维：现实世界的各种事物如何利用计算机来进行控制和处理？

计算思维（computational thinking）是运用计算机科学的基础概念去求解问题、设计系统和理解人类行为，其本质是抽象和自动化。计算思维反映了计算的根本问题，即什么能被有效自动进行。计算是抽象的自动执行，自动化需要某种计算机去解释抽象。从操作层面上讲，计算就是如何寻找一台计算机去求解问题，隐含地说就是要确定合适的抽象，选择合适的计算机去解释、执行该抽象，后者就是自动化。

计算思维的学习，不仅仅是会不会使用计算机的问题，而是会不会利用计算思维来解决身边的或社会、自然的问题。

现代计算是所有科学的研究范式之一，区别于理论和实验，所有的学科都面临算法化的“巨大挑战”，所有涉及自然和社会现象的研究都需要使用计算模型做出新发现和推进学科发展。各种各样的计算模拟技术为研究生命体的发育、成长、竞争、进化等提供了崭新的视角和丰富的成果。1975 年，诺贝尔生理学或医学奖得主戴维·巴尔的摩认为生物学是信息科学。事实上，计算思维正在改变着所有学科的面貌，这种改变的源头不是从计算机科学输入的，而是学科自身的发展从内部产生的，计算机科学只是跟随这些学科的发展而发展，并为其他的学科发展提供新的算法设计理论和计算应用武器。因此从起源来讲，计算思维不是唯一来自计算机科学的，而是来自所有学科的。尽管前期的计算思维已经萌芽和发育，但是直到 2006 年，周以真在《ACM 通讯》杂志上发表了题为《计算思维》的文章，计算思维才正式作为一种研究对象受到人们的重视，进入学科殿堂。联合国教科文组织在 2019 年发布的《人工智能教育报告》中写到：虽然计算思维明显属于计算机科学领域，但它是一种在其他学科中普遍应用的能力。2018 年出版的阐述中国计算机教育发展与改革的《计算机教育与可持续竞争力》（简称“蓝皮书”）写到：计算思维是以信息和信息运动为认知对象和操作对象的思想及方法论，因此是涵盖所有学科的第三种思维范式。

各种各样的计算思维定义：

（1）“计算思维能力是抽象思维能力和逻辑思维能力，算法设计与分析能力，程序设计与实现能力，计算机系统的认知、分析、设计和应用能力”。

（2）“计算思维并不是仅仅为计算机编程，而是在多个层次上抽象的思维，是一种以有序编码、机械执行和有效可行方式解决问题的模式。”

（3）“计算思维是一个思想过程，涉及描述问题使得它们的解决能够通过计算步骤和算法，被信息处理装置有效实现，计算模型是核心概念。”

美国国际计算机教师协会（ISTE）将计算思维定义为具有以下特征的问题解决过程：以一种能够使用计算机和其他工具制订解决问题的方案，合理组织和分析数据，通过模型和模拟等抽象手段表示数据，通过算法思维（一系列有序步骤）实现解决方案的自动化，分析和评价解决方案以实现最有效的过程和资源组合，将问题解决方案和过程迁移到其他类型的问题。

《计算机教育与可持续竞争力》一书中提出：“计算思维是以信息的获取和有效计算，进行算法求解、系统构建、自然与人类行为理解为主要特征，实现认知世界和解决问题的思想与方法。”

欧洲信息联盟主席尤金尼奥·纳德利（Eugenio·Nardelli）在 2019 年的《ACM 通讯》杂志上发文提出：计算思维是涉及建立计算模型，并且使用计算设备可以有效操作以达到某种目标的思维过程，如果没有计算模型和有效计算，就仅仅是数学。

近年来，随着对于计算思维理论的深入研究，以及实践应用的经验增长，关于计算思维的本质内涵也有了越来越深刻的认识，上面举出的对于计算思维定义的演进过程也说明了这一点。计算思维不仅仅是计算机科学家解决问题的思想方法，也是所有科学家在使用计算时所具有的思维模式，它的关键是计算模型，而在物理学、生物学等不同的学科里，计算模型具有不同的形式和性质。计算思维是覆盖所有学科的思维模式，并且在不同学科中有不同的表现和内容。计算思维不是从计算机科学输入到其他科学的，而是在每一个学科里，都蕴含着丰富的计算思维内容，我们的任务是把它开发出来。

0.1.2 计算思维 1.0 到 2.0

20 世纪 50 年代开始，逐步形成了关于计算思维的概念，到 20 世纪 70 年代，高德纳·克努特（Donald E. Knuth）和艾兹格·迪科斯特（Edsger W. Dijkstra）对于计算思维有了清晰刻画，1980 年西蒙·派珀特（Seymour Papert）在书中出现了计算思维这个词。从 20 世纪 80 年代开始，人们逐步认识了计算和模拟是科学研究的第三种方法。2006 年，周以真提出了关于计算思维的新理解（计算思维是像语言、计算那样的人类生活基本技巧），推进了社会对于计算思维的重视和普及，一些国家将计算思维的教育列入教育体系，计算思维成为公民教育的基本内容，很多学科也在积极推进本学科的计算化和信息化，促进了学科的变革，这一时期可以称为计算思维 1.0 时代。

近年来，由于信息技术的快速发展，人类社会由传统的物理世界和人类世界组成的二元空间，进入了物理世界、人类世界和信息世界的三元空间，并且正在向物理世界、人类世界、信息世界和智能体世界的四元空间变化。大数据和人工智能等新领域迈入了科学和社会舞台的中心，促进了 AI 赋能的新时代发展。针对大范围和大数量的信息分析，以及各种人工智能体的研究、设计和应用，产生了许多新的计算模型、算法形式和计算技术，这些进展推动了计算思维更加系统和深刻的认知，进入了新的发展时期，称为计算思维 2.0 时代。

人工智能已成为当今社会发展的重要引擎之一，对于它的研究和应用也为计算思维增添了新的内容。例如，传统的算法设计是对于一类问题，有一个统一的计算步骤，使得面对该类中任何具体问题，调整若干参数就可以执行相应的计算，这是从一般到具体的求解问题思路（即所谓具化）。但是在人工智能中，我们面临着另一类算法，它是从具体的问题出发，通过原则上称为归纳的方法，设计一种算法，可以对于这些具体问题所在的一大类问题给出计算结果（即所谓泛化），这是与传统算法完全不一样的设计思想，是从具体到一般的求解问题的思路。对于前者的算法，它的设计、评价和分析都具备了较为成熟的理论，包括并行算法和近似算法。但是对于后者的算法，现在的认识还不是很深入，许多问题有待进一步解决。由于这类算法是从具体到一般，从抽样到整体，因此数学意义上的精确性基本是不存在的，我们必须容许某种不精确性和不确定性，对于这类算法的设计原则，评价标准和性能比较都需要有新的思路。这种在人工智能中大量存在的算法模式丰富了对于算法的认知，自然也丰富了计算思维的内容。

0.2　数据思维（计算思维 2.0）

0.2.1　数据思维和数据赋能

长期以来，人们一直是以物质（能量）和物质的运动来看待世界和解释世界的，信息只是贴附于物质的一种表现。随着现代科技的进步，逐渐认识到信息本身就是世界，或者说是世界的一种表现，信息与物质一起构成了人类认知世界的二维理论，世界是物质的，也是信息的。

从这个观点来重新解释和定义我们周边的事物，成为信息时代创新的不竭源头。例如，在制造业，传统的看法认为制造过程是典型的物质流，各种材料经过有序的加工环节成为产品，是以物质流为中心组织生产，物质流带动信息流。而数字制造却是对于制造过程进行数字化描述，从而在建立的数字空间中完成产品生产，是以信息流为中心组织生产，信息流带动物质流。这种观点的变化，引起了制造业颠覆性的革命，形成了全新一代的数字制造技术——智能制造。

我们可以用不同的角度来看待和解释这个世界，并且在此基础上设计和定义各种结构、流程和目标（社会系统或者自然系统）。如果采用信息、信息流和计算的观点，就可以把所有的自然过程和经济社会过程看作是信息运动，在这个观点下，计算和算法成为信息处理的主要手段，万事皆可算，万物皆可算。这在传统的观念中开创了新的洞天。不仅前面说过的制造过程是信息流的运动，零售业也是信息流的运动，消费品的需求信息带动的商品流，导致了数字物流和电子商务。出租汽车也是信息流的运动，快捷出行的需求信息带动的交通流，导致了网约出租和智能汽车。甚至社会组织和结构也可以从信息流的角度来重新规划和定义，电子政务、数字媒体、智慧城市、网络安全等，都是在信息观和算法观下对于自然、社会乃至人类自身的重新认识。

正是由于这种以物质为本到以信息为本的观念转变，整个社会、经济、科学、文化都呈现了前所未有的变革，颠覆传统模式和习惯的创新层出不穷，比比皆是。由此产生了新产品、新业态、新结构和新模式。这种涉及人类社会各个领域的跨越，没有思维层面的变革是无法做到的。

从这一层意义上说，数据思维（计算思维 2.0）不是一种被动的认知世界的思维方式，更是一种主动改造世界的思维方式，对于传统性认知的颠覆，促进了全新的社会结构和经济系统的诞生。

0.2.2 数据科学与数据思维

数据科学一般包含以下内容：多维数据计算、数据汇总与统计、数据可视化、机器学习、文本数据处理、图像数据处理、时序数据处理。数据科学研究的就是从数据形成知识的过程，通过假定设想、分析建模等处理方法，从数据中发现可使用的知识、改进关键决策过程。

数据是指客观世界中记录下来的各种各样的物理符号及其组合，是世界的特征表现。数据包括零散的符号、数字、文字、声音、图像等，这些不同形式的数据经过组织和处理后，有价值的数据被抽象为信息。

信息是人们对于现实世界客观事物等认识的描述，它比数据更加抽象。信息是隐藏在数据背后的规律，需要人类的挖掘和探索才能够发现。数据是信息的表示，信息是数据的内涵。

知识不是数据和信息的简单积累，知识是信息经过加工提炼后形成的相应的抽象产物，它表述的是事物运动的状态和状态变化的规律，是对某一主题的理论或实际的理解。可以说，知识是一类高级的、抽象的而且具有普遍适应性的信息。知识具有系统性、规律性和可预测性。图 1-0-1 所示是数据转换为知识的示例。

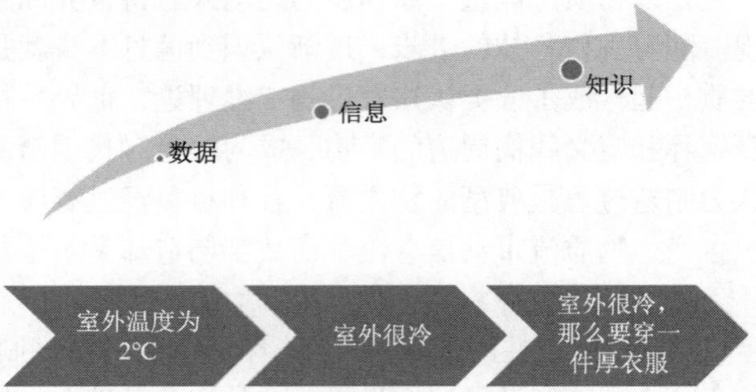

图 1-0-1　数据转换为知识的示例

数据成为改变世界的力量，世界被数据化。洞察数据背后的规律，帮助我们正确决策，数据结果反作用于人们的行为。数据正在成为组织最重要的资产，数据分析解读的能力成为组织的核心竞争力，而数据思维就是关于数据认知的一套思维模型。

运用数据思维，能为在日常生活和工作中碰到的问题给出合适的解决方案。数据思维是一种必备的素养。如何提高数据思维：首先，要扎实地掌握数据领域涉及的基本知识，它是思维能力的基础；其次，日常生活和工作中要时常关注所看到的数据，对数据保持足够的敏感性；最后，多思考数据背后隐藏的东西，把数据转化成知识，让数据产生真正的价值。

0.3 工程师的数字化能力

数字化技术的快速发展正在改变传统制造业的发展基础和经营方式，中国相关产业在转型和结构调整过程中面临着巨大挑战，同时对产业急需的数字化转型中的工程师能力提出了全新要求。

在新技术的驱动下，全球各国都已经或正在紧锣密鼓地从战略上布局产业数字化转型。2019 年，经济合作发展组织（OECD）提出物联网、人工智能和区块链等变革性技术将推动制造业数字化转型。我国作为制造业大国，为了加快工业转型升级，国家在智能制造、大数据、人工智能等领域发布了一系列战略规划。

基于新技术环境、系统设备、数据处理、工艺制造等层面的工程师数字化能力分析，有研究认为工程师数字化能力，包括以下四点：

（1）适应数字环境能力：指工程师适应企业新技术环境变化，实现快速学习和合作，涉及设备系统、工艺制造以及企业智能工厂系统不同层面，满足研发、生产、制造等不同环节工作需求。

研究发现，由于企业数字化转型全面推进，要求工程师能够深入数字环境，推动数字技术与业务深度融合、实现快速学习思考。而以往仅围绕一种或单一项目实施的产学合作方式与当前企业数字化发展阶段的多重及持续需求已不匹配，亟待前瞻探索新技术环境中人才培养的系统做法，以应对新技术所带来的持续性挑战。

（2）智能设备操控能力：指工程师智能设备和软硬件系统操作使用能力，具有生产制造推进的相关经验，熟悉计算机的编程和修改。“就生产方向的话，主要就是我们智能制造这块，因为过去都是纯人工，但现在人工成本长得很高，可能用机械臂逐渐取代一些人员的单一工作……但原来的工程师肯定是很难适应智能设备和操作，需要提升智能设备操控能力”。已有研究者结合设备系统的操控提出通过“一对一”“师傅带徒弟”等形式提升技术工人和工程师智能设备操控能力。研究发现，由于数字化转型中设备、系统和平台的更新变革速度加快以及覆盖面变得更广，传统师徒制的低效率和低覆盖面已经无法满足新技术环境的要求，工程师所面临的操作对象变化显著。

（3）数字抽象分析能力：指实现数据采集、集成、预测、分析，熟悉掌握主流数据库系统（MySQL、SQL Server、SAP HANA 等），如组织协调主数据模块工作的开展。“数据分析一类的工程师涉及跟后端打通，我们拥有大量客户数据，通过大数据分析确定大家喜欢什么样的车型。”研究发现，数字抽象分析能力是数字化转型中不可或缺的关键能力，对企业生产制造、工艺设计以及销售相当重要，而目前研究尚未解决转型中出现的“数据孤岛”问题。传统的封闭、模糊、少量的数据采集、分析、预测等过程已经无法满足业务需要，因此企业面临工程师数字抽象分析能力提升难题。

（4）仿真模拟能力：指实现研发设计和生产制造环节中的工艺、流程优化。这需要工程师拥有良好的机械、控制、汽车等专业理论知识，并熟练运用二维软件或三维软件（UI 软件）、工业设计软件、编程软件（Java、C 语言等）。“目前逐步探索基于大量的数据分析和业务整合，现在整个行业做得比较成熟……”。已有研究者从产学合作角度提出可以通过典型项目教学、直接引入企业课程等方式实现学生能力提升。研究发现，伴随数字技术和业务深度融合以及智能工厂系统的形成，企业大量紧急工艺制造难题，难以通过传统项目教学模式进行人才培养，需要将业务技术前沿与数字化技术深度融合，开设一批复合集成的课程以满足企业实际需要。

资料来源：

[1] 中国信息通信研究院．中国数字经济发展与就业白皮书(2019 年）[EB/OL]. (2019-04-18). http://finance.people.com.cn/nl/2019/0418/c1004-31037803.html.

[2] 华为技术有限公司．中国 ICT 人才生态白皮书[EB/OL]. (2018-08-18). https://www.sohu.com/a/246464248_615309.

[3] 艾瑞咨询. 2019 年中国制造业企业智能化路径研究报告[EB/OL]. (2019-04-02). http://www.199it.com/archives/853347.html.
[4] 孟凡生，赵刚. 传统制造向智能制造发展影响因素研究[J]. 科技进步与对策, 2018, 35(1):66-72.
[5] 陈春花，朱丽，钟皓，等. 中国企业数字化生存管理实践视角的创新研究[J]. 管理科学学报，2019, 22(10):1-8.
[6] 匡英. 智能化背景下“工匠精神”的时代意涵与培养路径[J]. 教育发展研究, 2018,38(1):39-45.
[7] 孙新波，苏钟海. 数据赋能驱动制造业企业实现敏捷制造案例研究[J]. 管理科学, 2018,31(5):117-130.
[8] 董伟，张美，王世斌，等. 智能制造行业技能人才需求与培养匹配分析研究[J]. 高等工程教育研究, 2018(6):131-138.
[9] RICHERT A, SHEHADEH M, PLUMANNS L, et al. Educating Engineers for Industry 4.0: Virtual Worlds and Human-Robot-Teams Empirical Studies towards a new educational age[C]. IEEE Global Engineering Education Conference, 2016,142-149.
[10] 李拓宇，施锦诚，新工科文献回顾与展望:基于“五何”分析框架[J], 高等工程教育研究, 2018(4):29-39.
[11] 吕正则，张炜，邹晓东. 智能化社会下计算教育的演进趋势与多元路径[J]. 高等工程教育研究, 2018(5):52-57.
[12] 周珂，赵志毅，李虹.“学科交叉、产教融合”工程能力培养模式探索[J]. 高等工程教育研究, 2019(3):33-39.
[13] 杨若凡，刘军，李晓军. 多方协同开展智能制造新工科人才培养的思考与实践[J]. 高等工程教育研究, 2018 (5) :30-34.
[14] 王国胤，刘群，夏英，等. 大数据与智能化领域新工科创新人才培养模式探索[J]. 中国大学教学，2019(4): 28-33.
[15] 尹天鹤，陈志荣. 面向产教融合的数据工程类人才培养探索与实践[J].高等工程教育研究, 2019(3):94-98.
[16] 胡文超，陈童. 项目教学与产教融合平台建设的互动关系研究[J]. 高等工程教育研究, 2016(6):118-121.
[17] 杨欢，周竞文. 若干世界一流大学计算机基础课程调研[J]. 计算机教育, 2020(3):84-87, 91.
[18] 陈国达，李廉. 走向计算思维 2.0[J]. 中国大学教学, 2020(4): 80-84.
[19] 朱凌，施锦诚，吴婧姗. 培养工程师的数字化能力[J]. 高等工程教育研究, 2020(3): 63-70.

第1章　计算机基础知识

计算机是由一系列电子元器件组成的机器，具有计算和存储信息的能力。本章主要介绍计算机的概念及其发展历史、计算机的用途、计算机中数据的表示、计算机系统、信息化与信息技术及数据挖掘技术。

1.1　计算机的概念及其发展历史

1.1.1　计算机的概念

广义来讲，计算机是指能够进行数据处理的设备，如算盘、计算器（包括机械和电子计算器），也包括电子计算机、生物计算机等。狭义来讲，计算机一般是指电子计算机。目前，如不特别说明，计算机指的是狭义上的电子计算机。

电子计算机是一种能够自动、快速、精确地完成信息存储、数值计算、数据处理和过程控制等多种功能的电子机器，简称计算机，也称为“电脑”。电子逻辑器件是它的物质基础，其基本功能是进行数字化信息处理。

计算机进行数据处理时，主要包括两个重要环节：一个是计算机能够存储要处理的数据；另一个是要有一个数据处理的算法（算法可以理解为数据处理的若干步骤），并将算法编写成程序，然后计算机存储程序并自动执行程序。

1.1.2　计算机简史

1. 早期的计算设备

计算设备有着悠久的历史，其中较早的一个计算设备是算盘。算盘起源于中国，最早可以追溯到公元前600年，曾被用于早期希腊和罗马文明。算盘本身非常简单，一个矩形框里固定着一组小棍，每个小棍上串有一组珠子，如图1-1-1所示。在小棍上，珠子上下移动的位置表示所存储的值。正是这些珠子代表了这台“计算机”所表示和存储的数据。这台机器是依靠人的操作来控制算法执行的。因此，算盘自身只算得上一个数据存储系统，它必须在人的配合下才成为一台完整的计算机器。至今，我国有些地方还在使用算盘进行数据处理。

图1-1-1　算盘

2. 电子计算机

1）早期的电子计算机

大约在 1930 年至 1950 年期间。这一时期的计算机都是在外部编程的。有以下五台比较杰出的计算机：

（1）世界上第一台真正意义上的电子数字计算机实际上是 1934 年至 1939 年由美国爱荷华州立大学物理系副教授约翰·文森特·阿塔那索夫（John Vincent Atanasoff）和其助手克利福特·贝瑞（Clifford Berry）研制成功的，用了 300 个电子管，取名为 ABC（atanasoff-berry computer）。不过这台机器还只是个样机，并没有完全实现阿塔那索夫的构想。1942 年，太平洋战争爆发，阿塔那索夫应征入伍，ABC 的研制工作也被迫中断。但是 ABC 计算机的逻辑结构和电子电路的新颖设计思想却为后来电子计算机的研制工作提供了极大的启发。

（2）1939 年，德国数学家康拉德·楚泽（Konrad Zuse）设计出了首台采用继电器工作的计算机“Z1”。1939 年，他和赫尔穆特·施莱尔（Helmut Schreyer）开始在他们的 Z1 计算机基础上发展 Z2 计算机，并用继电器改进它的存储和计算单元。但这个项目因为 Zuse 服兵役被中断了一年。

（3）1937 年，在美国海军部和 IBM 公司的支持下，哈佛大学应用数学教授霍华德·阿肯领导设计了 Mark I 计算机（该机由 IBM 承建）。该机既使用了电子部件，也使用了机械部件，是由开关、继电器、转轴以及离合器所构成。

（4）第二次世界大战爆发后不久，图灵带领 200 多位密码专家，研制出名为“邦比”的密码破译机，后又研制出效率更高、功能更强大的密码破译机“巨人”，为破译德国 Enigma 密码做出了巨大贡献。

（5）1946 年 2 月 14 日美国宾夕法尼亚大学宣布“世界上第一台电子多用途数字计算机”ENIAC（电子数字积分计算机的简称，英文全称为 electronic numerical integrator and computer）诞生，由普雷斯波·埃克特（J. Presper Eckert）和约翰·莫奇利（John Mauchly）领导设计。ENIAC 长 30.48 m，宽 1 m，占地面积约 170 m^2，有 30 个操作台，重达 30 t，功率为 150 kW。

从技术专利上讲，世界上第一台电子数字计算机应该是 ABC 计算机，ENIAC 是第二台计算机。但从计算机制造实现上来讲，ABC 是样机，没有形成真正的实用产品，而 ENIAC 被真实地制造出来，并在实际问题解决过程中得到应用，所以后来很多学者也是从这个角度认为 ENIAC 是世界上第一台电子数字计算机。

2）基于冯·诺依曼模型的计算机

上面介绍的五台计算机的存储单元仅仅用来存储数据，它们利用配线或开关进行外部编程。冯·诺依曼提出了数据和程序都应该存储在存储器中。按照这种方法，当重新运行程序时，就不用重新布线或者调节成百上千的开关。第一台基于冯·诺依曼思想的计算机于 1949 年在宾夕法尼亚大学诞生，命名为 EDVAC（electronic discrete variable automatic computer，离散变量自动电子计算机），也由普雷斯波·埃克特和约翰·莫奇利建造设计。1949 年，由英国剑桥大学莫里斯·文森特·威尔克斯（Maurice Vincent Wilkes）领导、设计和制造了 EDSAC（电子延迟存储自动计算机，electronic delay storage automatic calculator），该机使用了水银延迟线做存储器，利用穿孔纸带输入和电传打字机输出。

1950 年以后出现的计算机基本上都是基于冯·诺依曼模型，该模型的计算机具有以下几个特点：

（1）指令采用顺序执行。

（2）指令的格式包括指令码和地址码两部分。

（3）采用二进制代码表示数据和指令。

（4）采用“存储程序”方式，即事先编制程序（包括指令和数据），将程序预先存入存储器中，使计算机在工作中能自动地从存储器中取出程序代码和操作数，并加以分析、执行。

（5）计算机硬件由运算器、控制器、存储器、输入设备和输出设备五个基本部件组成。

1.1.3　计算机的发展阶段

计算机界的传统观点是将计算机的发展分为四代，这种划分是以构成计算机基本逻辑部件所用的电子元器件的变迁为依据的。从电子管到晶体管，再由晶体管到中小规模集成电路，再到大规模集成电路，直至现今的超大规模集成电路。元器件的制造技术发生了几次重大的革命，芯片的集成度不断提高，这使计算机朝着微型化、高性能化和高智能化的方向发展，同时，尝试采用新型器件的新型计算机研究也在进展之中。

1. 计算机的发展历程

（1）第一代计算机（1946—1957 年）：电子管计算机时代。

第一代计算机是电子管计算机，其基本元件是电子管，内存储器采用水银延迟线，外存储器有纸带、卡片、磁带和磁鼓等。受当时电子技术的限制，其运算速度仅为每秒几千次到几万次，内存储器容量仅 1 000～4 000 B。

（2）第二代计算机（1958—1964 年）：晶体管计算机时代。

第二代计算机是晶体管计算机，以晶体管为主要逻辑元件，内存储器使用磁芯，外存储器有磁盘和磁带，运算速度从每秒几万次提高到几十万次，内存储器容量也扩大到了几十万字节。

（3）第三代计算机（1965—1970 年）：中小规模集成电路计算机时代。

第三代计算机的主要元件采用小规模集成电路（small scale integrated circuits，SSI）和中规模集成电路（medium scale integrated circuits，MSI），主存储器开始采用半导体存储器，外存储器使用磁盘和磁带。

（4）第四代计算机（1971 年至今）：大规模和超大规模集成电路计算机时代。

第四代计算机的主要元件采用大规模集成电路和超大规模集成电路。集成度很高的半导体存储器完全代替了磁芯存储器，外存磁盘的存取速度和存储容量大幅度上升，计算机的速度可达每秒几百万次至上亿次，而其体积、重量和耗电量却进一步减少，计算机的性能价格比基本上以每 18 个月翻一番的速度上升，此即著名的摩尔定律。

2. 新一代计算机

从第一代到第四代，计算机的体系结构都是采用冯·诺依曼的体系结构，科学家试图突破冯·诺依曼的体系结构，研制新一代更高性能的计算机。1982 年以后，许多国家开始研制第五代计算机。其特点是以人工智能原理为基础，希望突破原有的计算机体系结构模式。之后又提出了所谓第六代生物计算机、神经网络计算机、量子计算机等新概念的计算机，这些都属新一代计算机。

（1）第五代计算机：智能计算机。

第五代计算机指具有人工智能的新一代计算机，它具有推理、联想、判断、决策、学习等功能。日本在 1981 年首先宣布进行第五代计算机的研制，并为此投入上千亿日元。这一宏伟计划曾经引起世界瞩目，但现在来看，日本原来的研究计划只能说是部分地实现了。

第五代计算机的系统设计中考虑了编制知识库管理软件和推理机，机器本身能根据存储的知识进行判断和推理。同时，多媒体技术得到广泛应用，使人们能用语音、图像、视频等更自然的方式与计算机进行信息交互。智能计算机的主要特征是具备人工智能，能像人一样思维，并且运算速度极快，其硬件系统支持高度并行和推理，其软件系统能够处理知识信息。神经网络计算机（也称神经元计算机）是智能计算机的重要代表。

第五代计算机系统结构将突破传统的冯·诺依曼的体系结构。这方面的研究课题应包括逻辑程序设计机、函数机、相关代数机、抽象数据型支援机、数据流机、关系数据库机、分布式数据库系统、分布式信息通信网络等。

（2）第六代计算机：生物计算机。

半导体硅晶片的电路密集，散热问题难以彻底解决，这些问题影响了计算机性能的进一步发挥与突破。研究人员发现，脱氧核糖核酸（DNA）的双螺旋结构能容纳巨量信息，其存储量相当于半导体芯片的数百万倍。一个蛋白质分子就是存储体，而且阻抗低、能耗小、发热量极低。

基于此，利用蛋白质分子制造出基因芯片，研制生物计算机（也称分子计算机、基因计算机），已成为当今计算机技术的最前沿。生物计算机比硅晶片计算机在速度、性能上有质的飞跃，被视为极具发展潜力的“第六代计算机”。

1.1.4 微型计算机的发展阶段

人们习惯上将由集成电路构成的中央处理器（central processing unit，CPU）称为微处理器（micro processor）。以典型的微处理器芯片的发展来划分，微型计算机的发展经历了六代。

1. 第一代微型计算机

第一代微型计算机是以 4 位微处理器和早期的 8 位微处理器为核心的微型计算机。4 位微处理器的典型产品是 Intel 4004/4040，芯片集成度为 1 200 个晶体管/片，时钟频率为 1 MHz。第一代产品采用了 PMOS 工艺，基本指令执行时间为 10～20 μs，字长 4 位或 8 位，指令系统简单，速度慢。微处理器的功能不全，实用价值不大。早期的 8 位微处理器的典型产品是 Intel 8008。

2. 第二代微型计算机

1973 年 12 月，Intel 8080 的研制成功，标志着第二代微型计算机的开始。其他型号的典型微处理器产品是 Intel 公司的 Intel 8085、Motorola 公司的 M6800 以及 Zilog 公司的 Z80 等，它们都是 8 位微处理器，集成度为 4 000～7 000 个晶体管/片，时钟频率为 4 MHz。其特点是采用了 NMOS 工艺，集成度比第一代产品提高了一倍，基本指令执行时间为 1～2 μs。

3. 第三代微型计算机

1978 年，Intel 公司推出第三代微处理器代表产品 Intel 8086，集成度为 29 000 个晶体管/片。1982 年，Intel 80286 微处理器芯片的问世，使 20 世纪 80 年代后期 286 微型计算机风靡全球。

4. 第四代微型计算机

1985 年 10 月，Intel 公司推出了 32 位字长的微处理器 Intel 80386，标志着第四代微型计算机的开始。1989 年，研制出的 80486，集成度为 120 万个晶体管/片，用该微处理器构成的微型计算机的功能和运算速度完全可以与 20 世纪 70 年代的大中型计算机相匹敌。

5. 第五代微型计算机

1993 年 Intel 公司推出了更新的微处理器芯片 Pentium，中文名为“奔腾”，Pentium 微处理器芯片内集成了 310 万个晶体管/片。

6. 第六代微型计算机

2004 年，AMD 公司推出了 64 位芯片 Athlon 64，次年初 Intel 公司也推出了 64 位奔腾系列芯片。2005 年 4 月，英特尔的第一款双核处理器平台产品问世，这标志着一个新时代的来临。所谓双核和多核处理器设计用于在一枚处理器中集成两个或多个完整执行内核，以支持同时管理多项活动。2014 年，Intel 首发桌面级 8 核 16 线程处理器。

目前，Intel 已经发布的 Core i9 系列处理器中有 14 核 20 线程，16 核 24 线程等几种规格。64 位技术和多核技术的应用使得微型计算机进入了一个新的时代，现代微型计算机的性能远远超过了早期的巨型机。随着近些年来微型机的发展异常迅速，芯片集成度不断提高，并向着重量轻、体积小、运算速度快、功能更强和更易使用的方向发展。

1.1.5 计算机的发展趋势

计算机的发展表现为：巨型化、微型化、多媒体化、网络化和智能化五种趋势。

1. 巨型化

巨型化是指发展高速、大存储容量和强大功能的超大型计算机。这既是诸如天文、气象、宇航、核反应等尖端科学以及进一步探索新兴科学（如基因工程、生物工程）的需要，也是为了能让计算机具有人脑学习、推理的复杂功能。巨型机的研制、开发和利用，代表着一个国家的经济实力和科学水平。2022 年在国际超算计算机 TOP500 组织公布的当年全球超级计算机前十强排行榜中，我国有两台超算上榜，分别是排名第六的“神威太湖之光”和排名第九的“天河二号”，前者峰值运算能力达到每秒 12.544 亿亿次，后者峰值运算能力为每秒 10.068 亿亿次。

2. 微型化

因大规模、超大规模集成电路的出现，计算机迅速微型化。微型机可渗透到诸如仪表、家用电器、导弹弹头等中、小型机无法进入的领地。当前微型机的标志是运算部件和控制部件集成在一起，今后将逐步发展到对存储器、通道处理机、高速运算部件、图形卡、声卡的集成，进一步将系统的软件固化，达到整个微型机系统的集成。微型机的研制、开发和广泛应用，则标志着一个国家科学普及的程度。

3. 多媒体化

多媒体是“以数字技术为核心的图像、声音与计算机、通信等融为一体的信息环境”的总称。多媒体技术的目标是无论在什么地方，只需要简单的设备，就能自由自在地以接近自然的交互方式收发所需要的各种媒体信息。

4. 网络化

计算机网络是计算机技术发展中崛起的又一重要分支，是现代通信技术与计算机技术结合的产物。从单机走向联网，是计算机应用发展的必然结果。所谓计算机网络，就是在一定的地理区域内，将分布在不同地点的不同机型的计算机和专门的外围设备由通信线路互联组成一个规模大、功能强的网络系统，以达到共享信息、共享资源的目的。

5. 智能化

智能化是建立在现代化科学基础之上、综合性很强的边缘学科。它是让计算机来模拟人的感觉、行为、思维过程的机理，使计算机具备“视觉”“听觉”“语言”“行为”“思维”，还具备逻辑推理、学习、证明等能力，形成智能型、超智能型计算机。

1.2 计数制及数据在计算机中的表示

计算机所表示和使用的数据可分为两大类：数值型数据和非数值型数据。数值型数据用以表示量的大小、正负，如整数、小数等。非数值型数据，用以表示一些符号、标记，如英文字母 A～Z、a～z、数字 0～9、各种专用字符+、−、*、/、[、]、(、)及标点符号等。汉字、图形和声音数据也属非数值型数据。由于在计算机内部只能处理二进制数，所以数字编码的实质就是用 0 和 1 两个数字进行各种组合，将要处理的信息表示出来。

1.2.1 数的进制

日常生活中使用的数制很多，如一年有 12 个月（十二进制），一斤等于 10 两（十进制），一分钟等于 60 秒（六十进制）等。计算机科学中经常使用二进制、八进制、十进制和十六进制。但在计算机内部，不管什么样的数都使用二进制编码形式来表示。

1. 进位计数制

数制也称进位计数制，是人们利用符号来计数的科学方法，指用一组固定的符号和统一的规则来表示数值的方法。

如何表示一个“数”，例如大家非常熟悉的十进制数，它用 0～9 共 10 个数字符号及其进位来表示数的大小。下面我们利用它引出进位计数制的有关概念：

（1）0～9 这些数字符号称为“数码”。

（2）全部数码的个数称为“基数”。十进制数的基数为 10。

（3）用“逢基数进位”的原则进行计数，称为“进位计数制”。例如，十进制数的基数是 10，所以它的计数原则就是“逢十进一”。

（4）进位以后的数字，按其所在位置的前后，将代表不同的数值，表示各位有不同的“位权”，又称“权值”。

（5）位权与基数的关系是：位权的值等于基数的若干次幂。

在十进制数中，各个位的权值分别是：10^i（$i=n$～m，其中 n，m 为整数）。

例如：

$$13651.78=1\times10^4+3\times10^3+6\times10^2+5\times10^1+1\times10^0+7\times10^{-1}+8\times10^{-2}$$

上式中 10^4、10^3、10^2、10^1、10^0、10^{-1}、10^{-2} 即为各个位的权值。每一位上的数码与该位权值的乘积，就是该位的数值。即：

1	3	6	5	1	.	7	8
↓	↓	↓	↓	↓		↓	↓
1×10^4	3×10^3	6×10^2	5×10^1	1×10^0		7×10^{-1}	8×10^{-2}

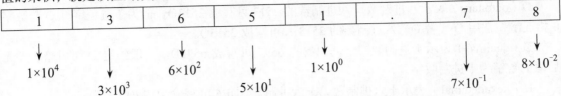

（6）任何一种数制表示的数都可以写成按位权展开的多项式之和。

设一个 R 进制的数 $A=(a_na_{n-1}a_{n-2}a_{n-3}\cdots a_1a_0.a_{-1}a_{-2}\cdots a_{-m})$，则

$$A = a_nR^n + a_{n-1}R^{n-1} + a_{n-3}R^{n-3} + \cdots + a_1R^1 + a_0R^0 + a_{-1}R^{-1} + \cdots + a_{-m}R^{-m}$$
$$=\sum a_iR^i \qquad (i=n\sim-m)$$

2. 常用的进位计数制

计算机中常用的进位计数数制除了前面介绍的十进制以外还有二进制、八进制和十六进制。

1）二进制数

二进制数遵循的两个规则：

（1）有两个不同的数码，即 0、1。

（2）进/借位规则：逢二进一，借一当二。

二进制数写成按位权展开式的形式如下：

$(11001.101)_2=1\times2^4+1\times2^3+0\times2^2+0\times2^1+1\times2^0+1\times2^{-1}+0\times2^{-2}+1\times2^{-3}$

2）八进制数

八进制数遵循的两个规则：

（1）有八个不同的数码，即 0，1，2，3，4，5，6，7。

（2）进/借位规则为：逢八进一，借一当八。

八进制数写成按位权展开式的形式如下：

例如，$(21064.271)_8=2\times8^4+1\times8^3+0\times8^2+6\times8^1+4\times8^0+2\times8^{-1}+7\times8^{-2}+1\times8^{-3}$

3）十六进制数

二进制数在计算机系统中处理很方便，但当位数较多时，比较难记忆和书写，为此，通常将二进制数用十六进制数表示。

十六进制是计算机系统中除二进制之外使用较多的进制，其遵循的两个规则为：

（1）有十六个不同的数码：即 0，1，2，3，4，5，6，7，8，9，A，B，C，D，E，F，分别对应十进制数的 0～15。

（2）进／借位规则为：逢十六进一，借一当十六。

十六进制数写成按位权展开式的形式如下：

例如，$(C1A4.BD)_{16}=C\times16^3+1\times16^2+A\times16^1+4\times16^0+B\times16^{-1}+D\times16^{-2}$

3. 书写规则

为了区分各种计数制的数，常采用如下表示方法：

1）在数字后面加写相应的英文字母作为标识

B（binary）表示二进制数。二进制数的 1001011 可写成 1001011B。

O（octonary）表示八进制数。八进制数的 2513 可写成 2513O。但为了避免字母 O 与数字 0 相混淆，常用 Q 代替 O。八进制数的 2513 又可写成 2513Q。

D（decimal）表示十进制数。十进制数的 6597 可写成 6597D。一般约定 D 可省略，即无后缀的数字为十进制数字。

H（hexadecimal）表示十六进制数，十六进制数 3DE6 可写成 3DE6H。

2）在括号外面加数字下标

$(1001011)_2$——表示二进制数的 1001011。

$(2513)_8$——表示八进制数的 2513。

$(6597)_{10}$——表示十进制数的 6597。

$(3DE6)_{16}$——表示十六进制数的 3DE6。

常用数值的不同计数制的表示方法见表 1-1-1。

表 1-1-1　常用数值的不同计数制的表示方法

十进制	二进制	八进制	十六进制	十进制	二进制	八进制	十六进制
0	0	0	0	9	1001	11	9
1	1	1	1	10	1010	12	A
2	10	2	2	11	1011	13	B
3	11	3	3	12	1100	14	C
4	100	4	4	13	1101	15	D
5	101	5	5	14	1110	16	E
6	110	6	6	15	1111	17	F
7	111	7	7	16	10000	20	10
8	1000	10	8	17	10001	21	11

1.2.2　不同进制之间的转换

1. 十进制数与二进制数之间的转换

用计算机处理十进制数，必须先把它转化成二进制数才能被计算机所接受。计算结果应将二进制数转换成人们习惯的十进制数。

1）十进制数转换为二进制数

当将一个十进制数转换为二进制数时，通常是将其整数部分和小数部分分别进行转换，然后再相加合并。

（1）整数部分转换：除 2 取余，直到商为 0，然后余数逆序排列。

具体做法是：将十进制数除以 2，得到一个商数和余数；再将这个商数除以 2，又得到一个商数和余数；继续这个过程，直到商数等于零为止。此时，每次所得的余数（必定是 0 或 1）就是对应二进制数中的各位数字。但必须注意，在这个过程中，第一次得到的余数为对应二进制数的最低位，最后一次得到的余数为对应二进制数的最高位，其他余数依此类推，即将每次取得的余数部分从下到上逆序排列即得到所对应的二进制整数。

（2）小数部分转换：乘 2 取整，取出整数部分，直到被乘数为 0 或达到所需要的精度位数，然后把整数部分顺序排列。

具体做法是：用 2 乘十进制纯小数部分，取出乘积的整数部分；再用 2 乘余下的纯小数部分，再取出乘积的整数部分；继续这个过程，直到余下的纯小数为 0，或者已达到所需要的精度位数为止。最后将每次取得的整数部分从上到下顺序排列即得到所对应的二进制小数。

【例 1-1】将十进制数 57.84375 转换成二进制。

整数部分采用除 2 取余法，小数部分采用乘 2 取整法。

```
整数部分：                         小数部分：

2 |57 …… 1   ↑                     0.84375
2 |28 …… 0   |                   ×       2
2 |14 …… 0   |                   ---------
  2 |7 …… 1  |                     1.68750 …… 1   |
  2 |3 …… 1  |                     0.68750        |
  2 |1 …… 1  |                   ×       2        |
      0                            ---------      |
                                   1.37500 …… 1   |
                                   0.37500        |
                                 ×       2        |
                                   ---------      |
                                   0.75000 …… 0   |
                                   0.75000        |
                                 ×       2        |
                                   ---------      |
                                   1.50000 …… 1   |
                                   0.50000        |
                                 ×       2        |
                                   ---------      ↓
                                   1000000 …… 1
```

整数部分的结果为：$(57)_{10}=(111001)_2$

小数部分的结果为：$(0.84375)_{10}=(0.11011)_2$

最后结果为：$(57.84375)_{10}=(111001.11011)_2$

2）二进制数转换成十进制数

把二进制数转换为十进制数的方法是：将二进制数按权展开后求和即可。

【例 1-2】将二进制数 10111001.101 转换成十进制数。

$$
\begin{aligned}
(10111001.101)_2 &= 1\times2^7+0\times2^6+1\times2^5+1\times2^4+1\times2^3+0\times2^2+0\times2^1+1\times2^0+1\times2^{-1}+0\times2^{-2}+1\times2^{-3} \\
&= 128+0+32+16+8+0+0+1+0.5+0+0.125 \\
&= (185.625)_{10}
\end{aligned}
$$

注意：一个二进制小数能够完全准确地转换成十进制小数，但是一个十进制小数不一定能够完全准确地转换成二进制小数。

2. 十进制数与八进制数、十六进制数之间的转换

1）十进制数转换成八进制数、十六进制数

了解了十进制数转换成二进制数的方法以后，将十进制转换成八进制数或十六进制数就很容易了。十进制数转换成非十进制数的方法是：整数部分和小数部分分别进行转换，整数部分采用“除基数取余法”，小数部分采用“乘基数取整法”。对于八进制数，整数部分采用除 8 取余法，小数部分采用乘 8 取整法；对于十六进制数，整数部分采用除 16 取余法，小数部分采用乘 16 取整法。

【例 1-3】将十进制数 263.6875 转换为八进制数。

整数部分采用除 8 取余法，小数部分采用乘 8 取整法：

```
8 | 263 …… 7   ↑          0.6875
  8 | 32 …… 0  |        ×      8
    8 | 4 …… 4 |        ------------
        0      |          5.5000 ……5   |
                          0.5000       |
                        ×      8       |
                        ------------   ↓
                          4.0000 ……4
```

整数部分的结果为：$(263)_{10}=(407)_8$

小数部分的结果为：$(0.6875)_{10}=(0.54)_8$

最后结果为：$(263.6875)_{10}=(407.54)_8$

【例 1-4】将十进制数 986.84375 转换为十六进制数。

整数部分采用除 16 取余法，小数部分采用乘 16 取整法：

```
16 | 986 …… 10…A  ↑        0.84375
  16 | 61 …… 13…D |      ×      16
    16 | 3 …… 3   |      ------------
         0                 506250          |
                       +   84375           |
                       ------------        |
                        13.50000 …… 13…D   |
                         0.50000           |
                       ×      16           |
                       ------------        |
                        3  00000           |
                       + 5  0000           |
                       ------------        ↓
                         8.00000 …… 8
```

整数部分的结果为：$(986)_{10}=(3DA)_{16}$

小数部分的结果为：$(0.84375)_{10}=(0.D8)_{16}$

最后结果为：$(986.84375)_{10}=(3DA.D8)_{16}$

2）八进制数、十六进制数转换成十进制数

非十进制数转换成十进制数的方法是：把各个非十进制数按权展开后求和。对于八进制数或十六进制数可以写成 8 或 16 的各次幂之和的形式，然后再计算其结果。

【例 1-5】将八进制数 366.54 转换为十进制数。

$(366.54)_8 =3\times 8^2+6\times 8^1+6\times 8^0+5\times 8^{-1}+4\times 8^{-2}$

$=192+48+6+0.625+0.0625$

$=(246.6875)_{10}$

【例 1-6】将十六进制数 A1C.D8 转换为十进制数。

$(A1C.D8)_{16}=A\times 16^2+1\times 16^1+C\times 16^0+D\times 16^{-1}+8\times 16^{-2}$

$=10\times 16^2+1\times 16^1+12\times 16^0+13\times 16^{-1}+8\times 16^{-2}$

$=2560+16+12+0.8125+0.03125$

$=(2588.84375)_{10}$

3. 二进制数、八进制数、十六进制数之间的转换

前面介绍了计算机的常用计数制以及它们与十进制之间的转换。在计算机的常用计数制中，二进制与八进制之间的相互转换以及二进制与十六进制之间的相互转换都是很方便的。

1）二进制与八进制之间的相互转换

由于二进制数和八进制数之间存在特殊关系：$8^1 = 2^3$，因此，一位八进制数正好相当于三位二进制数。

（1）二进制数转换成八进制数。

把二进制数转换成八进制数的方法：以小数点为界，整数部分从低位到高位将二进制数的每三位分为一组，若不够三位时，在高位左面添 0；小数部分从小数点开始，自左向右每三位一组，若不够三位时，在低位右面添 0，补足三位，然后将每三位二进制数用一位八进制数替换即可完成。

【例 1-7】将二进制数 11110101.11001 转换为八进制数。

```
011  110  101 . 110  010
 ↓    ↓    ↓     ↓    ↓
 3    6    5  .  6    2
```

即 $(11110101.11001)_2 = (365.62)_8$

（2）八进制数转换成二进制数。

将八进制数转换成二进制数的方法为：以小数点为界，向左或向右每一位八进制数用相应的三位二进制数取代，然后去掉整数部分中最左边的“0”以及小数部分最右边的“0”。

【例 1-8】将八进制数 17.236 转换为二进制数。

```
 1    7  .  2    3    6
 ↓    ↓     ↓    ↓    ↓
001  111 . 010  011  110
```

即$(17.236)_8=(001111.010011110)_2=(1111.01001111)_2$

2）二进制数与十六进制数之间的转换

由于 16 是 2 的 4 次方，即 $16^1 = 2^4$，因此，一位十六进制数正好相当于四位二进制数。

（1）二进制数转换成十六进制数。

把二进制数转换成十六进制数：以小数点为界，整数部分从低位到高位将二进制数的每四位分为一组，若不够四位时，在高位左面添 0；小数部分从小数点开始，自左向右每四位一组，若不够四位时，在低位右面添 0，补足四位，然后将每四位二进制数用一位十六进制数替换即可完成。

【例 1-9】将二进制数 1101010111.110110101 转换为十六进制数。

```
0011  0101  0111 . 1101  1010  1000
  ↓     ↓     ↓      ↓     ↓     ↓
  3     5     7  .   D     A     8
```

即$(1101010111.110110101)_2 = (357.DA8)_{16}$

（2）十六进制数转换成二进制数

将十六进制数转换成二进制数的方法为：以小数点为界，向左或向右每一位十六进制数用

相应的四位二进制数取代，然后去掉整数部分中最左边的“0”以及小数部分最右边的“0”。

【例 1-10】将十六进制数 4CB.D8 转换为二进制数。

```
 4     C     B   .   D     8
 ↓     ↓     ↓       ↓     ↓
0100  1100  1011 .  1101  1000
```

即$(4CB.D8)_{16}=(010011001011.11011000)_2=(10011001011.11011)_2$

十进制数可以直接转换为任何进制数，其他进制数也可以方便地转换为十进制数，但其他不同进制数之间可以十进制数为桥梁进行转换。

1.2.3 容量单位、存储容量及字和字长

在计算机内部，各种信息都是以二进制代码形式进行处理和存储的，因此，有必要介绍一下数据在计算机内部表示的单位。数据在计算机内部表示常采用“位”“字节”“字”等单位。

1. 位（bit）

位是计算机中表示数据的最小单位，表示 1 位二进制信息。它有两种状态：0 或 1。在有关计算机数据单位描述中，有时用 1 个小写“b”表示位，如 1 024 b，表示有 1 024 位。

2. 字节（Byte）

字节是信息存储中最常用的基本单位。1 个字节由 8 位二进制数组成（1 Byte=8 bit）。在有关计算机数据单位描述中，有时用 1 个大写“B”表示字节，如 1 024 B，表示有 1 024 字节。计算机的存储器通常是以多少字节来表示容量的。常用的存储单位有 B、KB、MB、GB、TB、PB、EB、ZB、YB、BB、NB 等，它们之间的等价关系如下：

KB：1 KB=1 024 B=2^{10}B；MB：1 MB=1 024 KB=2^{20}B；

GB：1 GB=1 024 MB=2^{30}B；TB：1 TB=1 024 GB=2^{40}B；

PB：1 PB=1 024 TB=2^{50}B；EB：1 EB=1 024 PB=2^{60}B；

ZB：1 ZB=1 024 EB=2^{70}B；YB：1 YB=1 024 ZB=2^{80}B；

BB：1 BB=1 024 YB=2^{90}B；NB：1 NB=1 024 BB=2^{100}B。

3. 字（word）

CPU 处理数据时，一次存取、加工和传送的二进制数据长度称为字。字所包含的二进制位数称为字长。一个字通常由一个或若干个字节组成，在计算机中作为一个独立的信息单位处理。常用的字长有 8 位（1 个字节）、16 位（2 个字节）、32 位（4 个字节）、64 位（8 个字节）等。

1.2.4 计算机内的数据表示

1. 计算机中运用二进制的原因

在计算机内部，数据和程序都是以二进制形式来表示和处理的。这是因为：

1）物理上易于实现

因为具有两种稳定状态的物理器件是很多的，如电路的导通与截止、电压的高与低，这恰好对应二进制中 0 和 1 两个符号。如果采用十进制，要制造具有 10 种稳定状态的物理电路，是非常困难的。

2）二进制数运算简单

数学推导证明，对 R 进制，其算术求和、求积规则各有 $R(R+1)/2$ 种。如采用十进制，就各有 55 种求和与求积的运算规则；二进制仅各有三种运算规则，因而简化了运算器等物理器件的设计。

3）机器可靠性高

由于电压的高低、电流的通断等都是一种质的变化，两种状态分明，所以二进制代码传输的抗干扰能力强，鉴别信息的可靠性高。

2. 字符编码

由于计算机只能识别二进制，无法直接接受字符信息，因此，对于字符的处理，需要编制一套代码，建立字符与 0 和 1 之间的对应关系，以便计算机进行处理。常用的字符编码方案有 ASCII 码，用于对应欧美等英语国家的字符处理；其他非英语国家对应的语言字符处理方案有中国的汉字编码等。下面对 ASCII 码、汉字编码做一个简介。

1）ASCII 码

ASCII 是美国标准信息交换码（American Standard Code for Information Interchange，ASCII）。ASCII 码占用 8 位（1 字节），其中 7 位用于字符的二进制编码，一位为奇偶校验位，一共可以表示 128 个字符（7 位二进制代码的所有组合状态，即 27=128，每一种组合状态代表一个字符）。128 个字符包括：10 个阿拉伯数字（0～9，对应 ASCII 码为 48～57）、52 个大小写英文字母（A～Z 对应 ASCII 码为 65～90，a～z 对应 ASCII 码为 97～122）、32 个标点符号和运算符、34 个专用符号。

2）汉字编码

根据应用目的不同，汉字编码分为输入码、交换码、机内码、区位码、字形码、汉字地址码。

（1）输入码。输入码又称外码，是用来将汉字输入到计算机中的一组键盘符号。常用的输入码有拼音码、五笔字型码等。

（2）交换码。计算机内部处理的信息，都是用二进制代码表示的，汉字也不例外。而二进制代码使用起来是不方便的，于是需要采用汉字信息交换码。目前，有如下一些汉字信息交换码方案。

国家标准字符集 GB/T 2312—1980，收入汉字 6 763 个，符号 715 个，总计 7 478 个字符。这是大陆普遍使用的简体字字符集。楷体—GB2312、仿宋—GB2312、华文行楷等绝大多数字体支持显示这个字符集，亦是大多数输入法所采用的字符集。

Big-5 字符集，中文名大五码，是繁体字的字符集，收入 13 060 个繁体汉字，808 个符号，总计 13 868 个字符。

国家标准扩展字符集 GBK，兼容 GB2312—1980 标准，包含 Big-5 的繁体字，但是不兼容 Big-5 字符集编码，收入 21 003 个汉字，882 个符号，共计 21 885 个字符，包括了中日韩（CJK）统一汉字 20 902 个、扩展 A 集（CJK Ext-A）中的汉字 52 个。

GB 18030—2000 字符集，包含 GBK 字符集和 CJK Ext-A 全部 6 582 个汉字，共计 27 533 个汉字。

GB 18030—2005 字符集，在 GB 13030—2000 的基础上，增加了 CJK Ext-B 的 36 862 个汉字，以及其他的一些汉字，共计 70 244 个汉字。

方正超大字符集，包含 GB 18030—2000 字符集、CJK Ext-B 中的 36 862 个汉字，共计 64 395 个汉字。宋体-方正超大字符集支持这个字符集的显示。Microsoft Office XP、2003 或 2010、2016 简体中文版就自带有这个字体。

ISO/IEC 10646 / Unicode 字符集，这是全球可以共享的编码字符集，两者相互兼容，涵盖了世界上主要语文的字符，其中包括简繁体汉字，有 CJK 统一汉字编码 20 992 个、CJK Ext-A 编码 6 582 个、CJK Ext-B 编码 36 862 个、CJK Ext-C 编码 4 160 个、CJK Ext-D 编码 222 个，共计 74 686 个汉字。

汉字构形数据库 2.3 版，内含楷书字形 60 082 个、小篆 11 100 个、楚系简帛文字 2 627 个、金文 3 459 个、甲骨文 177 个、异体字 12 768 个。可以安装该程序，亦可以解压后使用其中的字体文件，对于整理某些古代文献十分有用。

（3）机内码。机内码是根据国标码的规定，每一个汉字对应的二进制代码。在磁盘上记录汉字代码也使用机内码。

（4）区位码。区位码是国标码的另一种表现形式，把国标 GB 2312—1980 中的汉字、图形符号组成一个 94×94 的方阵，分为 94 个“区”，每区包含 94 个“位”，其中“区”的序号由 01 至 94，“位”的序号也是从 01 至 94。94 个区中位置总数=94×94=8 836 个，其中 7 445 个汉字和图形字符中的每一个占一个位置后，还剩下 1 391 个空位。这 1 391 个位置空下来保留备用。

（5）字形码。字形码是汉字的输出码，输出汉字时都采用图形方式，无论汉字的笔画多少，每个汉字都可以写在同样大小的方块中。

（6）汉字地址码。汉字地址码是指汉字库中存储汉字字形信息的逻辑地址码。它与汉字内码有着简单的对应关系，以简化内码到地址码的转换。

计算机处理汉字的基本过程是：输入汉字外码→根据汉字信息交换码的规定将汉字外码转换为机内码，计算机进行处理→以字形码输出（在打印机或显示器上输出）或以汉字地址码进行存储。

对于汉字如何输入到计算机这个问题，目前除利用键盘输入汉字以外，也有手写输入、语音输入、扫描输入汉字等多种输入技术。

3. 其他信息在计算机中的表示

对于图形、图像、音频和视频等信息，也要转换为二进制，计算机才能够处理、存储和传输。

在计算机中表示图形、图像一般有两种方法：一种是矢量图，另一种是位图。基于矢量技术的图形以图元为单位，用数学方法来描述一幅图形，如一个圆可以通过圆心的位置和圆的半径来描述。在位图技术中，一个图像被看成是点阵的集合，每一个点被称作像素。在黑白图像中，每个像素都用 1 或者 0 来表示黑和白。灰度图像和彩色图像比黑白图像复杂，每一个像素都是由许多位来表示。由于图像的数据量很大，有些图像需要经过压缩后才能进行存储和传输。如 JPEG 就是一个图像压缩格式编码标准。

视频可以看作是由多帧图像组成，由于其数据量非常大，因此需要经过一定的视频压缩算法处理后才能存储和传输，如 MPEG-4 就是一个视频压缩算法。音频是波形信息，是模拟量，要通过采样和量化，把模拟量表示的音频信号转换成由许多二进制数 1 和 0 组成的数字音频信号后，才能被计算机处理和存储。音频通常也需要经过压缩，如 MP3 就是一种压缩算法。

1.3　计算机系统

计算机的基本系统均由硬件系统和软件系统两大部分组成。硬件是计算机的物质基础，软件是计算机的灵魂，二者相辅相成。

1.3.1　计算机系统的组成

一个完整的计算机系统由硬件系统和软件系统两大部分组成，如图 1-1-2 所示。

- 计算机系统
  - 硬件系统
    - 主机
      - 中央处理器CPU
        - 运算器ALU
        - 控制器CU
      - 内存储器
        - ROM
        - RAM
    - 外围设备
      - 外存储器——硬盘、光盘、U盘
      - 输入设备——键盘、鼠标、扫描仪
      - 输出设备——显示器、打印机、绘图仪
      - 其他设备——调制解调器
  - 软件系统
    - 系统软件
      - 操作系统——DOS、Windows、Linux、UNIX
      - 语言处理程序
      - 数据库管理系统
      - 服务程序——检查、诊断、排错
    - 应用软件
      - 通用软件——如Office办公软件
      - 专用软件——用户程序

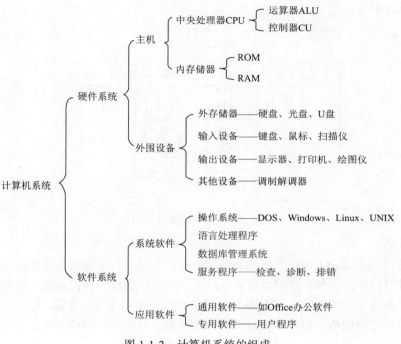

图 1-1-2　计算机系统的组成

计算机硬件系统是指由电子部件和机电装置组成的计算机实体，是那些看得见摸得到的部分——电子线路、元器件和各种设备。它们是计算机工作的物质基础。硬件的功能是接受计算机程序，并在程序的控制下完成数据输入、数据处理和输出结果等任务。当然，大型计算机的硬件要比微机复杂得多。但无论什么类型的计算机，都可以将其硬件划分为几个部分，而不同机器的相应部分负责完成的功能则基本相同。

计算机软件系统是指能够相互配合、协调工作的各种计算机软件。计算机软件是指在硬件设备上运行的各种程序、数据及相关文档的总和。

在计算机中，硬件与软件是相辅相成的，硬件是计算机的物质基础，没有硬件就无所谓计算机，软件也无从依附。软件是计算机的灵魂，没有软件，计算机的存在就毫无价值。只有硬件没有软件的计算机称为“裸机”。裸机是不能工作的。硬件系统的发展给软件系统提供了良好的开发环境，而软件系统的发展又给硬件系统提出了新的要求。

1.3.2 计算机硬件系统

根据冯·诺依曼设计思想，计算机硬件系统由运算器、存储器、控制器、输入设备和输出设备五个基本部件组成，如图 1-1-3 所示。图中空心的双箭头代表数据信号流向，实心的单线箭头代表控制信号流向。从图中可以看出，由输入装置输入数据，运算器处理数据，在存储器中存取有用的数据，在输出设备中输出运算结果，整个运算过程由控制器进行控制协调。这种结构的计算机称为冯·诺依曼结构计算机。自计算机诞生以来，虽然计算机系统从性能指标、运算速度、工作方式和应用领域等方面都发生了巨大的变化，但其基本结构仍然延续着冯·诺依曼的计算机体系结构。

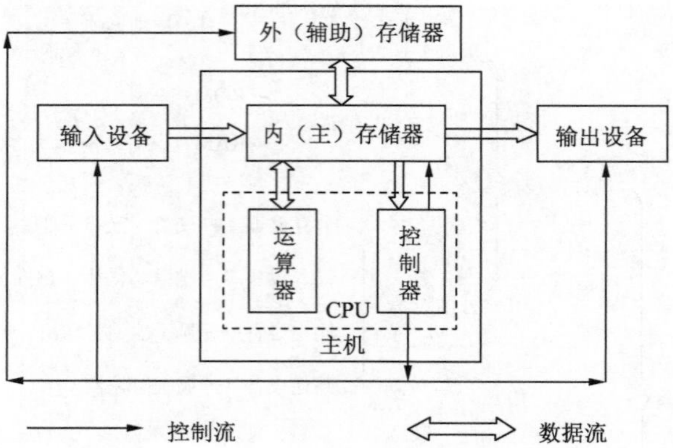

图 1-1-3　5 个基本功能部件的相互关系

1. 输入设备

输入设备（input unit）的主要作用是把准备好的数据、程序等信息转变为计算机能接收的电信号送入计算机中。例如，用键盘输入信息时，敲击它的每个键位都能产生相应的电信号送入计算机；又如模/数转换装置，把控制现场采集到的温度、压力、流量、电压、电流等模拟量转换成计算机能接收的数字信号，然后再传入计算机。目前常用的输入设备有键盘、鼠标、扫描仪等。

2. 输出设备

输出设备（output unit）的主要功能是把计算机处理后的数据、计算结果或工作过程等内部信息转换成人们习惯接受的信息形式（如字符、曲线、图像、表格、声音等）或能为其他机器所接受的形式输出。例如，在纸上打印出印刷符号或在屏幕上显示字符、图形等。常见的输出设备有显示器、打印机、绘图仪等，它们分别能把信息直观地显示在屏幕上或打印出来。

3. 存储器

存储器（memory unit）是计算机的记忆装置，其基本功能是存储二进制形式的数据和程序，所以存储器应该具备存数和取数的功能。

1）内存储器

内存储器（简称内存）可以与 CPU 直接进行信息交换，用于存放当前 CPU 要用的数据和程序，存取速度快、价格高、存储容量较小。内存又可分为随机存取存储器（random access memory，RAM）、只读存储器（read only memory，ROM）和高速缓冲存储器（cache，简称高速缓存）。

2）外存储器

外存储器（简称外存）用来存放要长期保存的程序和数据，属于永久性存储器，需要时应先调入内存。相对内存而言，外存的容量大、价格低，但存取速度慢，它连在主机之外故称外存。常用的外存储器有硬盘、光盘、磁带、移动硬盘、U 盘等。

4. 运算器

运算器（arithmetic unit）是计算机的核心部件，是对信息进行加工和处理的部件，其速度几乎决定了计算机的计算速度。它的主要功能是对二进制数码进行算术运算或逻辑运算。所以也称它为算术逻辑部件（arithmetic logic unit，ALU）。参加运算的数（称为操作数）全部是在控制器的统一指挥下从内存储器中取到运算器里，绝大多数运算任务都由运算器完成。

5. 控制器

控制器（control unit）是指挥和协调计算机各部件有条不紊工作的核心部件，它控制计算机的全部动作。控制器主要由指令寄存器、译码器、时序节拍发生器、程序计数器和操作控制部件等组成。它的基本功能就是从存储器中读取指令、分析指令、确定指令类型并对指令进行译码，产生控制信号去控制各个部件完成各种操作。

在计算机硬件系统的五个组成部件中，CPU 和内存（通常安放在机箱里）统称为主机，它是计算机系统的主体；输入设备和输出设备统称为 I/O 设备，通常把 I/O 设备和外存一起称为外部设备（简称外设），它是人与主机沟通的桥梁。

1.3.3　计算机的工作原理

计算机能自动且连续地工作主要是因为在内存中装入了程序，通过控制器从内存中逐一取出程序中的每一条指令，分析指令并执行相应的操作。

1. 指令系统和程序的概念

1）指令和指令系统

指令是计算机硬件可执行的、完成一个基本操作所发出的命令。全部指令的集合就称为该计算机的指令系统。不同类型的计算机，由于其硬件结构不同，指令系统也不同。

2）程序

计算机为完成一个完整的任务必须执行的一系列指令的集合，称为程序。用高级程序语言编写的程序称为源程序。能被计算机识别并执行的程序称为目标程序。

2. 指令和程序在计算机中的执行过程

一条指令的执行通常分为取指令阶段、分析指令阶段、执行指令阶段。

1）取指令

根据 CPU 中的程序计数器中所指出的地址，从内存中取出指令送到指令寄存器中，同时使程序计数器指向下一条指令的地址。

2）分析指令

将保存在指令寄存器中的指令进行译码，判断该条指令将要完成的操作。

3）执行指令

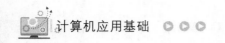

CPU 向各部件发出完成该操作的控制信号，并完成该指令的相应操作。

取指令→分析指令→执行指令→取下一条指令……，周而复始地执行指令序列的过程就是进行程序控制的过程。程序的执行就是程序中所有指令执行的全过程。

1.3.4 计算机软件系统

软件是指为方便使用计算机和提高使用效率而组织的程序和数据以及用于开发、使用和维护的有关文档的集合。软件系统可分为系统软件和应用软件两大类，如图 1-1-4 所示。

从用户的角度看，对计算机的使用不是直接对硬件进行操作，而是通过应用软件对计算机进行操作，而应用软件也不能直接对硬件进行操作，而是通过系统软件对硬件进行操作。用户、软件和硬件的关系如图 1-1-5 所示。

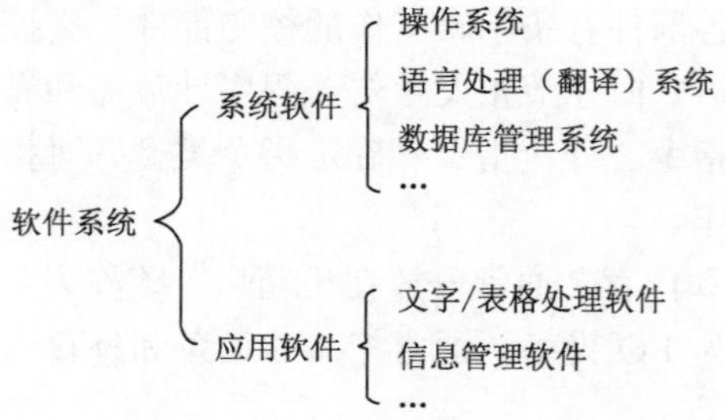

图 1-1-4　软件系统分类

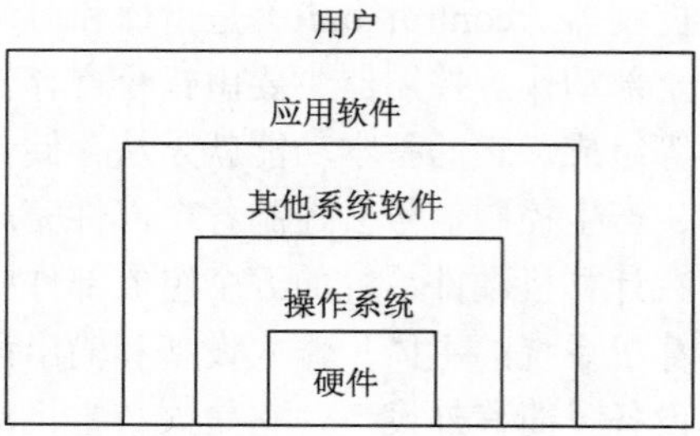

图 1-1-5　用户、软件和硬件的关系

1. 系统软件

系统软件是计算机必须具备的支撑软件，负责管理、控制和维护计算机的各种软硬件资源，并为用户提供一个友好的操作界面，帮助用户编写、调试、装配、编译和运行程序。它包括操作系统、语言处理系统、数据库系统和各类网络软件等。下面分别介绍它们的功能。

1）操作系统

操作系统（operating system，OS）是对计算机全部软、硬件资源进行控制和管理的大型程序，是直接运行在裸机上的最基本的系统软件，其他软件必须在操作系统的支持下才能运行。它是软件系统的核心。

2）语言处理系统

计算机只能直接识别和执行机器语言。除了机器语言外，其他用任何软件语言书写的程序都不能直接在计算机上执行。要在计算机中运行由其他软件语言书写的程序，都需要对它们进行适当的处理。语言处理系统的作用就是把用软件语言[1]书写的各种程序处理成可在计算机上执行的程序，或最终的计算结果，或其他中间形式。

3）工具软件

工具软件也称为服务程序，它包括协助用户进行软件开发或硬件维护的软件，如编辑程序、连接装配程序、纠错程序、诊断程序和防病毒程序等。

1 习近平总书记在党的二十大报告中指出“加快实现高水平科技自立自强”。一直以来，我国程序员对于软件技术所使用的编程语言都是拿来主义，这严重限制了我国科技的自主创新。最近，华为将发布为鸿蒙系统研发的编程语言“仓颉”，为程序员打开了国产编程语言的科技创新思路，以高水平科技自立自强的“强劲筋骨”支撑民族复兴伟业。

4）数据库和数据库管理系统

数据库（database，DB）是指按照一定数据模型存储的数据集合。如学生的成绩信息、工厂仓库物资的信息、医院的病历、人事部门的档案等都可分别组成数据库。

数据库管理系统（database management system，DBMS）则是能够对数据库进行加工、管理的系统软件。其主要功能是建立、删除、维护数据库及对库中数据进行各种操作，从而得到有用的结果，它们通常自带语言进行数据操作。

5）网络软件

计算机网络是将分布在不同地点的、多个独立的计算机系统用通信线路连接起来，在网络通信协议和网络软件的控制下，实现互联互通、资源共享、分布式处理，提高计算机的可靠性及可用性。计算机网络是计算机技术与通信技术相结合的产物。

计算机网络由网络硬件、网络软件及网络信息构成。其中的网络软件包括网络操作系统、网络协议和各种网络应用软件。

2. 应用软件

在系统软件的支持下，用户为了解决特定的问题而开发、研制或购买的各种计算机程序称为应用软件，例如文字处理、图形图像处理、计算机辅助设计和工程计算等软件。同时，各个软件公司也在不断开发各种应用软件，来满足各行各业的信息处理需求，如铁路部门的售票系统、教学辅助系统等。应用软件的种类很多，根据其服务对象，又可分为通用软件和专用软件两类。

1）通用软件

这类软件通常是为解决某一类问题而设计的，而这类问题是很多人都会遇到和需要解决的。

2）专用软件

上述通用软件或软件包，在市场上可以买到，但有些有特殊要求的软件是无法买到的。如某个用户希望对其单位保密档案进行管理，另一个用户希望有一个程序能自动控制车间里的车床，同时将其与上层事务性工作集成起来统一管理等。

综上所述，计算机系统由硬件系统和软件系统组成，两者缺一不可。而软件系统又由系统软件和应用软件组成。操作系统是系统软件的核心，在计算机系统中是必不可少的。其他的系统软件，如语言处理系统，可根据不同用户的需要配置不同的程序语言编译系统。随着各用户的应用领域不同，可以配置不同的应用软件。

1.4 信息化与信息安全

在当今社会中，能源、材料和信息是社会发展的三大支柱，人类社会的生存和发展时刻都离不开信息。了解信息的概念、特征及分类，对于在信息社会中更好地使用信息是十分重要的。

1.4.1 信息化与信息化社会

1）信息化的概念

信息一词来源于拉丁文 Information，其含义是情报、资料、消息、报道、知识。信息化的概念起源于 20 世纪 60 年代的日本，而后被译成英文传播到西方。西方社会普遍使用“信息社会”和“信息化”的概念是20世纪70年代后期才开始的。

关于信息化的表述，中国学术界做过较长时间的研讨。在1997年召开的首届全国信息化工作会议上，对信息化和国家信息化定义为：“信息化是指培育、发展以智能化工具为代表的新的生产力并使之造福于社会的历史过程。国家信息化就是在国家统一规划和组织下，在农业、工业、科学技术、国防及社会生活各个方面应用现代信息技术，深入开发、广泛利用信息资源，加速实现国家现代化进程。”

从信息化的定义可以看出：信息化代表了一种信息技术被高度应用，信息资源被高度共享，从而使得人的智能潜力以及社会物质资源潜力被充分发挥，个人行为、组织决策和社会运行趋于合理化的理想状态。

2）信息化社会

信息化社会与工业化社会的概念没有什么原则性的区别。信息化社会是脱离工业化社会以后，信息将起主要作用的社会。信息经济在国民经济中占据主导地位，并构成社会信息化的物质基础。以计算机、微电子和通信技术为主的信息技术革命是社会信息化的动力源泉。信息技术在生产、科研教育、医疗保健、企业和政府管理以及家庭中的广泛应用对经济和社会发展产生了巨大而深刻的影响，从根本上改变了人们的生活方式、行为方式和价值观念。

1.4.2 信息安全

信息安全是指信息被保护不受破坏、泄露、更改的能力。信息安全广义来讲，指组织或个人的信息的安全，如机密性的个人资料、财产信息、企业的技术图纸、重大计划等的安全。它们需要保存在一个秘密的地方，并且有严密的保护措施，以防止被盗和破坏等信息损失的发生。狭义来讲，现在信息一般保存在计算机系统（终端或网络服务器）中，是指计算机信息系统抵御意外事件或恶意行为的能力，即信息系统（包括硬件、软件、数据、人、物理环境及其基础设施）受到保护，不因偶然的或者恶意的原因而遭到破坏、更改、泄露，系统连续可靠正常地运行，信息服务不中断，最终实现业务连续性。这里主要探讨狭义的信息安全。

信息安全主要包括可用性、机密性、完整性、非否认性、真实性和可控性六个方面的属性。

（1）可用性（availability）：即使在突发事件下，依然能够保障数据和服务的正常使用，如网络攻击、计算机病毒感染、系统崩溃、战争破坏、自然灾害等。

（2）机密性（confidentiality）：能够确保敏感或机密数据的传输和存储不遭受未授权的浏览，甚至可以做到不暴露保密通信的事实。

（3）完整性（integrity）：能够保障被传输、接收或存储的数据是完整的和未被篡改的，在被篡改的情况下能够发现篡改的事实或者篡改的位置。

（4）非否认性（non-repudiation）：能够保证信息系统的操作者或信息的处理者不能否认其行为或者处理结果，这可以防止参与某次操作或通信的一方事后否认该事件曾发生过。

（5）真实性（authenticity）：也称可认证性，能够确保实体（如人、进程或系统）身份或信息来源的真实性。

（6）可控性（controllability）：能够保证掌握和控制信息与信息系统的基本情况，可对信息和信息系统的使用实施可靠的授权、审计、责任认定、传播源追踪和监管等进行控制。

1.4.3 信息安全的威胁

所谓信息安全威胁，是指某人、物、事件、方法或概念等因素对某些信息资源或系统的安全使用可能造成的危害。一般把可能威胁信息安全的行为称为攻击。在现实中，常见的信息安全威胁有以下几类：

（1）信息泄露：信息被泄露或透露给某个非授权的实体（如人、进程或系统）。泄露的形式主要包括窃听、截收、侧信道攻击和人员疏忽等。其中，截收泛指获取保密通信的电波、网络数据等；侧信道攻击是指攻击者不能直接获取这些信号或数据，但可以获得其部分信息或相关信息，而这些信息有助于分析出保密通信或存储的内容。

（2）篡改：指攻击者可能改动原有的信息内容，但信息的使用者并不能识别出被篡改的事实。在传统的信息处理方式下，篡改者对纸质文件的修改可以通过一些鉴定技术识别修改的痕迹，但在数字环境下，对电子内容的修改不会留下这些痕迹。

（3）重放：指攻击者可能截获并存储合法的通信数据，以后出于非法的目的重新发送它们，而接受者可能仍然进行正常的受理，从而被攻击者所利用。

（4）假冒：指一个人或系统谎称是另一个人或系统，但信息系统或其管理者可能并不能识别，这可能使得谎称者获得了不该获得的权限。

（5）否认：指参与某次通信或信息处理的一方事后可能否认这次通信或相关的信息处理曾经发生过，这可能使得这类通信或信息处理的参与者不承担应有的责任。

（6）非授权使用：指信息资源被某个未授权的人或系统使用，也包括被越权使用的情况。

（7）网络与系统攻击：由于网络与主机系统难免存在设计或实现上的漏洞，攻击者可能利用它们进行恶意的侵入和破坏；或者，攻击者仅通过对某一信息服务资源进行超负荷的使用或干扰，使系统不能正常工作。后面这一类的攻击一般被称为拒绝服务攻击。

（8）恶意代码：指有意破坏计算机系统、窃取机密或隐蔽地接受远程控制的程序，它们由怀有恶意的人开发和传播，隐蔽在受害方计算机系统中，自身也可能进行复制和传播，主要包括木马、病毒、后门、蠕虫、僵尸网络等。

（9）灾害、故障与人为破坏：信息系统也可能由于自然灾害、系统故障或人为破坏而遭到损坏。

以上威胁可能危及信息安全的不同属性。信息泄露危及机密性，篡改危及完整性和真实性，重放、假冒和非授权使用危及可控性和真实性，否认直接危及非否认性，网络与系统攻击、灾害、故障与人为破坏危及可用性，恶意代码依照其意图可能分别危及可用性、机密性和可控性等。以上情况也说明，可用性、机密性、完整性、非否认性、真实性和可控性六个属性在本质上反映了信息安全的基本特征和需求。

1.4.4 信息安全技术

从当前人们对信息安全技术的认知程度来看，可将现有的主要信息安全技术归纳为五类：核心基础安全技术（包括密码技术、信息隐藏技术等），安全基础设施技术（包括标识与认证技术、授权与访问控制技术等），基础设施安全技术（包括主机系统安全技术、网络系统安全技术等），应用安全技术（包括网络与系统攻击技术、网络与系统安全防护及应急响应技术、安全审计与责任认定技术、恶意代码检测与防范技术、内容安全技术等），支撑安全技术（包括信息安全保障技术框架、信息安全测评与管理技术等）。图 1-1-6 显示了信息安全技术体系。

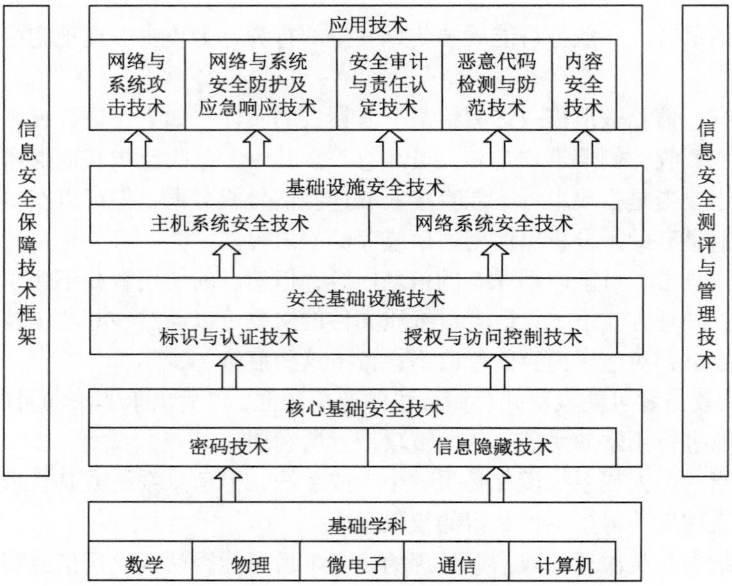

图 1-1-6　信息安全技术体系

下面简要介绍上述各类技术的基本内容。

1）信息安全保障技术框架

信息安全保障技术框架定义了对一个系统进行信息安全保障的过程，以及该系统中硬件和软件的安全要求，遵循这些要求可以对信息基础设施进行深度防御。其基本内容是深度防御策略、信息保障框架域和信息系统安全工程。相对于信息安全保障的丰富内涵而言，深度防御策略只是一个思路，由保护网络与基础设施、保护区域边界和外部连接、保护计算环境及支持性基础设施这四个框架域所共同组成的技术细节和渗透其中的众多操作与管理细则才是信息安全保障得以有效实施的基石。信息系统安全工程集中体现了信息安全保障的过程化要求，使信息安全保障呈现一个多维的、多角度的操作场景，将其视为信息安全保障可以遵循的基础方法论。

2）密码技术

密码技术主要包括密码算法和密码协议的设计与分析技术。密码算法包括分组密码、序列密码、公钥密码、杂凑函数、数字签名等，它们在不同的场合分别用于提供机密性、完整性、真实性、可控性和非否认性，是构建安全信息系统的基本要素。密码协议是在消息处理环节采用了密码算法的协议，它们运行在计算机系统、网络或分布式系统中，为安全需求方提供安全的交互操作。密码分析技术指在获得一些技术或资源的条件下破解密码算法或密码协议的技术。其中，资源条件主要指分析者可能截获了密文、掌握了明文或能够控制和欺骗合法的用户等。密码分析可被密码设计者用于提高密码算法和协议的安全性，也可被恶意的攻击者利用。

3）信息隐藏技术

信息隐藏技术是指将特定用途的信息隐藏在其他可公开的数据或载体中，使得它难以被消除或发现。信息隐藏主要包括隐写（steganography）、数字水印（watermarking）与软硬件中的数据隐藏等。其中水印又分为鲁棒水印和脆弱水印。在保密通信中，加密掩盖保密的内容，而隐写通过掩盖保密的事实带来附加的安全。在对数字媒体和软件的版权保护中，隐藏特定的鲁棒水印标识或安全参数可以既让用户正常使用内容或软件、又不让用户消除或获得它们而摆脱版权控制，也可通过在数字媒体中隐藏购买者标识，以便在盗版发生后取证或追踪。脆弱水印技术可将完整性保护或签名数据隐藏在被保护的内容中，简化了安全协议并支持定位篡改。与密码技术类似，信息隐藏技术也包括相应的分析技术。

4）标识与认证技术

在信息系统中出现的主体包括人、进程或系统等。从信息安全的角度看，需要对实体进行标识和身份鉴别，这类技术称为标识与认证技术。所谓标识（identity）是指实体的表示，信息系统把标识对应到一个实体。标识的例子在计算机系统中比比皆是，如用户名、用户组名、进程名、主机名等，没有标识就难以对系统进行安全管理。认证技术就是鉴别实体身份的技术，主要包括口令技术、公钥认证技术、在线认证服务技术、生物认证技术与公钥基础设施 PKI 技术等，还包括对数据起源的验证。随着电子商务和电子政务等分布式安全系统的出现，公钥认证及基于它的 PKI 技术在经济和社会生活中的作用越来越大。

5）授权与访问控制技术

为了使合法用户正常使用信息系统，需要给已通过认证的用户授予相应的操作权限，这个过程称为授权。在信息系统中，可授予的权限包括读/写文件、运行程序和网络访问等，实施和管理这些权限的技术称为授权技术。访问控制技术和授权管理基础设施（privilege management infrastructure，PMI）技术是两种常用的授权技术。访问控制在操作系统、数据库和应用系统的安全管理中具有重要作用。PMI 用于实现权限和证书的产生、管理、存储、分发和撤销等功能，是支持授权服务的安全基础设施，可支持诸如访问控制这样的应用。从应用目的上看，网络防护中的防火墙技术也有访问控制的功能，但由于实现方法与普通的访问控制有较大不同，一般将防火墙技术归入网络防护技术。

6）主机系统安全技术

主机系统主要包括操作系统和数据库系统等。操作系统需要保护所管理的软硬件、操作和资源等的安全，数据库需要保护业务操作、数据存储等安全，这些安全技术一般被称为主机系统安全技术。从技术体系上看，主机系统安全技术采纳了大量的标识与认证及授权与访问控制等技术，但也包含自身固有的技术，如获得内存安全、进程安全、账户安全、内核安全、业务数据完整性和事务提交可靠性等技术，并且设计高等级安全的操作系统需要进行形式化论证。当前，“可信计算”技术主要指在硬件平台上引入安全芯片和相关密码处理来提高终端系统的安全性，将部分或整个计算平台变为可信的计算平台，使用户或系统能够确信发生了所希望的操作。

7）网络系统安全技术

在基于网络的分布式系统或应用中，信息需要在网络中传输，用户需要利用网络登录并执行操作，因此需要相应的信息安全措施。这里将它们统称为网络系统安全技术。由于分布式系统跨越的地理范围一般比较大，因此一般面临着公用网络中的安全通信和实体认证等问题。国际标准化组织（ISO）于 20 世纪 80 年代推出了网络安全体系的参考模型与系统安全框架，其中描述了安全服务在 ISO 开放系统互连（open system interconnection，OSI）参考模型中的位置及其基本组成。在 OSI 参考模型的影响下，逐渐出现了一些实用化的网络安全技术和系统，其中多数均已标准化，主要包括提供传输层安全的 SSL/TLS（secure socket layer/transportation layer security）系统、提供网络层安全的 IPSec 系统及提供应用层安全的安全电子交易（secure electronic transaction，SET）系统。值得注意的是，国际电信联盟 ITU 制定的关于 PKI 技术的 ITU-T X.509 标准极大地推进、支持了上述标准的发展与应用。

8）网络与系统攻击技术

网络与系统攻击技术是指攻击者利用信息系统的弱点破坏或非授权地侵入网络和系统的技术。主要的网络与系统攻击技术包括网络与系统调查、口令攻击、拒绝服务攻击（denial of services，DoS）、缓冲区溢出攻击等。其中，网络与系统调查是指攻击者对网络信息和弱点的搜索与判断；口令攻击是指攻击者试图获得其他人的口令而采取的攻击；DoS 是指攻击者通过发送大量的服务或操作请求使服务程序难以正常运行的情况；缓冲区溢出攻击属于针对主机的攻击，它利用了系统堆栈结构，通过在缓冲区写入超过预定长度的数据造成所谓的溢出，破坏了堆栈的缓存数据，使程序的返回地址发生变化。

9）网络与系统安全防护及应急响应技术

网络与系统安全防护技术就是抵御网络与系统遭受攻击的技术，它主要包括防火墙和入侵检测技术。防火墙置于受保护网络或系统的入口处，起到防御攻击的作用；入侵检测系统 IDS 一般部署于系统内部，用于检测非授权侵入。另外，当前的网络防护还包括“蜜罐（honeypot）”技术（所谓“蜜罐”是指故意让人攻击的目标，引诱黑客前来攻击，看似漏洞百出却尽在网络管理员掌握之中）。它通过诱使攻击者入侵“蜜罐”系统，收集、分析潜在攻击者的信息。当网络或系统遭到入侵并遭到破坏时，应急响应技术有助于管理者尽快恢复网络的正常功能并采取必要的应对措施。

10）安全审计与责任认定技术

为抵制网络攻击、电子犯罪和数字版权侵权，安全管理或执法部门需要相应的事件调查方法与取证手段，这种技术被称为安全审计与责任认定技术。审计系统普遍存在于计算机和网络系统中，它们按照安全策略记录系统出现的各类审计事件，主要包括用户登录、特定操作、系统异常等与系统安全相关的事件。安全审计记录有助于调查与追踪系统中发生的安全事件，为诉讼电子犯罪提供线索和证据，但在系统外发生的事件也需要新的调查与取证手段。随着计算机和网络技术的发展，数字版权侵权的现象在全球都比较严重，需要对这些散布在系统外的事件进行监管。当前，已经可以将代表数字内容购买者或使用者的数字指纹和可追踪码嵌入内容中，在发现版权侵入后进行盗版调查和追踪。

11）恶意代码检测与防范技术

对恶意代码的检测与防范是普通计算机用户熟知的概念，但其技术实现起来比较复杂。在原理上，防范技术需要利用恶意代码的不同特征来检测并阻止其运行，但不同的恶意代码的特征可能差别很大，这往往使特征分析困难。如今已有了一些能够帮助发觉恶意代码的静态和动态特征技术，也出现了一系列在检测到恶意代码后阻断其恶意行为的技术。目前，一个很重要的概念就是僵尸网络（botnet），指采用一种或多种恶意代码传播手段，使大量主机感染所谓的僵尸程序，从而在控制者和被感染主机之间形成一对多的控制。控制者可以一对多并隐蔽地执行相同的恶意行为，阻断僵尸程序的传播是防范僵尸网络威胁的关键。

12）内容安全技术

计算机和网络的普及方便了数字内容的传播，但也使得不良和侵权内容大量散布。内容安全技术是指监控数字内容传播的技术，主要包括网络内容的发现和追踪、内容的过滤和多媒体的网络发现等技术，它们综合运用了面向文本和多媒体模式识别、高速匹配和网络搜索等技术。

在一些文献中，内容安全技术在广义上包括所有涉及保护或监管内容制作和传播的技术，因此包括各类版权保护和内容认证技术,但狭义的内容安全技术一般仅包括与内容监管相关的技术。

13）信息安全测评技术

为了衡量信息安全技术及其所支撑的系统安全性，需要进行信息安全测评，它是指对信息安全产品或信息系统的安全性等进行验证、测试、评价和定级，以规范它们的安全特性。信息安全测评技术就是能够系统、客观地验证、测试和评估信息安全产品和信息系统安全性质和程度的技术。前面已提到有关密码和信息隐藏的分析技术及对网络与系统的攻击技术，它们也能从各个方面评判算法或系统的安全性质，但安全测评技术在目的上一般没有攻击的含义，而在实施上一般有标准可以遵循。当前，发达国家或地区及我国均建立了信息安全测评制度和机构，并颁布了一系列测评标准或准则。

14）信息安全管理技术

信息安全技术与产品的使用者需要系统、科学的安全管理技术，以帮助他们使用好的安全技术与产品、能够有效地解决所面临的信息安全问题。当前，安全管理技术已经成为信息安全技术的一部分，它涉及安全管理制度的制定、物理安全管理、系统与网络安全管理、信息安全等级保护及信息资产的风险管理等内容，已经成为构建信息安全系统的重要环节之一。

1.4.5　信息素养

在信息技术的应用中，除了从技术上维护信息安全外，我们更需要有法律提供保障。我国制定了《中华人民共和国计算机信息系统安全保护条例》《计算机信息系统国际联网保密管理规定》《全国人民代表大会常务委员会关于维护互联网安全的决定》等法规。

当代大学生在应用信息技术时，除了要牢牢守住法律法规的底线外，还要自觉遵守相关的道德规范，例如不沉迷于网络，不信谣、不传谣，文明、负责地发表意见，保护个人隐私的同时尊重他人的隐私等。我国教育部、共青团中央、原文化部等单位联合发布了“全国青少年网络文明公约”，见表 1-1-2。

表 1-1-2　全国青少年网络文明公约

要善于网上学习	不浏览不良信息
要诚实友好交流	不侮辱欺诈他人
要增强自护意识	不随意约会网友
要维护网络安全	不破坏网络秩序
要有益身心健康	不沉溺虚拟时空

1.5　数据挖掘

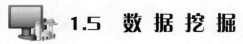

信息技术已经渗入社会的各个层面，各行各业的数据量正在迅速增长，同时数据类型也越来越多，越来越复杂。在信息时代，驾驭数据的能力已成为企业提高核心竞争力的关键因素。传统的数学统计、OLAP 等方法很难将数据转换成有用的信息和知识，而数据挖掘（data mining，DM）正是为了解决传统分析方法的不足，并针对大规模数据的分析处理而出现的。数据挖掘可以看作信息技术自然深化的结果。

简单地说，数据挖掘是从大量数据中“挖掘”知识，好像从矿山中采矿或淘金一样。数据挖掘又称数据开采，就是从大量的、不全的、有噪声的、模糊的、随机的数据中提取隐含在其中的人们事先不知道的，但又是潜在有用的信息和知识的过程，提取的知识表现为概念、规则、规律模式约束等形式。

在人工智能领域，数据挖掘又称为数据库中的知识发现（knowledge discovery in database，KDD）。其本质类似于人脑对客观世界的反映，从客观的事实中抽象出主观的知识，然后指导实践。数据挖掘就是从客体的数据库中概括抽象，提取规律性的东西，以供决策支持系统的建立和使用。例如，利用数据挖掘技术通过对用户数据的分析，可以得到关于顾客购买取向和兴趣的信息，从而为商业决策提供可靠的依据。

1.5.1 数据挖掘过程

数据挖掘的过程大致分为：问题定义、数据收集与预处理、数据挖掘实施、挖掘结果的解释与评估。

1. 问题定义

数据挖掘是为了从大量数据中发现有用的令人感兴趣的信息，因此发现何种知识就成为整个过程中的第一个也是最重要的一个阶段。在这个过程中，必须明确数据挖掘任务的具体需求，同时确定数据挖掘所需要采用的具体方法。

2. 数据收集与预处理

一般包括数据清理、数据集成、数据变换和数据规约四个处理过程。主要目的是消减数据集合和特征维数（简称降维），即从初始特征中筛选出真正的与挖掘任务相关的特征，以提高数据挖掘的效率。

3. 数据挖掘实施

根据问题定义及方法（分类、聚类、关联等）选择数据挖掘的实施算法。常用的挖掘算法有：神经网络、决策树、贝叶斯分类、关联分析等。数据挖掘的实施，仅仅是整个数据挖掘过程的一个步骤。影响数据挖掘质量的两个因素分别为：所采用的数据挖掘方法的有效性；用于挖掘的数据质量和数据规模。如果选择的数据集合不合适，或进行了不恰当的转换，就不能获得好的挖掘结果。

4. 挖掘结果的解释与评估

挖掘结果需要进行解释与评估，以便有效发现有意义的知识模式。如果挖掘结果不满足挖掘任务，或者存在冗余、无意义的模式，那么需要退回到前面的挖掘阶段，重新选择数据、采用新的数据变换方法，设定新的参数值，甚至换一种算法等。

1.5.2 应用实例

数据挖掘技术从一开始就是面向应用的，在银行、保险、电信、零售等很多商业领域，有着非常广泛的应用前景。为了更好地了解数据挖掘可以解决的问题，下面给出几个数据挖掘技术在应用领域的实例：

1. 金融领域

数据挖掘技术在金融分析领域有着广泛的应用，例如投资评估和股票交易市场预测，分析方法一般采用模型预测法，如神经网络或统计回归技术。由于金融投资的风险很大，在进行投资决策时，需要对各种投资领域的有关数据进行分析，从而选择最佳的投资方向。无论是投资评估还是股票市场预测，都是对事物未来发展的一种预测，可以建立在数据分析基础之上。数据挖掘可以通过对已有数据的分析，找到数据对象之间的关系，然后利用学习得到的规则和模式进行合理的预测。

2. 电子商务领域

随着 Web 技术的发展，各类电子商务网站风起云涌，如何使电子商务网站获取更大的效益是网站需要解决的最主要问题。电子商务的竞争比传统的商业竞争更加激烈，其中一个原因是客户可以很方便地在计算机前面从一个电子商务网站转换到竞争对手那边，只需按几下鼠标就可以同时浏览不同商家相同的产品或者找到类似的产品，进行更广泛的商品比较。网站只有更加了解客户的需求，才能更好地制定相关营销策略吸引客户，从而使网站更具竞争力。电子商务网站并没有直接和客户面对面交流，但通过数据挖掘可以很好地了解客户需求。电子商务网站每天都可能有上百万次在线交易，生成大量的记录文件和登记表,我们可以对这些数据进行挖掘，从而充分了解客户的喜好、购买模式等。像目前常见的网上商品推荐、个性化页面等都属于数据挖掘的成功应用。

1.5.3 数据挖掘分析工具在车辆信息安全中的应用

随着移动互联网和工业智能化的快速发展，汽车产业不断向智能化和网联化快速转变。智能网联汽车通过搭载先进的车载传感器与智能控制系统，并与现代移动通信技术相结合，实现了车与人、车与车、车与路、车与云服务平台之间的信息交换与共享，为人们的交通出行带来了极大的便利，同时有助于政府建立智能化的交通体系。智能网联车在为人们的交通出行带来舒适便捷的同时，系统复杂化和对外通信接口的增加使车载网络更容易受到网络攻击，例如通过物理方式直接接入车辆或者远程无线入侵的方式来劫持车辆的车速传感器，使得该传感器报告错误的车速值，从而干扰车辆控制的判断等，给车辆和人们带来极大的安全威胁。

由于车载网络遭受攻击时，车辆 acceleration（加速度值）相关的传感器和控制器会报告错误的数值，因此，人们可以监测 acceleration（加速度值）、wheel_torque（扭矩值）、throttle_pedal（油门踏板的角度）和 brake_pedal（制动踏板的角度）等相关车载传感器和控制器的数据，来检测车辆是否遭受攻击。

Microsoft Excel 提供了一组数据分析工具，主要有相关系数、回归、移动平均等十几种，称为“分析工具库”，在数理统计、工程、计量等分析、预测方面有较广的应用。

1. 相关性分析

相关性分析是指对两个或多个具备相关性的变量元素进行分析，从而衡量两个变量因素的相关密切程度。相关性的元素之间需要存在一定的联系或者概率才可以进行相关性分析。

Excel 的分析工具库提供了“相关系数”和“协方差”两个分析工具，运用它们进行相关分析非常简单。

【例 1-11】汽车正常运行和遭受攻击时的传感器数据如图 1-1-7 所示，利用相关系数工具计算在这两种状态下汽车的 acceleration（加速度值）和 wheel_torque（扭矩值）两个变量的相关性，结果如图 1-1-8 所示。

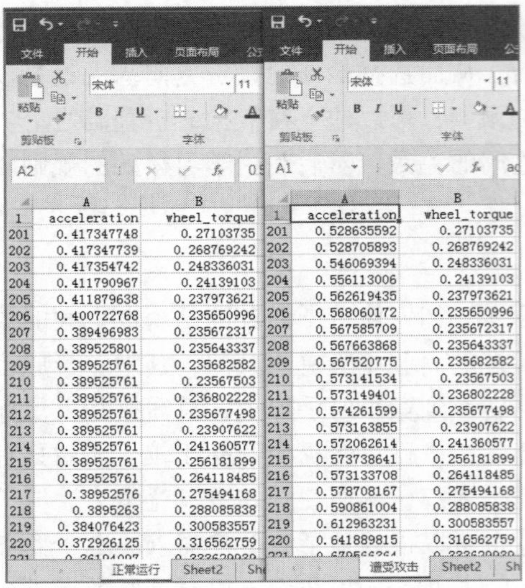

图 1-1-7　汽车正常运行和遭受攻击时的传感器数据

图 1-1-8　两种状态下 acceleration 和 wheel_torque 变量的相关系数

分别对“车载传感器数据集_正常”和“车载传感器数据集_攻击”两个 Excel 文件执行下面的操作：

（1）单击“数据”→“分析”→“数据分析”按钮，在弹出的“数据分析”对话框中选择“相关系数”，单击“确定”按钮。

（2）在“相关系数”对话框中，输入区域选择 acceleration 和 wheel_torque 两个变量的数据所在单元格区域，即填入单元格区域$A$2:$B$601；分组方式选择“逐列”。在输出选项中选择输出区域“$F$3:$H$5”，单击“确定”按钮。

一般来说，相关性的评判标准为相关系数在 0.3 以下认为不相关；0.3～0.5 为低度相关；0.5～0.8 为显著相关；0.8 以上为高度相关。根据这个标准可以看出，当汽车正常运行时，传感器变量 acceleration 和 wheel_torque 之间的相关系数值为 0.942 2，即具有很高的相关性；而当汽车遭受攻击时，这两个变量之间的相关系数值为 0.630 7，即它们之间相关性很低。

2. 回归分析

回归分析是指确定两个或两个以上变量间相互依赖的定量关系的一种统计分析方法。根据变量的观测值来建立表达变量间关系的曲线方程，即曲线拟合问题。其中，所关注的或被记录的变量称为因变量，而影响因变量变化的那些变量为自变量。

按照自变量的个数，可以把回归分析分为一元回归和多元回归。按变量之间关系的形式，可以把回归分析分为线性回归和非线性回归。Excel 中提供的线性回归分析是通过对一组观察值使用“最小二乘法”进行直线拟合，该回归分析可同时解决一元回归与多元回归问题。

【例 1-12】汽车正常运行时传感器的数据如图 1-1-9 所示，根据自变量 wheel_torque（扭矩值）、throttle_pedal（油门踏板的角度）、brake_pedal（刹车踏板的角度）和因变量 acceleration（加速度值）的数据规律，利用线性回归工具拟合自变量和因变量间的回归方程。回归方程如下：

$$acceleration=a+b_1*torque+b_2*throttle+b_3*brake$$

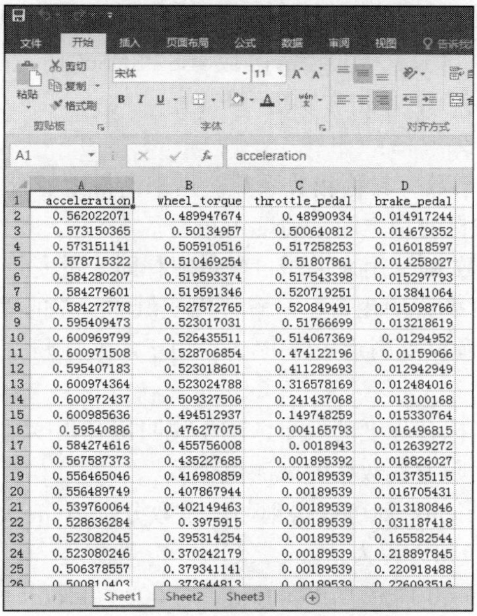

	A	B	C	D
1	acceleration	wheel_torque	throttle_pedal	brake_pedal
2	0.562022071	0.489947674	0.48990934	0.014917244
3	0.573150365	0.50134957	0.500640812	0.014679352
4	0.573151141	0.505910516	0.517258253	0.016018597
5	0.578715322	0.510469254	0.51807861	0.014258027
6	0.584280207	0.519593374	0.517543398	0.015297793
7	0.584279601	0.519591346	0.520719251	0.013841064
8	0.584272778	0.527572765	0.520849491	0.015098766
9	0.595409473	0.523017031	0.51766699	0.013218619
10	0.600969799	0.526435511	0.514067369	0.01294952
11	0.600971508	0.528706854	0.474122196	0.01159066
12	0.595407183	0.523018601	0.411289693	0.012942949
13	0.600974364	0.523024788	0.316578169	0.012484016
14	0.600972437	0.509327506	0.241437068	0.013100168
15	0.600985636	0.494512937	0.149748259	0.015330764
16	0.59540886	0.476277075	0.004165793	0.016496815
17	0.584274616	0.455756008	0.0018943	0.012639272
18	0.567587373	0.435227685	0.001895392	0.016826027
19	0.556465046	0.416980859	0.00189539	0.013735115
20	0.556489749	0.407867944	0.00189539	0.016705431
21	0.539760064	0.402149463	0.00189539	0.013180846
22	0.528636284	0.3975915	0.00189539	0.031187418
23	0.523082045	0.395314254	0.00189539	0.165582544
24	0.523080246	0.370242179	0.00189539	0.218897845
25	0.506378557	0.379341141	0.00189539	0.220918488
26	0.500810403	0.373644813	0.00189539	0.226093516

图 1-1-9　汽车正常运行时传感器的数据

回归分析结果如图 1-1-10 所示。

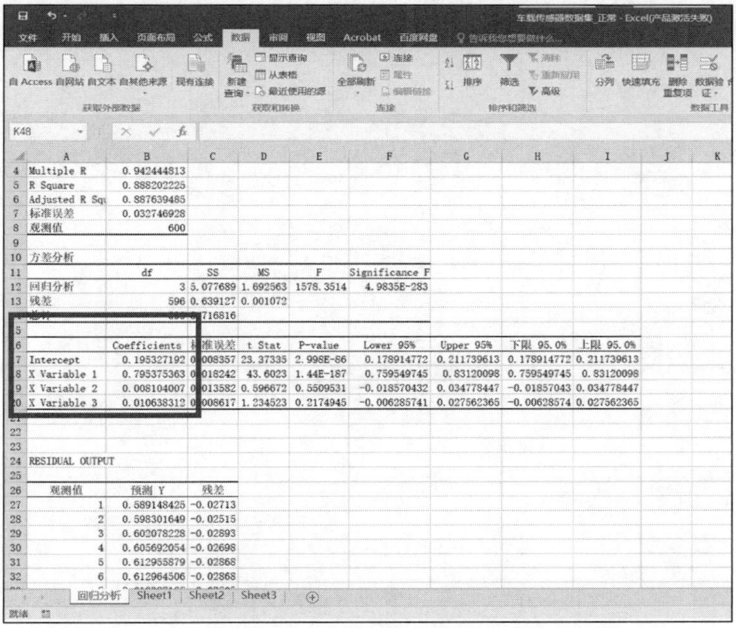

	A	B	C	D	E	F	G	H	I
4	Multiple R	0.942444813							
5	R Square	0.888202225							
6	Adjusted R Squ	0.887639485							
7	标准误差	0.032746928							
8	观测值	600							
9									
10	方差分析								
11		df	SS	MS	F	Significance F			
12	回归分析	3	5.077689	1.692563	1578.3514	4.9835E-283			
13	残差	596	0.639127	0.001072					
14	[illegible]	[illegible]	[illegible]716816						
15									
16		Coefficients	标准误差	t Stat	P-value	Lower 95%	Upper 95%	下限 95.0%	上限 95.0%
17	Intercept	0.195327192	0.008357	23.37335	2.998E-86	0.178914772	0.211739613	0.178914772	0.211739613
18	X Variable 1	0.795375363	0.018242	43.6023	1.44E-187	0.759549745	0.83120098	0.759549745	0.83120098
19	X Variable 2	0.008104007	0.013582	0.596672	0.5509531	-0.018570432	0.034778447	-0.01857043	0.034778447
20	X Variable 3	0.010638312	0.008617	1.234523	0.2174945	-0.006285741	0.027562365	-0.00628574	0.027562365
21									
22									
23									
24	RESIDUAL OUTPUT								
25									
26	观测值	预测 Y	残差						
27	1	0.589148425	-0.02713						
28	2	0.598301649	-0.02515						
29	3	0.602078228	-0.02893						
30	4	0.605692054	-0.02698						
31	5	0.612955879	-0.02868						
32	6	0.612964506	-0.02868						

图 1-1-10　回归分析结果图

对“车载传感器数据集_正常”Excel 文件执行下面的操作：

① 单击“数据”→“分析”→“数据分析”按钮，在弹出的“数据分析”对话框中选择“回归”，单击“确定”按钮。

② 在“回归”对话框中，*Y* 值输入区域选择 acceleration 变量的数据所在单元格区域，即填入单元格区域$A$2:$A$601；*X* 值输入区域选择 wheel_torque、throttle_pedal 和 brake_pedal 三个变量的数据所在区域，即填入单元格区域$B$2:$D$601；在输出选项中选择输出区域“$F$1:$N$33”；勾选“残差”，单击“确定”按钮。

回归统计表部分分析结果解释：

- Multiple R：复相关系数，又称相关系数。用来衡量因变量与自变量之间的相关程度，0.942 444 813 表示因变量与自变量之间是高度正相关。
- R Square：复测定系数 R^2，用来说明自变量解释因变量变差的程度，从而测量因变量的拟合效果，本例 0.888 202 225 说明用自变量解释因变量的变差的程度为 88.82%。
- Adjusted R Square：调整复测定系数 R^2，仅用于多元回归。用来衡量加入独立变量后模型的拟合程度。
- 标准误差：用来衡量拟合程度的大小，越小说明拟合程度越好。
- 观测值：用来估计回归方程数据的观测值个数。

从图 1-1-10 中 Coefficients 列可以得到回归系数分别为 a=0.195，b_1=0.795，b_2=0.008，b_3=0.010 6，因此可以解得回归方程为：

$$\text{acceleration}=0.195+0.795\times\text{torque}+0.008\times\text{throttle}+0.010\,6\times\text{brake}$$

通过以上两个例子讲解了数据分析工具的使用方法，但关键还是要熟悉统计分析知识，能根据实际问题选择适当的工具，正确地分析结果。

第2章 计算机网络基础

计算机网络和 Internet 发展迅速，其应用已越来越广泛。了解、学习计算机网络基础知识对每一个学习计算机的人来说都必不可少。本章主要介绍计算机网络的基本概念、网络协议、局域网、因特网病毒与防火墙等内容。

2.1 网络技术基础

2.1.1 计算机网络的发展、定义、分类与结构

1. 计算机网络的发展

从技术角度来划分，计算机网的形成与发展，大致可以分为以下四个阶段：

1）第一阶段（以主机为中心）

在第一代计算机网络中，计算机是网络的控制中心，终端围绕着中央计算机（主机）分布在各处，而主机的主要任务是进行实时处理、分时处理和批处理。人们利用物理通信线路将一台主机与多台用户终端相连接，用户通过终端命令以交互方式使用主机，从而实现多个终端用户共享一台主机的各种资源。这就是“主机—终端”系统，这个阶段的计算机网络又称为“面向终端的计算机网络”，它是计算机网络的雏形。

2）第二阶段（多台计算机通过线路互联的计算机网络）

面向资源子网的计算机网络兴起于 20 世纪 60 年代后期，它利用网络将分散在各地的主机经通信线路连接起来，形成一个以众多主机组成的资源子网，网络用户可以共享资源子网内所有的软硬件资源。

3）第三个阶段（体系结构标准化）

由于不同的网络体系结构是无法互连的，不同厂家的设备也无法达到互连（即使是同一家产品在不同时期也是如此），这阻碍了大范围网络的发展。为实现更大范围网络的发展以及使不同厂家的设备之间可以互连，国际标准化组织 ISO 于 1984 年正式发布了一个标准框架 OSI（open system interconnection reference model，开放系统互连参考模型），使不同的厂家设备、协议达到全网互联。这样，就形成了具有统一的网络体系结构，并遵守国际标准的开放式和标准化的计算机网络。

4）第四个阶段（以下一代互联网络为中心的新一代网络）

进入 20 世纪 90 年代后，随着数字通信技术和光纤等接入方式的出现，计算机网络呈现出网络化、综合化、高速化及计算机网络协同能力等特点。“信息时代”“信息高速公路”“Internet”等成为网络新时代的典型特征。

2. 计算机网络的定义

“计算机网络”并没有一个严格的定义，从不同的角度、不同的发展阶段对计算机网络都可以有不同的定义。总之，计算机网络就是将地理位置不同，而且具有独立功能的多个计算机系统，通过通信设备和线路相互连接起来，并配以功能完善的网络软件，实现网络上数据通信和资源共享的系统。图 1-2-1 给出了一个简单网络系统的示意图，它将若干台计算机、打印机和其他外围设备互联成一个整体。连接在网络中的计算机、外围设备、通信控制设备等称为网络结点。

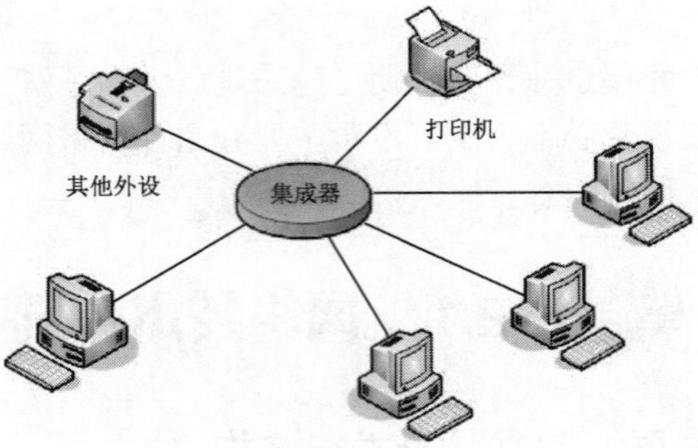

图 1-2-1　简单计算机网络

3. 计算机网络的分类

计算机网络有不同的分类标准和方法，具体介绍如下：

1）按照覆盖的地理范围分类

（1）局域网（local area network，LAN）：局域网覆盖范围一般不超过几十千米，通常将一座大楼或一个校园内分散的计算机连接起来构成 LAN。局域网典型的单段网络吞吐率为 10 Mbit/s 到 100 Mbit/s，现代局域网单段网络吞吐率已达到 1 Gbit/s。为适应多媒体传输的需要，利用桥接或交换技术实现多个局域网段组成的网络，总吞吐率可达数 10 Gbit/s 甚至数个 Tbit/s。

（2）城域网（metropolitan area network，MAN）：城域网介于 LAN 和 WAN 之间，其覆盖范围通常为一个城市或地区，距离从几十千米到上百千米。

（3）广域网（wide area network，WAN）：广域网指的是实现计算机远距离连接的计算机网络，可以把众多的城域网、局域网连接起来，也可以把全球的区域网、局域网连接起来。广域网涉及的范围较大，一般从几百公里到几万千米。

2）按公用与专用分类

公用网是指由电信部门或从事专业电信运营业务的公司提供的面向公众服务的网络，如中国电信提供的以 X.25 协议为基础的分组交换网 CHINAPAC。专用网是指政府、行业、企业和事业单位为本行业、本企业和本事业单位服务而建立的网络。

3）按网络拓扑结构分类

网络的拓扑结构是指网络中通信线路和站点（计算机或设备）的相互连接的物理结构。按网络的拓扑结构可分为总线、星状、环状、网状、树状和星环状等类型。

4. 计算机网络的组成

计算机网络是计算机技术与通信技术密切结合的产物，也是继报纸、广播、电视之后的第四种媒体。其组成如下所述：

1）计算机网络的逻辑组成

计算机网络按逻辑功能可分为资源子网和通信子网两部分，如图 1-2-2 所示。

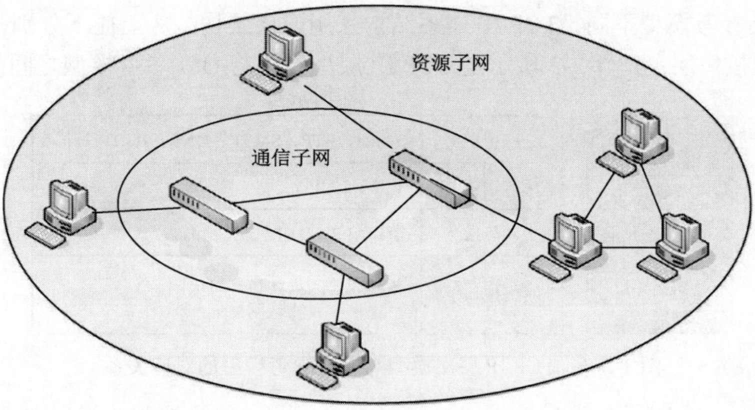

图 1-2-2　通信子网和资源子网

资源子网是计算机网络中面向用户的部分，负责数据处理工作。它包括网络中独立工作的计算机及其外围设备、软件资源和整个网络共享数据。

通信子网则是网络中的数据通信系统。它由用于信息交换的网络节点处理机和通信链路组成，主要负责通信处理工作，如网络中的数据传输、加工、转发和变换等。

若只是访问本地计算机，则只在资源子网内部进行，无须通过通信子网。若要访问异地计算机资源，则必须通过通信子网。

2）计算机网络的物理组成

计算机网络按物理结构可分为网络硬件和网络软件两部分。在计算机网络中，网络硬件对网络的性能起着决定性作用，它是网络运行的实体。而网络软件则是支持网络运行、提高效率和开发网络资源的工具。

2.1.2　计算机网络协议

计算机网络的通信是基于网络内的通信规则的，通信规则包含了关于信息传输顺序、信息格式等的约定，这一套约定称为通信协议，或称网络协议。

协议通常由三部分组成：

（1）语法：规定通信双方“讲什么”，即确定协议元素的类型。如发出何种控制信息、执行什么动作、返回的应答。

（2）语义：规定通信双方“如何讲”，即确定协议元素的格式。如数据信息的格式、控制信息的格式。

（3）同步：规定通信双方信息传递的顺序，即先传什么，后传什么。

在计算机网络的发展过程中，人们发现计算机网络适合层次式的结构。分层结构的形式是用一个模块的集合（协议集合）来实现不同的通信功能。计算机网络采用分层结构，不仅可以简化网络设计的复杂性、易于实现和维护网络、提高网络的灵活性，同时还能促进网络的标准化工作。

OSI/RM 对各层协议考虑得较周到，是理论上比较完善的体系结构，但是它给出的只是一种抽象结构，市场上至今还没有出现完全符合 OSI/RM 各层协议的产品。而随着 Internet 的迅速发展，TCP/IP 体系结构成为计算机网络现实中的标准。

与 OSI 七层参考模型不同，TCP/IP 体系结构采用四层结构，从上往下分别是：应用层、传输层、网际层和接口层。图 1-2-3 所示是 TCP/IP 层次模型与 OSI 参考模型之间的对应关系。

OSI
应用层
表示层
会话层
传输层
网络层
数据链路层
物理层

TCP/IP集	
应用层	Tclnct、FTP、SMTP、DNS、HTTP……
传输层	TCP、UDP
网际层	IP、APP、RARP、ICMP
网络接口层	各种通信网络接口（以太网等）（物理网络）

图 1-2-3　TCP/IP 层次模型与 OSI 参考模型的对应关系

TCP/IP（transmission control protocol/internet protocol，传输控制协议/网际协议），是目前最常用的一种网络协议。它是计算机世界里的一个通用协议，实际上它是许多协议的总称，包括 TCP 和 IP 及其他 100 多个协议。而 TCP 和 IP 是这众多协议中最重要的两个核心协议。

2.1.3　局域网基本技术

局域网 LAN 产生于 20 世纪 60 年代末。20 世纪 70 年代出现一些实验性的网络，到 20 世纪 80 年代，局域网的产品已经大量涌现，其典型代表就是 Ethernet（以太网）。本节主要介绍局域网的基本概念、拓扑结构及常见硬件等相关知识。

1. 局域网概述

1）局域网的定义

局域网是一种在一定区域内将大量 PC 及各种设备互连在一起，实现资源共享、数据传递和彼此通信的目的。它由计算机、网络连接设备和通信线路等硬件按照某种网络结构连接而成，并配有相应软件。

2）局域网的基本特点

局域网是一个通信网络，它仅提供通信功能。局域网包含了物理层和数据链路层的功能，所以连到局域网的数据通信设备必须加上高层协议和网络软件才能组成计算机网络。数据通信设备，包括 PC、工作站、服务器等大、中小型计算机，终端设备和各种计算机外围设备。

由于局域网传输距离有限，网络覆盖的范围小，因而具有以下主要特点：

（1）局域网覆盖的地理范围较小。

（2）数据传输率高（可到 10 000 Mbit/s）。

（3）传输延时小。

（4）误码率低。

（5）价格便宜。

（6）一般是某一单位组织所拥有。

2. 局域网的拓扑结构

局域网按网络拓扑进行分类。根据拓扑结构的不同，局域网可分为总线、星状、环状、树状、网状等。

1）总线结构

总线结构是指各工作站和服务器均连接在一条总线上，无中心结点控制，公用总线上的信息多以基带形式串行传递，其传递方向总是从发送信息的结点开始向两端扩散，如同广播电台发射的信息一样，因此又称广播式计算机网络。各结点在接收信息时都进行地址检查，看是否与自己的工作站地址相符，相符则接收网上的信息。图 1-2-4 所示是总线网络拓扑结构的示意图。

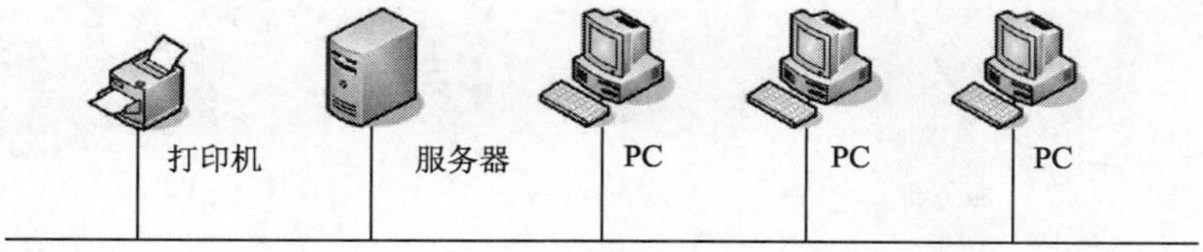

图 1-2-4　总线网络拓扑结构

总线结构的局域网采用集中控制、共享介质的方式。所有结点都可以通过总线发送和接收数据，但在某一时间段内只允许一个结点通过总线以广播方式发送数据，其他结点以收听方式接收数据。

2）星状结构

星状结构是指各工作站以星状方式连接成网。网络有中央结点，其他结点（工作站、服务器）都与中央结点直接相连，这种结构以中央结点为中心，因此又称为集中式网络，如图 1-2-5 所示。

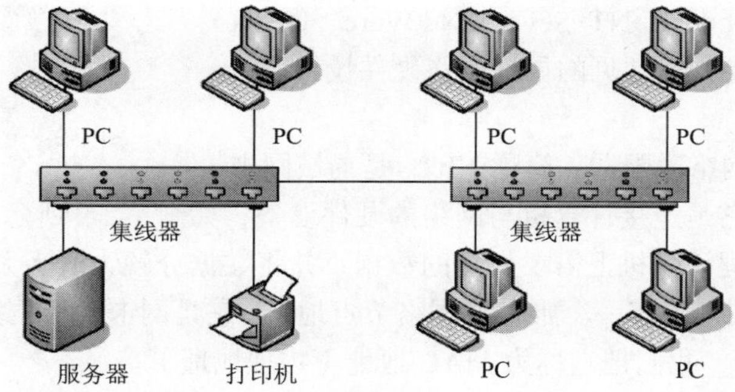

图 1-2-5　星状网络拓扑结构

3）环状结构

环状结构是由网络中若干结点通过点到点的链路首尾相连形成一个闭合的环，这种结构使公共传输电缆组成环型连接，数据在环路中沿着一个方向在各个结点间传输，信息从一个结点传到另一个结点。数据信号通过每台计算机，而计算机的作用就像一个中继器，增强数据信号，并将其发送到下一个计算机上。图 1-2-6 所示是环状网络拓扑结构的示意图。

4）树状结构

树状结构从总线结构演变而来，形状像一棵倒置的树，顶端是树根，树根以下带分支，每个分支还可再带子分支，如图 1-2-7 所示，树状拓扑易于扩展、故障隔离较容易，但各个结点对根的依赖性太大。

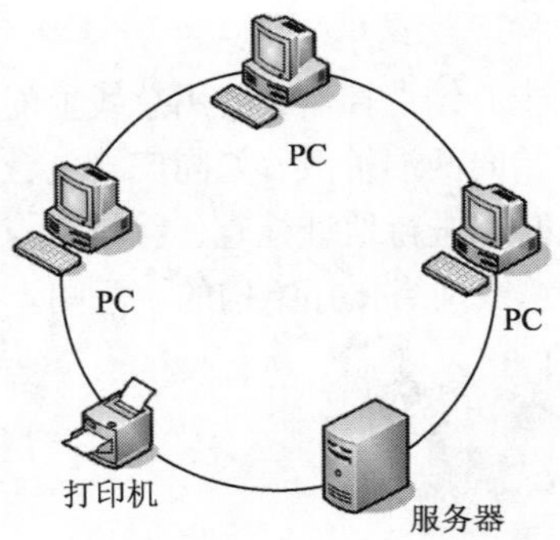

图 1-2-6　环状网络拓扑结构

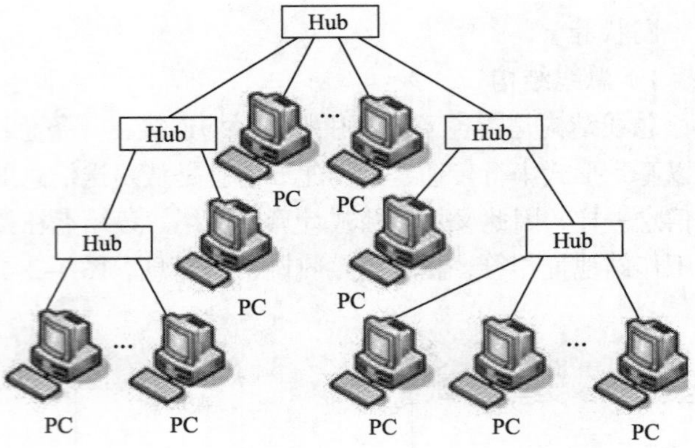

图 1-2-7　树状网络拓扑结构图

5）网状拓扑结构

网状拓扑结构如图 1-2-8 所示。网状拓扑不受瓶颈问题和失效问题的影响，可靠性高，但结构比较复杂，成本也比较高。

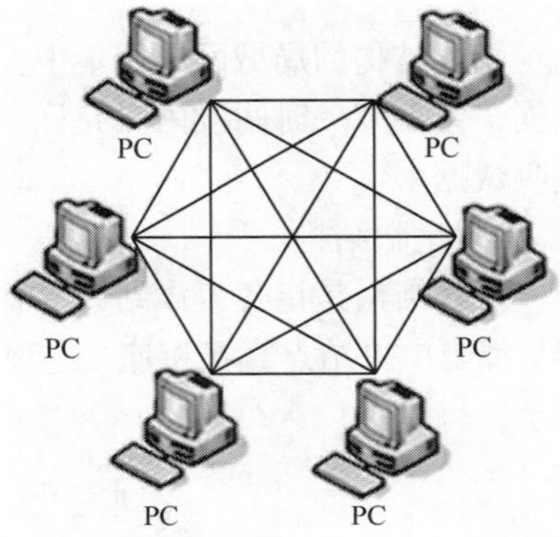

图 1-2-8　网状网络拓扑结构图

3. 局域网的硬件设备

局域网网络系统由软件和硬件设备两部分组成。网络操作系统实现网络的控制与管理。目前，在局域网上流行的网络操作系统有 Windows NT Sever、NetWare、UNIX 和 Linux 等。下面主要介绍常见的局域网络硬件设备。

1）网络连接设备

（1）网卡：又称网络适配器，简称 NIC，是局域网中最基本的部件之一，它是连接计算机与网络的硬件设备，如图 1-2-9 所示。

网卡主要负责整理计算机上需要发送的数据，并将数据分解为适当大小的数据包之后向网络上发送出去。每块网卡都有一个唯一的网络节点地址，它是网卡生产厂家在生产时烧入 ROM（只读存储芯片）中的，我们把它称为 MAC 地址（物理地址）。

（a）PC 网卡

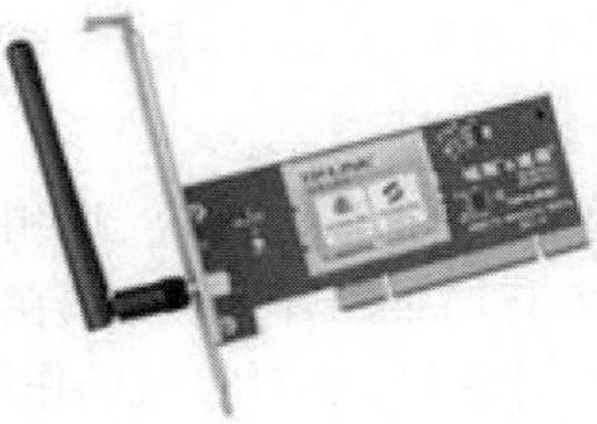

（b）无线网卡

（c）笔记本式计算机的网卡

图 1-2-9　常见的网卡

（2）调制解调器（modem）：是 PC 通过电话线接入因特网的必备设备，它具有调制和解调两种功能，一般分外置和内置两种。外置调制解调器是在计算机机箱之外使用的，一端用电缆连接在计算机上，另一端与电话插口连接，外观如图 1-2-10 所示。内置调制解调器是一块电路板，插在计算机或终端内部，价格比外置调制解调器低。

在通信过程中，信息的发送端和接收端都需要调制解调器。发送端的调制解调器将数字信号调制成模拟信号送入通信线路。接收端的调制解调器再将模拟信号解调还原成数字信号进行接收和处理。

（3）集线器（hub）：主要功能是对接收到的信号进行再生整形放大，以扩大网络的传输距离，同时把所有结点集中在以它为中心的结点上。集线器与网卡、网线等传输介质一样，属于局域网中的基本连接设备。常见集线器如图 1-2-11 所示。

图 1-2-10　调制解调器

图 1-2-11　集线器

（4）交换机（switch）：从广义上来看，交换机分为两种，广域网交换机和局域网交换机。广域网交换机主要应用于电信领域，提供通信用的基础平台。局域网交换机应用于局域网络，用于连接终端设备，如 PC 及网络打印机等。图 1-2-12 所示是局域网交换机示例。

交换机可以完成数据的过滤、学习和转发任务。比 Hub 拥有更快的接入速度，支持更大的信息流量。数据过滤可以帮助降低整个网络的数据传输量，提高效率。当然交换机的功能还不止如此，它可以把网络拆解成网络分支，分割网络数据流，隔离分支中发生的故障，这样就可以减少每个网络分支的数据信息流量而使每个网络更有效，提高整个网络效率。

（5）路由器（router）：把处于不同地理位置的局域网通过广域网进行互连是当前网络互连的一种常见的方式。路由器是实现局域网与广域网互连的主要设备，是一种连接多个网络或网段的网络设备。它能将不同网络或网段之间的数据信息进行“翻译”，以使它们能够相互“读”懂对方的数据，从而构成一个更大的网络。常见路由器如图 1-2-13 所示。

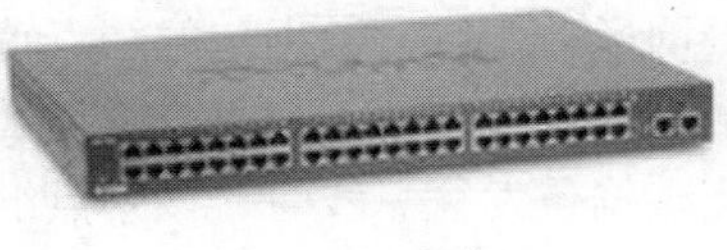

图 1-2-12　交换机

图 1-2-13　路由器

2）传输介质

传输介质是网络连接设备间的中间介质，也是信号传输的媒体。常用的介质有双绞线、同轴电缆、光缆等。

（1）双绞线：双绞线外观如图 1-2-14 所示，是现在最普通的传输介质。双绞线是由按规则螺旋结构排列的两根绝缘线组成。双绞线分为屏蔽双绞线 STP 和无屏蔽双绞线 UTP 两种。双绞线成本低，易于铺设，既可以传输模拟数据也可以传输数字数据，但是抗干扰能力较差。

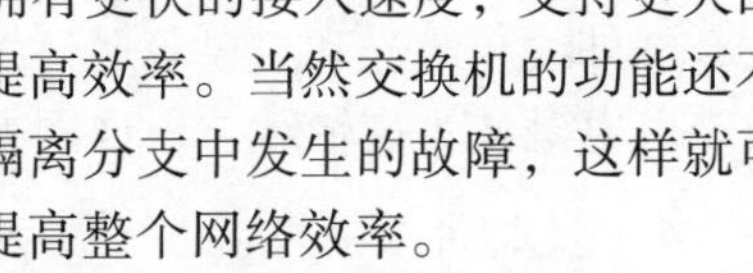

图 1-2-14　双绞线与水晶头

（2）同轴电缆：同轴电缆以硬铜线为芯，外包一层绝缘材料，如图 1-2-15 所示。有两种广泛使用的同轴电缆：一种是 50 Ω基带电缆，用于数字传输；另一种是 75 Ω宽带电缆，既可以使用模拟信号发送，也可以传输数字信号。

同轴电缆内导体为铜线，外导体为铜管或网状材料，电磁场封闭在内外导体之间，故辐射损耗小，受外界干扰影响小。同轴电缆的这种结构，使它具有高带宽和极好的噪声抑制特性，常用于传送多路电话和电视。同轴电缆的带宽取决于电缆长度。1 km 的电缆可以达到 1～2 Gbit/s 的数据传输速率。目前，同轴电缆大量被光纤取代，但仍广泛应用于有线电视和某些局域网。

（3）光缆：是利用置于包覆护套中的一根或多根光纤作为传输介质并可以单独或成组使用的通信线缆组件。光导纤维是软而细的利用内部全反射原理来传导光束的传输介质，有单模和多模之分。单模光纤多用于通信业，多模光纤多用于网络布线系统。

光纤为圆柱状，由纤芯、包层和护套等三个同心部分组成，如图 1-2-16 所示。每一路光纤包括两根，一根接收，一根发送。用光纤作为网络介质的局域网技术主要是光纤分布式数据接口（FDDI）。与同轴电缆比较，光纤可提供极宽的频带且功率损耗小、传输距离长（2 km 以上）、传输率高（可达数千 Mbit/s）、抗干扰性强，并且有极好的保密性。

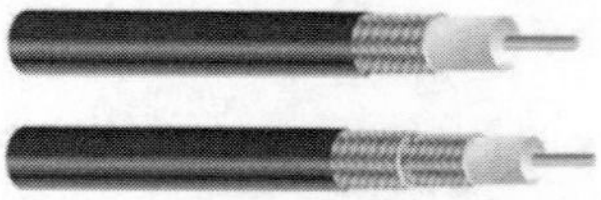

图 1-2-15　同轴电缆

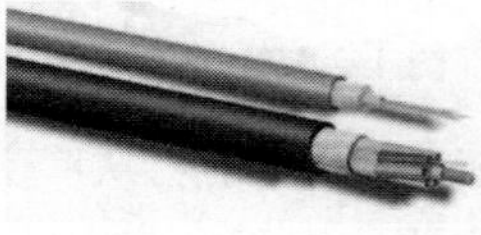

图 1-2-16　光缆

（4）其他：由于受空间技术，军事等应用场合的机动性要求不便采用硬缆连接，而采用微波、红外线、激光和卫星等通信媒介。微波传输和卫星传输这两种传输方式均以空气为传输介质，以电磁波为传输载体，连网方式较为灵活。

4. 以太网

以太网（ethernet）是指各种采用 IEEE 802.3 标准组建的局域网。以太网是有线局域网，具有性能高、成本低、技术最为成熟和易于维护管理等优点，是目前应用较为广泛的一种计算机局域网。

IEEE 802.3 标准采用载波侦听多路访问/冲突检测（carrier sense multiple access/collision detect，CSMA/CD）控制策略工作，是一种常用的总线局域网标准。待发数据包的结点首先监听总线有无载波，若没有载波说明总线可用，该结点就将数据包发往总线。如果总线已被其他结点占用，则该结点须等待一定的时间，再次监听总线。当数据包发往总线时，该结点继续监听总线，以了解总线上数据是否有冲突，如果出现冲突将导致传输数据出错，须重发数据。

以太网优点：网络廉价而高速。以太网以高达 100、1 000 Mbit/s 的速率（取决于所使用的电缆类型）传输数据。

以太网缺点：必须将以太网双绞线通过每台计算机，并连接到集线器、交换机或路由器。

5. 无线局域网

无线局域网（wireless LAN，WLAN）是指采用 IEEE 802.11 标准组建的局域网，它是局域网与无线通信技术相结合的产物。无线局域网采用的主要技术有蓝牙、红外、家庭射频和符合 IEEE 802.11 系列标准的无线射频技术等。其中，蓝牙、红外和家庭射频由于通信距离短，传输速率不高，主要用于覆盖范围更小的无线个人局域网（wireless personal area network，WPAN）。IEEE 802.11 系列标准可用于大多数无线局域网，IEEE 802.11n（兼容 IEEE 802.11g，从理论上说，802.11n 的数据传输速率可达 600 Mbit/s）增加了对于多天线传输的支持，从而提高了数据传输速率，增强了传输距离。近年来，IEEE 802.11ac 是一个发展中的标准，通过 6 GHz 频段提供无线局域网通信，理论上，它最少能够提供每秒数 1 GB 带宽进行多站式无线局域网通信，或是最少每秒 500 Mbit/s 的单一连线传输带宽。无线局域网作为有线局域网的补充，在许多不适合布线的场合有较广泛的应用。

组建无线局域网需要的设备有无线网卡、无线接入点（AP）、计算机及其他有关设备。无线接入点是数据发送和接收的设备，如无线路由器等设备。通常一个接入点能够在几十米至上百米的范围内连接多个无线用户。

无线网络的优点：由于没有电缆的限制，因此移动计算机十分方便。安装无线网络通常比安装以太网更容易。

无线网络的缺点：无线技术的速度通常比其他技术的速度慢，在所有情况（除理想情况之外）下，无线网络的速度通常大约是其标定速度的一半。无线网络可能会受到某些物体的干扰，如无绳电话、微波炉、墙壁、大型金属物品和管道等。

6. 局域网使用

局域网是人们接触最多的网络类型，家庭或宿舍中有两台或两台以上计算机可以组建以太网或者无线网络。在 Windows 系统中可以选择家庭网络、工作网络、公用网络等不同的网络位置。

2.2　网络安全与防护

2.2.1　网络安全的概念

网络安全是指网络系统的硬件安全、软件安全和数据安全。从本质上讲，网络安全就是网络上的信息安全。信息安全包括数据安全和计算机设备安全，它的目的是保护信息的机密性、完整性和可用性等。

2.2.2　网络系统的安全威胁

网络系统的安全威胁主要来自黑客攻击、病毒及木马攻击、操作系统安全漏洞、网络内部安全威胁等几个方面。

1. 黑客攻击

1）黑客的定义

计算机黑客（hacker）是指未经许可擅自进入某个计算机网络系统的非法用户。计算机黑客往往具有一定的计算机技术，主要利用操作系统软件和网络的漏洞、缺陷，采取截获账户名和口令密码等方法，从网络外部非法入侵某个计算机系统，肆意攻击网络系统，窃取、破坏或篡改网络系统中的信息，破坏系统运行等活动，对计算机网络造成很大的损失和破坏。

2）黑客的攻击方法

黑客的攻击方法大致可以分为七类：口令入侵、放置特洛伊木马程序、WWW 欺骗技术、电子邮件攻击、网络监听、安全漏洞攻击、端口扫描攻击。

我国《刑法》中规定了有关利用计算机犯罪的条款，非法制造、传播计算机病毒和非法进入计算机网络系统进行破坏都是犯罪行为。

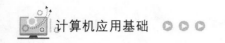

2. 病毒及木马攻击

1）计算机病毒

《中华人民共和国计算机信息系统安全保护条例》（1994 年）第二十八条中，将计算机病毒定义为：计算机病毒，是指编制或者在计算机程序中插入的破坏计算机功能或者毁坏数据，影响计算机使用，并能自我复制的一组计算机指令或者程序代码。

大部分的病毒感染系统之后一般不会马上发作，它可长期隐藏在系统中，只有在满足其特定条件时才启动其表现（破坏）模块，只有这样它才可进行广泛的传播。

（1）计算机病毒的主要特征有寄生性、潜伏性、感染性、破坏性等。

① 寄生性：病毒一般不以独立文件的形式存在，而是隐藏在系统区或其他文件内。

② 潜伏性：寄生在系统区或文件内的病毒一般处于潜伏状态，不会立刻发作，当满足一定条件（如某日、某事件等）时，就被触发、激活，开始起传染和破坏作用。

③ 感染性：病毒程序运行时，开始不断地自我复制，并把这些复制品隐藏或嵌入到其他健康的程序和文档中，从而造成其他程序和文档也被感染。

④ 破坏性：恶性病毒被触发时会表现出一定的破坏性，如损坏、篡改和丢失系统中的程序和数据，甚至破坏硬件（如 CIH 病毒每年 4 月 26 日发作时会烧毁计算机主板）。

（2）计算机病毒的分类方法有多种，可以按病毒对计算机破坏的程度、传染方式、连接方式等来分类。

① 按病毒对计算机破坏的程度：可将病毒分为良性病毒与恶性病毒。良性病毒是指那些只表现自己而不破坏系统数据的病毒；恶性病毒的目的在于人为地破坏计算机系统的数据、删除文件或对硬盘进行格式化。

② 按病毒的传染方式：可以将计算机病毒分为引导区型病毒、文件型病毒、混合型病毒。

③ 按病毒的连接方式：从网上下载软件，运行电子邮件中的附件，通过交换磁盘交换文件，在局域网中复制文件等。

2）计算机木马

利用计算机程序漏洞侵入后窃取文件的程序被称为木马。计算机木马也是一种与计算机病毒类似的指令集合，它寄生在普通程序中，并暗中破坏或窃取使用者的重要文件数据资料。它与计算机病毒的区别是：木马不进行自我复制，即不会感染其他程序。

3. 操作系统安全漏洞

任何计算机操作系统都会存在漏洞，这些漏洞大致可分为两类：一类是由于设计缺陷所致；一类是由于使用不当造成。因系统管理不善而引发的安全漏洞主要是系统资源或账户权限设置不当。例如共享资源的权限设置不当，或账户密码太过简单等。

4. 网络内部的安全威胁

网络内部的安全威胁主要是指内部的人员有意或无意地泄密重要信息、非授权地浏览机密信息、更改网络配置信息和记录信息，破坏网络系统和设备等行为。

2.2.3　常用的网络安全技术

网络安全技术从应用角度来讲，主要有以下六个方面的技术：实时硬件安全技术、软件系统安全技术、网络站点安全技术、数字加密技术、病毒防治技术、防火墙技术。其中，数字加密技术、病毒防治技术、防火墙技术是网络安全技术的三大核心。

1. 数字加密技术

数据加密技术是指采用某种密钥算法进行的数字加密与解密的技术。加密是指按某种密钥（即算法）将数据重新编码，使之成为一种不可理解的形式（即密文）。但密文到达接收方后，必须先解密，才能被理解和使用。图 1-2-17 所示为加密与解密的工作过程。

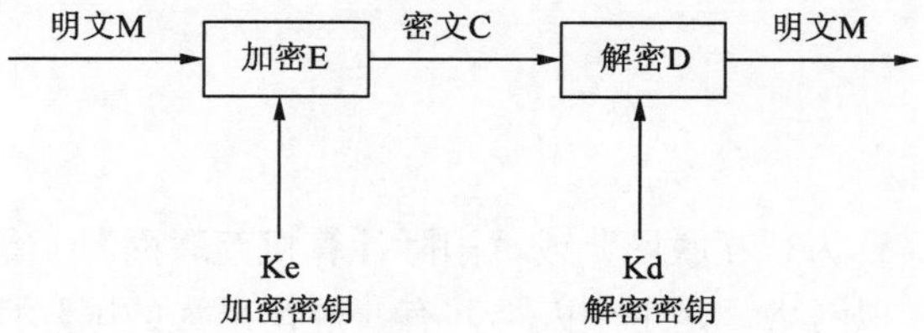

图 1-2-17　加密与解密的工作过程

2. 病毒防治技术

做好计算机病毒的防治是减少其危害的有力措施。防范网络病毒应从两个方面着手，一是从管理上防范，对内部网与外界进行的数据交换进行有效的控制和监督；二是从技术上防范，使用保护计算机系统安全的防病毒软硬件产品。

1）管理方面的防范措施

（1）不随意使用外来的闪存盘和各种可移动硬盘，在使用时务必先用杀毒软件扫描。

（2）不随意复制和使用来源不明的、未经安全检测的软件或资料，尤其是游戏程序。

（3）不随意打开来历不明的邮件。

（4）不浏览不知底细的网站。

（5）不将重要数据存储在系统盘上。

（6）定期对重要数据文件进行备份。

2）技术方面的防范措施

（1）安装杀毒软件：国产杀毒软件有很多，比如 360、火绒、腾讯、瑞星、金山等。世界上公认的比较著名的杀毒软件有 Symantec、卡巴斯基、F-SECURE、MACFE、诺顿、趋势科技、熊猫等。

（2）安装防病毒卡：防病毒卡是用硬件的方式保护计算机免遭病毒的感染。

（3）选用合适防病毒软件实时监测，并及时更新。

（4）及时升级系统软件，以防病毒利用软件漏洞。

3. 防火墙技术

防火墙（Firewall）一般是由计算机硬件和软件组成的，是用于将因特网的子网与因特网的其余部分相隔离，以达到网络和信息安全效果的软件或硬件设施。防火墙可以被安装在一个单独的路由器中，用来过滤不想要的信息包，也可以被安装在路由器和主机中。它在企业内部网络和外部互联网之间设置了一道屏障，对进出内部网的数据进行分析与检查，从而防止有害信息的侵入和非法用户的闯入，达到保护内部网络安全的目的。

防火墙的功能主要体现在以下几个方面：

（1）安全策略的检查站：只有满足安全策略的信息才能通过。

（2）网络安全的屏障：过滤不安全的服务，极大地提高内部网络安全性。

（3）对网络存取和访问进行监控审计：对网络使用情况进行监测、统计，并记录访问日志，从而对网络的运行情况进行异常报警、流量统计，以及对网络需求和威胁进行分析。

2.3 互联网技术及应用

2.3.1 互联网

1. 什么是互联网

因特网（Internet）又称为“互联网”或“国际计算机互联网”，是通过路由器将不同类型的物理网互联在一起的虚拟网络，是由全人类共有、规模最大的国际性网络集合。因特网采用TCP/IP 控制各网络之间的数据传输，采用分组交换技术传输数据。实际上，Internet 本身不是一种具体的物理网络，而是一种逻辑概念。

2. 互联网的服务功能

Internet 是全球数字化信息库，它提供了全面的信息服务，如浏览、访问、检索、阅读、电子邮件、文件传输、交流信息等各种服务。这些服务主要功能可划分为五个方面：万维网信息浏览（WWW）、电子邮件（E-mail）、文件传输（FTP）和远程登录（Telnet）、即时通信（IM）。

1）WWW 服务

万维网（world wide web，WWW），将位于全世界互联网上不同网址的相关数据信息有机地编织在一起，通过浏览器向用户提供一种友好的信息查询界面。WWW 遵从超文本传输协议（hyper text transfer protocol，HTTP）。

2）电子邮件（E-mail）

用户发送和接收电子邮件与实际生活中邮局传送普通邮件的方式相似。如图 1-2-18 所示，先将需要发送的信息放在邮件中；再通过电子邮件系统发送到网络上的一个邮件服务器；然后通过网络传送到另一个邮件服务器；接收方的邮件服务器收到邮件后，再转发到接收者的电子邮箱中；最后接收者在自己的电子邮箱中收取到电子邮件。

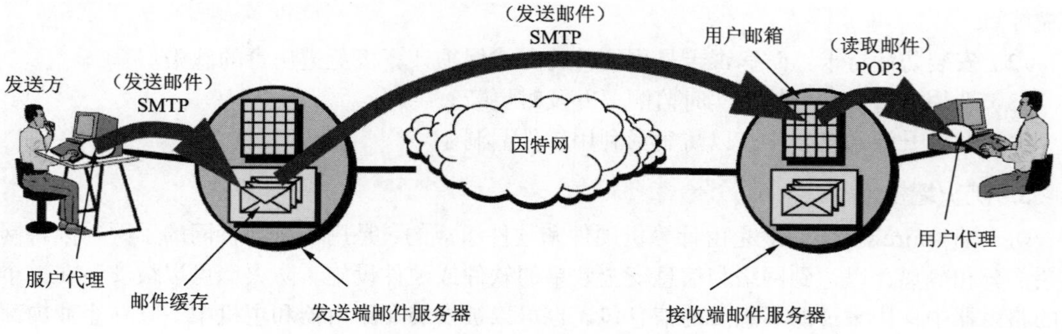

图 1-2-18 电子邮件的发送与接收

发送电子邮件时遵循简单邮件传输协议（simple mail transfer protocol，SMTP），而接收电子邮件时则遵循邮局协议（post office protocol 3，POP3）。

3）远程登录（telnet）

远程登录是 Internet 提供的最基本信息服务之一。远程登录是在网络通信协议 Telnet 的支持下，使本地计算机暂时成为远程计算机仿真终端的过程。

4）文件传输（FTP）

文件传输是指在计算机网络上的主机之间传送文件。Internet 上的两台计算机，无论地理位置相距多远，只要两者都支持 FTP，就可以将一台计算机上的文件传送到另一台。

5）即时通信（IM）

即时通信（instant messaging，IM）是一种基于互联网的即时交流消息的业务，是一个终端服务，允许两人或多人使用网络即时传递文字、图片、文档、语音与视频的交流方式。即时通信服务往往都具有 Presence Awareness 的特性——显示联络人名单，在线状态等。

按使用用途，即时通信可分为企业即时通信和网站即时通信；按装载的对象，又可分为手机即时通信和 PC 即时通信。

即时通信的常用软件有腾讯 QQ、微信、企业微信、阿里旺旺、钉钉、QQ 邮箱、WeChat、Skype、新浪 UC、Discord、微软 Teams 等。

2.3.2　TCP/IP

1. TCP/IP 定义

TCP/IP 是互联网络信息交换规则、规范的集合体（包含 100 多个相互关联的协议，TCP 和 IP 是其中最为关键的两个协议）。

1）IP（internet protocol）

IP 是网际协议，它位于网际层，是 Internet 协议体系的核心。IP 定义了 Internet 上计算机网络之间的路由选择。简单地说，路由选择就是在网上从一个节点到另一个节点的传输路径的选择，将数据从一地传输到另一地。IP 的另一个功能是将不同格式的物理地址转换为统一的 IP 地址，将不同格式的帧转换为“IP 数据报”，向 TCP 所在的传输层提供 IP 数据报，实现无连接数据报传送。

2）TCP（transmission control protocol）

TCP 是传输控制协议，位于传输层，规定了通信的双方必须先建立连接，才能进行通信；在通信结束后，终止它们的连接。TCP/IP 向应用层提供面向连接的服务，确保网上所发送的数据可以完整地接收。一旦数据丢失或破坏，则由 TCP 负责将被丢失或破坏的数据重新传输一次，实现数据的可靠传输。

3）其他常用协议

Telnet：远程登录服务。

FTP：文件传输协议。

HTTP：超文本传输协议。

SMTP：简单邮件传输协议。

DNS：域名解析服务。

2. IP 地址与域名系统

1）IP 地址

IP 地址是 Internet 上一台主机或一个网络结点的逻辑地址，是用户在 Internet 上的网络身份证，由 4 个字节共 32 位二进制数字组成。在实际使用中，每个字节的数字常用十进制来表示，即每个字节数的范围是 0～255，且各数之间用点隔开。例如 32 位的 IP 地址 11001010 01110000 00000000 00100100，就可以简单方便地表示为 202.112.0.36。

众所周知，日常生活中的电话号码包含两层信息：前若干位代表地理区域，后若干位代表电话序号。与此相同，32 位二进制 IP 地址也由两部分组成，分别代表网络号和主机号。IP 地址的结构如图 1-2-19 所示。

网络号	主机号

图 1-2-19　IP 地址的结构

2）IP 地址的分类

为了充分利用 IP 地址空间，Internet 委员会定义了五种 IP 地址类型以适合不同容量的网络，即 A 类～E 类，见表 1-2-1，用于规划互联网上物理网络的规模。其中 A、B、C 三类最为常用。

表 1-2-1　IP 地址的分类

网络类别	第一段值	网 络 位	主 机 位	适 用 于
A	0～127	前 8	后 24	大型网络
B	128～191	前 16	后 16	中型网络
C	192～223	前 24	后 8	小型网络
D	224～239		多点广播	
E	240～255		保留备用	

3）IP 地址的配置原则

（1）不能将 0.0.0.0 或 255.255.255.255 配置给某一主机。这两个 32 位全 0 和全 1 的 IP 地址保留下来，用于解释为本网络和本网广播。

（2）配置给某一主机的网络号不能为 127。如：IP 地址 127.0.0.1 用作网络软件测试的回送地址。

（3）一个网络中的主机号应是唯一的。如：在同一个网络中，不能有两个 192.168.15.1 这样相同的 IP 地址。

4）IPv6

目前，IP 的版本号是 4，简称 IPv4，发展至今已经使用了 40 多年。IPv4 的地址位数为 32 位，也就是说最多有 2 32 个地址分配给连到 Internet 上的计算机等网络设备。

由于互联网的蓬勃发展和广泛应用，IP 地址的需求量愈来愈大，其定义的有限地址空间将被耗尽，地址空间的不足必将妨碍互联网的进一步发展。为了扩大地址空间，下一版本的互联网协议 IPv6 重新定义了网络地址空间。

IPv6 采用 128 位地址长度，几乎可以不受限制地提供地址，同时，IPv6 还考虑了在 IPv4 中解决不好的其他问题，主要有端到端 IP 连接、服务质量（QoS）、安全性、多播、移动性、即插即用等。IPv6 正在慢慢取代 IPv4。

3. 域名

1）域名定义

由于 IP 地址是用一串数字来表示的，用户很难记忆，为了方便记忆和使用 Internet 上的服务器或网络系统，就产生了域名（domain name，又称为域名地址），也就是符号地址。相对于 IP 地址这种数字地址，利用域名更便于记忆互联网中的主机。

域名和 IP 地址是 Internet 地址的两种表示方式，它们之间是一一对应的关系。域名和 IP 地址的区别在于：域名是提供用户使用的地址，IP 地址是由计算机进行识别和管理的地址。例如，北京大学的域名就是 www.pku.edu.cn，它对应的 IP 地址为 124.205.79.6。

2）域名层次结构

域名采用层次结构，一般含有 3～5 个字段，中间用"."隔开。从左至右，级别不断增大（若自右至左，则是逐渐具体化）。

图 1-2-20 所示是一个域名例子，其中，最右边的一段称为顶域名，或称一级域名，是最高级域名，它代表国家代码或组织机构。如：网易公司的域名 www.163.com 中的.com、国务院网站的域名 www.gov.cn 中的.cn 等。

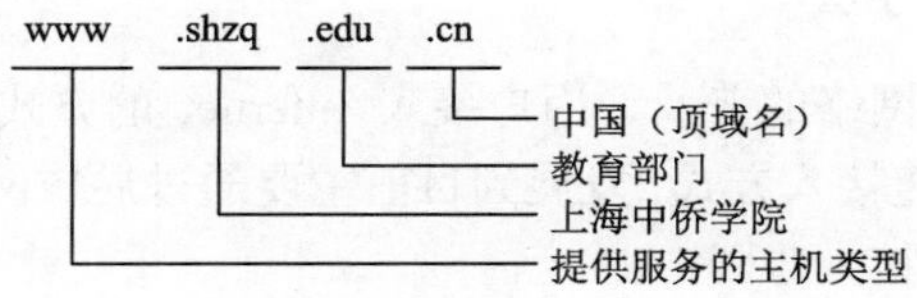

图 1-2-20　域名层次结构的含义

由于 Internet 起源于美国，所以一级域名在美国用于表示组织机构，美国之外的其他国家用于表示国别或地域。常用的一级域名见表 1-2-2（注：表中仅列出了部分表示国家的二级域名）。

表 1-2-2　常用一级域名一览表

域　名	含　义	域　名	含　义
.com	商业部门	.cn	中国
.net	大型网络	.us	美国
.gov	政府部门	.uk	英国
.edu	教育部门	.au	澳大利亚
.mil	军事部门	.jp	日本
.org	组织机构	.ca	加拿大

在一级域名下，继续按机构性和地理性划分的域名，就成为二、三级域名。如北京大学的域名 www.pku.edu.cn 中的.edu、上海热线域名 www.online.sh.cn 中的.sh 等。

注意： 域名使用中，大写字母和小写字母是没有区别的；域名的每一部分与 IP 地址的每一部分没有任何对应关系。

3）域名系统（domain name system，DNS）

虽然域名的使用为用户提供了极大方便，但主机域名不能直接用于 TCP/IP 进行路由选择。当用户使用主机域名进行通信时，必须首先将其转换成 IP 地址，这个过程叫域名解析。

把域名转换成对应 IP 地址的软件称为"域名系统"（domain name system，DNS）。装有域名系统软件的主机就是域名服务器（domain name server）。DNS 提供域名解析服务，从而帮助寻找主机域名所对应的、网络可以识别的 IP 地址。

4. URL 与信息定位

WWW 的信息分布在各个 Web 站点，为了能在茫茫的信息海洋中准确找到这些信息，就必须先对互联网上的所有信息进行统一定位。统一资源定位器（uniform resource locator，URL）就是用来确定各种信息资源位置的，俗称“网址”。其功能是描述浏览器检索资源所用的协议、主机域名及资源所在的路径与文件名。

5. 电子邮件的使用

电子邮箱是用来存储电子邮件的网络存储空间，由电子邮件服务机构为用户提供。电子邮箱的地址格式为：用户名@邮件服务器主机域名。其中，符号@表示英文单词“at”，读作 at，中文含义是“在”的意思。例如，电子邮箱地址 teacher_lv@163.com 的意思就是：在 163.com 上用户名为 teacher_lv 的用户邮箱。

2.3.3 Internet 的接入方法

随着网络技术的发展和网络的普及，用户接入 Internet 的方式已从过去常用的电话拨号、ISDN 综合数字业务网等低速接入方式，发展到目前主要通过局域网、宽带 ADSL、有线电视网、光纤接入、无线接入等高速接入方式。

1. 局域网接入

通过网卡，利用数据通信专线（双绞线、光纤等）将用户计算机连接到某个已与 Internet 相连的局域网（例如园区网）。

2. ADSL 接入

ADSL（asymmetrical digital subscriber line，非对称数字用户线路）是一种利用既有电话线实现高速、宽带上网的方法。采用 ADSL 接入，需要在用户端安装 ADSL Modem 和网卡。所谓“非对称”是指与 Internet 的连接具有不同的上行和下行速度。上行是指用户向网络上传信息，而下行是指用户从 Internet 下载信息。目前 ADSL 上行传输速率可达 1 Mbit/s，下行最高传输速率可达 8 Mbit/s。

3. 有线电视接入

有线电视接入是指通过中国有线电视网（community antenna television，CATV）接入 Internet，采用 CATV 接入需要在用户端安装电缆调制解调器（cable modem），上行速率达 10 Mbit/s，下行速率达 36 Mbit/s。

4. 光纤接入方式

光纤接入方式是为居住在已经或便于进行综合布线的住宅、小区和写字楼的较集中的用户，以及有独享光纤需求的大企事业单位或集团用户的高速上网需求提供的，传输带宽 2～1 000 MB 不等。可根据用户群体对不同速率的需求，实现高速上网或企业局域网间的高速互联。同时由于光纤接入方式的上传和下传都有很高的带宽，尤其适合开展远程教学、远程医疗、视频会议等对外信息发布量较大的网上应用。

5. 无线接入

无线接入是指从用户终端到网络交换结点采用或部分采用无线手段的接入技术。

无线接入 Internet 的技术分成两类，一类是基于移动通信的无线接入，如 GPRS（利用手机 SIM 卡上网，以数据流量计费）、EDGE（稍快于 GPRS，是向 3G 的过渡技术）、3G（即第三代移动通信技术，现共有四种技术标准：CDMA2000，WCDMA，TD-SCDMA，WiMAX）、4G（即第四代移动通信技术，从目前全球范围 4G 网络测试和运行的结果看，4G 网络速度大致可比 3G 网络快 10 倍）、5G（即第五代移动通信技术，上行平均速率达 260.4 Mbit/s，下行平均速率达 885.7 Mbit/s）；另一类是基于无线局域网技术的无线接入，无线局域网也被称为 WLAN，它作为传统布线网络的一种替代方案或延伸，利用无线技术在空中传输数据、话音和视频信号。目前，无线局域网有许多标准，比如 IEEE 802.11 系列（IEEE 802.11、IEEE 802.11b、IEEE 802.11a、IEEE 802.11g、802.11n、802.11ac 等）、蓝牙、HomeRF 等，其中手机和笔记本式计算机常用的 Wi-Fi 无线上网，就是其中一个基于 IEEE 802.11 系列的技术标准。

第3章　多媒体技术基础

信息化社会需要信息技术的支持，多媒体技术是信息技术不断发展的必然产物。同时，多媒体在现实中的应用也已充分证实了它比单一媒体能够更好地表达信息的内涵，更便于人们对信息的理解和处理。

多媒体作为传递信息的载体，其信息主要表现形式有文字、声音、图像、动画、视频等多种形式。

3.1　多媒体技术概述

3.1.1　媒体和多媒体定义

1. 媒体

媒体（media）是指信息传递与存储的媒介和载体。它有两层含义：一是存储信息的载体，如磁带、磁盘、光盘等；二是传递信息的载体，如文本、声音、图片、视频、动画等。

2. 多媒体

多媒体（multimedia）是指多种媒体的组合使用。多媒体从字面上理解就是文本、图形、图像、声音、动画和视频等“多种媒体信息的集合”，它融合了两种以上、具有交互性的信息交流和传播的媒体。

多种媒体有机组合使得有用的信息得以充分地表达、传播和利用。从而能够极大地满足人们对信息的高容量、高质量的需求。

3.1.2　多媒体技术定义

1. 多媒体技术

多媒体技术是以计算机为操作平台，能够同时获取、处理、编辑、存储、传输、管理和表现两种以上不同类型信息媒体的一门新兴技术。

2. 多媒体技术的特点

多媒体技术具有信息媒体的多样化和媒体处理方式的多样化特性、媒体本身及处理媒体的各种设备的集成性、用户与媒体及设备间的交互性，以及音频视频媒体与时间密切相关的实时性等特点。

3. 多媒体网络技术

多媒体网络技术是综合性的技术，它的目标是实现多个多媒体计算机系统的联合应用。目前，在网络上传播多媒体信息，已从传统的下载发展到数据流式传输。

传统的下载传输方式是在播放之前，需要先下载多媒体文件至本地计算机，这样用户等待的时间较长。数据流式传输，即流媒体（streaming media）传输技术，是指媒体服务器向用户计算机的连续、实时传送，并可以同时播放已下载的数据，从而不存在下载延时的问题。

3.1.3　多媒体系统

多媒体系统包括多媒体硬件系统和多媒体软件系统。

1. 多媒体硬件系统

多媒体硬件系统包括支持多媒体信息的采集、存储、处理、表现等所需要的各种硬件设备，如用于支持多媒体程序运行的带多媒体功能的 CPU、用于实现图像信息处理和显示的显卡、用于声音采集和播放的声卡、用于视频捕捉和显示的视频卡、用于各种多媒体信息存储的光盘驱动器等大容量存储设备，以及相关的各种外围设备，如话筒、音箱、显示器、数码照相机、数码摄像机等。

2. 多媒体软件系统

多媒体软件系统包括支持各种多媒体设备工作的多媒体系统软件和应用软件。

1）操作系统的多媒体功能

计算机系统中的软、硬件资源需要操作系统来管理，所以要管理好具有多媒体软、硬件资源的计算机，就需要有多媒体功能的操作系统。

操作系统的多媒体功能主要体现在：具有同时处理多种媒体的功能，具有多任务的特点；能控制和管理与多种媒体有关的输入、输出设备；能管理存储大数据量的多媒体信息的海量存储器；能管理大的内存空间，并能通过虚拟内存技术，在物理内存不够的情况下，借助硬盘等外存空间，给多媒体程序和数据的运行和处理，提供更大的内存空间支持。

2）多媒体信息处理

多媒体信息处理主要是指把通过外围设备采集来的多媒体信息，包括文本、图像、声音、动画、影视等，用多媒体处理软件进行加工、编辑、合成、存储，最终形成多媒体作品的过程。

3）多媒体应用软件

多媒体应用软件是利用多媒体加工和集成工具制作的、运行于多媒体计算机上的、具有某些具体功能的软件产品，如辅助教学软件、电子百科全书、游戏软件等。

3.2　计算机绘图

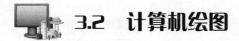

Visio 是微软公司出品的一款专业的办公绘图软件，借助于丰富的模板、模具和形状等资料，可以帮助用户轻松地完成各类图表的绘制。其应用广泛且操作简便，绘图精美，深受广大用户喜爱，在同类软件中具有较高的美誉。

Visio 2016 与以往版本相比，不仅操作界面有变化，其在数据链接、图形形状和信息管理方面的功能也有增加和改进。Visio 已成为当今较为流行的绘图软件之一。

3.2.1 Visio 2016 简介

Visio 2016 是 Office 系列办公套件中的一个组成部分，但它是作为单独的应用程序出现的，并没包含在一般的 Office 2016 套件销售之中。

1. Visio 2016 的主要版本与功能

Visio 2016 标准版内置了丰富的模具，具有强大的图表绘制功能。丰富的形状和模具可以帮助用户轻松地创建多重用途的图表。除了可适用于所有图表类型的新功能外，Visio 2016 标准版还支持用户通过浏览器共享图表，同时可利用 SharePoint 中的 Visio Services 与未安装 Visio 的用户共享信息。

在标准版的基础上，专业版还拥有经过更新的模板、形状和样式，支持个人和团队创建和共享专业和多用途的图表，具有多用户同时处理一个图表和将图表链接到数据的功能。专业版支持“信息权限管理”，可以预防信息泄露。除此之外，还加入了 Office 式体验创新功能，用户可以体验暗色主题、操作说明搜索及图表创建和协作需要等功能。

Visio Pro for 365 版在包括专业版提供的所有功能之上，又新增了订阅最新服务的功能，它允许各用户在多达五台运行 Windows 10、Windows 8 或 Windows 7 的计算机上安装 Visio，并保证在订阅期间自动安装更新（包括功能和安全更新）。用户可以使用集中化策略延后安装，方便用户测试更新与系统的兼容性。除此之外，用户还可以利用 Microsoft Skype for Business 或 Microsoft Lync 和 Skype for Business Online 提供的状态和即时消息（IM）与 Office 365 进行集成。

2. Visio 2016 的应用范围

Visio 2016 作为微软的商业图表绘制软件，具有操作简单、功能强大、可视化等优点，深受广大用户喜爱。现在已被广泛地应用于软件设计、办公自动化、项目管理、广告、企业管理、建筑、电子、通信及日常生活等众多领域。

3.2.2 Visio 2016 的工作界面

Visio 2016 与以前的版本相比，工作界面更具美观性和实用性。这种界面改变了以往使用的菜单系统，取而代之的是功能区，将所有功能都以工具图标的形式在功能区上展示出来，这样更加方便用户使用。其工作界面如图 1-3-1 所示。

1. 功能区

Visio 2016 以功能区形式取代了传统的菜单命令，功能区内包含多个选项卡，各种操作命令依据功能的不同被放置在不同的选项卡内，选项卡内再按使用方式进行分组。这种界面与传统的菜单相比更加直观，使用的命令都以图标形式出现在功能区，使人一目了然。“开始”选项卡上是最常使用的命令，如图 1-3-2 所示，而其他选项卡上的命令则用于特定的目的。

功能区所包含的选项卡，除了图 1-3-2 中所展示的以外，还有一种是“上下文关联”的选项卡，当选定特定操作对象时才会动态出现。例如，在绘图区内插入一张图片，当选择该图片时，就会出现图 1-3-3 所示的“图片工具-格式”选项卡。

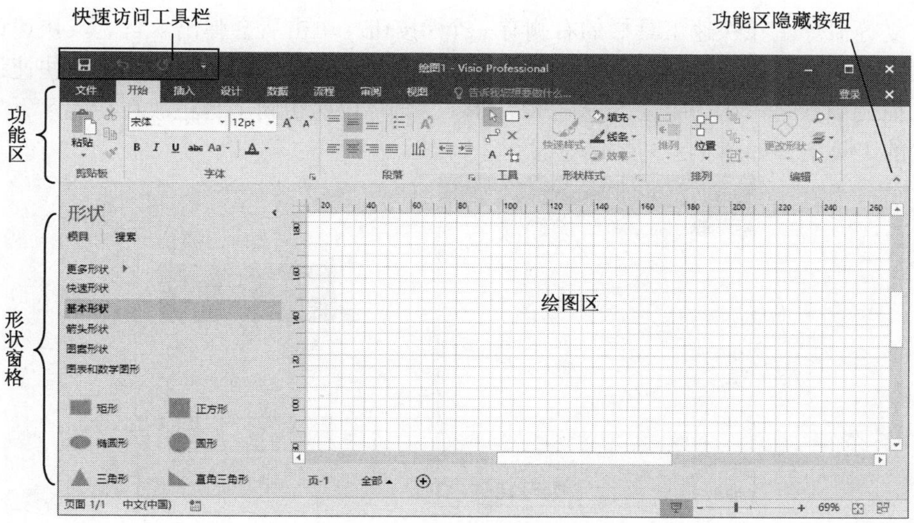

图 1-3-1　Visio 2016 的工作界面

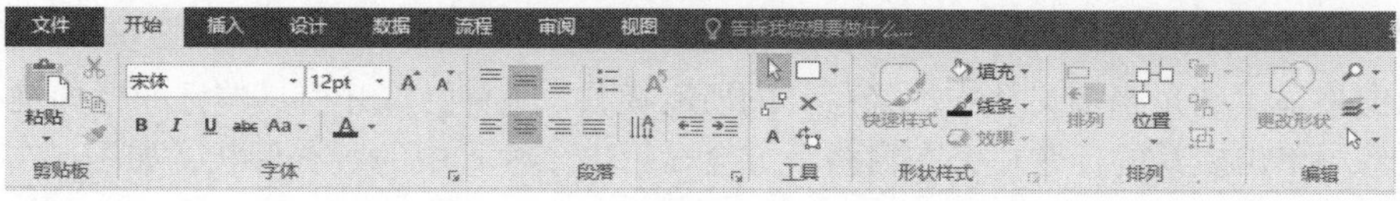

图 1-3-2　Visio 2016 的功能区

图 1-3-3　上下文关联的选项卡

此外功能区内命令组里还有一些标记具有特定含义。有的命令图标旁边带有“ ”标记，单击这个标记，会弹出隐藏的其他相关命令列表；还有些组的右下角会有“ ”标记，这个标记也称为对话框启动器按钮，单击会弹出本组命令的对话框，显示出更多丰富的操作命令。另外当光标置于某个命令图标之上时，稍做停留就会显示出有关该命令图标的提示信息，如图 1-3-4 所示。

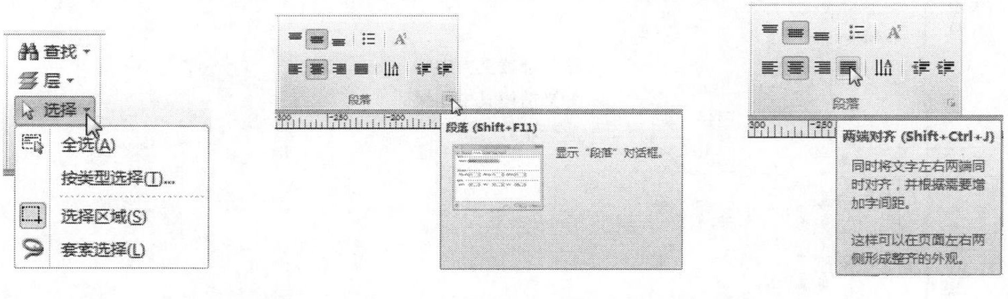

图 1-3-4　功能区中的特殊标记与提示信息显示

2. 快速访问工具栏

快速访问工具栏通常位于标题栏内，一般情况下仅放置使用频率最高的几个命令，如保存、撤销、重复等命令。在快速工具栏的右侧有一个▾按钮，单击后会弹出“自定义快速访问工具栏”列表，在此列表的菜单项上进行选择，就可以使其他命令出现（或消失）在快速访问工具栏中；选择最下方的“在功能区下方显示”命令，会将快速访问工具栏放在功能区下方，成为一个独立的工具条，如图 1-3-5 所示。

图 1-3-5　快速访问工具栏

3. 形状窗格

形状窗格显示的是当前文档中已经打开的所有模具。所有已打开模具的标题栏均堆叠于形状窗格的顶部。单击模具的标题栏，在窗格下方会显示出该模具中的所有形状，如图 1-3-6 所示。

每个模具标题栏单击打开后，其顶部（在浅色分割线上方）都有一个“快速形状”区域，这里放置的是本模具组中最常使用的形状。如果要添加或删除这里的快速形状，只要将所需形状拖入或拖出“快速形状”区域即可。通过将形状拖放到不同的位置可以重新排列模具组中各快速形状的位置顺序。

如果打开了多个模具，并且每个模具中都有需要的几个形状，那么就可以单击形状窗格上方的“快速形状”选项卡，这样当前打开文档中的所有模具的快速形状将都集中显示在一起，如图 1-3-7 所示。

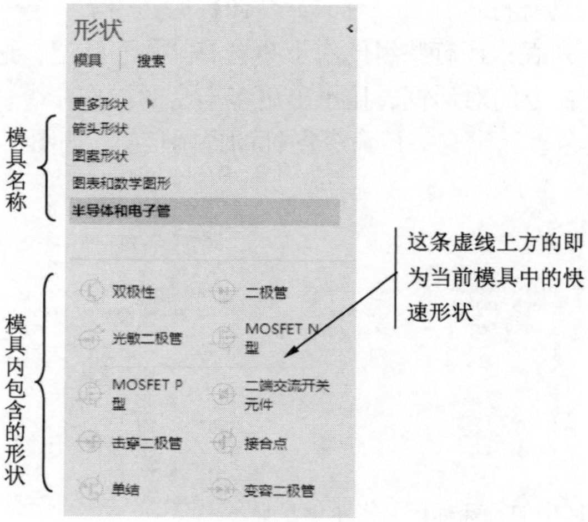

图 1-3-6　形状窗格

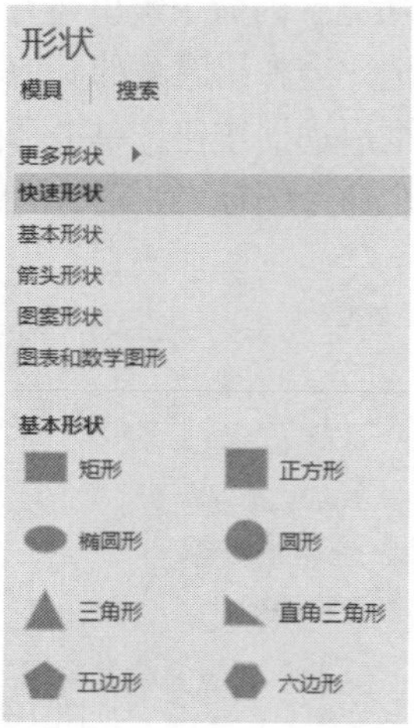

图 1-3-7　快速形状

4. 状态栏

状态栏位于 Visio 软件的最下方。状态栏中除了显示当前页数、页码等内容外，还包含了几个非常有用的功能，如录制宏、视图切换、全屏显示、当前绘图区的缩放以及多个工作窗口的切换等，如图 1-3-8 所示。

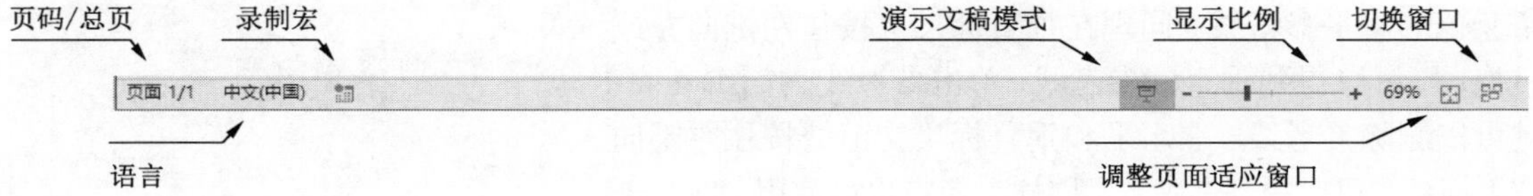

图 1-3-8　状态栏

在状态栏上右击，会弹出“自定义状态栏”的快捷菜单，在对应项上单击可以设定状态栏上项目的显示与隐藏，如图 1-3-9 所示。

5. 绘图区

绘图区是 Visio 软件中最主要的部分，如图 1-3-10 所示。使用 Visio 进行绘图时，只要从形状窗格内拖动形状到绘图区并放置就完成了最简单的图的绘制。绘图区以一个带有网络的页面形式展现，在这个区域的上方和左侧有标尺栏，用来辅助定位形状的摆放位置；右侧和右下角有滚动条，用来滚动绘图页面以显示更大的绘图区域；左下角为导航按钮和页面切换、新建页面按钮，即可以通过导航按钮在多个不同页面间切换，也可以直接单击页面切换按钮上的页面名称直接切换；单击新建页面按钮可以新建一个绘图页面（默认打开 Visio 时，只有“页-1”一个页面）。对于绘图页面上显示的网络以及绘图区域的标尺、参考线等可以通过“视图”功能区进行打开或关闭。“视图”功能区如图 1-3-11 所示。

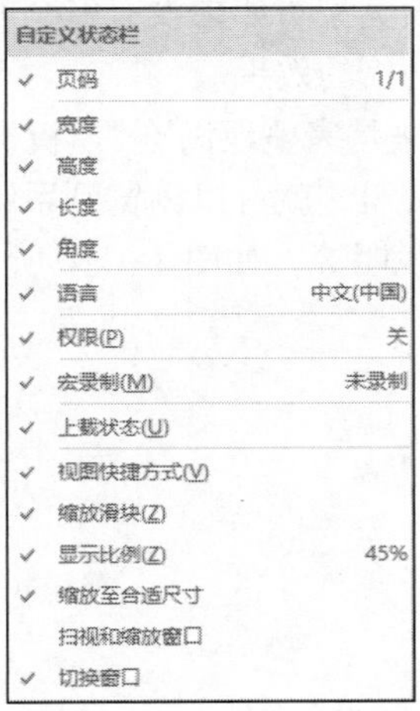

图 1-3-9　自定义状态栏

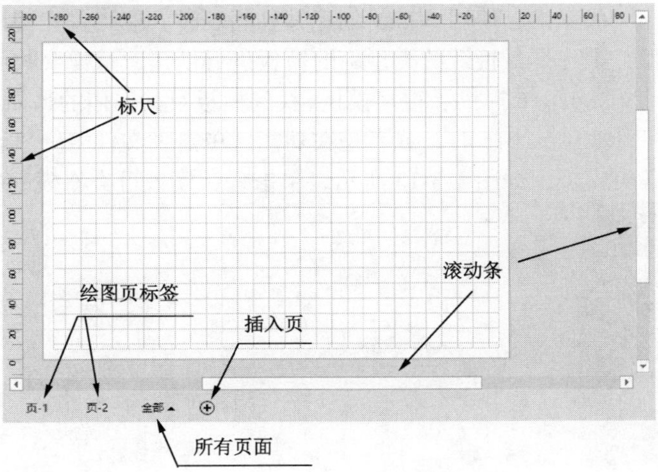

图 1-3-10　绘图区

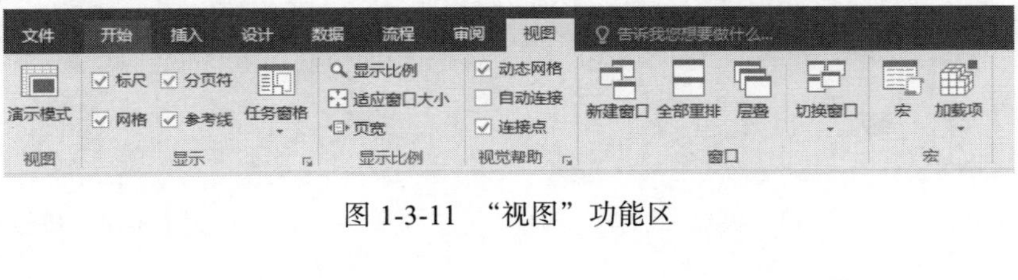

图 1-3-11　“视图”功能区

单击“视图”选项卡“显示”组的对话框启动器按钮，弹出“标尺和网格”对话框，在此对话框内可以进行标尺和网格的具体设定，如图 1-3-12 所示。

在水平标尺上按住鼠标左键并向下拖动，即可得到一条蓝色的水平参考线，同理在垂直标尺上按住左键向左或右拖动，可以得到垂直的参考线。单击参考线，按【Delete】键可以删除参考线。在水平和垂直标尺交汇处按住左键向右下拖动，可以得到参考点。同样参考点也可使用【Delete】键进行删除。在绘图过程中应用参考线和参考点可以为绘图提供极大的便利。

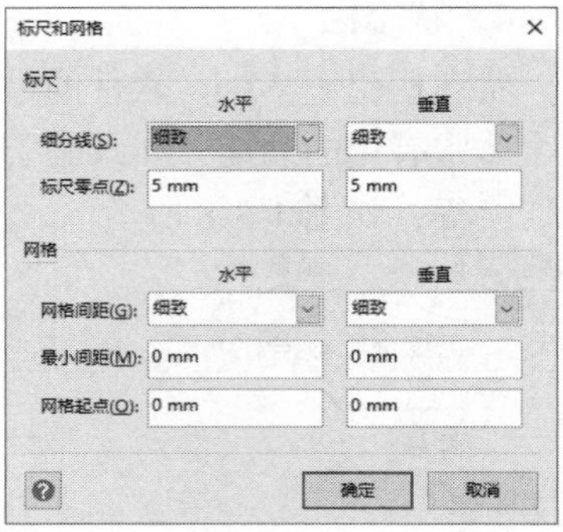

图 1-3-12 “标尺和网格”对话框

3.2.3 使用 Visio 绘图的几个主要概念

使用 Visio 绘图最大的特点就是可视化、操作简便。大多数图形只要通过对形状的拖放就能完成。下面就 Visio 绘图中涉及的几个主要概念进行简介。

1. 模板

Visio 提供了许多图表模板。每个模板都针对不同的图表和应用范围，集成了绘制该种图表所需要的模具形状以及图表页面、绘图网格设置等。因此，可以说模板中集成了模具形状和特定的图表页面、绘图网络等设置的综合元素。当然有些特殊的图表模板还有特殊功能，这些功能可以出现在功能区的特殊选项卡上。例如，打开“时间线”模板时，功能区上会显示“时间线”选项卡等。

一般来讲，使用 Visio 创建某种图表时，应当首先使用该图表类型（如果没有完全匹配的类型，则选择最接近的类型）的模板进行创建，这样会收到事半功倍的效果。

Visio 2016 提供了很多模板，找到模板及其作用的最简单的方法是完整地浏览“模板类别”。当打开 Visio 2016 时，或者是在功能区单击“文件”→“新建”按钮，就可以浏览到系统提供的各类模板，如图 1-3-13 所示，单击任一模板可查看模板的适用说明等，如图 1-3-14 所示。

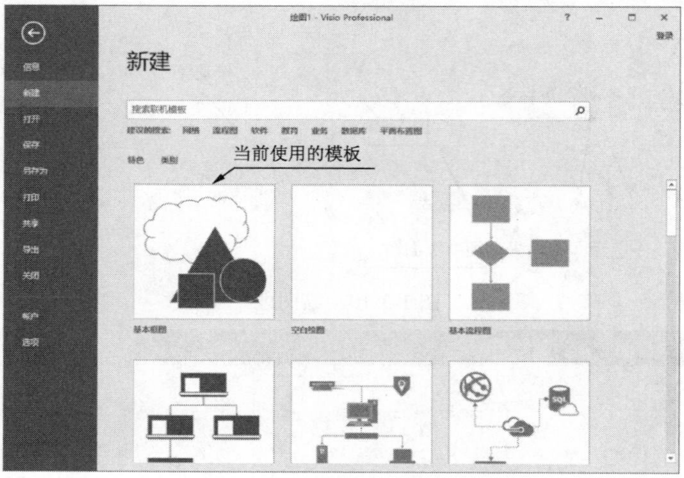

图 1-3-13 模板类别

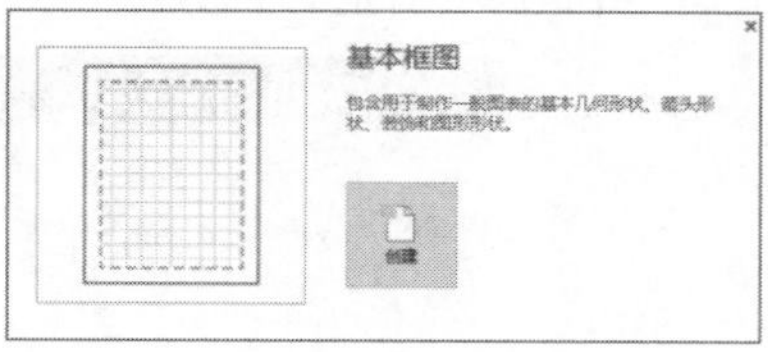

图 1-3-14 模板说明

在某些情况下，当打开 Visio 模板时，还会出现使用向导帮助完成图表的设置。例如，应用“空间规划”模板打开时会显示向导，该向导可以帮助完成设置空间和房间等信息。

2. 模具

Visio 中所谓的模具就是形状的集合。每个模具中的形状都有一些共同点。这些形状可以是创建特定种类图表所需的形状的集合，也可以是同一形状的几个不同的版本。例如，“基本流程图形状”模具中包含就是常见的流程图形状。

模具显示在“形状”窗格中。如果要查看某个模具中的形状，就在这个模具的标题栏上单击，此时该标题栏会显示为蓝色，同时形状窗格的下方显示的形状即是该模具中包含的形状。

模具通常与模板绑定在一起，每个模板打开时都会同时自动打开包含其中的模具，这些模具就是创建该种类型图表时可能会用到的形状。除此之外也可以根据需要随时打开其他模具，操作方法是在“形状”窗格中，单击“更多形状”按钮，然后选择所需的类别，再单击要使用的模具的名称即可，如图 1-3-15 所示。在绘制图时，除了使用某类模板自身所带具有的模具形状外，也可以增加其他模具里的形状。

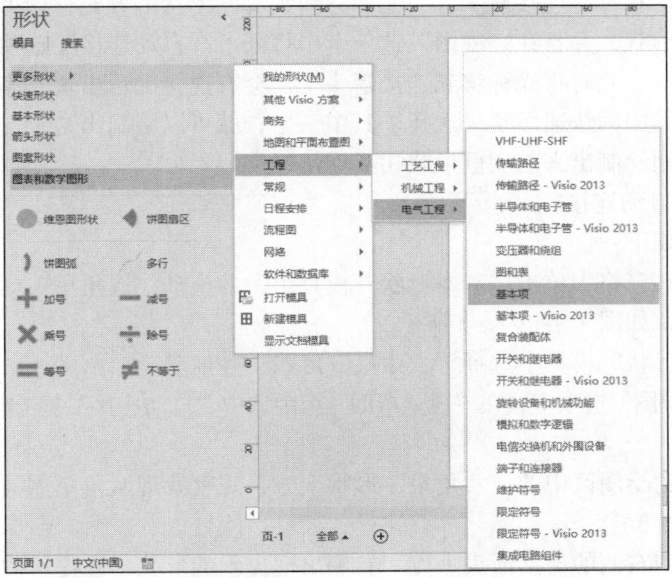

图 1-3-15　通过“更多形状”打开模具组

3. 形状和手柄

形状是 Visio 中构成图表的基本组成元素。形状普遍存在于模具之中，绘图时只需从模具中拖至绘图页上释放即可。拖放时原始形状仍保留在模具上，该原始形状称为主控形状，而放置在绘图页上的形状是该主控形状的副本，称之为实例。绘图时可以根据需要将同一形状的任意数量实例拖放至绘图页上。

拖放到绘图页上的实例形状，还可以做进一步的操作，例如，旋转、改变大小、改变格式等。这些操作有可能会涉及形状中的内置功能，利用形状上的各种手柄和箭头可以帮助我们快速应用这些功能。形状上的手柄主要有旋转手柄、连接箭头和选择手柄等，如图 1-3-16 所示。

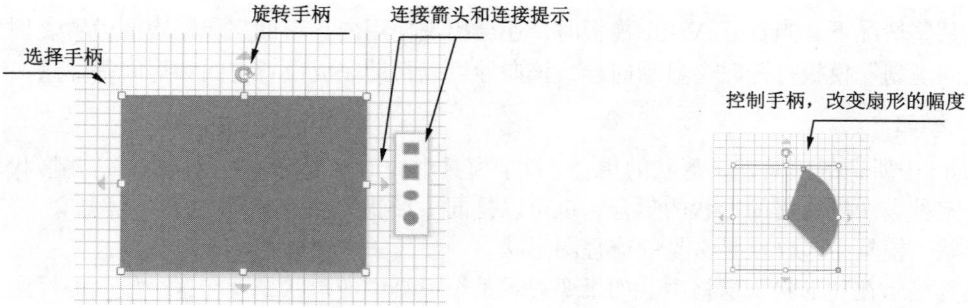

图 1-3-16　形状的可视化线索

1）旋转手柄

位于实例形状上方的圆形手柄称为旋转手柄。光标移到旋转手柄上，向右或向左拖动即可旋转该形状。

2）连接箭头

并不是所有的形状都有连接箭头。当光标移动到实例形状上方时，如果该实例形状所在的模具中设定了快速形状，并且在“视图”选项卡中打开了“自动连接”选项，就会在形状四周出现浅蓝色连接箭头。此时将光标移到连接箭头上，会有连接提示出现，连接提示的内容主要是当前形状所在模具中的快速形状。选择了其中一个，就可以绘制出这个选定的形状，并将当前实例形状与这个刚绘制出来的实例形状相互连接起来。

【例 3-1】创建自动连接。

具体操作方法如下：

（1）在“形状”窗格中单击“基本形状”模具组，并拖动“五角星”形状至“快速形状”区域中最前部位置，如图 1-3-17（a）所示。

（2）在“基本形状”模具中选择“六角星”形状，并拖动至绘图区域。

（3）切换至“视图”选项卡，在“视觉帮助”组中选中“自动连接”复选框，如图 1-3-17（b）所示。

（4）将光标移到绘图区中的“六角星”形状上方，观察发现六角星周围出现连接箭头，如图 1-3-17（c）所示。

（5）光标移动到右侧的连接箭头上方，右侧出现提示的形状，在提示的形状中单击“五角星”，绘制了五角星形状，并与原来的六边形形状连接，如图 1-3-17（d）所示。

3）选择手柄

当单击绘图页上的实例形状时，即选中这个实例形状，这个形状的周围会出现选择手柄。利用选择手柄可以更改形状的高度和宽度。单击并拖动形状某一拐角上的选择手柄沿 45° 角拖动可等比例缩放该形状。单击并拖动形状某一侧上的选择手柄可以改变形状的宽或高，这个改变不是等比例的。

4）控制手柄

有些实例形状被选择时，会同时显示出控制手柄，但并不是所有的形状都有控制手柄。控制手柄的外观颜色是黄色小方块。通过控制手柄可以改变实例形状在某一方面的幅度变化。例如，通过门形状的控制手柄可以改变门的开闭程度等。

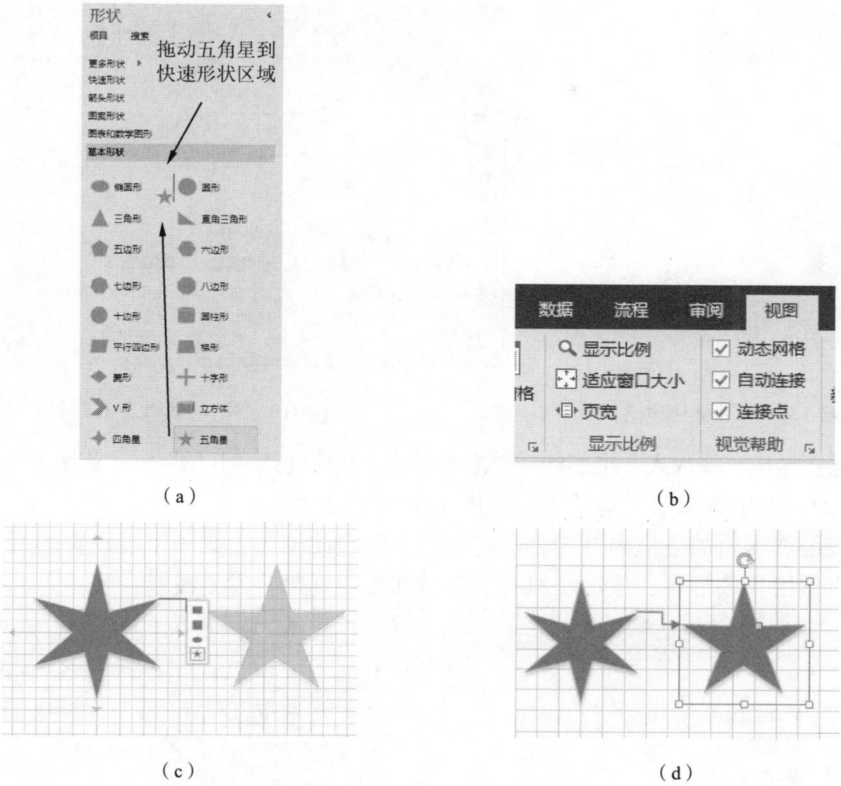

图 1-3-17　应用自动连接绘制形状

Visio 中的形状功能非常强大，它不仅仅是简单的图像或符号，形状中还可以包含数据和特定行为。当拉伸实例开关、右击实例形状或是移动实例形状上的黄色控制手柄就会看到这些行为。如何才能知道哪些形状具有特殊行为呢？通常的做法就是用右击形状，查看其快捷菜单上是否有特殊命令。

4. 图层

Visio 的图层与 AutoCAD 的图层很相似，都是用来管理形状的。使用图层可以对绘图页上的相关形状进行组织和管理，通过将形状分配到不同的图层，使用户可以有选择地查看、打印、设定、锁定不同类别的形状，以及控制能否与图层上的形状进行对齐或粘附等操作。从这个角度也可以说，图层就是已命名的一类形状。

【例 3-2】新建图层。

具体操作方法如下：

（1）单击“开始”→“编辑”→“图层”按钮，如图 1-3-18 所示，会弹出“分配层”和“层属性”两个选项。当前文件中没存在任何形状时，“分配层”功能不可用。

（2）单击“层属性”会打开“图层属性”对话框，如图 1-3-19 所示。

（3）单击图 1-3-19 中的“新建”按钮可以重新创建一个新的图层。

（4）在图层颜色列表处，可以对图层颜色进行设定，也可以对图层的透明度进行设定。这些设定会对加入该图层的形状的颜色和透明度产生作用。

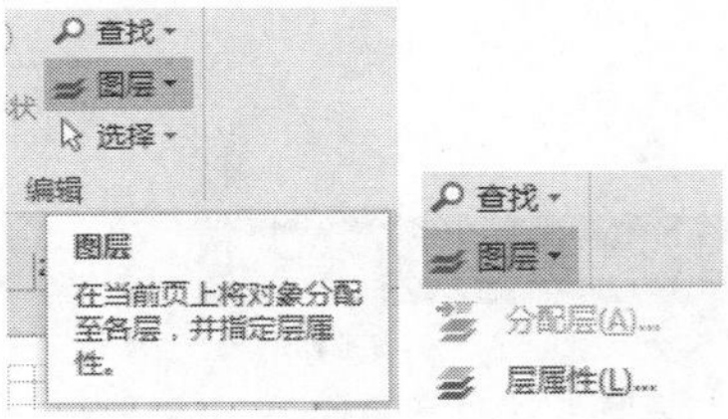

图 1-3-18　图层及其功能

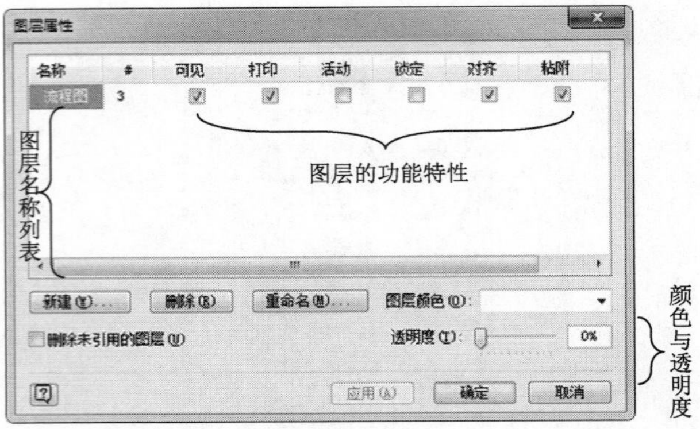

图 1-3-19　“图层属性”对话框

（5）在绘图区内，拖放入一个形状。单击该形状，然后选择“开始”→“编辑”→“图层”→“分配层”命令，弹出“图层”对话框，如图 1-3-20 所示。

（6）在图层选项前的方框内打钩表示将形状分配至此图层，则该图层设置的所有颜色和透明度等属性将作用于该形状，该形状原有的颜色和透明度等将发生改变。

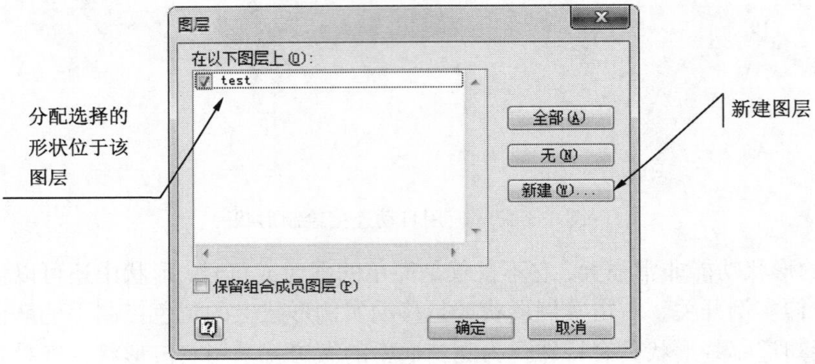

图 1-3-20　“图层”对话框

每个图层都具有如下功能特性：

（1）可见。在图 1-3-20 中将图层 test 的可见性关闭，单击“确定”按钮后，返回绘图区，发现原来分配到图层 test 中的形状不见了。再次打开“图层属性”对话框，打开可见属性后，再次单击“确定”按钮，返回绘图区，原来隐藏的形状又全部出现了。这个功能在绘制复杂图时比较实用。

（2）打印。该特性决定了本图层包含的形状可否被打印输出。如果取消了此项选定，则该图层的形状可以查看但不能被打印输出。

（3）锁定。该功能生效时，图 1-3-19 中的“删除”和“重命名”按钮将失效，同时“活动”特性也不可选择。绘图区中包含在此图层中的形状将被锁定不能被选择、移动、修改等。

（4）对齐。该功能生效时，本图层内的形状可以选择与其他形状进行“对齐”操作，否则不可。

（5）粘附。启用该功能时，本图层内的形状可以与其他图层的形状进行粘附操作。

（6）活动。如果要将电气布线形状添加到办公室布局绘图，可以使电气图层成为活动图层。

那么自此以后添加的所有形状都会自动分配到电气图层。当需要添加窗户时，就可以将墙壁图层指定为活动图层，依此类推。如果形状需要分配到多个图层，也可以指定多个活动图层。此时添加到页面上的形状会自动分配到所有活动的图层上。

使用图层绘图的好处很多，尤其是在复杂图的绘制中更是如此。例如绘制办公室布局时，可将墙壁、门和窗户分配到一个图层，而将电源插座分配给另一个图层，家具则再分配一个图层。这样，当处理电气系统中的形状时，就可以锁定其他图层，而不必担心会误将墙壁或家具重新排列。

5. 页面

Visio 绘图区即为绘图页面区域。Visio 的绘图页面默认显示为一张图纸，图纸下方左下角的选项卡为该绘图页面默认的名称“页-1”，单击页面名称旁边的图标，会完成新页面的添加。在绘图页面的名称上右击，在弹出的快捷菜单中选择“页面设置”命令，弹出“页面设置”对话框，如图 1-3-21 所示。此外，也可以通过“设计”选项卡“页面设置”组里的按钮完成页面的设置情况。

【例 3-3】新增页面并设置页面尺寸和方向。

具体操作方法如下：

（1）在当前绘图页面的名称签上右击，在弹出的快捷菜单中选择“插入”命令，弹出“页面设置”对话框，并定位在“页属性”页面。

（2）在“页属性”页面，定义该页面类型为“前景”，定义页面的名称为“页-2”，背景项为“无”，设定页面的度量单位为默认值“毫米”，如图 1-3-21（b）所示。

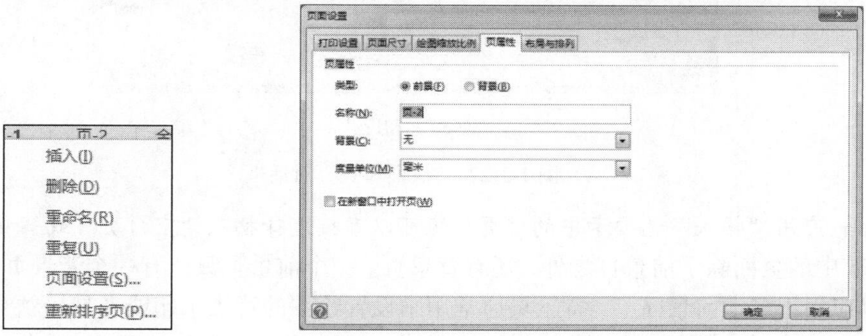

（a）　　　　　　　　　　（b）

图 1-3-21　快捷菜单和页属性

（3）单击“页面尺寸”选项卡，在此页面设定绘图页面的大小。系统默认的选项为：允许 Visio 按需展开页面。推荐使用这个设置，这样当绘制的形状超过预定的页面边界时，页面会自动延展。如果选择下方的“预定义大小”或“自定义”大小时，则页面不能自动延展，同时，当选定的页面尺寸是“预定义大小”或“自定义大小”时，在此处，还可设定页面的方向为“纵向”或“横向”。按需展开页面时，不需要选择页面方向，如图 1-3-22（a）所示。

（4）单击“绘图缩放比例”选项卡，在此页面进行绘图的缩放比例设定。系统的默认选项为 1∶1。可以根据绘图内容的需要进行选择预定义的缩放比例或自行定义缩放比例。这里使用系统默认的 1∶1 比例，如图 1-3-22（b）所示。

（5）单击“打印设置”选项卡，在此页面设置打印出图的纸张选择及打印比例。默认的打印纸型为 A4，打印比例为 100%，可以根据实际的需要进行相应调整。最终的出图比例是绘图缩放比例与打印比例的乘积，如图 1-3-22（c）所示。

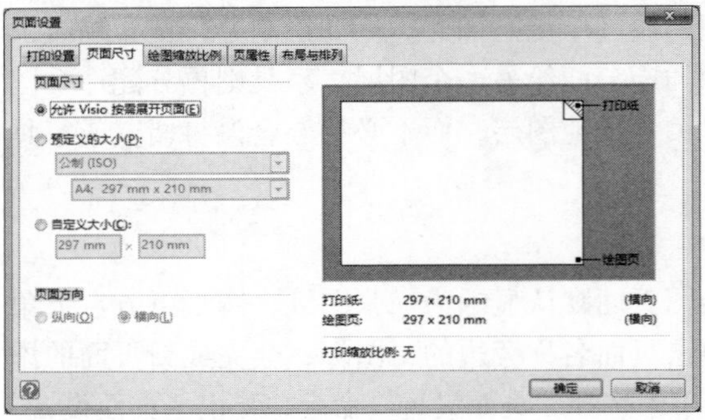

（a）页面尺寸

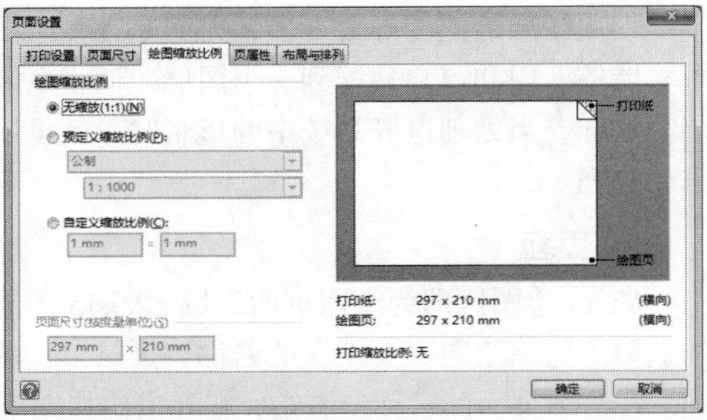

（b）绘图缩放比例

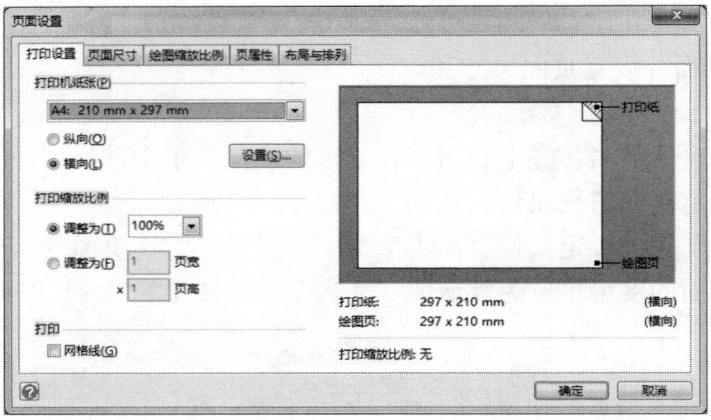

（c）打印设置

图 1-3-22 “页面设置”对话框

提示：应用“插入”选项卡中的“页”组可以直接选择插入“空白页”或“背景面”命令。

Visio 中的页面除了前景页之外，还有背景页。一个前景页只能有一个背景页，而一个背景页，可以应用于多个前景面上。背景页通常用来设置绘图的背景水印或者是标题、图框等信息。另外还需要注意的是背景页与前景面在页面大小、页面方向上保持一致。

【例 3-4】设置背景页。

具体操作方法如下：

（1）单击“设计”→“背景”→“背景”按钮，在弹出的菜单中选择“世界”选项，如图 1-3-23（a）所示。再次单击“边框和标题”按钮，在弹出的菜单中选择“都市”选项，完成背景和标题的设定，如图 1-3-23（b）所示。不论是添加“背景”还是“标题”系统都自动增加一个背景页，并将其默认命名为“背景-1”。

（2）选择“背景-1”并在其“页面设置”对话框中，依次设置“打印设置”项为 A4 纸型、纵向；“页面尺寸”设置为预定义大小 A4、纵向；绘图缩放比例为 1：1。单击“确定”按钮。

（3）双击背景页面的标题，进入修改状态，此时输入“我的 Visio 绘图”文字内容。

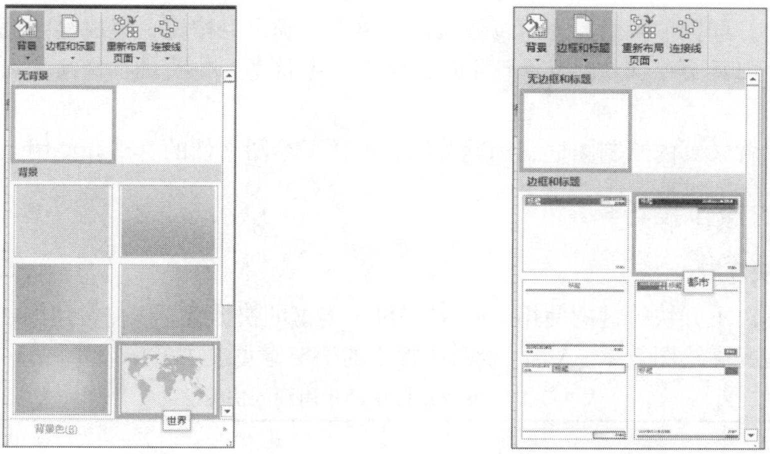

（a）　　　　　　　　　　　　　（b）

图 1-3-23　背景与标题设置

（4）单击标题右侧的“时间”项，出现选择手柄后，单击“插入”→“文本”→“域”按钮，如图 1-3-24 所示。弹出“字段”对话框，并自动选定了类别中的“日期/时间”选项，如图 1-3-25 所示。

（5）单击“数据格式”按钮，在弹出的“数据格式”对话框中更改日期格式，如图 1-3-26 所示。单击“确定”按钮后，完成数据格式的设定。再次单击“确定”按钮，完成“域”对象的格式设定。

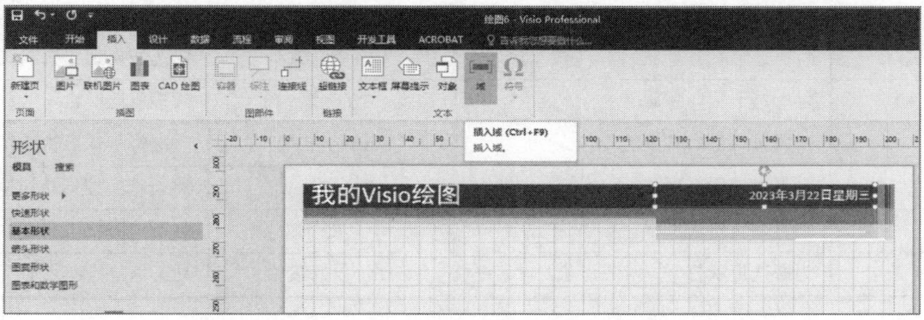

图 1-3-24　选择“时间”项并插入域

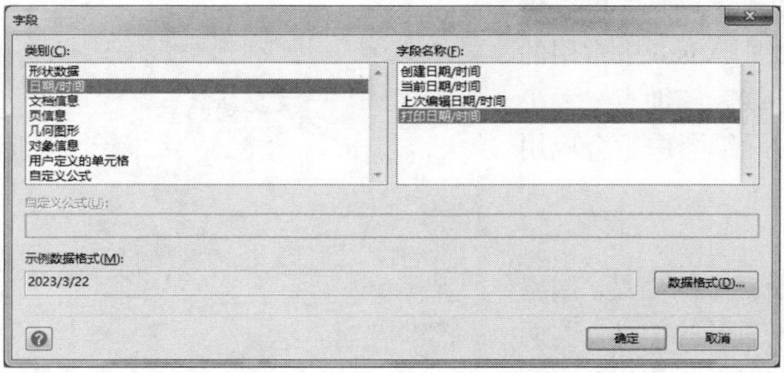

图 1-3-25　“字段”对话框

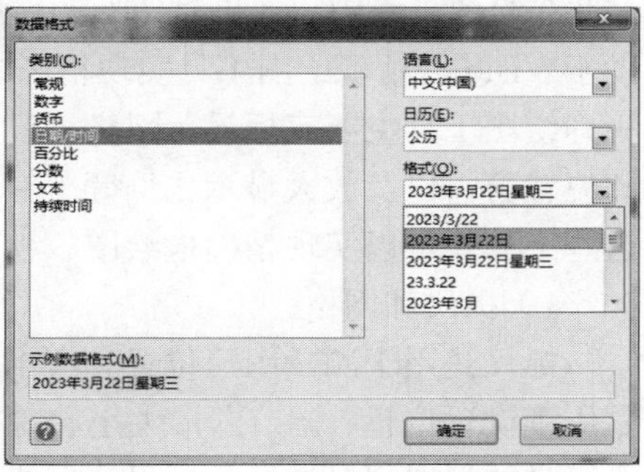

图 1-3-26　“数据格式”对话框

（6）右击“页-1”的标签，在弹出的快捷菜单中选择“页面设置”命令，并在对话框的“页属性”选项卡内，选择“背景”为“背景-1”，单击“确定”按钮，完成绘图页的背景设定。

提示：在绘图页面可以看到背景设定的图案与文字信息，但要进行修改，需要切换到背景页进行修改。

用户可以在背景页内绘制图框、标题等信息，便于绘图文件的管理和使用。

3.2.4 常用的操作技巧

1. 常用的快捷键

高效地绘图离不开快捷键的使用。Visio 提供了丰富的快捷键，记住常用的快捷键，并灵活使用，能极大地提高绘图效率。Visio 绘图中常用的快捷键见表 1-3-1。

表 1-3-1 Visio 绘图中经常用到的快捷键

快 捷 键	操 作 目 的	快 捷 键	操 作 目 的
Ctrl+Shift+>	增大文本的字号	Shift+F11	打开文本对话框中的段落选项卡
Ctrl+Shift+<	缩小文本的字号	F3	打开“填充”对话框
Ctrl+Shift+ =	快速设定文字上标	Shift+F3	打开“线条”对话框
F11	打开文本对话框中的字体选项卡	Ctrl+Z	撤销操作
Ctrl+Y 或 F4	重复操作	Ctrl+Shift+P	切换“格式刷”工具的状态
Shift+F5	页面设置	Ctrl+1	快速切换到指针状态
Ctrl+G 或 Ctrl+Shift+G	组合所选的形状	Ctrl+2	快速切换到“文本”工具状态
Ctrl+Shift+U	取消对所选组合中形状的组合	Ctrl +3	快速切换到“连接线”工具状态
Ctrl+Shift+F	将所选形状置于顶层	Ctrl+Shift+1	快速切换到“连接点”工具
Ctrl+Shift+B	将所选形状置于底层	Ctrl+Shift+4	快速切换到“文本块”工具
Ctrl+L	将所选形状向左旋转	方向键	微移所选形状
Ctrl+R	将所选形状向右旋转	Shift+方向键	一次将所选形状微移一个像素
Ctrl+H	水平翻转所选形状	Ctrl+Enter	将所选主控形状快速插入绘图中
Ctrl+J	垂直翻转所选形状	F2	为所选形状添加文本
F8	为所选形状打开“对齐形状”对话框	Ctrl+鼠标滚轮	动态缩放绘图页面

2. 精确绘图方法

在绘图过程中，如果对图形的精度要求较高，可以借助于 Visio 的精确绘图工具实现精确绘图。Visio 中常用的精确绘图工具主要有标尺、网格、参考线、辅助点、大小和位置窗口以及放大显示比例等。在实际绘图中组合应用这些工具就可以实现精确地绘图。

1）标尺和网格

标尺是用于测量图形位置和大小最直观的工具。网格是用于设置位置、调节图形大小和对齐图形的工具。这两个工具的设置都是通过“标尺和网格”对话框来实现的。单击“视图”选项卡中“显示”组的对话框启动器按钮，可以打开“标尺和网格”对话框，如图 1-3-27 所示。

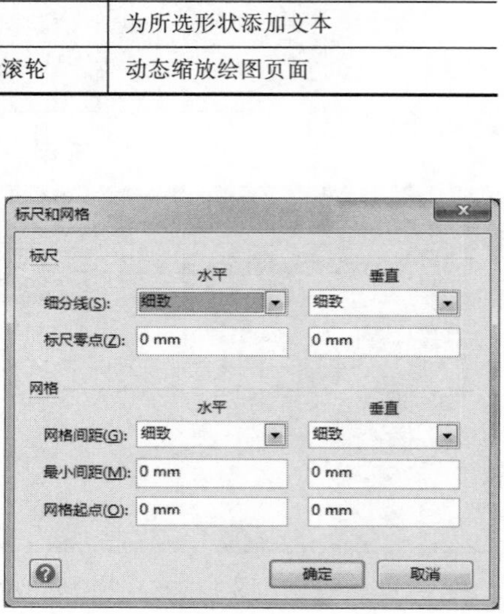

图 1-3-27 “标尺和网格”对话框

下面对“标尺和网格”对话框中的内容详细说明。

（1）细分线：标尺的最小刻度（间距）设定。标尺的最小刻度有 1 mm、2 mm 和 5 mm 三种情况，对应细分线的细致、正常和粗糙三个选项。系统默认细分线值为细致，即标尺的最小刻度为 1 mm。

（2）标尺零点：设置标尺的零点位置。标尺默认水平、垂直均从 0 mm 起，可以根据绘图的需要重新设定零点值。若要恢复到默认状态可重新输入 0 mm 并确定，或者是双击绘图页面中水平和垂直标尺的交叉处也能将标尺零点恢复到 0 mm 状态。

（3）网格间距设置

网格的间距和标尺的刻度类似，有四种类型：细致、正常、粗糙和固定。

细致：水平垂直距离为 5 mm。

正常：水平垂直距离为 10 mm。

粗糙：水平垂直距离为 20 mm。

或设定为“固定”，则需要通过下面“最小间距”项分别设定水平和垂直的距离。

网格起点是指网格绘制的起始位置。

2）参考线和辅助点

参考线设置图形位置和对齐图形最常用和方便的工具。将鼠标指针放置在水平或垂直标尺的边缘，然后按住左键进行拖动，就会出现一条蓝色的水平或垂直的线。参考线停放时会自动对齐水平或垂直的标尺刻度。使用键盘的方向键可以进行参考线的位置微调。绘制形状时，可自动粘附到参考线上，达到精确定位的目的。一个页面内可以有无数线条水平或垂直的参考线，当不需要时，单击该参考线，并按【Delete】键可以将其删除。或者是通过“视图”选项卡“显示”组取消“参考线”的选定，则不再显示参考线。

辅助点是两条很短的交叉参考线，可以放在绘图页或形状的任何位置。辅助点适用于绘制重叠的图形，运用辅助点可将重叠的图形按中心对齐或按顶点对齐。

在绘图页面将鼠标指针移到水平和垂直标尺交叉处，按住左键进行拖动，就可以产生辅助点。辅助点一般默认会停放在网格的交叉点处。参考线和辅助点如图 1-3-28 所示。

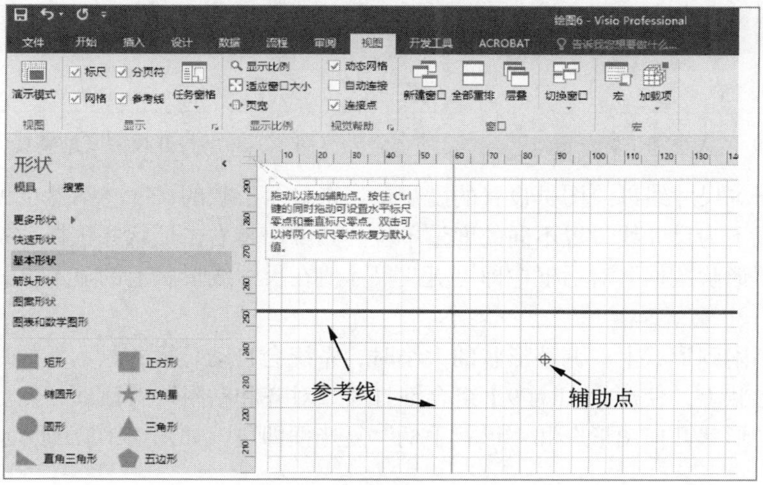

图 1-3-28　参考线和辅助点

3）“大小和位置”窗口

在比较复杂的情况下也可以运用“大小和位置”窗口调整图形的大小和位置。通过修改“大小和位置”窗口中的数据值，直接调整图形的大小和位置。

选择“视图”→“显示”→“任务窗格”→“大小和位置”命令，即可打开这个窗口。默认情况下这个窗口出现在绘图页的左下方。可以将其拖放至页面的任何位置。这个窗口会根据选择对象的不同而变换显示的内容，如图 1-3-29 所示。

X：表示形状的水平坐标位置。

Y：表示形状的垂直坐标位置。

角度：表示形状的旋转角度。

以上三个属性是大多数形状都具备属性，通过改变数值可以调整形状的位置。

宽度、高度：为当前选择形状的宽度和高度值，改变这两个数值可以调整形状的大小。

除以上工具外，还要配合“对齐与粘附”等工具就能实现精确地绘图。

4）尺寸的标注方法

应用 Visio 不仅可以进行精确绘图，也可以进行形状尺寸的标注。所谓尺寸是指定对象大小和位置等数值。在工程和建筑绘图中通常都需要标注尺寸。

Visio 中尺寸的标注是利用形状窗格中模具来实现的。在“形状”窗格中依次单击“更多形状”“其他 Visio 方案”，然后在弹出的列表中选择需要的标注模具，接着再将对应的模具拖至绘图面的某个形状，然后进行粘附，即可完成形状的尺寸标注，如图 1-3-30 所示。

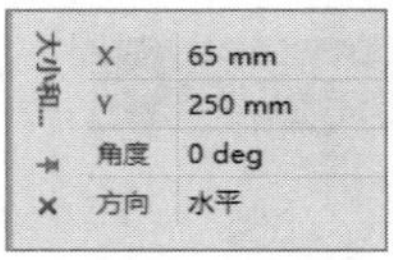

图 1-3-29 “大小和位置”窗口

图 1-3-30 打开尺寸度量模具

通常情况下，尺寸线以绘图页设置的度量单位来显示形状的尺寸。当然也可以在不改变绘图页设置的情况下为尺寸线设置不同的度量单位。其方法是右击形状并选择“精度和单位”命令，在弹出的“形状数据”对话框中即可更改尺寸值在尺寸线形状上的显示方式，如图 1-3-31 所示。

将尺寸线粘附到形状上。调整形状的大小时，系统会自动计算并显示新的尺寸。但如果尺寸线未粘附到形状上，使用【Alt+F9】组合键打开“对齐和粘附”对话框，然后确保在“粘附到”下，选中“形状几何图形”和“形状手柄”复选框即可，如图 1-3-32 所示。

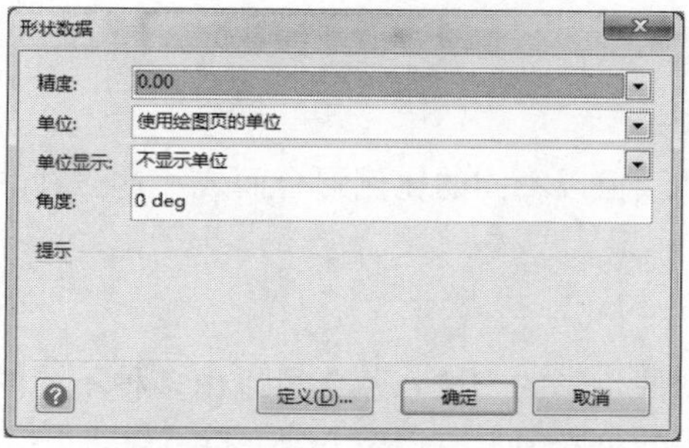

图 1-3-31 “形状数据”对话框

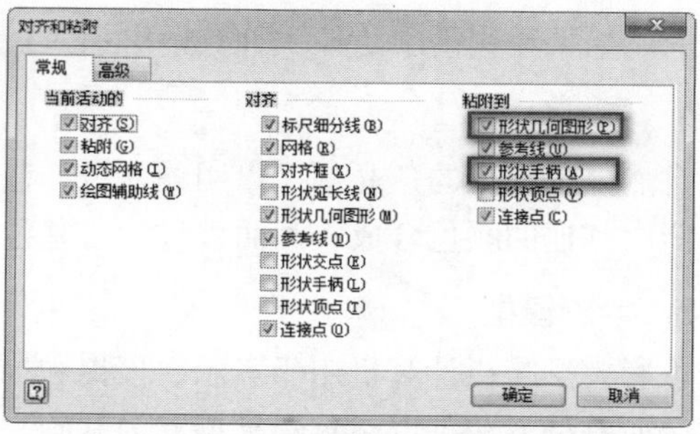

图 1-3-32 “对齐和粘附”对话框

Visio 是一个高效的绘图软件，其操作简单，功能强大，在众多领域都有广泛的应用。本节详细讲述了有关 Visio 绘图的基础知识，包括 Visio 软件的由来和历史沿革；Visio 绘图的基本工作界面；使用 Visio 绘图时涉及的几个重要概念，如模具、模板、形状、手柄、图层、页面设置、背景页等都做了介绍，最后还介绍了一些应用 Visio 绘图的技巧等。内容比较简单，便于掌握，学好 Visio 画图关键在于多练多画，熟能生巧；尤其是快捷键和一些常用的工具要记熟用活，才能成倍提高绘图效率。

3.3 图像信息处理

图形图像是使用最广泛的一类媒体。它通常携带着丰富的信息，可以使人一目了然。有人统计，人们之间的相互交流，大约有 80%是通过视觉媒体实现的，其中，图形图像占据着主导地位。

本章首先介绍了色彩的基本知识，包括色彩的组成、计算机描述色彩的方法；其次介绍了数字图像的概念及重要参数、数字图像的获取方法、各种文件格式的特点及适用范围、数字图像文件的压缩；最后介绍了图像处理软件对图像进行编辑、处理和美化的基本方法与技巧。

3.3.1 色彩的基本知识

1. 色彩的三要素

色彩是通过光被感知的，实际上就是视觉系统对可见光的感知结果。从人的视觉系统来看，色彩可用色调、亮度和饱和度来描述。人眼看到的任一彩色光都是这三个特性的综合效果。所以通常称色调、亮度和饱和度为色彩的三要素。

1）色调

色调是光的波长标志。它反映颜色的种类。光谱色为红、橙、黄、绿、青、蓝、紫等颜色，这些颜色便是光谱色的色调。某一物体的色调是指该物体在日光照射下，所反射的各光谱成分作用于人眼的综合效果。如天空是蓝色的，这“蓝色”便是一种色调，它与颜色明暗无关。在图形图像处理中要求有固定的颜色感觉，有统一的色调，否则难以表现画面的情调和主题。

2）亮度

亮度用来描述光作用于人眼所引起的视觉明亮程度的感觉，它与被观察物体的发光强度有关。

3）饱和度

饱和度是指彩色光所呈现颜色的深浅或纯洁程度，通常是按各种颜色混入白色光的比例来表示的。如果在光谱中的某一种颜色中加入白光，颜色就会变浅，也即饱和度降低了。

2. 三基色

自然界中常见的色光都可以用红、绿、蓝三种颜色以不同的比例混合而成。这三种颜色光都不能由其他的颜色合成，因而被称为三基色。

3. 色彩模型

色彩模型是指计算机用于表示、模拟和描述图像色彩的方法。色彩可以由多种不同的方式描述，而每种方法都以“色彩模型”为基础。常用的色彩模型有以下几类：

1）RGB 模型

RGB 模型是指通过红（red）、绿（green）、蓝（blue）三个色彩分量的不同比例，相加混合成需要的任意颜色。描述 RGB 模型的任意一种颜色有 8 位 256 色级。基于这样的 24 位 RGB 模型的色彩空间可以表现 256×256×256≈1 670 万色。可以在显示屏幕上合成任何所需要的颜色。RGB 模型是 Photoshop 中最常见，也是最常用到的一种颜色模型。

2）CMY 模型（CMYK 模型）

计算机屏幕显示彩色图像时采用的是 RGB 模型，而在打印时一般需转换为 CMY 模型。CMY 模型是使用青色（cyan）、品红（magenta）、黄色（yellow）三种基本颜色按一定比例合成色彩的方法。虽然理论上利用 CMY 混合可以制作出所需要的各种色彩，但实际上同量的 CMY 混合后并不能产生真正的黑色或灰色。因此，在印刷时常增加一种真正的黑色（black），这样，CMY 模型又称为 CMYK 模型。

3）HSB 模型

HSB 模型是利用色调（hue）、亮度（brightness）、饱和度（saturation）三个分量来表示颜色的。随着三个分量的不同取值，就可以组合成不同的颜色。HSB 模型是模拟人眼感知颜色的方式，比较容易为从事艺术绘画的画家们所理解。利用 HSB 模型描述颜色比较自然，但实际使用却不方便，例如显示时要转换成 RGB 模型，打印时要转换为 CMYK 模型等。

4）LAB 模型

LAB 模型是以两个颜色分量 A 和 B 以及一个亮度分量 L（lightness）来表示的。其中分量 A 的取值来自绿色渐变至红色中间的一切颜色，分量 B 的取值来自蓝色渐变至黄色中间的一切颜色。LAB 模型能表达的色彩空间比 RGB、CMYK 范围更大。

如图 1-3-33 所示是四种不同色彩模型对同一种颜色的描述。

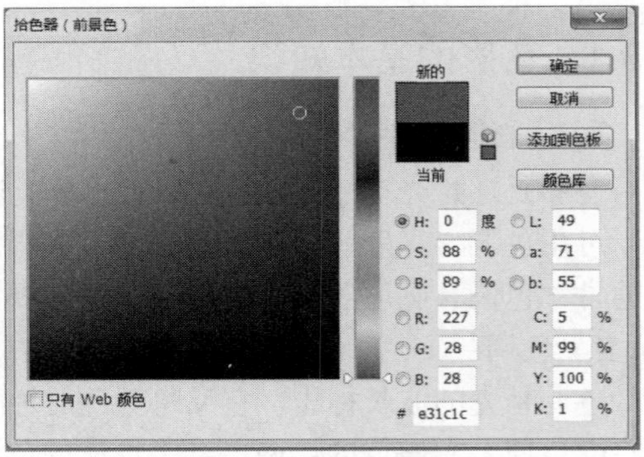

图 1-3-33　同一种颜色的四种不同色彩模型描述

3.3.2 图形图像处理基础

图形图像是人们对现实生活中各种最常见景物和形象的抽象浓缩和真实再现，一幅图画可以形象、生动、直观地表现大量的信息，具有文本、声音无法比拟的优点。计算机所能处理的信号都是数字信号，所能处理的图像也都是数字图像，即直接量化的原始图像信号。

1. 数字图像的分类

在计算机中，经常采用两种方法来表达计算机生成的图形图像：一种称为矢量图法（即矢量图形），另一种称为点阵图法（即位图图像）。

1）矢量图形

矢量图形是用一系列计算机指令来表示一幅画，如点、线、曲线、圆和矩形等。这种方法实际上是用数学方法来描述一幅画，然后变成许多数学表达式，再编程，用计算机语言来表达。例如现在流行的 Flash 动画，它就是矢量图形的一种典型应用。

矢量图形是用指令来描述的，与分辨率无关，因此在放大、缩小和旋转等操作后不会产生失真（见图 1-3-34）。矢量图形是文字（尤其是小字）和线条图形（比如徽标）的最佳选择。

2）位图图像

一幅复杂的彩色照片，很难用数学方法来描述，这时可以采用点阵图法表示。点阵图法是把一幅彩色图分成许多像素，每个像素用若干个二进制位来指定该像素的颜色、亮度和属性。因此一幅图由许多描述每个像素的数据组成，这些数据通常称为图像数据，把这些数据存储为一个文件，称之为图像文件。位图图像与分辨率有关，因此在放大若干倍后，会出现严重的锯齿边缘（见图 1-3-35），缩小后会吃掉部分像素点的内容。

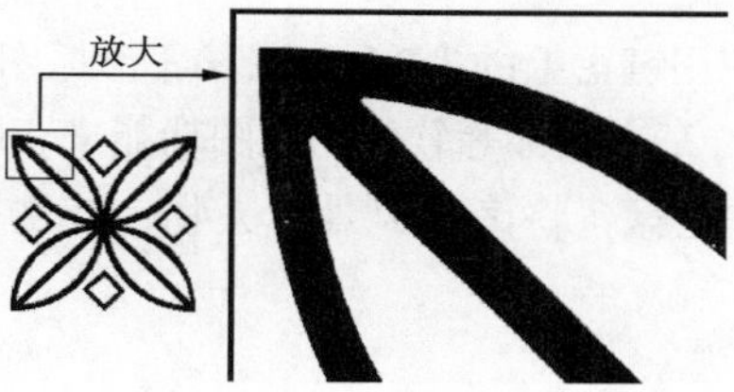

图 1-3-34　矢量图形

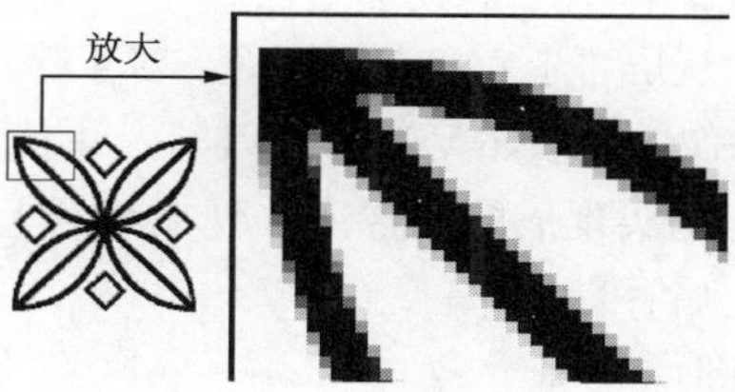

图 1-3-35　位图图像

2. 位图图像的重要参数

采用位图方法进行描述的图像有以下几个重要参数。

1）分辨率

分辨率是影响图像质量的重要参数，它可以分为显示分辨率和图像分辨率。

显示分辨率是指屏幕上能够显示的像素数目。如 640 像素 × 480 像素表示屏幕可以显示 640 行，480 列，即 307 200 个像素。屏幕能够显示的像素越多，说明显示设备的分辨率越高，显示的图像越细腻。目前，显示系统提供的分辨率都可以到达 1 440 像素 × 900 个像素以上。

图像分辨率是指描述一幅图像所使用的像素数目。图像分辨率与显示分辨率是两个不同概念。图像分辨率是组成一幅图像的像素数目，而显示分辨率确定显示图像的区域大小。如果显示屏的分辨率为 640 像素 × 480 像素，那么一幅 320 像素 × 240 像素的图像只占显示屏的 1/4；相反，2 400 像素 × 3 000 像素的图像就无法在这个显示屏上完整显示。

2）颜色深度

颜色深度是指描述每个像素所使用的二进制位数。对于彩色图像来说，颜色深度决定了该图像可以使用的最大颜色数目。颜色深度取决于数字化时每个像素所占用的位数，也就是用多少位二进制数表示一个像素。例如，颜色深度为 1 位，则图像中每个像素用 1 位二进制数表示，那么它就可以有两种取值即黑白两种颜色。颜色深度为 8，则每个像素可用 8 位二进制数表示，有 2^8 种不同取值，即 256 种颜色。颜色深度越高，显示的图像越丰富，画面越自然逼真，但数据量也会随之增加。常见的颜色深度种类有 1 位、4 位、8 位、16 位、24 位和 32 位等。

3）图像数据量

图像数据量即图像文件的大小，是指磁盘上存储整幅图像所占的字节数。图像数据量的计算公式是：

图像数据量 = 图像分辨率 × 颜色深度 / 8（字节）

3. 图像的获取与处理

获取图像是图像的数字化过程，在获取图像后可以将它转化为适合人们使用的形式在显示器上表示出来，也可以通过软件对图像进行编辑处理。

1）图像获取

（1）利用计算机软件创建数字图像。可利用 Windows 自带的绘图工具（画图）、Office 中的绘图工具来绘制图形，或使用 Photoshop 等图像处理软件来制作图形图像。

（2）利用扫描仪获取图像。扫描仪主要是将印刷在纸上的文字、图像以及普通照相机拍摄的照片等采集到计算机中。

（3）利用摄像机或数码照相机获取图像。利用摄像机或数码照相机，可以把照片甚至实际场景输入计算机产生数字图像。

（4）从屏幕上直接获取图像。对于静止图像可以使用键盘上的【PrintScreen】键抓图，对于屏幕活动图像的获取如 VCD、AVI 等，可使用超级解霸、东方影都等软件的抓图功能来获取图像。

（5）购买现成的图像库。现在市场上有很多素材光盘，将诸如风景、人物、实物等各种图像数字化后存储起来。

2）图像处理

图像处理主要是利用计算机中硬件和各种软件的配置，对采集的图形图像信号进行编辑，包括图像文件格式的转换、色彩的调整、亮度、对比度的变化以及变形、缩放等。

3.3.3 图像文件格式

对于图形图像，由于记录的内容不同，文件的格式也不相同。在计算机中，不同文件格式用不同文件后缀标识。

1. PSD 文件

PSD（photoshop document）文件是图像处理软件 Photoshop 的专用格式，是唯一能支持全部图像色彩模式的格式，其扩展名为“.psd”。

2. BMP 文件

BMP（bitmap）文件格式是一种标准的点阵图像文件格式其扩展名为“.bmp”，在 Windows 环境下运行的所有图像处理软件都支持这种格式。

3. GIF 文件

GIF（graphics interchange format）译为图像交换格式，其扩展名为“.gif”。主要特点有：一个文件可以存放多幅图像，若选择适当的浏览器还可以播放 GIF 动画。

4. JPEG 文件

JPEG（joint photographic experts Group）图像格式的文件结构和编码方式比较复杂，其扩展名为“.jpg”。它采用有损压缩方式去除冗余的图像和彩色数据，能够获得极高压缩率的同时展现十分丰富、生动的图像。

5. TIFF 文件

TIFF（tag image file format）文件的扩展名为“.tif”。TIFF 格式具有图形格式复杂、存储信息多的特点，目的是使扫描图像标准化，常应用于印刷。TIFF 格式分为压缩和非压缩两类。

6. PNG 文件

PNG（portable network graphics）是为了适应网络数据传输而设计的一种图像文件格式，一开始便结合了 GIF 和 JPG 两家之长，其扩展名为“.png”。

7. WMF 文件

WMF（windows metafile format）文件的扩展名为“.wmf”，Microsoft Office 的剪贴画就是采用这一格式。

在 Photoshop CS6 图像处理软件中，可根据不同需要将图像存储为各种类型的图像文件，如图 1-3-36 所示。

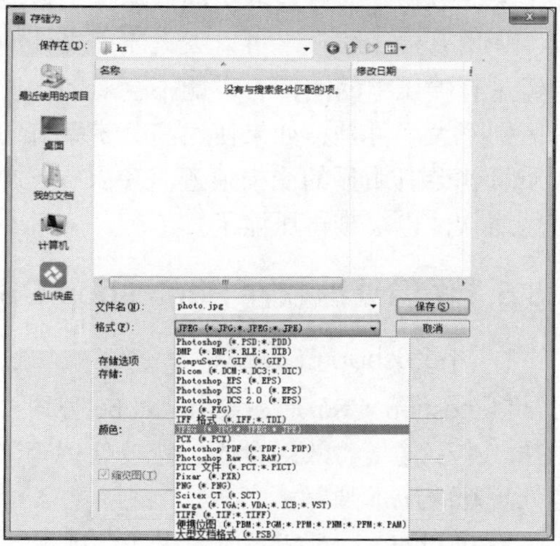

图 1-3-36　保存类型

3.3.4　数字图像文件的压缩

经过数字化处理后，数字图像的数据量非常大，如果不进行数据压缩处理，计算机系统就无法对它进行存储和交换。例如，一幅分辨率为 640 像素 × 480 像素的 24 位真彩色图像，其数据量约为 900 KB，一个 100 MB 的硬盘只能存放 100 幅静止图像画面。因此，需要使用数据压缩技术来减少数字图像的数据量。图像压缩方法繁多，但总体可分为无损压缩和有损压缩两种方法。

1. 无损压缩

如果压缩文件经解压后，得到的文件与压缩前完全一致，就是无损压缩。无损压缩的基本原理是相同的颜色信息只需保存一次。压缩图像的软件首先会确定图像中哪些区域是相同的，哪些是不同的。包含重复数据的图像（如蓝天）就可以被压缩，只有蓝天的起始点和终结点需要被记录下来。但是蓝色可能还会有不同的深浅，这就需要另外记录。

从本质上看，无损压缩的方法可以删除一些重复数据，大大减少要在磁盘上保存的图像尺寸。但是，无损压缩的方法并不能减少图像的内存占用量，这是因为，当从磁盘上读取图像时，软件又会把丢失的像素用适当的颜色信息填充进来。如果要减少图像占用内存的容量，就必须使用有损压缩方法。人们经常使用用的 WinRAR、WinZip 等都是无损压缩软件。

2. 有损压缩

如果压缩文件经解压后，不能得到与压缩前完全一致的文件，就是有损压缩。有损压缩可以减少图像在内存和磁盘中占用的空间，在屏幕上观看图像时，不会发现它对图像的外观产生太大的不利影响。因为人的眼睛对光线比较敏感，光线对景物的作用比颜色的作用更为重要，这就是有损压缩技术的基本依据。

有损压缩的特点是保持颜色的逐渐变化，删除图像中颜色的突然变化。生物学中的大量实验证明，人类大脑会利用与周边最接近的颜色来填补所丢失的颜色。例如，对于蓝色天空背景上的一朵白云，有损压缩的方法就是删除图像中景物边缘的某些颜色部分。当在屏幕上看这幅图时，大脑会利用在景物上看到的颜色填补所丢失的颜色部分。利用有损压缩技术时，有意删除了某些数据，而且被取消的数据也不再能被恢复。

利用有损压缩技术可以大大压缩文件的数据，但是会影响图像质量。如果只是在屏幕上显示经过有损压缩的图像，可能不会对图像质量产生太大影响，至少对于人类眼睛的识别程度来说区别不大。可是，如果使用高分辨率打印机打印一幅经过有损压缩技术处理的图像，那么图像质量就会有明显的受损痕迹。JPEG 格式的图像是经过有损压缩后的文件，这类文件即使再用压缩软件也很难再压缩了。

3.3.5 图像处理软件 Photoshop CS6

1. Photoshop CS6 概述

Photoshop CS6 是一款由 Adobe 公司开发并不断推陈出新的图像设计和处理软件，集图形创作、文字输出、效果合成、特技处理等诸多功能于一体的图像处理工具，被形象地称为“图像处理超级魔术师”。

启动 Photoshop CS6 应用程序，出现图 1-3-37 所示的操作界面。熟悉其操作界面、窗口、常用菜单及命令，是运用 Photoshop 处理图像的基础。

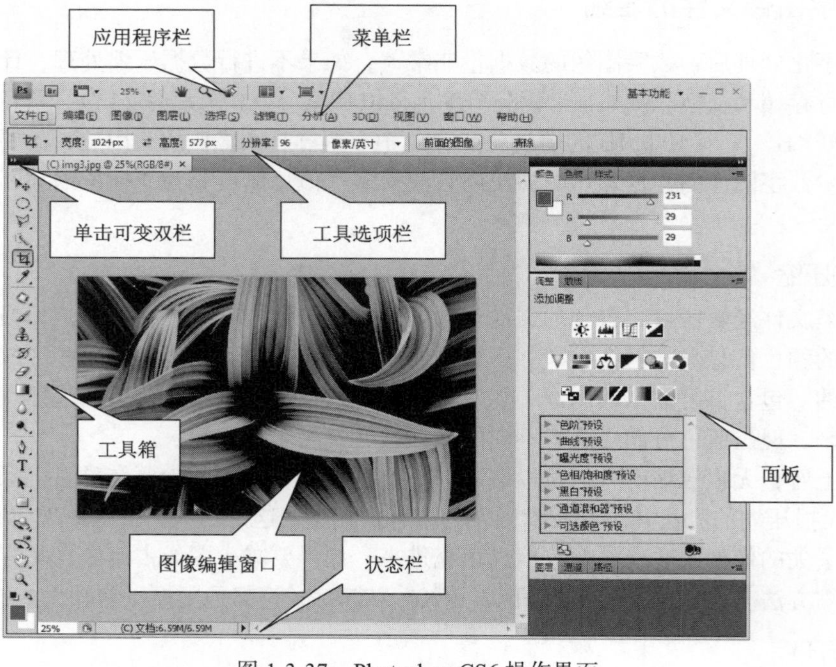

图 1-3-37　Photoshop CS6 操作界面

1）菜单栏

菜单栏有主菜单、面板菜单等共十一个菜单。每个菜单有各自相应的命令，Photoshop CS6

中的各种命令都可以在这里找到。

2）应用程序栏

应用程序栏就是以前版本的标题栏，在 Photoshop CS6 中，官方定义的名称是应用程序栏，应用程序栏包含工作区切换器、常用视图工具和其他应用程序控件，如图 1-3-38 所示。

图 1-3-38　应用程序栏

3）工具箱

Photoshop CS6 工具箱包括了 Photoshop 的所有工具，能够执行数字图像的编辑、设计等操作。工具图标右下角有小三角的，说明此工具有隐藏工具。用鼠标按住此小三角不放，会弹出下拉列表显示隐藏的工具。单击工具箱的顶端可将工具箱调整为双栏显示，如图 1-3-39 所示。

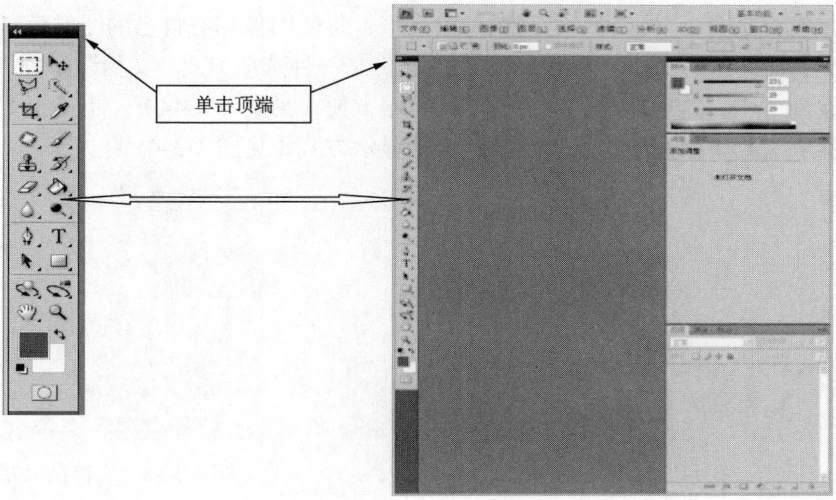

图 1-3-39　Photoshop CS6 工具栏调整

4）工具选项栏

工具选项栏专门用于设置工具箱中各种工具的参数,大多数工具的选项都显示在选项栏中，当某一工具被选取时，可以通过工具选项栏对该工具进行相应属性的设置。设置的参数不同，得到的图像效果也不同（见图 1-3-40～图 1-3-43）。

图 1-3-40　矩形选框工具选项

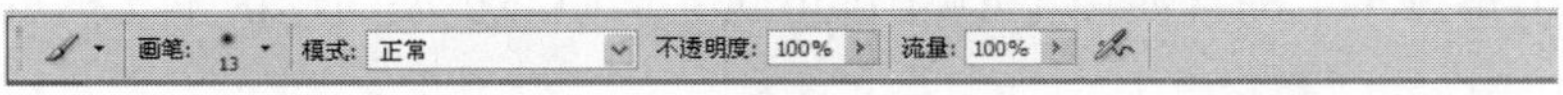

图 1-3-41　画笔工具选项

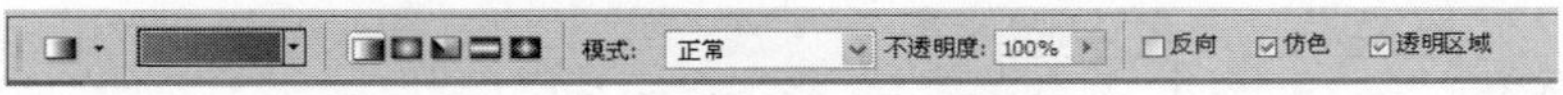

图 1-3-42　渐变工具选项

图 1-3-43　文字工具选项

5）各种工具面板

Photoshop CS6 提供了各种不同类型的面板，利用各种面板能对当前编辑的对象、过程、状态、属性等的选项进行调整。如工具面板能够控制各种工具的参数设置，完成颜色选择、图像编辑等操作。面板的常用操作如下：

（1）工具面板可以根据需要在“窗口”菜单中调用或关闭。

（2）拖动面板标签，可以移动面板。如果拖移到的区域不是放置区域，该面板将在工作区中自由浮动。

（3）双击面板选项卡，可将面板、面板组或面板堆叠、最小化或最大化。

（4）移动一个面板到另一个面板的标签处并呈蓝色时，面板会成堆叠状态放置。

（5）选择“窗口”→“工作区”→“基本功能（默认）”命令，可将面板恢复到默认状态。

6）图像编辑窗口

图像编辑窗口是显示、编辑、处理图像的区域，每幅图像都有自己的图像窗口。在此可以打开多个窗口，同时进行操作。Photoshop CS6 文件是一种选项卡式“文档”窗口，就是多个文件都显示在选项卡中，这样在不同文件间切换将很方便（见图 1-3-44）。也可根据需要在应用程序栏中的排列文档下拉列表中选择需要的文档显示方式（见图 1-3-45）。

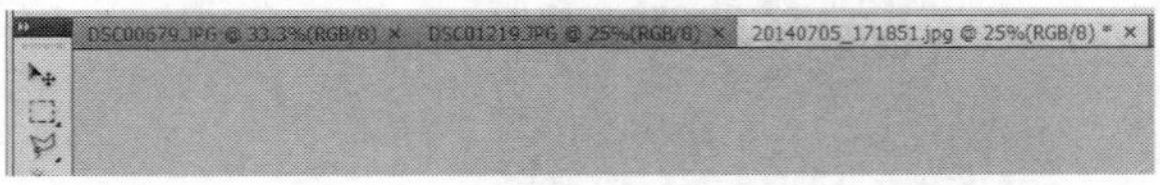

图 1-3-44　文档窗口选项卡

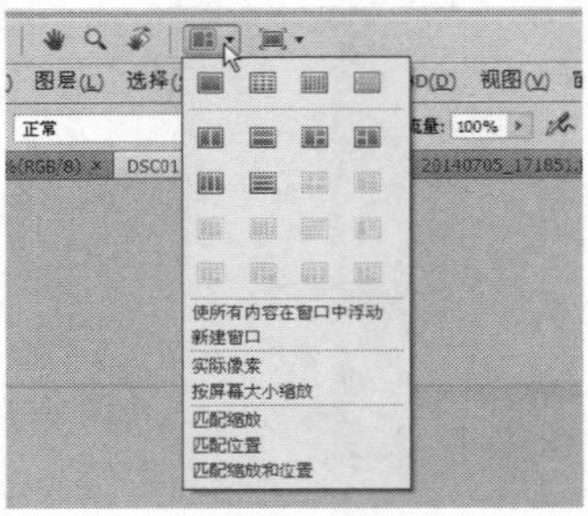

图 1-3-45　文档显示方式

7）状态栏

状态栏用于显示当前打开图像的相关信息，提供当前操作的一些帮助信息。

2. 基本编辑操作

1）选择工具的使用。在处理图像过程中经常要将图中的某部分选取出来，并进行复制、拼接和剪裁等操作，在 Photoshop CS6 中常用的基本选取工具有选框工具组、套索工具组及魔棒等。

（1）选框工具组。使用选框工具组中的选择工具，可以创建矩形、椭圆和长度或高度为 1 像素的行（列）的选区。配合使用【Shift】键可建立正方（圆）形选区（光标点击处为这个矩形选区的一个角点），配合使用【Alt】键可建立从中心扩展的选区（光标点击处为这个选区的中点）。

选框工具的选项如图 1-3-46 所示。

图 1-3-46　选框工具的选项

① 新选区：将选中一个新的、独立的选区。

② 添加到选区：当图像中已经存在一个选区时，会再叠加一个新的选区。

③ 从选区减去：当图像中已经存在一个选区时，会从原选区中减去新创建的选区。

④ 交叉选区：当图像中已经存在一个选区时，和原选区相交叉部分形成选区。

（2）套索工具组。如果所选取的图像边缘不规则，可以使用套索工具、多边形套索工具和磁性套索工具绘出需要选择的区域。

（3）魔棒。魔棒工具是一个非常神奇的选取工具，利用它可以一次性选择相近颜色区域。当使用魔棒工具单击图像中的某个点时，附近与它颜色相似的区域便自动进入选区。由于其操作方法简单有效，在选择背景色等情况下经常使用。

魔棒工具的选项如图 1-3-47 所示。

图 1-3-47　魔棒工具的选项

① 容差：用来确定选定像素色彩的差异。范围为 0～255。数值较低时，选择值精确，选择范围较小；数值越高，选择宽容度越大，选择的范围也更广。

② 消除锯齿：创建较平滑边缘选区。

③ 连续：勾选“连续”复选框时，只形成相近颜色的连续闭合回路。否则，整个图像中相近颜色的所有像素一起被选择。

④ 对所有图层取样：选择所有可见图层中相近颜色。否则，魔棒工具将只从当前图层中选择相近颜色创建选区。

（4）选区调整。选区形成后，可根据需要对选区进行移动、扩大、缩小、羽化、反选、存储、取消等各种操作。

① 移动：在任何选区工具（新选区）状态下，将鼠标指针放在选区内拖动，则可以移动选区。

② 扩大、缩小：选择“选择”→“修改”命令下的各子命令可对已存在选区进行各种修改。

③ 羽化：羽化选区能够实现选区的边缘模糊效果。羽化半径越大，效果越明显，反之越小。

④ 反选：使当前选中部分成为不选中，而当前没有选中的部分变为选中。

⑤ 取消选择：当选区创建完后，Photoshop 的所有操作都将在选区内进行，因此，当完成选区内编辑时应该及时取消已存在的选区。选择“选择”→“取消选择”命令，或右击，在弹出的快捷菜单中选择“取消选择”命令，或使用【Ctrl+D】组合键均可取消当前的选区。

2）图像的编辑修改

下面通过一个简单的实例来介绍图像的基本编辑方法。

【例 3-4】利用选择、复制图像、图像大小变换等工具，将小青蛙（包括白色描边）合成到池塘背景图像上，最终效果如图 1-3-48 所示。

操作步骤如下：

（1）打开文件。在 Photoshop 中打开“青蛙.jpg”和“池塘.jpg”，分别如图 1-3-49 和图 1-3-50 所示。

图 1-3-48　池塘中的青蛙图

图 1-3-49　青蛙图

图 1-3-50　池塘

（2）把青蛙图像的白色背景变透明。双击图层面板中的背景图层（见图 1-3-51），在弹出的“新建图层”对话框中单击“确定”按钮，背景图层变成了“图层 0”（见图 1-3-52）。利用“魔棒工具”单击青蛙图像的白色背景部分，选中后（见图 1-3-53），按【Delete】键删除，白色背景变透明（见图 1-3-54）。

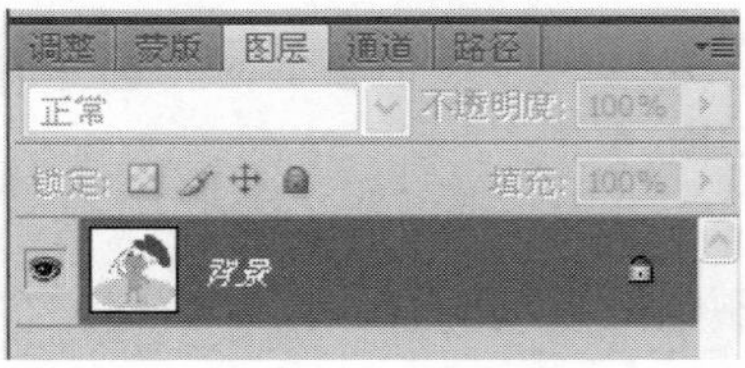

图 1-3-51　背景图层

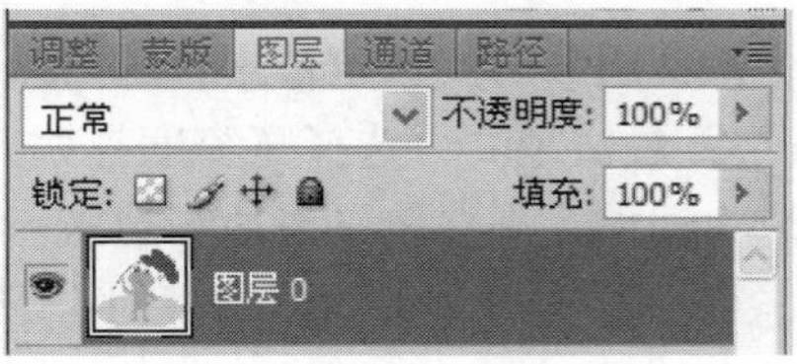

图 1-3-52　标准图层

图 1-3-53　选中部分被选择线包围

图 1-3-54　白色背景变透明

（3）删除粉色区域。使用工具箱中的“魔棒工具”单击青蛙图像的粉色部分，选择“选择”→“修改”→“扩展”命令，在弹出的“扩展选区”对话框中，设置“扩展量”为 1 像素；单击“工具选项栏”中的“添加到选区”按钮（或者同时按下【Shift】键），光标旁即出现一个加号，加选小青蛙手肘弯内的粉色，按【Delete】键删除，清除粉色椭圆（见图 1-3-55）。

（4）为小青蛙镶边。使用工具箱中的“魔棒工具”，单击透明区域，透明区域被选中，选择“选择”→“反向”命令，把图像部分全部选中。选择“从选区减去”（或者同时按下【Alt】键），使光标旁出现一个减号时，选小青蛙手肘弯内的透明区域，可以看到选择线包围了所有图像（见图 1-3-56）。选择“编辑”→“描边”命令，小青蛙被镶上了白边（见图 1-3-57）。

（5）复制小青蛙到池塘。先选取小青蛙，然后利用工具箱中的“移动工具”将选中的图像拖动到“池塘”图像中，完成图像复制操作。

（6）调整青蛙的位置和大小。对青蛙所在图层选择“编辑”→“变换”→“水平翻转”命令，然后，选择“编辑”→“自由变换”命令，出现编辑控制框（见图 1-3-58），拖动控制点将图像调整至合适大小，按【Enter】键确定，完成操作。将作品存储为“池塘中的青蛙.jpg”。

图 1-3-55　删除粉色区域

图 1-3-56　重新选择所有图像

图 1-3-57　镶上白边

图 1-3-58　调整大小和位置

3）图层的应用

图层是 Photoshop 中一个非常重要的工具，图层之间的关系可以理解为一张张相互叠加的透明纸，可根据需要在这张“纸”上添加、删除构成要素或对其中的某一层进行编辑而不影响其他图层。通过控制各个图层的透明度以及图层色彩混合模式能够制作出丰富多彩的图像特效。图层的应用可以通过“图层”菜单或图层面板来实现。

4）蒙版的使用

蒙版是一种遮盖工具，用以控制图层中的某些区域如何隐藏或显示。通过修改图层蒙版，可以对图层应用各种特殊效果，而不会影响该图层的原有图像。图层蒙版是灰度图，在图层蒙版上，可以用白色、黑色、灰色对相应的图层图像产生隐藏、不隐藏和半隐藏的效果。

（1）白色——不透明。蒙版中的白色将使图像呈不透明显示。

（2）黑色——透明。蒙版中的黑色将使图像呈透明显示。

（3）灰色（256 级灰度）——半透明。蒙版中的不同灰色将使图像呈不同的半透明显示。

蒙版是图像处理中制作图像特殊效果的重要技术。在蒙版的作用下，Photoshop 的各项调整功能才能真正发挥到极致，从而得到更多绚丽多姿的图像效果。

如果某选区加载到图层蒙版上，则该选区被保护，其他部分被遮罩，运用此方法，可创建特效文字和图像。

利用蒙板、图层及渐变工具为一幅小猫图片制作朦胧效果后的对比如图 1-3-59 所示。

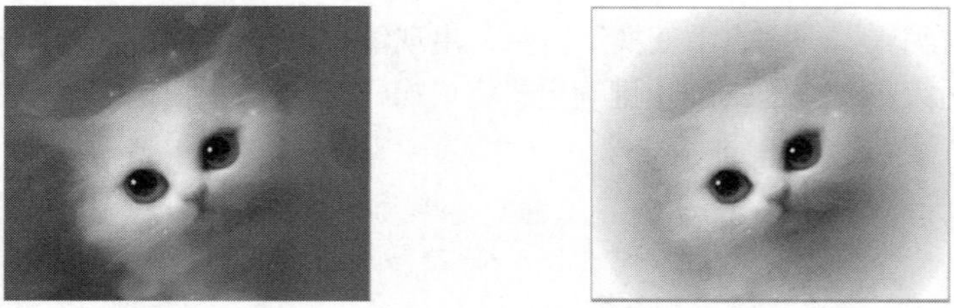

（a）小猫　　　　（b）朦胧的小猫

图 1-3-59　效果对比图

3. 高级编辑操作

1）色彩调整

如果不满意原始图像的色彩，例如图像偏色、光线不足、失真等，就需要进行色彩的调整。理解和恰当运用 Photoshop 的“色彩调整”，除了可修复图像色彩方面的不足以外，还可以为图像替换颜色、恢复老照片、为黑白图像着色，等等。常用的图像色彩调整命令包括色阶、曲线、亮度|对比度、色相|饱和度等。

选择“图像”→“调整”→“色阶”命令，可以用高光、暗调、中间调三个变量来调整图像的明暗度。在输入色阶区域，拖动左边的黑色“暗调”滑块可以调整图像的暗部色调，拖动中间的灰色“中间调”滑块可以调节图像的中间色调，拖动右边的白色“高光”滑块可以调节图像的亮部色调。在输出色阶区域，拖动黑色滑块将减低暗调，拖动白色滑块将减低高光。如图 1-3-60 所示为使用色阶调整图像的效果。

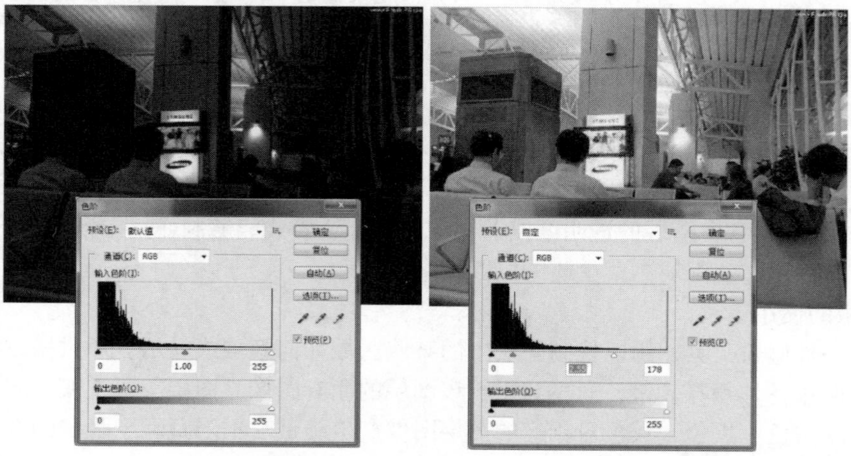

图 1-3-60　使用“色阶”命令调整图像

选择“图像”→“调整”→“曲线”命令，通过调整曲线网格中曲线的形状调整图像的整个色调范围。与“色阶”命令不同的是，“曲线”命令不只是使用高光、暗调、中间调三个变量进行调整，而是可以调整 0～255 范围内的任意点，在调整某一区域的同时，可保持其他区域上的效果不受影响。如图 1-3-61 所示为使用曲线调整图像的效果。

选择“图像”→“调整”→“亮度|对比度”命令，可以调整图像的亮度和对比度，但是只能简单、直观地对图像做较粗略的调整。

选择“图像”→“调整”→“曝光度”命令，可以调整曝光度不足的图像文件，曝光度对话框中的“曝光度”主要用来调整色调范围的高光端、“位移”主要调整色调范围的中间调。

在 Photoshop 的“图像”→“调整”命令的下拉菜单中，还提供了其他一系列命令，可用来帮助调整图像色调和色彩平衡。

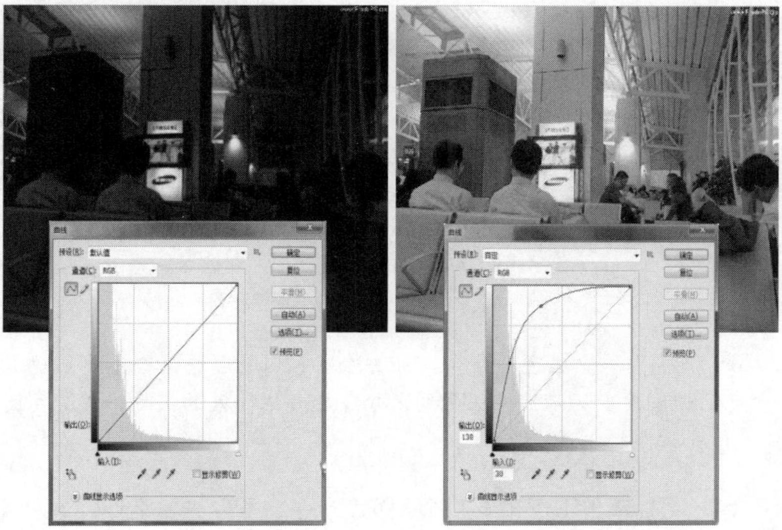

图 1-3-61　使用“曲线”命令调整图像

【例 3-5】利用色彩调整、矩形选框、直排文字及图层样式等工具制作“彩船夜色”图像的特殊效果。

（1）打开文件。在 Photoshop 中打开配套光盘中的“船.jpg”，如图 1-3-62 所示。

图 1-3-62　“船.jpg”文件

（2）调整颜色。选择“图像”→“调整”→“色彩平衡”命令，在弹出的“色彩平衡”对话框中，设置阴影、中间调及高光状态下的色阶参数均为+100，0，0，如图 1-3-63（a）所示。

小知识&技巧

“色彩平衡”是调整 R、G、B 通道的数值，本例强化了各种状态下的红色通道，同理我们也可以调整“曲线”“色阶”中的红色通道来达到相似的效果。

（3）图像去色并输入文字。选择工具箱中的“矩形选框”工具，在图像中拖动出一个矩形选区，选择“图像”→“调整”→“去色”命令；使用“直排文字”工具在图像中去色位置处输入文字“彩船夜色”。字体为隶书、36点、颜色为白色，如图1-3-63（b）所示。

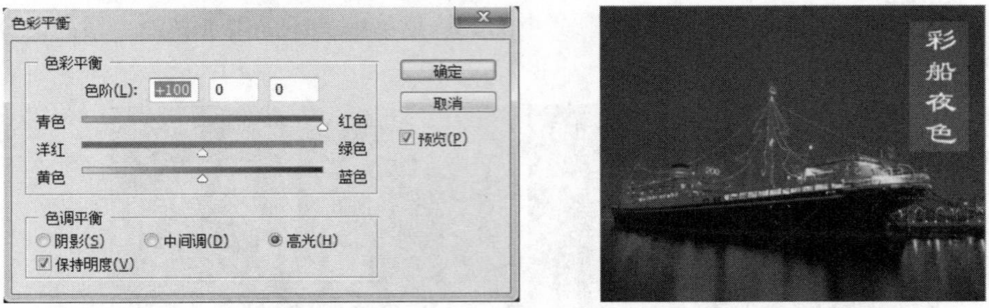

（a）设置　　（b）效果

图1-3-63　色彩调整

小知识&技巧

选择“图像”→“调整”→“去色”命令，可去除图像内的颜色。去色并不是没有颜色，而是将图像中所有颜色的饱和度变为“0”，从白到黑分成256级等差的灰度。在灰度图中，每一个像素的R、G、B数值一致。

（4）添加文字效果。选择“图层”→“图层样式”→“外发光”命令，在“图层样式”对话框中设置渐变为“蓝、红、黄渐变”；大小为30像素，如图1-3-64所示。最终效果图如1-3-65所示。

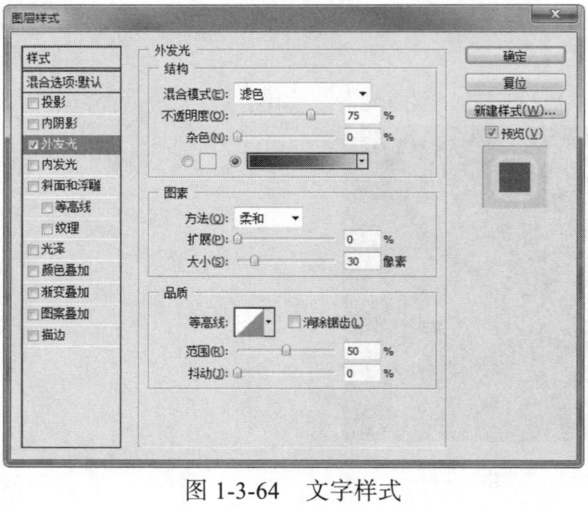

图1-3-64　文字样式

图1-3-65　彩船夜色

（5）保存图像。将图像存储为“彩船夜色.jpg”。

2）滤镜

滤镜是一种植入Photoshop的功能模块，它是Photoshop中最奇妙的部分。掌握好滤镜的使用技巧，能够创建出各种精彩绝伦的艺术效果和神奇画面，在图像处理过程中灵活运用滤镜功能，还可以达到掩盖缺陷和锦上添花的效果。Photoshop滤镜可以分为两种：Photoshop自身附带的滤镜称为内置滤镜；通过安装引入第三方厂商开发的滤镜称为外挂滤镜。这里主要介绍一些常用的内置滤镜。

（1）像素化滤镜。像素化滤镜可以将图像先分解成许多小块，然后进行重组，因此处理过的图像外观如同许多碎片拼凑而成的。其中“彩块化”滤镜通过分组和改变示例像素成相近的有色像素块，将图像的光滑边缘处理出许多锯齿。产生手绘效果；“彩色半调”滤镜将图像分格，然后向方格中填入像素，以圆点代替方块。处理后的图像看上去就像是铜版画；“碎片”滤镜自动复制图像，然后以半透明的显示方式错开粘贴四次，产生的效果就像图像中的像素在震动；“马赛克”滤镜将图像分解成许多规则排列的小方块，其原理是使一个单元内的所有像素颜色统一，产生马赛克效果。图 1-3-66 是选择“滤镜”→“像素化”→“彩色半调”命令产生的处理效果。

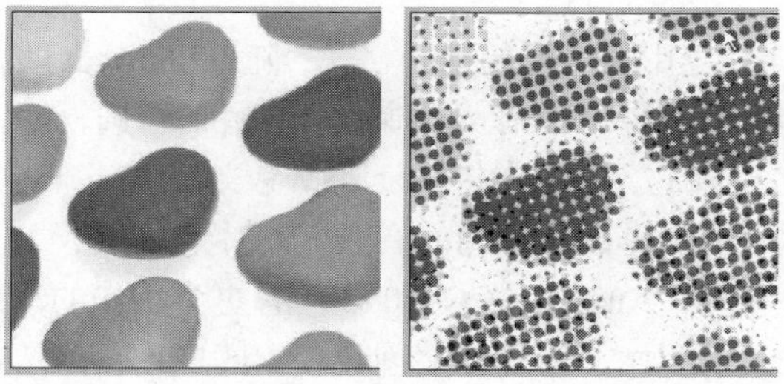

图 1-3-66 “像素化”→“彩色半调”命令的处理效果

（2）扭曲滤镜。扭曲滤镜的主要功能是将图像或选区进行各种各样的扭曲变形，从而产生三维或其他变形效果。如水滴形成的波纹及水面的漩涡效果，都可以用此滤镜来处理。

（3）杂色滤镜。杂色滤镜可以增加或去除图像中的杂点，在处理扫描图像时非常有用。其中“去斑”滤镜能除去与整体图像不太协调的斑点。“添加杂色”滤镜能向图像中添加一些干扰像素，像素混合时产生一种漫射的效果，增加图像的图案感。它可以掩饰图像的人工修改痕迹。

（4）模糊滤镜。对于图像中的特定线条和遮蔽区域，平衡其清晰边缘附近的像素，可使图像变得柔和。

（5）渲染滤镜。渲染滤镜主要在图像中产生一种照明效果和不同光源效果。其中“云彩”滤镜利用选区在前景色和背景色之间的随机像素值，在图像上产生云彩状的效果，产生烟雾缥缈的景象；“镜头光晕”滤镜模拟光线照射在镜头上的效果，产生折射纹理，如同摄像机镜头的炫光效果。

（6）纹理滤镜。为图像创造某种特殊的纹理或材质效果，增加组织结构的外观。其中“染色玻璃”滤镜能使图像产生不规则的彩色玻璃格子效果，格子内的色彩为当前像素的颜色。“颗粒”滤镜可为图像增加许多颗粒纹理。“龟裂缝”滤镜能使图像产生凹凸的裂纹。如图 1-3-67 所示为选择“纹理”→“染色玻璃”命令的处理效果。

图 1-3-67 “纹理”→“染色玻璃”滤镜的处理效果

（7）风格化滤镜。风格化滤镜通过置换像素并查找和增加图像中的对比度，在选区上产生如同印象派或其他画派的作画风格。其中“照亮边缘”滤镜搜索图像边缘，并加强其过渡像素，产生发光效果。“风”滤镜通过在图像中增加一些小的水平线而产生风吹的效果。该滤镜只在水平方向起作用，若想得到其他方向的风吹效果，需要将图像旋转后再应用风滤镜。

3.4 动画信息处理

Flash动画是网页设计中应用最广泛的动画格式，随着Internet的发展，Animate CC已经成为广大计算机用户设计小游戏、发布产品以及编制解析课件的首选软件。Animate CC是由Adobe Flash Professional CC更名得来的，它在支持Flash SWF文件的基础上，新增了HTML 5创作工具，为网页开发者提供更适应现有网页应用的音频、图片、视频、动画等创作支持。

与其他同类型的软件相比，Animate CC 2018拥有更为领先的动画工具集，在这里用户可以建立具有创新性和沉浸式的网站，为桌面端创建独立的应用程序，还可以创建能在移动设备上运行的移动应用。

3.4.1 了解文档类型

Adobe Animate CC是一个动画和多媒体制作工具，可为多种平台和播放技术创建媒体。动画既可以在支持Flash Player的浏览器中播放，也可以在支持HTML5和JavaScript的浏览器中播放。动画也可以作为高清视频导出并上传到网络上，还可以在移动设备上作为App播放。

用户应该首先确定播放或运行时环境，以便选择合适的文档类型。Adobe Animate CC支持的文档类型有以下几种：

（1）HTML5 Canvas。选择HTML5 Canvas可以创建在使用HTML5和JavaScript的现代浏览器中播放的动画素材。可以在Animate CC内插入JavaScript或者将其添加到最终的发布文件中，从而添加交互性。

（2）WebGL。WebGL文档不支持文本，因此纯动画素材可以选择WebGL，以充分利用硬件图形加速功能。

（3）ActionScript 3.0。选择ActionScript 3.0可以创建在桌面浏览器的Flash Player中播放的动画和交互性。

（4）AIR for Desktop。选择AIR for Desktop可以创建在Windows或者Mac桌面上以应用程序播放的动画和交互性，而且无须浏览器。可以使用ActionScript3.0在AIR文档中添加交互性。

（5）AIR for Android 或AIR for iOS。选择AIR for Android或AIR for iOS可以为Android或Apple移动设备发布一个App。可以使用ActionScript 3.0为移动App添加交互性。

选择“文件”→“转化为”命令，可以从一种文档类型切换到另一种文档类型。但是，某些功能和特性可能会在转换中丢失。

3.4.2 了解 Animate CC 2018 工作界面

Animate CC 2018的工作区包括位于屏幕顶部的命令菜单以及用于在影片中编辑和添加元素的多种工具和面板。可以在Animate中为动画创建所有的对象，也可以导入Adobe Illustrator、

Adobe Photoshop、Adobe After Effects 及其他兼容的应用程序中创建的元素。图 1-3-68 所示为 Animate CC 2018 的操作界面。

图 1-3-68　Animate CC 2018 的操作界面

1. 舞台

Animate 中的舞台是在播放动画时，用户观看动画的区域。它包括出现在屏幕上的文本、图像和视频。为了让用户看到或者看不到元素，就需要把元素移入或移出舞台。

默认情况下，舞台周围的灰色区域用来放置不被用户看到的元素。若只想查看舞台上的内容，可以单击 Clip Content Outside The Stage（剪切掉舞台外面的内容）按钮来裁剪舞台区域之外的图形元素，查看用户观看最终项目的方式，如图 1-3-69 所示。

（a）默认的舞台

（b）剪切掉舞台外面内容后的舞台

图 1-3-69　舞台设置

要缩放舞台，使之能够完全放在应用程序窗口中，可选择“视图”→“缩放比率”→“符合窗口大小”命令。也可以在舞台上方的菜单中选择不同的缩放比率视图选项，如图 1-3-70 所示。

2. 工具箱

工具箱是 Animate 中重要的工具组合，它包含选取和变形工具、绘图工具、编辑工具及其他工具选项，如图 1-3-71 所示。

3. “属性”面板

通过“属性”面板可以快速访问最可能需要的属性。“属性”面板中显示的内容取决于选取的内容，如图 1-3-72 所示。

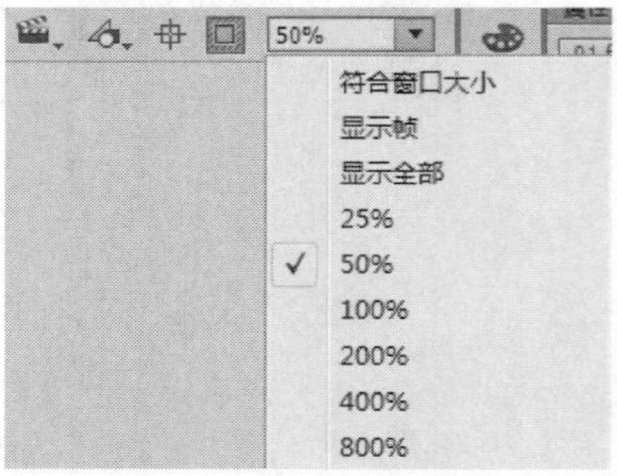

图 1-3-70　缩放比率视图选项

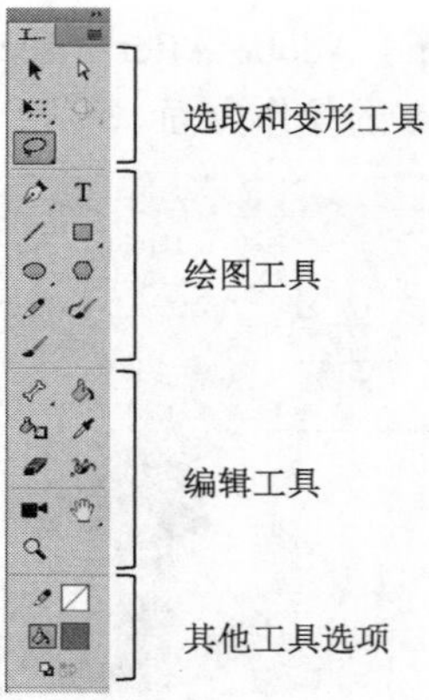

图 1-3-71　工具箱

图 1-3-72　“属性”面板

4. “时间轴”面板

“时间轴”面板位于舞台的下方。像电影一样，Animate 文档以帧为单位度量时间。在动画播放时，播放头（红色垂直线）通过时间轴中的帧向前移动。在时间轴上，不仅可以针对不同的帧更改舞台上的内容，还可以在特定的时间在舞台上显示帧的内容。帧的编号以及时间（单位为秒）将总是显示在时间轴的上方。

在“时间轴”面板的底部，Animate 会指示所选的帧编号、当前帧速率（每秒钟播放多少帧），以及迄今为止在动画中所流逝的时间，如图 1-3-73 所示。

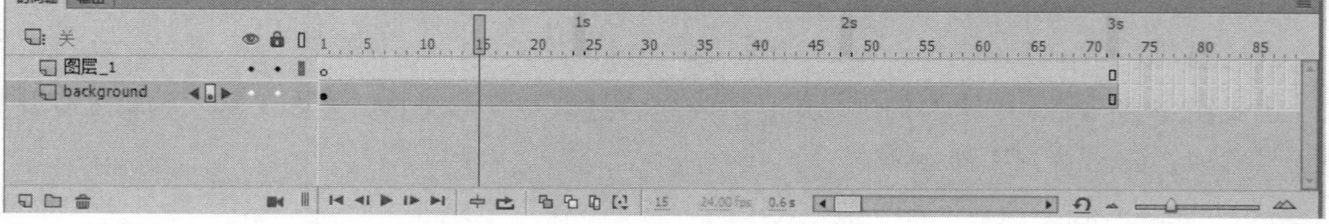

图 1-3-73　“时间轴”面板

时间轴还包含图层，它有助于在文档中组织作品，当前项目中含有两个图层。用户可以把图层看作彼此相互堆叠的多个电影胶片，每个图层都包含一幅出现在舞台上的不同图像，可以在一个图层上绘制和编辑对象，而不会影响另一个图层上的对象。图层按它们互相重叠的顺序堆叠在一起，使得位于时间轴底部图层上的对象在舞台上显示时也将出现在底部。单击图层选项图标下方的每个图层的圆点，可以隐藏、锁定或只显示图层内容轮廓。双击图层名称，可以对图层重命名，如图 1-3-74 所示。

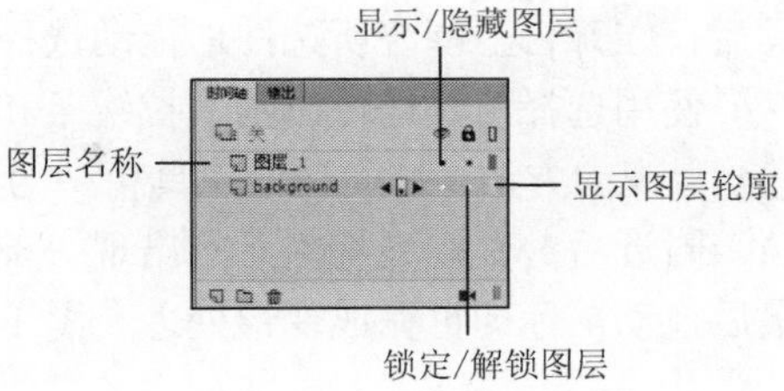

图 1-3-74　“时间轴”面板中的图层

3.4.3　绘制网页动画图形

Animate 中的每一个图形都始于一种形状。形状由两个部分组成：填充和描边。填充和描边的功能是彼此独立的，因此可以修改或删除其中一个，而不会影响到另一个。

Animate 包括多种绘图工具，它们在不同的绘图模式下工作。许多创建工作都开始于像矩形和椭圆这样的简单形状，因此能够熟练地绘制、修改形状的外观以及应用填充和描边是很重要的。

1. 使用矩形工具

使用矩形工具可以绘制出正方形、矩形和圆角矩形。如果结合选择工具、部分选取工具及任意变形工具，对矩形进行变形，可以绘制出十分漂亮又具有创意的图形。

选取工具箱中的矩形工具，在“属性”面板中设置矩形的笔触颜色、填充颜色以及笔触样式后，在舞台中单击并拖动鼠标，即可绘制矩形对象。

选取矩形工具后，在工具箱的底部有对象绘制和贴紧至对象两个选项按钮，他们分别对应了对象绘制模式和合并绘制模式。对象绘制是在叠加时不会自动合并在一起的单独的图形对象，这样在分离或重新排列形状的外观时，会使形状重叠而不会改变它们的外观。贴紧至对象会强制让用户在舞台上绘制的形状相互贴紧，确保形状的线条和角相互连接，使得多种形状看起来就像是单个形状一样。如果移动或删除已经与另一种形状合并的形状，合并的部分就会永久删除。

2. 使用椭圆工具

使用椭圆工具可以绘制椭圆或正圆。选取工具箱中的椭圆工具，在“属性”面板中设置椭圆的笔触颜色、填充颜色以及笔触样式后，在舞台中单击并拖动鼠标，即可绘制椭圆对象。矩形工具和椭圆工具结合使用，可以绘制出不同的图形，图 1-3-75 是绘制的一个圆柱形。

图 1-3-75　利用椭圆工具绘制的圆柱形

3.4.4　编辑网页动画图形

要编辑对象，首先要能选择对象的不同部分，然后再使用可编辑图形的工具来修改这些基本形状，从而创建出各种精美的图形。下面主要介绍选择工具、部分选取工具、任意变形工具、套索工具的使用方法。

1. 选择工具

使用选择工具可以选择整个对象或者对象的一部分。首先选取工具箱中的选择工具，然后将鼠标指针移动至舞台中相应图形上，单击，即可选择该图形；或者选取工具箱中的选择工具后，在舞台上围绕所选图形拖动选择工具，就可以将图形全部选中。

使用选择工具还可以推、拉线条和角，从而更改任何形状的整体轮廓。这是处理形状时快速、直观的方法。首先选取工具箱中的选择工具，然后移动鼠标指针至需要变形的图形（直线、角）附近后，鼠标光标附近将出现一条曲线或者直角符号，表示可以更改图形的曲率或角度，最后拖动鼠标即可完成变形处理。图 1-3-76 是利用选择工具对圆柱形进行变形处理后的效果。

2. 部分选取工具

部分选取工具允许选择对象中特定的点或线。首先选取工具箱中的部分选取工具；然后将鼠标指针移动至舞台中相应点或线上，单击，即可选择该图形。

3. 任意变形工具

利用任意变形工具，可以更改对象的比例、旋转或斜度（倾斜的方式），或通过在边框周围拖动控制点来扭曲对象。首先选取工具箱中的任意变形工具；然后在舞台上围绕图形拖动鼠标来选取它，这时图形上将出现变形手柄；最后单击变形手柄，即可改变图形的形状。图 1-3-77 是利用任意变形工具对图 1-3-76 变形处理后的效果。

图 1-3-76　选择工具处理后的效果图

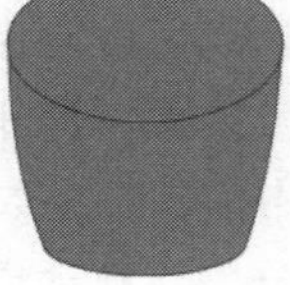

图 1-3-77　任意变形工具处理后的效果图

4. 套索类选择工具

套索工具可以选择不规则图形的任意部分；多边形工具适合选择有规则的区域；魔术棒用来选择相同色块区域。方法是首先选取工具箱中的套索工具；然后将鼠标指针移动至舞台中，单击并拖动，至合适位置后释放鼠标左键，即可选中图形中需要的范围。

3.4.5　创建网页文本对象

文本是动画创作不可缺少的组成元素，它可以辅助影片表述内容，合理和正确地用好文本可以使所创建的作品达到引人入胜的效果。对于不同的文档类型，有很多选项可用于文本。对于 HTML5 Canvas 文档，可以使用静态文本或动态文本。

1. 静态文本

静态文本将使用计算机上的字体来进行简单的文本显示，静态文本在发布的动画中是无法修改的。当在舞台上创建静态文本并发布到 HTML5 项目时，Animate 会自动将字体转换为轮廓。这意味着用户不必担心观众端是否拥有所需的字体，但是缺点是太多的文本会增加文件大小。

在 Animate 中确定需要创建文本的页面，选取工具箱中的文本工具，在“属性”面板中设置字体、大小、颜色等信息，在文本类型列表框中选择“静态文本”选项，其他参数为默认值。移动鼠标指针至舞台上，当鼠标指针呈形状时，单击确认插入点，输入相应文本，然后在舞台任意位置单击，确认输入的文字，即可完成静态文本的创建。

2. 动态文本

动态文本的内容是可以变化的。动态文本的内容可以在影片制作过程中输入，也可以在影片播放过程中设置动态变化，通常的做法是使用 ActionScript 对动态文本的内容进行控制，这样可以大大增强影片的灵活性。

要创建动态文本，首先选取工具箱中的文本工具，然后在“属性”面板的文本类型列表框中选择“动态文本”选项，最后在舞台上拉出一个固定大小的文本框，在舞台上输入文本即可。

3.4.6 创建网页元件对象

元件（symbol）是 Animate 动画中一个非常重要的概念，它是可以用于特效、动画或交互性的可重用的资源，每个元件都可以有自己的时间轴、场景和完整的图层。对于许多动画来说，元件可以减小文件尺寸，缩短下载时间，是因为它们可以重复使用。用户在项目中无限次地使用一个元件，但是 Animate 只会把它的数据存储一次。

1. 元件类型

用户可以把元件看作容器，它可以包含 JPEG 图像、导入的 Illustrator 图画或在 Animate 中创建的图画。在任何时候，都可以进入元件内部并编辑，这意味着可以编辑并替换其内容。当修改了某个元件后，使用此元件的其他对象随之更新，避免了逐一更改的麻烦。Animate 中的三种元件都用于特定的目的，可以通过在“库”面板中查看元件旁边的图标，辨别它是影片剪辑（）、按钮（），还是图形（）。

1）影片剪辑元件

影片剪辑元件是最强大、最通用的一种元件。在创建动画时，通常会使用影片剪辑元件。可以对影片剪辑实例应用滤镜、颜色设置和混合模式，利用特效增强其外观。

影片剪辑元件可以包含它们自己独立的时间轴，可以在影片剪辑元件内包含一个动画，就像可以在主时间轴上包含一个动画那样容易，这使得制作非常复杂的动画成为可能。

2）按钮元件

按钮元件用于交互性。按钮元件有自己的时间轴，包含四个独特的关键帧，分别是“弹起”“指针经过”“按下”“单击”四种状态。在每种状态下，都可以包含其他元件或声音等。除了最后一个状态外，其他三个状态中所包含的内容在影片播放时都可见或可听到，最后一种状态是确定激发按钮的范围。可以对按钮应用滤镜、混合模式和颜色设置。然而，按钮需要代码来使它们工作。

3）图形元件

图形元件是最基本的元件类型。它主要用来制作动画中的静态图形，通常会使用它来创建更加复杂的影片剪辑元件。图形元件不支持交互性，没有独立可用的时间轴，无法为图形元件应用滤镜或者混合模式。

但是，当想要在多个版本的图形之间轻松切换时，图形元件就相当有用。例如，当需要将嘴唇形状与声音进行同步时，通过在图形元件的各个关键帧中放置所有不同的嘴部形状，可以轻松地同步语音。图形元件还用于将图形元件内的动画与主时间轴进行同步。

2. 创建元件

在启动 Animate 时，系统会自动创建一个附属于动画文件的元件库。当创建新的元件时，系统会自动将所创建的元件添加到该库中。除此之外，还可以使用系统提供的元件，以及附属于其他动画的元件。创建元件主要有两种方法：

（1）在舞台上不选择任何内容，只要在菜单中选择“插入”→“新建元件”命令，Animate将进入元件编辑模式，在此可以绘制元件或导入元件的图形。

（2）选择舞台上的现有图形，然后将其转换为元件。无论选择了什么，都将自动放置在新元件内。

3. 编辑元件

Animate 提供了三种方式编辑元件：在当前位置编辑元件、在新窗口中编辑和在编辑元件窗口中编辑元件。编辑元件时，Animate 将更新文档中该元件的所有实例，以反映编辑结果。

1）在当前位置编辑

在舞台上直接编辑元件，舞台上的其他对象以灰度显示，表示与当前元件的区别。被编辑元件的名称将显示在舞台顶端的标题栏中，位于当前场景名称的右侧。

双击舞台上的元件实例，或在舞台上的元件实例上右击，在弹出的快捷菜单中选择“在当前位置编辑”命令，根据需要编辑元件。完成后要退出当前编辑模式，可单击位于舞台顶端标题栏左侧的“后退”按钮，或单击场景名称即可。

2）在新窗口中编辑

在舞台上的元件实例上右击，在弹出的快捷菜单中选择“在新窗口中编辑”命令。用户根据需要编辑元件后，要退出新窗口返回场景工作区时，可单击右上角的“关闭”按钮。

3）在编辑元件窗口中编辑

选择“窗口”→“库”命令，展开“库”面板，双击“名称”列表框中相应元件前面的图标，即可在编辑元件窗口中打开该元件，单击位于舞台顶端标题栏左侧的“后退”按钮，即可退出编辑元件窗口，返回场景工作区。

3.4.7 制作网页动画特效

在 Animate 中可以制作很多种类的动画，其中逐帧动画、形状渐变动画等是最简单、最基本和最常用的动画。下面主要向读者介绍制作网页动画特效的方法。

1. 逐帧动画

逐帧动画是通过在每个关键帧之间进行增量变化来创建移动的效果。逐帧动画的每一帧都会更改舞台中的内容，它最适合于图像在每一帧中都不断变化且在舞台上移动的复杂动画。逐帧动画在 Animate 中类似于传统的手绘动画，在传统的手绘动画中，每一个绘图都是在一张单独的纸张上完成的。

逐帧动画的每一帧都是关键帧，Animate 不得不为每个关键帧存储各自的内容，所以逐帧动画会显著增加文件的大小。

2. 形状渐变动画

形状渐变动画（也称形状补间动画）是指通过在时间轴上的某个帧中绘制一个对象，在另一个帧中修改对象或重新绘制其他对象，然后由 Animate 计算出两帧之间的差别并插入过渡帧，从而创建出形状渐变动画的效果。

在“时间轴”面板中需要创建形状动画的帧上右击，在弹出的快捷菜单中选择“创建补间形状”命令。执行操作后，即可创建补间形状动画。

3. 动作渐变动画

要制作动作渐变动画，首先需要创建好两个关键帧的状态，然后在关键帧之间创建动作关系。动作渐变效果主要依靠 Animate 的传统补间动画功能来完成。补间范围是时间轴中的一组帧，其中的某个对象具有一个或多个随时间变化的属性。渐变动画的过程很连贯，且制作过程也比较简单，只需要在动画的第 1 帧和最后 1 帧中创建动画对象即可。

在“时间轴”面板中需要创建动作渐变的帧上右击，在弹出的快捷菜单中选择“创建传统补间”命令。执行操作后，即可创建动作渐变动画。

4. 遮罩层动画

遮罩是一种选择性地隐藏和显示图层内容的方法。遮罩可以对观众观看的内容进行控制。遮罩动画是指设置相应图形为遮罩对象，通过运动的方式显示遮罩对象下的图像效果。在 Animate 中，遮罩所在的图层要放置在需要被遮罩的内容所在图层的上面。

3.5 网页制作基础

3.5.1 网站的规划

1. 网站的基本概念

网站是由网页组成的，网站和网页的关系就像家庭与家庭成员的关系一样。但是网站往往要复杂一些。

另外，网站除了一般的网页之外，往往还有一些其他的东西。如数据库，以“淘宝”为例，网站需要保存客户的用户名、密码以及交易信息，这都需要数据库。总而言之，网站要比网页复杂，一个好的网站需要精心规划和设计。

2. 静态网站与动态网站

根据数据的更新方式，有静态网站和动态网站之分，如图 1-3-78 和图 1-3-79 所示。

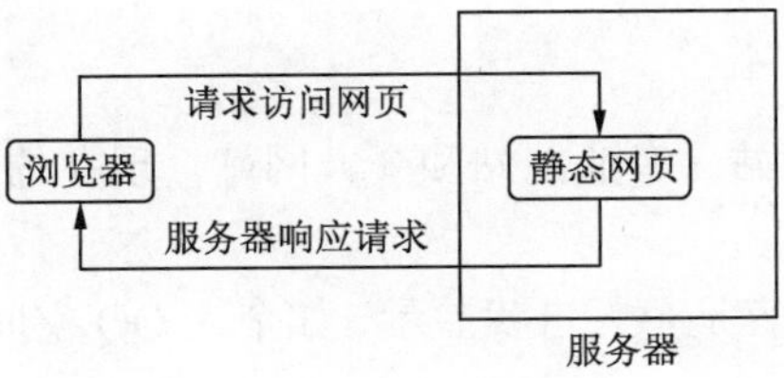

图 1-3-78　静态网站

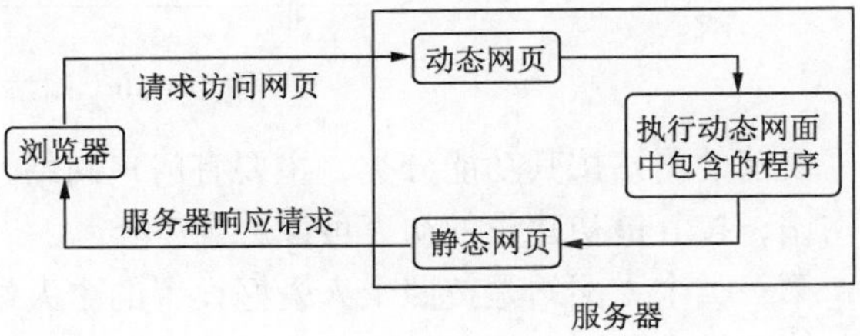

图 1-3-79　动态网站

1）静态网站

如果数据不多，内容比较固定，更新不频繁，可以采用静态网站。本书主要介绍静态网站的制作。

2）动态网站

所谓“动态”不是指网页上简单的 GIF 或 Flash 动画，与滚动字幕等视觉上的“动态效果”

没有直接关系。动态网站的特点如下：

（1）交互性：网页会根据用户的要求和选择而动态地改变和响应，浏览器作为客户端，成为一个动态交流的桥梁。动态网页的交互性也是今后 Web 发展的潮流。

（2）自动更新：即无须手动更新 HTML 文档，便会自动生成新页面，可以大大节省工作量。

（3）因时因人而变：即当不同时间、不同用户访问同一网址时会出现不同页面。

（4）此外动态网页是与静态网页相对应的，也就是说，网页 URL 扩展名的常见形式是.asp、.aspx、.jsp、.php、.perl、.cgi 等。

（5）使用网页脚本语言，如 php、asp、asp.net、jsp 等，通过脚本将网站内容动态存储到数据库，用户访问网站时通过读取数据库来动态生成网页。

3. 网站开发流程

为了加快网站建设的速度和减少失误，应该采用一定的制作流程来策划、设计、制作和发布网站。通过使用制作流程确定制作步骤，以确保每一步顺利完成。步骤的实际数目和名称因人而异，但是总体制作流程如图 1-3-80 所示。

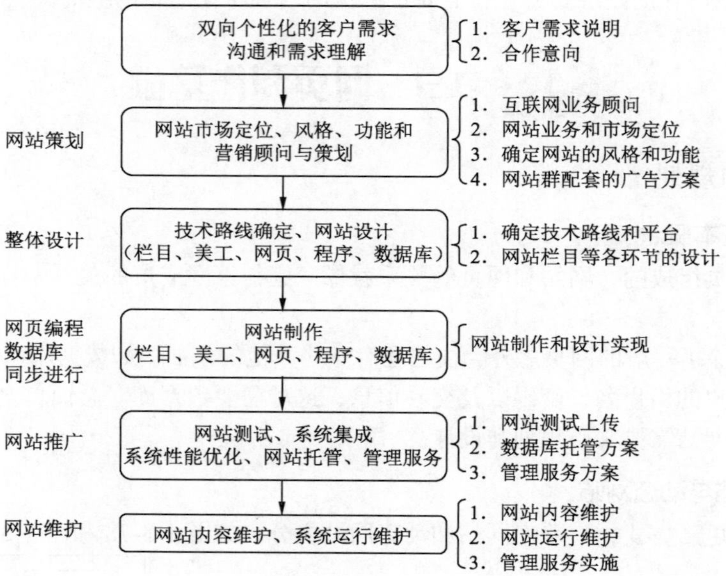

图 1-3-80 网站制作流程图

目前的网站按其功能分类，主要有门户网站、职能网站、专业网站和个人网站。现在的个人网站，按其最初建设的初衷可以分为三类：

第一类个人网站是按照个人爱好设置的个人站点，内容是个人自我展示，如个人 QQ 空间。

第二类个人网站是由两三个人组成的某某工作室。

第三类个人网站的发展力求商业化，如走进中关村等。

4. 网站的总体规划与设计

在设计之前，需先画出网站结构图，其中包括网站栏目、结构层次、链接内容。首页中的各功能按钮、内容要点、友情链接等都要体现出来，一定要切题，并突出重点，同时在首页上应把大段的文字换成标题性的、吸引人的文字，将单项内容交给分支页面去表达，这样才显得页面精练。也就是说，首先要让访问者一眼就能了解这个网站提供什么信息，使访问者有一个基本的认识，并且有继续看下去的兴趣。并且要细心周全，不要遗漏内容，还要为扩容留出空间。分支页面内容要相对独立，切忌重复，导航功能要好。网页文件命名开头不能使用运算符、中文字等，分支页面的文件存放于自己单独的文件夹中，图形文件存放于单独的图形文件夹中，汉语拼音、英文缩写、英文原义均可用来命名网页文件。在使用英文字母时，同时要区分文件的大小写，建议在构建的站点中，全部使用小写的文件名称。

总体规划中涉及的主要内容包括：

（1）确定网站主题。

（2）确定网页结构。

（3）确定网页的信息组织和管理方式。

（4）确定信息的存储方法。

（5）文档版本的控制。

（6）确保结构的完整性和一致性。

3.5.2　网页设计概述

1. 网页的基本概念

网页（homepage）由文字、图像、动画、表格、视频等元素组成，访问网站时看到的第一张网页称为网站的首页。网页是用 HTML（超文本标识语言）或者其他语言编写的，通过 IE 浏览器编译后供用户获取信息的页面，又称为 Web 页。

2. 网页设计原则

一个优秀的页面应考虑内容、速度和页面美感三因素，可归结为：统一、协调、均衡和强调。

3. 网页的构成元素

（1）文本：是网页的主要部分。

（2）图像：主要是 JPG 和 GIF 格式。

- Logo：网站的形象，放在网页的左上方。
- Banner：用于宣传网站内某个栏目或活动的广告，动画形式。
- 网页的背景：改变或统一网页的整体背景。
- 其他应用。

（3）动画：网页上最活跃的元素，主要有 GIF 和 SWF 格式。

（4）超链接：网站的灵魂，实现跳转。

（5）导航栏：一组超链接，可方便地浏览整个站点，可以是文本或者按钮。

（6）表单：用来收集站点访问者信息的域集，是人机交互的有力工具。

（7）框架：网页的组织形式，在一个窗口中浏览多项内容。

（8）表格：网页排版的灵魂，精确定位元素。

（9）其他：日期、计数器、音频、视频和网页特效等。

4. 常用的网页制作工具

常用的网页制作工具有文本编辑器——记事本和 Dreamweaver CS5。

Dreamweaver CS5 是 Macromedia 公司开发的一款专业 HTML 编辑器，用于 Web 站点、Web 页和 Web 应用程序的设计、编码和开发。Dreamweaver 支持静态和动态网页的开发，相对复杂和专业一些，是目前使用最多的网页设计软件。

下面介绍用 HTML 语言制作简单的网页的办法。

1）制作第一个网页

【例 3-6】打开记事本，输入文字并保存，设置文件名为“例 1”，扩展名为“.htm”，如图 1-3-81 所示。然后双击打开这个“例 1.htm”文件，将会看到自己制作的第一个网页，如图 1-3-82 所示。

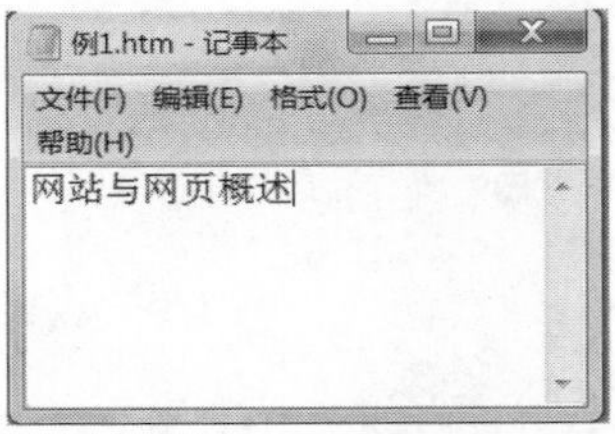

图 1-3-81　在记事本中编辑网页

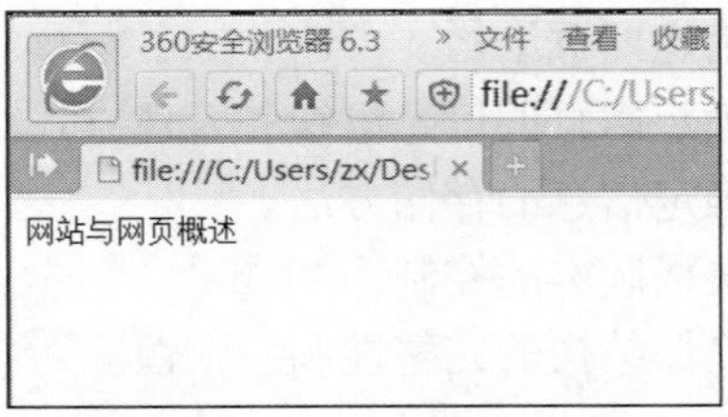

图 1-3-82　在 IE 中浏览效果

接下来，在记事本中改写成“<b>网站与网页概述</b>”，保存。双击浏览，发现字体加粗了。这里的<b></b>就是 HTML 语言。继续输入<font color='#ff0000'><b>网页设计语言</b></font>，保存，如图 1-3-83 所示。再查看效果，“网页设计语言”在 IE 中显示为红色的粗体，如图 1-3-84 所示。

2）其他常用网页设计语言

扩展的功能语言，如 JavaScript（这个语言可以帮助制作网页的各种特效）。

内部程序语言，如 ASP，PHP，JSP，VB.NET 等。

使用数据库，如 Access，SQL Sever，MySQL 等。

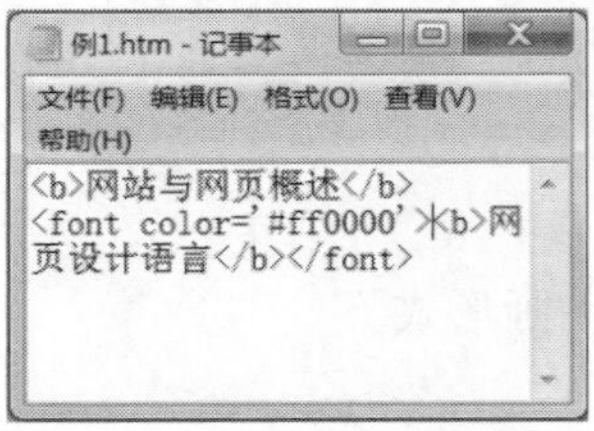

图 1-3-83　文本格式

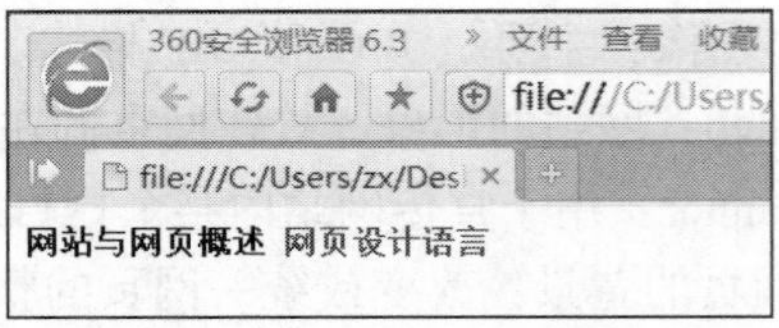

图 1-3-84　浏览器效果

3）网页设计语言的选用

使用何种网页设计语言通常取决于网站的属性，例如，一般性的网站使用 ASP 制作，速度较快；保密性安全性要求高的使用 JSP 制作，比如各个银行网站大多都是 JSP 的页面；对流量有较高要求的网站，可以使用 PHP 制作，因为 PHP 与 MySQL 数据库搭配，效率高、CPU 占用率最低。下面重点学习 HTML 语言。

4）HTML 语言

HTML 语言即 Hyperlink Markup Language，超文本标识语言。

（1）HTML 的基本格式。

标识格式：<标记>指定内容< / 标记>

基本结构：

```
<Html>                                <!->网页开始 ->
   <Head>                             <!->头部开始 ->
      <Title>页头标题</Title>
      ……
   </Head>                            <!->头部结束 ->
   <Body>                             <!->主体开始 ->
     ……
   </Body>                            <!->主体结束 ->
</Html>                               <!->网页结束 ->
```

（2）表格的标记格式。

```
<table>                               <!->表格开始 ->
   <tr>                               <!->一行开始 ->
      <td>列名 1</td>                 <!->一列开始到结束 ->
      ……
      <td>列名 n</td>
   </tr>                              <!->一行结束 ->
</table>                              <!->表格结束 ->
```

【例 3-7】我的课表，如图 1-3-85 所示。

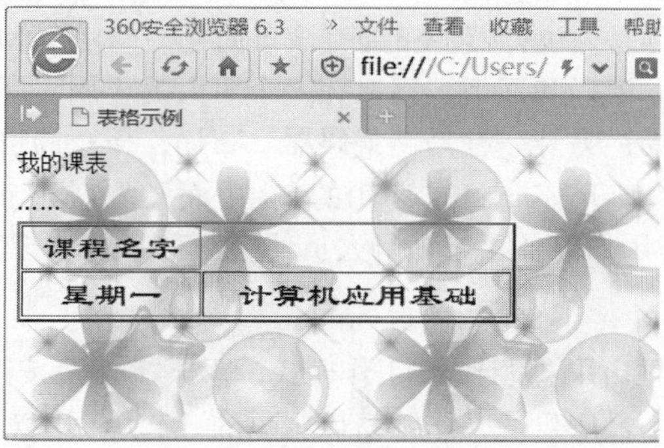

图 1-3-85　我的课表

代码如下：

```
<html>
   <head>
      <title>表格示例</title>
      <style type="text/css">
         body {background-image: url("02.gif"); }
         .STYLE3 {font-family: "隶书"; font-size: 24px; color: #0000FF; }
      </style></head>
   <body>
      <p align="left"> 我的课表</p>
      <table width="350" border="2" cellpadding="2" cellspacing="1
      background=" 01.jpg">
         <tr
            <td><div  align="center"  class="STYLE3"></div></td><td><div
align="center" class="STYLE3">课程名字</div></td>
         </tr>
         <tr>
            <td><div align="center" class="STYLE3">星期一</div></td>
            <td><div align="center" class="STYLE3">计算机应用基础</div></td>
```

```
            </tr>
            <tr>
               ……
            </tr>
         </table>                              <!->表格定义结束 ->
      </body>                                  <!->主体结束  ->
   </html>                                     <!->文档结束  ->
```

（3）超链接的格式。

```
<a  href="超链接对象">超级链说明文字</a>
```

3.5.3　Dreamweaver CS5 工作环境

初步了解了网站的规划以及网页设计的基本知识后，就可以使用网页制作软件来创建网站中的网页了。Dreamweaver 是一种可视化的网页设计和网站管理工具，它支持静态与动态技术，并且支持可视化操作。下面以 Dreamweaver CS5 来介绍其工作环境。

1. 工作区布局

首次启用 Dreamweaver 时，会弹出图 1-3-86 所示的“工作区设置”对话框。在该对话框中提供了两种布局风格：一种是“设计器”布局，该布局是一个使用 MDI（多文档界面）的集成工作区，其中全部“文档”窗口和面板被集成在一个更大的应用程序窗口中，面板组停靠在右侧，建议初学者使用此布局；另外一种是“编码器”布局，该布局也是一个集成工作区，但是面板组停靠在左侧，布局类似于 HomeSite 所用的布局，而且“文档”窗口在默认情况下显示“代码”视图，建议 HomeSite 用户以及手工编码人员使用这种布局。

2．文档窗口

在“工作区设置”对话框启用“设计器”工作模式，单击“确定”按钮，即可打开 Dreamweaver。在打开的文档窗口中，其中最醒目的是居于窗口中央的“起始页”对话框，如图 1-3-87 所示。

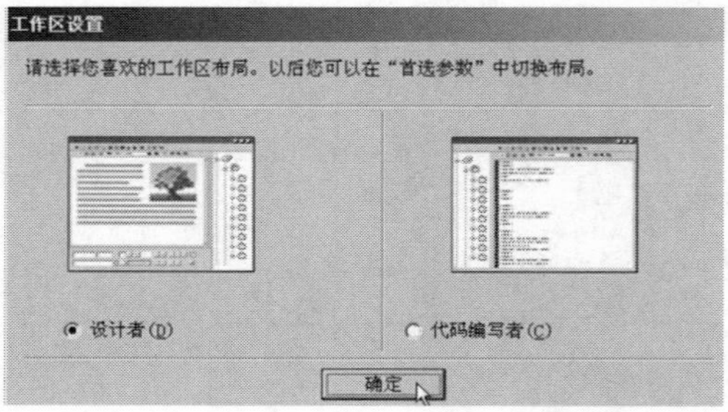

图 1-3-86　“工作区设置”对话框

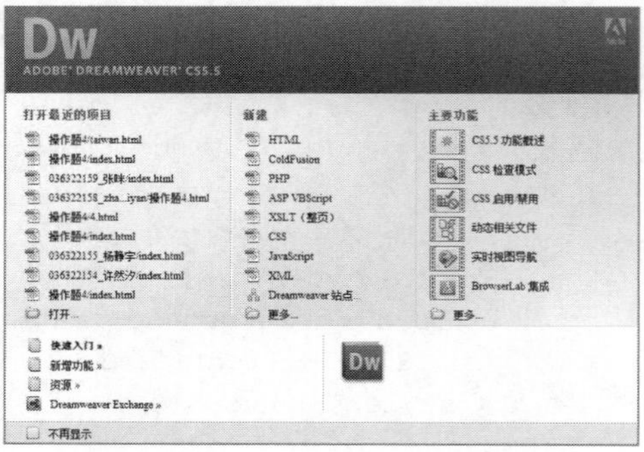

图 1-3-87　“起始页”对话框

该对话框的中间有三个栏目，分别是“打开最近项目”“创建新项目”和“从范例创建”。在这三个栏目中单击任意一个栏目中的文字和图标，即可打开相应的窗口。在该对话框的下方有三行文字，它们是 Dreamweaver 的在线帮助链接。如果在下次启动 Dreamweaver 时不希望显示此对话框，则可以选中该对话框最下面的“不再显示此对话框”复选框。

温馨提示：要设置是否在启动 Dreamweaver 时显示此对话框，还可以选择“编辑”→“首选参数”命令，并打开“常规”选项卡，在“文档选项”后取消选中“显示起始页”复选框。

在“起始页”对话框的“创建新项目”栏中，选中“打开”选项，选择一个网页文件，此时的 Dreamweaver 窗口如图 1-3-88 所示，其中各部分的功能如下：

（1）“插入”工具栏。包含用于将各种类型的对象（图像、表格和层）插入文档中的按钮。每个对象都是一段 HTML 代码，允许用户在插入时设置不同的属性。

（2）“文档”工具栏。包含按钮和弹出式菜单，提供各种“文档”窗口视图、查看选项和一些常用操作。文档工具栏中的按钮可以在文档的不同视图之间快速切换。

（3）页面编辑窗口。用于显示当前创建和编辑的文档，可以在此设置和编排页面内的所有对象，如文字、图像、表格等。

（4）面板组。组合在一个标题下面的相关面板集合，包括代码面板、文件面板、资源面板等在“窗口”菜单中，可以选择相应的命令显示或隐藏面板。

（5）“文件”面板。帮助用户管理自己的文件和文件夹，包括 Dreamweaver 站点的一部分和远程服务器，同时还可以访问本地磁盘上的全部文件，类似于 Windows 中的资源管理器。

（6）“属性”面板。用于查看和更改所选对象或文本的各种属性，每种对象都具有不同的属性。在“编码器”工作区布局中，“属性”面板默认是折叠的。

（7）标签编辑器。位于“文档”窗口底部的状态栏中，用于显示环绕当前选定内容的标签的层次结构。单击该层次结构中的任何标签，可以选择该标签及其全部内容。

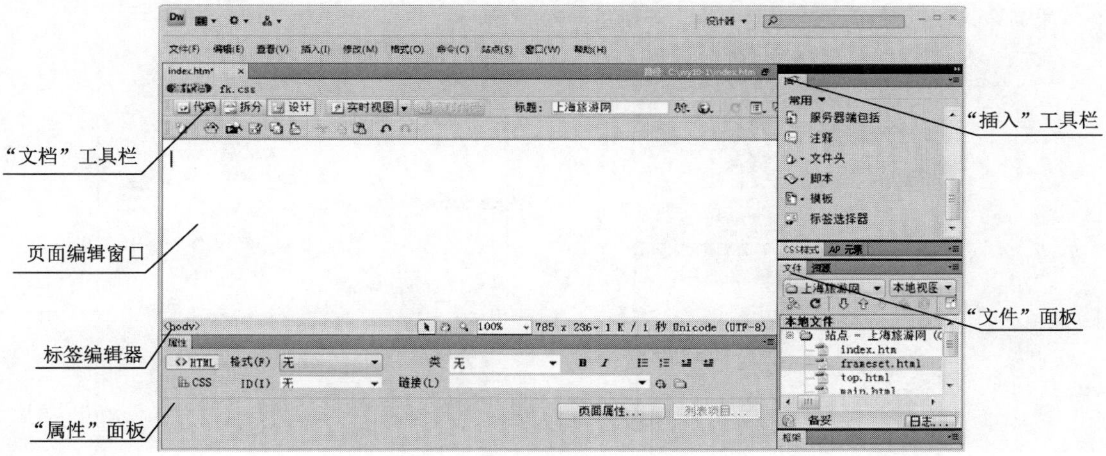

图 1-3-88　文档窗口

3. 工具栏面板

Dreamweaver 中包含四种工具栏：插入、样式呈现、文档和标准。其中的“样式呈现”工具栏是 Dreamweaver CS5 的新增工具栏。如果要将这些工具栏显示在文档窗口中，可以选择“查看”→“工具栏”命令。

其中，“插入”工具栏是最常用的工具栏之一，其按钮与“插入”菜单中的命令相对应。使用上面的按钮，可以方便、快捷地在网页中插入图像、表格、字符、动画等。“插入”工具栏包含了八个选项卡。

4. 面板基本操作

在 Dreamweaver 中，几乎所有操作都可以在工具栏或者面板中完成。在“设计器”布局的状态下，文档窗口右侧的界面中包含所有常用面板，如“文件”面板、“CSS 样式”面板、“资源”面板等。它的实际运用将在以后的章节中讲到，现在介绍面板的基本操作。

面板组是分布在某个标题下面的相关面板集合，这些面板功能强大，而且能够任意组合。如果要展开一个面板组，可以双击面板组名称，如图 1-3-89 所示。如果要使“文档”窗口扩大，可以将面板组折叠为图表，单击面板组右上角的双箭头按钮即可，如图 1-3-90 所示。

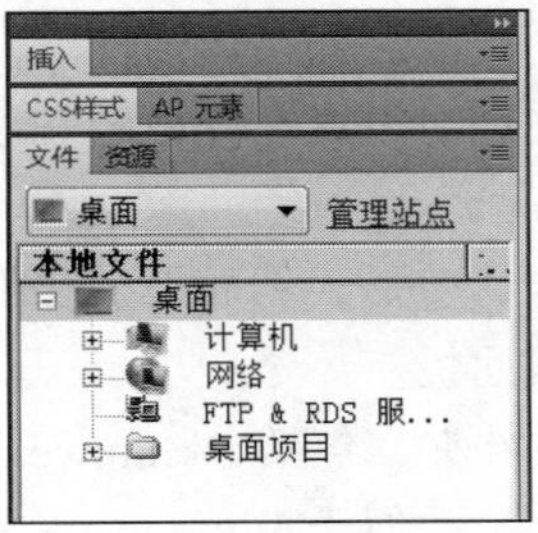

图 1-3-89　面板组

图 1-3-90　面板组折叠为图标

如果要将某个面板分离成浮动面板，首先应将鼠标指针指向面板名称，按下左键拖动即可得到浮动的面板。将 CSS 样式面板分离成浮动面板，如图 1-3-91 所示。

温馨提示： 单击面板组标题栏右侧的按钮，在弹出的下拉菜单中，可以对该面板进行重新组合、重新命名以及关闭该面板等操作，如图 1-3-92 所示。

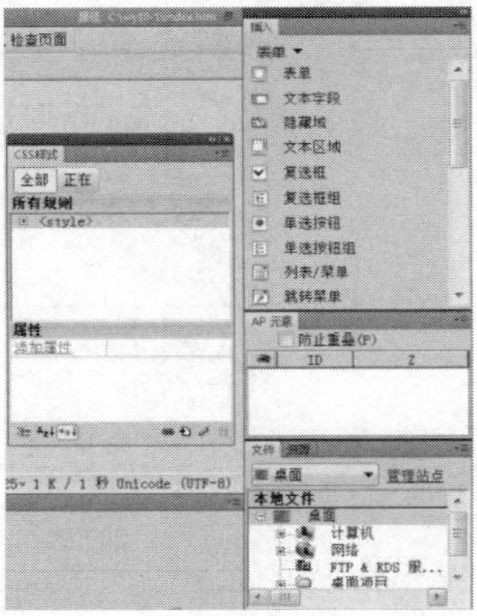

图 1-3-91　分离面板组

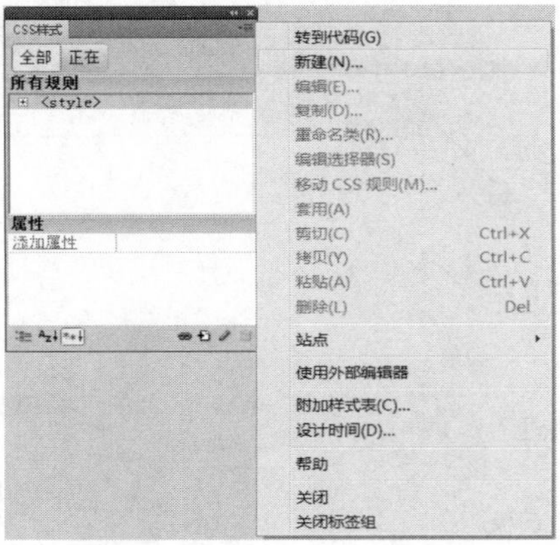

图 1-3-92　执行命令

Dreamweaver 可以制作简单静态网页、网页表单、框架网页、动态网页等多种类型的网页页面，大家可以通过上机实验来体会 Dreamweaver 的强大功能。

3.6　音频信息处理

3.6.1　声音的数字化

1. 认识声音

声音是携带信息的重要媒体，是一种物理现象，是通过一定介质（如空气、水等）传播的一种连续振动的波，也称为声波。

多媒体技术中有关声音或音频的技术就是研究如何处理这些声波的。

2. 声音信号的数字化

声音是模拟信号，只有转换成数字音频信息才能被计算机所识别、存储和处理。

将模拟的声音信号转变为数字音频信号的过程称为声音信号数字化，这一过程是由声卡中的模拟/数字（A/D）转换功能来完成的。如图 1-3-93 所示，模拟音频信息经过采样、量化和二进制编码三个阶段，实现 A/D 转换，得到数字音频信息。

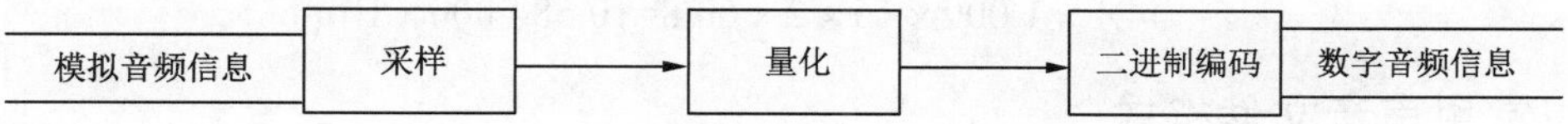

图 1-3-93　声音信号的数字化

3. 波形音频参数

1）采样频率

采样频率是指每秒从模拟声波中采集声音样本的个数，其计量单位为赫兹（Hz）。采样频率越高，声音质量越好，但所占用的存储空间也越大。声音信号的采样如图 1-3-94 所示。

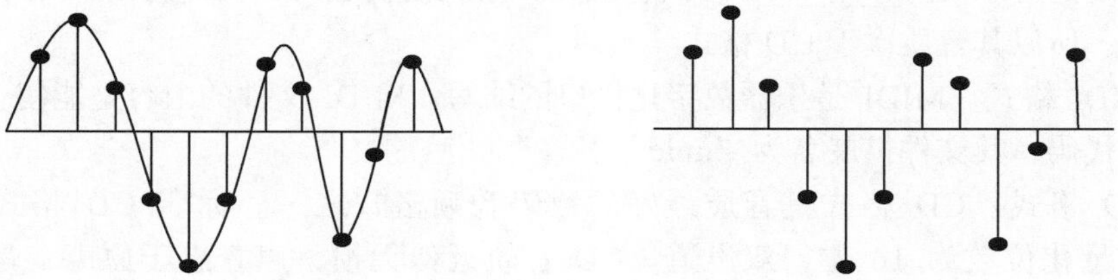

（a）对原始声波采样　　（b）采样后得到的数据

图 1-3-94　声音信号的采样

一般采用的标准采样频率有：11.025 kHz、22.05 kHz、44.1 kHz。

2）量化位数

量化位数：将采样数据按大小存储的过程。一般有 8、16、32 位等。量化位数越大，声音分辨率越高，还原时品质越好，声音数据占用的存储空间越大。声音信号的数字化过程如图 1-3-95 所示。

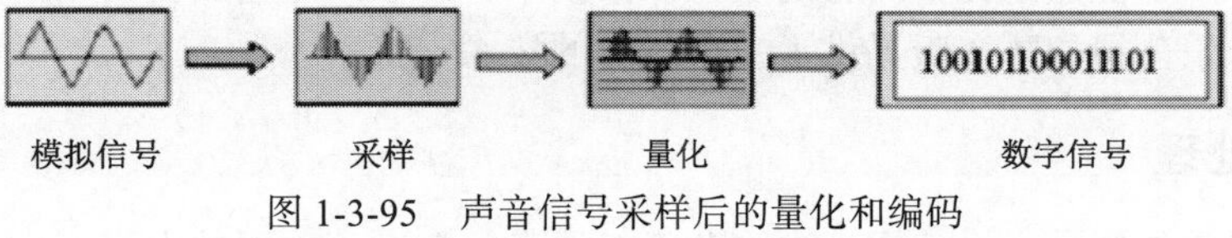

图 1-3-95　声音信号采样后的量化和编码

3）声道数

声道数是数字音频声音质量的另一个因素。一般有单声道、双声道、多声道。

4）存储量计算

数字声音信息的音质高低与其所需要的存储量大小，与上述采样频率、量化位数、声道数三个参数的选取直接相关。

例如：电话的音质主要考虑到能实时听到对方的声音，故采用音质较低、存储量较小的 11.025 kHz 采样频率、8 位量化的单声道音质；而收音机对声音音质的要求比电话稍高，所以采用 22.05 kHz 采样频率、16 位量化的单声道的广播音质；对于用户要求更高的音乐欣赏，则采用 44.1 kHz 采样频率、16 位量化的双声道的立体声 CD 音质，但其存储空间也相对更大。

数字音频占用存储量的计算公式是：

$$存储量 = 采样频率 \times 量化位数 \times 声道数 \times 时间 / 8（B）$$

【例 3-8】试计算采样频率 44.1 kHz，16 位量化，双声道的 CD 音质，一分钟的音频所需要的存储量是多少？

解：利用公式，采样频率 44.1 kHz，16 位量化，双声道的 CD 音质的存储量为：

$$44.1 \times 1\,000 \times 16 \times 2 \times 60/8=10\,584\,000（B）$$

3.6.2 常用声音文件格式

（1）WAV 格式。WAV 格式是 Windows 数字音频的标准格式，也是广为流行的一种声音格式。几乎所有的音频编辑软件都支持 WAV 格式。其文件扩展名为“.wav”。

（2）MP3 文件。MP3 是 MPEG Layer3 的缩写，它是目前很流行的音频文件的压缩（有损）标准。MP3 文件的扩展名为“.mp3”。

相同长度的音乐文件，用 MP3 格式存储，一般只需要 WAV 文件的 1/10 存储量，但由于是有损压缩，所以其音质次于 CD 格式。

（3）MIDI 格式。MIDI 是乐器数字化接口的缩写。MIDI 文件的内容是能使合成音乐芯片演奏乐曲的代码，其文件扩展名为“.mid”。

（4）CD 格式。CD 格式是音质最好的数码音频格式之一。标准 CD 格式采样频率为 44.1 KHz，量化位数为 16 位，双声道。CD 音轨近似无损，声音忠于原声，是音乐欣赏的首选音频格式。

（5）RealAudio 格式。RealAudio 主要适用于网络在线音乐欣赏，Real 文件的格式主要有 RA、RM 和 RMX 等，它们分别代表不同的音质。

（6）WMA 文件。WMA（windows media audio）格式是微软公司开发的，Windows 操作系统中默认的音频编码格式。WMA 的音质强于 MP3，更胜于 RA，在录制时，其音质可调，好时可与 CD 媲美，同时，其压缩率也高于 MP3，一般可达 1∶18 左右，支持音频流技术，可用于网络广播。WMA 格式的声音文件扩展名为“.wma”。

WMA 的另一个优点是提供内置的版权保护技术，可以限制播放时间、播放次数、播放的机器等，这给音乐公司的防盗版提供了一个重要的技术支持。

3.6.3 音频处理

音频处理主要包括录音、剪辑、去除杂音、混音、合成等方面的内容。

音频处理软件有很多，著名的有 Ulead Audio Edit、Creative 的录音大师、Cake Walk 等。GoldWave 是一个集音频播放、录制、编辑、格式转换多功能于一体的数字音乐编辑器。

3.6.4 语音合成与识别

语音是人类进行信息交流的重要的媒介。如果人和计算机之间也能如同人和人之间一样，使用语音自然、便捷地交流，那么人机交互界面也将进一步得到改观，更加人性化。这一目标也使得计算机语音处理技术有了更加广阔的发展空间。

语音处理技术主要包括两方面的内容，一是语音合成技术，二是语音识别技术。

1. 语音合成技术

语音合成，也就是赋予计算机“讲话”能力，使计算机能够用语音输出结果。

计算机输出的经过合成处理的语音应该是可懂、清晰、自然且具有表现力的，这是语音合成技术追求的境界和目标。目前，语音合成技术已走向实用，但要达到理想的境界，还需要不断地科研攻关。

2. 语音识别技术

语音识别，就是赋予计算机“听懂”语音的能力，这样用户输入文字和命令时，就可以用语音替代键盘和鼠标操作了。

目前，语音识别也已走向实用，如 IBM 的中文连续语音识别系统 Via Voice，使用普通话录入信息，识别速度高达每分钟 150 个汉字，且识别准确率超过 95%，同样的，要达到理想的语音识别境界，从目前的连续语音识别进入到自然话语识别与理解，也还有很多的技术难关需要攻克。

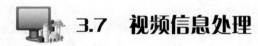

3.7 视频信息处理

3.7.1 视频的数字化

视频的记录方式可以分为模拟视频信号和数字视频信号两种方式：模拟视频是指其信号在时间和幅度上都是连续的；数字视频信号可由模拟的视频信号进行数字化转换得到。

视频的数字化过程同音频相似，在一定的时间内以一定的速度对单帧视频信号进行采样、量化、编码等，实现模数转换、彩色空间变换和编码压缩等。这个过程需要视频捕捉卡和相应的软件的支持，再经计算机处理并存储到硬盘等存储器中。

3.7.2 常用视频文件格式

数字视频文件的格式一般取决于视频的压缩标准，一般分成影像格式和流格式两大类。目前，常用的视频文件具体格式主要有 AVI、MPEG、ASF、MOV、RM/RMVB、WMV 等。

1. AVI 格式

AVI（audio video interleaved）格式是一种支持音频/视频交叉存取机制的格式，可使音频和视频交织在一起同步播放。

AVI 格式的优点是兼容性好、调用方便、图像质量好，对计算机设备要求不高。

2. MPEG 格式

MPEG（moving picture experts group）格式是国际通用的有损压缩标准，现已被所有计算机平台共同支持。MPEG 格式的视频相对于 AVI 文件而言，有更高的压缩率。

3. ASF 格式

ASF（advanced streaming format）格式是高级流格式，ASF 格式的压缩率和图像质量都很不错，是一个在 Internet 上实时传播多媒体信息的技术标准。

4. MOV 格式

MOV（movie digital video technology）格式是苹果公司开发的一种音频、视频文件格式，使用 Quick Time Player 播放器播放。

5. RM/RMVB 格式

RM（real media）格式是一种流式视频格式，RMVB 格式是由 RM 格式升级延伸出的新视频格式。RMVB 格式比 RM 格式有着更好的压缩算法，能实现较高压缩率和更好的运动图像的画面质量。

6. WMV 格式

WMV（windows media video）格式是微软公司开发的可以直接在网上实时观看视频节目的流式视频数据压缩格式。

3.7.3 视频处理

视频信息的处理包括视频画布的剪辑、合成、叠加、转换、配音等方面的内容。

现有的视频编辑处理软件很多，常用的主要有 Video For Windows、Adobe Premiere、Quick Time、Ulead Video Edit 等。另外，Windows 也内置了一款简单易用的视频编辑处理软件 Windows Live，可以完成基本的视频编辑处理任务。

第4章　应用创新与新技术

新一轮信息技术创新应用风起云涌，以物联网、云计算、大数据、区块链和人工智能为代表的新一代信息技术不断取得突破和应用创新，催生新兴产业快速发展。同时新技术与传统产业的融合渗透，助推产业转型升级，给人类生产生活方式带来深刻变革。协同、智能、绿色、服务等新生产方式变革深刻影响着传统产业的核心价值体现；网络众包、生产消费者、协同设计、创客、个性化定制、区块链等新模式正在构建新的竞争优势；电子商务、互联网金融、社交网络等互联网经济体的形成加速产业价值链体系的重构。

4.1　“互联网+”

4.1.1　“互联网+”的概念

1. 定义与内涵

所谓“互联网+”，是指以互联网为主的新一代信息技术（包括移动互联网、云计算、物联网、大数据等）在经济、社会生活各部门的扩散、应用与深度融合的过程，这对人类经济社会产生了巨大、深远而广泛的影响。“互联网+”的本质是传统产业的在线化、数据化。这种业务模式改变了以往仅仅封闭在某个部门或企业内部的传统模式，可以随时在产业上下游、协作主体之间以最低的成本流动和交换。

通俗地说，“互联网+”就是“互联网+各个传统行业”，但这并不是简单的两者相加，而是利用信息通信技术以及互联网平台，让互联网与传统行业进行深度融合，创造新的发展生态。

“互联网+”概念的中心词是互联网，它是“互联网+”计划的出发点。“互联网+”计划具体可分为两个层次的内容。一方面，可以将“互联网+”概念中的文字“互联网”与符号“+”分开理解。符号“+”意为加号，即代表着添加与联合。这表明了“互联网+”计划的应用范围为互联网与其他传统产业，它是针对不同产业间发展的一项新计划，应用手段是通过互联网与传统产业进行联合和深入融合方式进行。另一方面，“互联网+”作为一个整体概念，其深层意义是通过传统产业的互联网化完成产业升级。

当前中国发展“互联网+”及其经济新业态，也存在一些问题和不足：一是技术创新体系不完善，在互联网核心芯片、基础软件和关键器件上自主创新能力还需要加强；二是创新、创业环境营造得还不够，新形势下传统企业的互联网意识不强；三是基础设施有待进一步优化提升，信息技术推广应用的深度广度、信息资源的开发利用程度、深度融合水平有待进一步提高。

要理解“互联网+”，首先必须进一步理解实施“互联网+”行动计划的战略定位。坚持以“发展为第一要务”，认真落实“四个全面”的新要求，全面深化改革开放，以“互联网+”为抓手，坚持信息化和工业化深度融合，工业化、信息化、城镇化、农业现代化协同发展，大力实施创新驱动，致力融合应用，着力激发“大众创业、万众创新”，突破新技术、研发新产品、开发新服务、创造新业态、改造传统产业、发展新兴产业，推动中国经济社会全面转型升级。

其次，要理解“互联网+”行动计划的目标。我国互联网和数字经济发展取得显著进展，依据中国现有的基础和条件，在应用需求的牵引下，在5G、云计算、人工智能等新技术驱动下，与工业和实体经济的紧密结合将是互联网下一步重点发展方向。

再次，基于上述战略定位和发展目标，要理解“互联网+”行动计划应着力于三个方面的内容：一是着力做优存量，推动现有的传统行业提质增效，包括制造、农业、物流、能源等一些产业，通过实施“互联网+”行动计划来推进转型升级；二是着力做大增量，打造新的增长点，培育新的产业，包括生产性服务业、生活性服务业；三是要推动优质资源的开放，完善服务监管模式，增强社会民生等领域的公共服务能力。

2. “互联网+”的主要特征

“互联网+”外在特征表现为：互联网+传统产业。“互联网+”是互联网与传统产业的结合，其最大的特征是依托互联网把原本孤立的各传统产业相连，通过大数据完成行业间的信息交换。事实上，目前在交通、金融、物流、零售业、医疗等行业，互联网已经展开了与传统产业的联合，并取得了一些成果。“互联网+”意味着互联网向其他传统产业输出优势功能，使互联网的优势得以运用到传统产业生产、营销、经营活动的每一个方面。传统产业不能单纯将互联网作为工具运用，要实现线上和线下的融合与协同，利用明确的产业供需关系，为用户提供精准、个性化服务。

“互联网+”内在目的是产业升级+经济转型。“互联网+”带动传统产业互联网化，所谓互联网化指的是传统产业依托互联网数据实现用户需求的深度分析。通过互联网化，传统产业调整产业模式，形成以产品为基础，以市场为导向，为用户提供精准服务的商业模式。

3. “互联网+”的发展趋势

从现状来看，“互联网+”尚处于初级阶段，各领域对“互联网+”还在做论证与探索。“互联网+”的发展趋势则是大量“互联网+”模式的爆发以及传统企业的“破与立”，可表现为：

趋势一：政府推动“互联网+”落实。

趋势二：“互联网+”服务商崛起。

趋势三：第一个热门职业是“互联网+”技术。

趋势四：平台（生态）型电商再受热捧。

趋势五：供应链平台更受重视。

趋势六：O2O会成为“互联网+”企业首选。

趋势七：创业生态及孵化器深耕“互联网+”。

趋势八：加速传统企业的并购与收购。

趋势九：促进部分互联网企业快速落地。

4.1.2 “互联网+”思维

“改变人生，从改变思维开始”。“互联网+”思维的提出者李彦宏强调，“企业家们今后要有互联网思维，可能你做的事情不是互联网，但是你要逐渐以互联网的方式去想问题”。因此，要真正实现“互联网+”，需要先实现“互联网+”思维。

1. “互联网+”思维的剖析

互联网影响了人类的智慧，同样也转变了企业的经营理念。互联网强调开放与分享，“互联网+”更注重协作、融合、品质、效率。因此，冲破思维方式的局限性，激发互联网化思维活力，是拓展和创新“互联网+”实施空间的动力。以马云、马化腾、雷军等为代表的企业家，以百度、腾讯、阿里、小米为代表的一系列互联网企业通过行动对于“互联网思维”进行了实践与发展。由此可以得出结论“互联网思维”是一种以商品经济市场为根基，以企业为先导的思维模式，其特点是灵活、高效、讲求行动。

互联网思维是指以“互联网+”、云计算、大数据等科技创新为主要手段，以开放、平等、协作、分享的互联网精神为基础和出发点，对于资源配置的各个环节进行重新审视、配置的思维模式以及由此产生的一系列实际行动的总称。其特点是灵活、高效、讲求行动。互联网九大思维结构如图 1-4-1 所示。

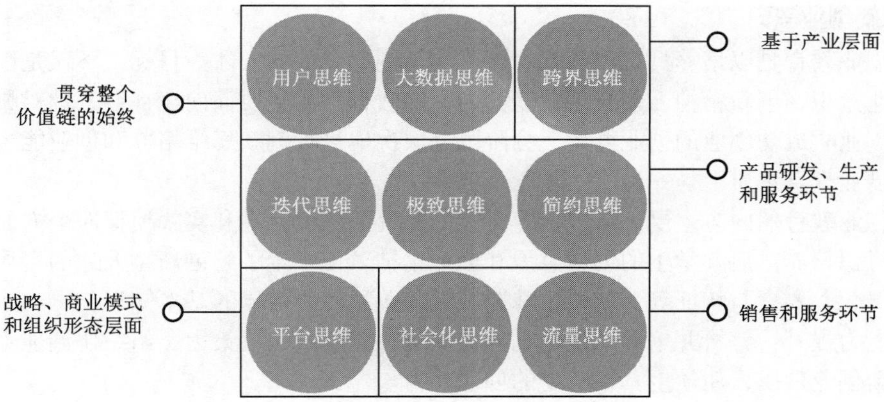

图 1-4-1　互联网九大思维结构

（1）用户思维：指对经营理念和消费者的理解。

（2）大数据思维：指对企业资产、核心竞争力的理解。

（3）跨界思维：指的是对产业边界、创新的理解。

（4）迭代思维：指对创新流程的理解。

（5）极致思维：指对产品和服务体验的理解。

（6）简约思维：指对品牌和产品规划的理解。

（7）平台思维：指对商业模式、组织模式的理解。

（8）社会化思维：指对传播链、关系链的理解。

（9）流量思维：指对业务运营的理解。

2. “互联网+”思维的特性

（1）便捷。互联网的信息传递和获取比传统方式快了很多，也更加丰富了。这也是为什么 PC 取代了传统的报纸、电视，因为信息获取更便捷。

（2）表达（参与）。互联网让人们表达、表现自己成为可能。每个人都有表达自己的愿望，都有参与到一件事情的创建过程中的愿望。让一个人付出比给予更能让他有参与感。

（3）免费。从没有哪个时代让我们享受如此之多的免费服务，所以免费必然是互联网思维之一。

（4）数据思维。互联网让数据的搜集和获取更加便捷了，并且随着大数据时代的到来，数据分析预测对于提升用户体验有非常重要的价值。

（5）用户体验。用户体验就是让用户感觉便利、满意。也就是说，任何商业模式的根本都是用户，都是让用户满意。

4.1.3 “互联网+”与大学生创新创业

2015 年 5 月 7 日，国务院印发《关于积极推进“互联网+”行动的指导意见》（以下简称“意见”）。意见指出，“积极发挥我国互联网已经形成的比较优势，把握机遇，增强信心，加快推进‘互联网+’发展”。到 2018 年，基于互联网的新业态成为新的经济增长动力，互联网支撑大众创业、万众创新的作用进一步增强。

1. 创新创业教育

创新创业教育是以培养具有创业基本素质和开创型个性的人才为目标，不仅是以培育在校学生的创业意识、创新精神、创新创业能力为主的教育，而且要面向全社会，针对哪些打算创业、已经创业、成功创业的创业群体，分阶段分层次地进行创新思维培养和创业能力锻炼的教育。创新创业教育本质上是一种实用教育。

创新创业教育的内容主要由意识培养、能力提升、环境认知和实践模拟四个方面组成。

（1）意识培养：启蒙学生的创新意识和创业精神，使学生了解创新型人才的素质要求，了解创业的概念、要素与特征等，使学生掌握开展创业活动所需要的基本知识。

（2）能力提升：解析并培养学生的批判性思维、洞察力、决策力、组织协调能力与领导力等各项创新创业素质，使学生具备必要的创业能力。

（3）环境认知：引导学生认知当今企业及行业环境，了解创业机会，把握创业风险，掌握商业模式开发的过程，设计策略及技巧等。

（4）实践模拟：通过创业计划书撰写、模拟实践活动开展等，鼓励学生体验创业准备的各个环节，包括创业市场评估、创业融资、创办企业流程与风险管理等。

政府高度重视高校创新创业教育活动的开展，坚持强基础、搭平台、重引导的原则，打造良好的创新创业教育环境，优化创新创业的制度和服务环境，营造鼓励创新创业的校园文化环境，着力构建全覆盖、分层次、有体系的高校创新创业教育体系。

2002 年，高校创业教育在我国正式启动，教育部将清华大学、中国人民大学、北京航空航天大学等九所院校确定为开展创业教育的试点院校。二十多年来，创新创业教育逐步引起了各高校的重视，一些高校在国家有关部门和地方政府的积极引导下，进行了有益的探索与实践。目前国内高校的创新创业教育主要有如下几种类型。

（1）“挑战杯”及创业设计类竞赛为载体，开展创新创业教育；

（2）以大学生就业指导课为依托，开展创新创业教育；

（3）以大学生创业基地（园区）为平台，开展创新创业教育；

（4）成立专门组织机构为保证，推动创新创业教育的开展；

（5）以人才培养模式创新实验区为试点，培养创新型人才；

（6）搭建创新创业教育课程体系，实施创新创业教育；

（7）融入人才培养方案，全面实施创新创业教育。

2. “互联网+”大学生创新创业大赛

为贯彻落实国务院办公厅印发的《关于深化高等学校创新创业教育改革的实施意见》，进一步激发高校学生创新创业热情，展示高校创新创业教育成果，搭建大学生创新创业项目与社会投资对接平台，2015 年设立了中国“互联网+”大学生创新创业大赛，该大赛的目的是以赛促学、以赛促教、以赛促创，培养创新创业生力军，探索素质教育新途径，搭建成果转化新平台。

4.2 物 联 网

4.2.1　物联网的含义

物联网（internet of things，IOT）是通过各种信息传感设备及系统（传感器、射频识别系统、红外感应器、激光扫描器等）、条码与二维码、全球定位系统，按约定的通信协议，将物与物、人与物、人与人连接起来，通过各种接入网、互联网进行信息交换，以实现智能化识别、定位、跟踪、监控和管理的一种信息网络。物联网上述定义包含了三层主要含义。

（1）物联网是对具有全面感知能力的物体及人的互联集合。两个或两个以上物体如果能交换信息即可称为物联。使物体具有感知能力需要在物品上安装不同类型的识别装置，如电子标签、二维码等，或通过传感器、红外感应器等感知其存在。

（2）为了成功地通信，物联网中的物品必须遵守相关的通信协议，同时需要相应的软件、硬件来实现这些规则，并可以通过现有的各种接入网与互联网进行信息交换。

（3）物联网可以实现对各种物品和人进行智能化识别、定位、跟踪、监控和管理等功能。

4.2.2　物联网的发展

1. 国外物联网的发展

物联网的实践最早可以追溯到 1990 年施乐公司的网络可乐贩售机（networked coke machine）。物联网概念最早出现在 Bill Gates 在 1995 年出版的《未来之路》（The Road Ahead）一书。该书提出了“物—物”相连的雏形，只是当时由于无线网络、传感器设备等的限制，并未引起世人的重视。

1998 年，美国麻省理工学院（MIT）创造性地提出了当时被称为 EPC（electronic product code）系统的“物联网”构想。2008 年 3 月在苏黎世（Zurich）举行了全球首届国际物联网会议“物联网 2008”，探讨了“物联网”的新理念和新技术，以及如何推进物联网的发展。2009 年，美国将新能源和物联网列为振兴经济的两大重点。2020 年，全球物联网设备数量 126 亿个，较上年增加 19 亿个，同比增长 17.76%；“万物物联”成为全球网络未来发展的重要方向。预计 2023 年全球将有超过 430 亿台设备连接到物联网上，它们将生成、共享、收集并帮助人们以各种方式利用数据。

目前，物联网不仅在工业领域得到广泛应用，在智慧家居、智慧医疗、智慧城市、智慧农业等领域也开始发挥越来越重要的作用。

2. 中国物联网的发展

中国科学院早在1999年就启动了传感网研究。该院组成了2 000多人的团队，先后投入数亿元，在无线智能传感器网络通信技术、微型传感器、传感器终端机、移动基站等方面取得重大进展，目前已拥有从材料、技术、器件、系统到网络的完整产业链。在世界传感网领域，我国成为国际标准制订的主导国之一。

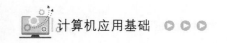

物联网在中国高校的研究，首先是北京邮电大学和南京邮电大学。作为“感知中国”的中心，无锡市2009年9月与北京邮电大学就传感网技术研究和产业发展签署合作协议，主要围绕传感网展开研究，涉及光通信、无线通信、计算机控制、多媒体、网络、软件、电子自动化等领域，标志中国物联网进入实际建设阶段。南京邮电大学召开物联网建设专题研讨会，及时调整科研机构和专业设置，2009年9月成立了物联网学院，2009年9月10日，全国首家物联网研究院在南京邮电大学正式成立。2010年6月10日，江南大学为进一步整合相关学科资源，推动学科跨越式发展，提升战略型新兴产业的人才培养与科学研究水平，服务物联网产业发展，江南大学信息工程学院和江南大学通信与控制工程学院合并组建了“物联网工程学院”，也是全国第一个物联网工程学院。截至目前，中国已有几百所高校开办了物联网工程专业。

受益于5G发展,我国物联网连接量持续增加,2019年中国家用物联网整体市场规模为3 608亿元。根据市场研究公司IDC的数据显示，中国市场规模将在2025年超过3 000亿美元，全球占比约26.1%。随着物联网应用不断扩大，未来物联网必将成为引领未来产业变革的一股新兴力量。

4.2.3 物联网系统的构成

物联网系统是由硬件平台和软件平台两大系统组成。

1. 物联网硬件平台

物联网是以数据为中心的面向应用的网络，主要完成信息感知、数据处理、数据回传以及决策支持等功能，其硬件平台可由传感网（包括感知节点和末梢网络）、核心承载网和信息服务系统等部分组成。

1）感知节点

感知节点由各种类型的采集和控制模块组成，如温度传感器、声音传感器、振动传感器、压力传感器、RFID读写器、二维码识读器等，完成物联网应用的数据采集和设备控制等功能。感知节点包括四个基本单元，即传感单元、处理单元、通信单元和电源部分。

2）末梢网络

末梢网络即接入网络，包括汇聚节点、接入网关等，完成应用末梢感知节点的组网控制和数据汇聚，或完成向感知节点发送数据转发等功能。也就是在感知节点之间组网之后，如果感知节点需要上传数据，则将数据发送给汇聚节点（基站），汇聚节点收到数据后，通过接入网关完成和承载网络的连接；当用户应用系统需要下发控制信息时，接入网关接收到承载网络的数据后，由汇聚节点将数据发送给感知节点，完成感知节点与承载网络之间的数据转发和交互功能。感知节点与末梢网络承担物联网的信息采集和控制任务，构成传感网，实现传感网的功能。

3）核心承载网

核心承载网主要承担接入网与信息服务系统之间的通信任务。根据具体应用需要，可以是移动通信网、Wi-Fi、WiMAX、互联网等，也可以是企业专用网或专用于物联网的通信网。

移动通信的发展非常迅速，目前第五代移动通信（5G 网络）已逐步进入商用阶段。在 5G 的发展研究上，我国一直处于国际领先地位。2012 年开始，我国着手准备研究 5G 技术，2016 年 1 月，正式启动 5G 技术研发试验。2018 年 2 月 27 日，华为在 MWC2018 大展上发布了首款 3GPP 标准 5G 商用芯片巴龙 5G01 和 5G 商用终端，支持全球主流 5G 频段，包括 Sub6GHz（低频）、mmWave（高频），理论上可实现最高 2.3 Gbit/s 的数据下载速率。截至 2022 年 4 月末，中国已建成 5G 基站 161.5 万个，成为全球首个基于独立组网模式规模建设 5G 网络的国家。5G 网络进入商用后，大大地满足了物联网应用的海量需求，进一步推动了物联网的发展。

4）信息服务系统硬件设施

信息服务系统硬件设施主要由各种应用服务器（如数据库服务器、认证服务器、数据处理服务器等）组成，还包括用户设备（如 PC、手机）、客户端等，主要用于对采集数据的融合、汇聚、转换、分析等功能。从感知节点获取的大量原始数据经过分析处理后，由服务器根据用户端设备进行信息呈现的适配，并根据用户的设置触发相关的通知信息。

2. 物联网软件平台

软件平台是物联网的神经系统。一般来说，物联网软件平台建立在分层的通信协议体系之上，通常包括数据感知系统软件、中间件系统软件、操作系统以及物联网信息管理系统等。

1）数据感知系统软件

该软件主要完成物品的识别和物品电子产品代码（electronic product code，EPC）的采集和处理，主要由企业生产的物品、物品电子标签、传感器、读写器、控制器、物品的 EPC 等部分组成。存储有 EPC 的电子标签在经过读写器的感应区域时，其中物品的 EPC 会自动被读写器捕获，从而实现 EPC 信息采集的自动化。所采集的数据交由上位机信息采集软件进行进一步处理，如数据校对、数据过滤、数据完整性检查等。这些经过整理的数据可以为物联网中间件、应用管理系统使用。对于物品电子标签，国际上多采用 EPC 标签，用实体标示语言（product markup language，PML）来标记每一个实体和物品。

2）中间件系统软件

中间件是位于数据感知设施（读写器）与在后台应用软件之间的一种应用系统软件。中间件具有两个关键特征：一是为系统应用提供平台服务；二是连接到网络操作系统，并且保持运行工作状态。中间件为物联网提供一系列计算和数据处理功能，主要任务是对感知系统采集的数据进行捕获、过滤、汇聚、计算、数据校对、解调、数据传送、数据存储和任务管理，减少从感知系统向应用系统中心传送的数据量。同时，中间件还可提供与其他 RFID 支撑软件系统进行互操作等功能。

3）操作系统

物联网通过互联网实现物理世界中的任何物品的互联，在任何地方、任何时间可识别任何物品，使物品成为附有动态信息的“智能产品”，并使物品信息流和物流完全同步，从而为物品信息共享提供一个高效、快捷的网络通信及云计算平台。网络中节点包含的硬件资源非常有限，操作系统必须节能高效地使用其有限内存、处理器和通信模块，且能够对各种特定应用提供最大的支持，使多种应用可以并发地使用系统的有限资源。

4）物联网信息管理系统

物联网管理类似于互联网上的网络管理。目前，物联网大多数是基于简单网络管理协议（simple network management protocol，SNMP）建设的管理系统，提供对象名称解析服务（object name service，ONS）。ONS 类似于互联网的 DNS，要有授权，并且有一定的组成架构。它能对每一种物品的编码进行解析，再通过 URL 服务获得相关物品的进一步信息。

物联网管理机构包括企业物联网信息管理中心、国家物联网信息管理中心以及国际物联网信息管理中心。企业物联网信息管理中心负责管理本地物联网，它是最基本的物联网信息服务管理中心，为本地用户提供管理、规划及解析服务。国家物联网信息管理中心负责制定和发布国家总体标准，负责与国际物联网互联，并且对国内各个物联网管理中心进行管理。国际物联网信息管理中心负责制定和发布国际框架性物联网标准，负责与各个国家的物联网互联，并且对各个国家物联网信息管理中心进行协调、指导、管理等工作。

3. 物联网体系结构

1）三层论

从技术架构上看，有的学者将物联网分为三层：感知层、网络层和应用层。

（1）感知层由各种传感器以及传感器网关构成，包括二氧化碳浓度传感器、温度传感器、湿度传感器、二维码标签、RFID 标签和读写器、摄像头、GPS 等感知终端。感知层的作用相当于人的眼耳鼻喉和皮肤等神经末梢，它是物联网识别物体、采集信息的来源。

（2）网络层由各种私有网络、互联网、有线和无线通信网、网络管理系统和云计算平台等组成，相当于人的神经中枢和大脑，负责传递和处理感知层获取的信息。

（3）应用层是物联网和用户（包括人、组织和其他系统）的接口，它与行业需求结合，实现物联网的智能应用。

2）四层论

也有学者认为，物联网可分为四层：感知层、传输层、处理层和应用层。

（1）感知层与“三层论”中的感知层一样，主要涉及感知技术，如 RFID、传感器、GPS、激光扫描、一些控制信号等。

（2）传输层主要完成感知层采集数据的传输，涉及现代通信技术、计算机网络技术、无线传感网技术以及信息安全技术等。

（3）处理层主要进行物联网的数据处理、加工、存储和发布，涉及数字信号处理、软件工程、数据库、大数据、云计算和数据挖掘等技术。

（4）应用层是具体的各个领域相关应用服务，涉及物联网系统设计、开发、集成技术，也涉及某一个专业领域的技术（如交通、农业和环境等）。

图 1-4-2 给出了物联网的四层体系结构。

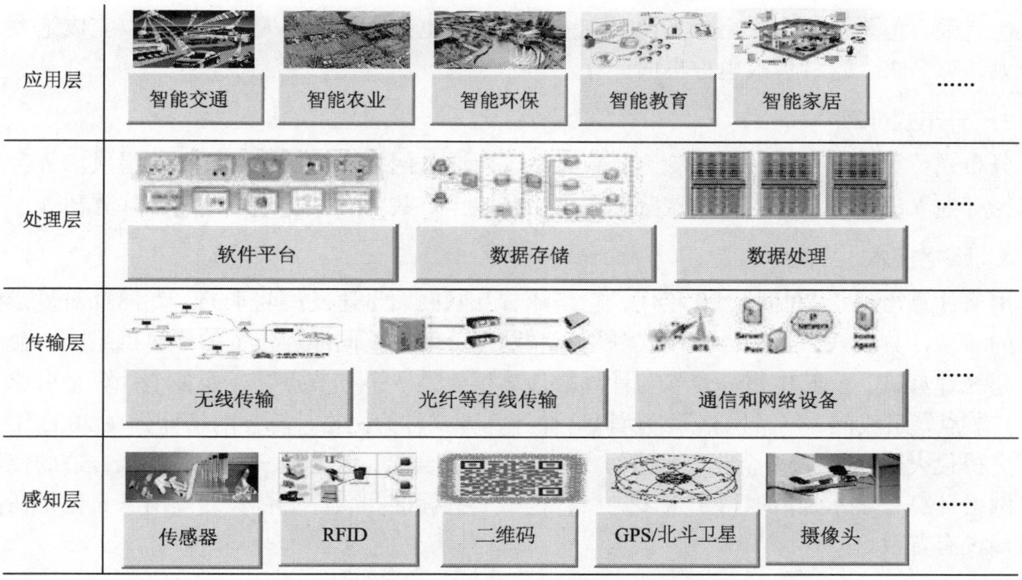

图 1-4-2　物联网四层体系结构

4.3 云　计　算

4.3.1　云计算的含义

由于云计算（cloud computing）正在发展之中，从不同角度出发就会有不同的理解。这里，不去讨论各个角度对云计算的不同理解，只说明大家比较认同的部分。云计算是一种计算模式，在这种模式下，动态可扩展而且通常是虚拟化的资源通过互联网以服务的形式提供出来。终端用户不需要了解“云”中基础设施的细节，不必具有相应的专业知识，也无须直接进行控制，而只需关注自己真正需要什么样的资源，以及如何通过网络来得到相应的服务。“云”已经为用户准备好了存储、计算、软件等资源，用户需要使用时，即可采取租赁方式使用。

4.3.2　云计算发展历史

云计算并不是突然出现的，而是以往技术和计算模式发展和演变的一种结果。它也未必是计算模式的终极结果，而是适合目前商业模式需求和技术可行性的一种模式。下面简要分析一下云计算的发展历程。

1. 主机系统与集中计算

1964 年，随着世界上 IBM 的第一台大型主机 System/360 诞生，计算模式就有了云计算的影子。大型主机的一个特点就是资源、计算、存储集中，这是集中计算模式的典型代表。

2. 个人计算机与桌面计算

20 世纪 80 年代出现了个人计算机。个人计算机具备自己独立的存储空间和处理能力，虽然性能有限，但是对于个人用户来说，在一段时间内也够用了。个人计算机可以完成绝大部分的个人计算需求，这种模式也称桌面计算。

3. 分布式计算

分布式计算依赖于分布式系统。分布式系统由通过网络连接的多台计算机组成。每台计算机都拥有独立的处理器及内存。这些计算机相互协作，共同完成一个目标或者计算任务。

4. 网格技术

网格计算出现于20世纪90年代，它是随着互联网而迅速发展起来的，专门针对复杂科学计算的新型计算模式。这种计算模式利用互联网把分散在不同地理位置的计算机组成一台“虚拟的超级计算机”。其中每一台参与计算的计算机就是一个“节点”，而整个计算是由成千上万个“节点”组成的“一堆网格”，所以这种计算方式称为网格计算。网格计算在2000年之后一度变得很火热，各大IT企业也都进行了许多投入和尝试，但是却一直没有找到合适的使用场景。网格计算在学术领域取得了很多进展，包括一些标准和软件平台被开发出来，但是在商业领域却没有普及。

5. SaaS

SaaS（software as a service，软件即服务），最初出现于2000年。SaaS是一种通过Internet来提供软件的模式，厂商将应用软件统一部署在自己的服务器上，客户可以根据自己的实际需求，通过互联网厂商订购所需的软件应用服务，按订购的服务多少和时间长短向厂商支付费用，并通过互联网获得厂商提供的服务。用户不用再购买软件，而改为向提供商租用基于Web的软件，来管理企业经营活动，且无须对软件进行维护，服务提供商会全权管理和维护软件。软件厂商在向客户提供互联网应用的同时，也提供软件的离线操作和本地数据存储，让用户随时随地都可以使用其订购的软件和服务。对于传统的软件企业来说，SaaS是最重大的一个转变。这种模式把一次性的软件购买收入变成了持续的服务收入，软件提供商不再计算卖了多少副本，而是时刻注意有多少付费用户。

6. 云计算的出现

纵观计算模式的演变历史，基本上可以总结为：集中→分散→集中。在早期，受限于技术条件与成本因素，只能有少数的企业能够拥有计算能力，此时的计算模式显然只能以集中为主。在后来，随着计算机小型化与低成本化，计算也走向分散。到如今，计算又走向集中的趋势，这就是云计算。

4.3.3 云计算的特征和分类

1. 云计算的特征

下面介绍云计算的几项公共特征：

（1）弹性伸缩。云计算可以根据访问用户的多少，增减相应的IT资源（包括CPU、存储、带宽和中间件应用等），使IT资源的规模可以动态伸缩，满足应用和用户规模变化的需要。

（2）快速部署。云计算模式具有极大的灵活性，足以适应各个开发和部署阶段的各种类型和规模的应用程序。提供者可以根据用户的需要及时部署资源，最终用户也可按需选择。

（3）资源抽象。最终用户不知道云上的应用运行的具体物理位置，同时云计算支持用户在任意位置使用各种终端获取应用服务，用户无须了解、也不用担心应用运行的具体位置。

（4）按使用量收费。即付即用的方式已广泛应用于存储和网络宽带技术中。例如，Google 的 App Engine 按照增加或减少负载来达到其可伸缩性，而其用户按照使用 CPU 的周期来付费；Amazon 的 Web 服务则是按照用户所占用的虚拟机节点的时间来进行付费（以小时为单位）。根据用户指定的策略，系统可以根据负载情况进行快速扩张或缩减，从而保证用户只使用他/她所需要的资源，达到为用户省钱的目的。

2. 云计算的分类

1）根据云的部署模式和云的使用范围

根据云的部署模式和云的使用范围进行分类，可以分为：公共云、私有云和混合云。

（1）公共云。当云以按服务方式提供给大众时，称为"公共云"。公共云由云提供商运行，为最终用户提供各种各样的 IT 资源。云提供商可以提供从应用程序、软件运行环境，到物理基础设施等方方面面的 IT 资源的安装、管理、部署和维护。最终用户通过共享的 IT 资源实现自己的目的，并且只要为其使用的资源付费。在公共云中，最终用户不知道与其共享使用资源的还有其他哪些用户，以及具体的资源底层如何实现，甚至几乎无法控制物理基础设施。所以云服务提供商必须保证所提供资源的安全性和可靠性等非功能性需求。云服务提供商的服务级别也因为这些非功能性服务的提供的不同进行分级。特别是需要严格按照安全性和法规遵从性的云服务要求来提供服务，也需要更高层次、更成熟的服务质量保证。公共云的示例包括 Google App Engine、Amazon EC2、IBM Developer Cloud 与无锡云计算中心等。

（2）私有云。商业企业和其他社团组织不对公众开放，为本企业或社团组织提供云服务（IT 资源）的数据中心称为"私有云"。相对于公有云，私有云的用户完全拥有整个云计算中心的设施，可以控制哪些应用程序在哪里运行，并且可以决定允许哪些用户使用云服务。由于私有云的服务提供对象是针对企业或社团内部，私有云上的服务可以更少地受到在公共云中必须考虑的诸多限制等手段。私有云可以提供更多的安全和私密等保证。私有云提供的服务类型也可以是多样化的，不仅可以提供 IT 基础设施的服务，也支持应用程序和中间件运行环境等云服务，比如企业内部的管理信息系统云服务。"中石化云计算"就是典型的支持 SAP 服务的私有云。

（3）混合云。混合云是把"公共云"和"私有云"结合到一起的方式。用户可以通过一种可控的方式部分拥有，部分与他人共享。企业可以利用公共云的成本优势，将非关键的应用部分运行在公共云上；同时将安全性要求高、关键性更强的主要应用通过内部的私有云提供服务。如荷兰的 iTricity 云计算中心就是混合云的例子。

2）根据云计算的服务层次和服务类型

依据云计算的服务层次和服务类型可以将云分为三层：基础架构即服务、平台即服务和软件即服务。

（1）基础架构即服务（infrastructure as a service，IaaS）位于云计算三层服务的最底端，提供的是基本的计算和存储能力，提供的基本单元就是服务器，包括 CPU、内存、存储、操作系统及一些软件。具体例子如 IBM 为无锡软件园建立的云计算中心以及 Amazon 的 EC2。

（2）平台即服务（platform as a service，PaaS）位于云计算三层服务的中间，提供给终端用户基于互联网的应用开发环境，包括应用编程接口和运行平台等，并且支持应用从创建到运行整个生命周期所需的各种软硬件资源和工具。在 PaaS 层面，服务提供商提供的是经过封装的 IT 能力，或者说是一些逻辑的资源，比如数据库、文件系统和应用运行环境等。PaaS 的产品示例包括 IBM 的 Rational 开发者云、Saleforce 公司的 Force.com 和 Google 的 Google App Engine 等。

（3）软件即服务（software as a service，SaaS）是最常见的云计算服务，位于云计算三层服务的顶端。用户通过标准的 Web 浏览器来使用 Internet 上的软件。服务供应商负责维护和管理软硬件设施，并以免费或按需租用方式向最终用户提供服务。这类服务既有面向普通用户的，如 Google Calendar 和 Gmail，也有直接面向企业团体的，用以帮助处理工资单流程、人力资源管理、协作、客户关系管理和业务合作伙伴关系管理等，如 Salesforce.com 和 Sugar CRM。

4.3.4　云计算体系结构

云计算的体系结构由五部分组成，分别为应用层、平台层、资源层、用户访问层和管理层，云计算的本质是通过网络提供服务，所以其体系结构以服务为核心，如图 1-4-3 所示。

（1）应用层提供软件服务。企业应用服务是指面向企业的用户，如财务管理、客户关系管理、商业智能等；个人应用服务指面向个人用户的服务、如电子邮件、文本处理，个人信息存储等。

（2）平台层为用户提供对资源层服务的封装，使用户可以构建自己的应用。数据库服务提供可扩展的数据库处理的能力；中间件服务为用户提供可扩展的消息中间件或事务处理中间件等服务。

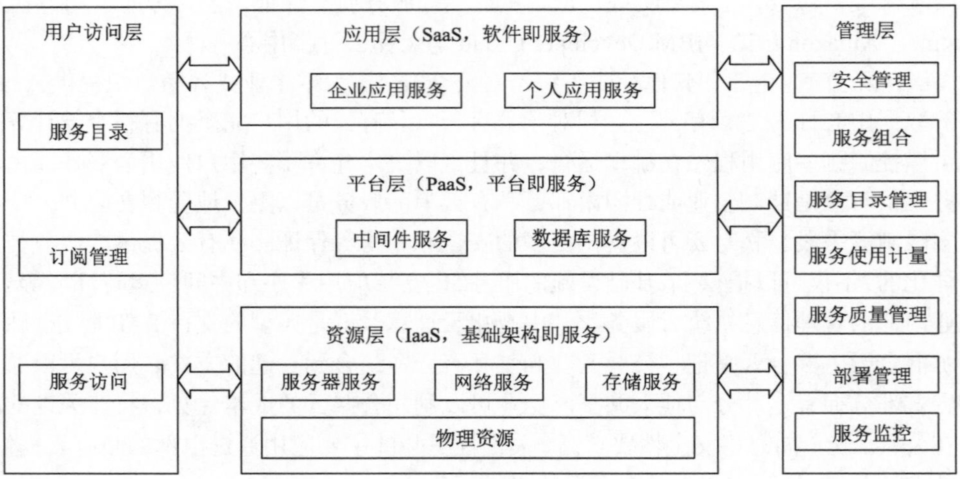

图 1-4-3　云计算的体系结构

（3）资源层是指基础架构层面的云计算服务，这些服务可以提供虚拟化的资源，从而隐藏物理资源的复杂性。物理资源指的是物理设备，如服务器等；服务器服务指的是操作系统的环境，如 Linux 集群等；网络服务指的是提供的网络处理能力，如防火墙、VLAN、负载等；存储服务为用户提供存储能力。

（4）用户访问层是方便用户使用云计算服务所需的各种支撑服务，针对每个层次的云计算服务都需要提供相应的访问接口。服务目录是一个服务列表，用户可以从中选择需要使用的云计算服务；订阅管理是提供给用户的管理功能，用户可以查阅自己订阅的服务，或者终止订阅的服务；服务访问是针对每种层次的云计算服务提供的访问接口，针对资源层的访问可能是远程桌面或者 X-windows，针对应用层的访问，提供的接口可能是 Web。

（5）管理层是提供对所有层次云计算服务的管理功能。安全管理提供对服务的授权控制、用户认证、审计、一致性检查等功能；服务组合提供对已有云计算服务进行组合的功能，使新的服务可以基于已有服务创建；服务目录管理提供服务目录和服务本身的管理功能，管理员可以增加新的服务，或者从服务目录中除去服务；服务使用计量对用户的使用情况进行统计，并以此为依据对用户进行计费；服务质量管理提供对服务的性能、可靠性、可扩展性进行管理；部署管理提供对服务实例的自动化部署和配置，当用户通过订阅管理增加新的服务订阅后，部署管理模块自动为用户准备服务实例；服务监控提供对服务的健康状态的记录。

4.3.5　主要云计算平台介绍

1. 阿里云

阿里云是全球领先的云计算及人工智能科技公司，于 2009 年创立并致力于采用在线公共服务的方式，提供安全、可靠的计算和数据处理服务。阿里云为制造、金融、政务、交通、医疗等众多领域服务，提供了包括计算、存储、网络、安全、数据库、分析和人工智能等在内的全方位的云计算服务，可帮助用户提高 IT 资源利用率、降低 IT 成本、提高企业运营效率。

飞天（Apsara）诞生于 2009 年 2 月，是由阿里云自主研发、服务全球的超大规模通用计算操作系统，为全球 200 多个国家和地区的创新创业企业、政府、机构等提供服务。飞天的革命性在于将云计算的三个方向整合起来：提供足够强大的计算能力，提供通用的计算能力，提供普惠的计算能力。

2. 华为云

华为云是全球领先的云计算服务商之一，也是中国本土最大的云计算服务商之一。华为云通过基于浏览器的云管理平台，以互联网线上自助服务的方式，为用户提供云计算 IT 基础设施服务，通过弹性计算的能力和按需计费的方式有效帮助用户降低运维成本。

桌面云是采用最新的云计算技术开发出的一款智能终端产品，可以代替普通计算机使用，同时用户也可以用 PC 和移动 PAD 等多种方式接入桌面云。华为桌面云改变了传统的 PC 办公模式，突破时间、地点、终端、应用的限制，随时随地办公介入，成就自由的现代办公时代。

3. 腾讯云

腾讯云是腾讯公司旗下的产品，为开发者及企业提供云服务、云数据、云运营等整体一站式服务方案。腾讯云包括云服务器、云数据库、CDN、云安全、万象图片和云点播等产品。

高性能高稳定的云虚拟机，可在云中提供弹性可调节的计算容量；弹性 Web 引擎（cloud elastic engine）是一种 Web 引擎服务，是一体化 Web 应用运行环境，弹性伸缩，中小开发者的利器；腾讯 NoSQL 高速存储，是腾讯自主研发的极高性能、内存级、持久化、分布式的 Key-Value 存储服务，支持 Memcached 协议，能力比 Memcached 强（能落地），适用 Memcached、TTServer 的地方都适用 NoSQL 高速存储；TOD 是腾讯云为用户提供的一套完整的、开箱即用的云端大数据处理解决方案，主要应用于海量数据统计、数据挖掘等领域。已经为微信、QQ 空间、广点通、腾讯游戏、财付通、QQ 网购等关键业务的提供了数据分析服务。

4. Amazon 的 EC2

Amazon 是美国最大的在线零售商之一，于 2002 年开放了电子商务平台 AWS（amazon web service），迄今包括四种主要的服务：简单存储服务（simple storage service，S3）、弹性计算云（elastic compute cloud，EC2）、简单消息队列服务（simple queuing service）、简单数据库管理（simpleDB）。Amazon 现在通过互联网提供存储、计算、消息队列、数据库管理系统等"即插即用"服务。Amazon 是最早提供远程云计算平台的服务公司。

5. Google 的 App Engine

2008 年 4 月，Google 推出了 Google App Engine，它允许开发人员编写 Python 应用程序，然后把应用构建在 Google 的基础架构上。对于最终用户来说，Google Apps 提供了基于 Web 的电子文档、电子数据表以及其他生产性应用服务。Google 的云计算实际上是针对 Google 特定的网络应用程序而定制的。针对内部网络数据规模超大的特点，Google 提出了一套基于分布式并行集群方式的基础架构，包括四个相互独立又密切结合在一起的系统：建立在集群之上的文件系统 GFS（google file system）、MapReduce 编程模式、分布式锁机制 Chubby 以及大规模分布式数据库 BigTable。

Google 的云计算平台是私有的环境，特别是 Google 的云计算基础设施还没有开放出来。除了开放有限的应用程序接口，例如 GWT（google web toolkit）以及 Google Map API 等，Google 并没有将云计算的内部基础设施共享给外部的用户使用，上述的所有基础设施都是私有的。不过 Google 开放了其内部集群环境的一部分技术，使全球的技术开发人员能够根据这一部分文档构建开源的大规模数据处理云计算基础设施。

6. Hadoop 云计算平台

Hadoop 项目的目标是建立一个能够对大数据进行可靠的分布式处理的可扩展开源软件框架。Hadoop 面向的应用环境是大量低成本计算机构成的分布式运算环境，因此它假设计算节点和存储节点会经常发生故障，为此设计了副本机制，确保能够在出现故障节点的情况下重新分配任务。同时，Hadoop 以并行的方式工作，通过并行处理加快处理速度，具有高效的处理能力。从设计之初，Hadoop 就为支持可能面对的 PB 级大数据环境进行了特殊设计，具有优秀的可扩展性。可靠、高效、可扩展这三大特性，加上 Hadoop 开源免费的特性，使 Hadoop 技术得到了迅猛发展。

许多著名的互联网公司的云计算平台就是基于 Hadoop 技术架构建立的，如 Yahoo、百度、阿里巴巴、腾讯、华为、中国移动等。

4.3.6 云计算的关键技术

1. 虚拟化技术

云计算离不开虚拟化技术的支撑。虚拟化是一个广泛的术语，在计算机方面通常是指计算元件在虚拟的基础上而不是真实的基础上运行。虚拟化技术可以扩大硬件的容量，简化软件的重新配置过程。如 CPU 的虚拟化技术可以用单 CPU 模拟多 CPU 并行，允许一个平台同时运行多个操作系统，并且应用程序都可以在相互独立的空间（虚拟机）内运行而互不影响，从而显著提高计算机的工作效率。在 Gartner 咨询公司提出的 2009—2011 年最值得关注的十大战略技术中，虚拟化技术名列榜首。虚拟化技术为企业节能减排、降低 IT 成本都带来了不可估量的价值。虚拟化技术的优势包括部署更加容易、为用户提供瘦客户机、数据中心的有效管理等。

2. 多租户技术

多租户技术是一项云计算平台技术。该技术使大量的租户能够共享同一堆栈的软、硬件资源，每个租户能够按需使用资源，能够对软件服务进行客户化配置，而且不影响其他租户的使用。这里，每一个租户代表一个企业，租户内部有多个用户。

从技术实现难度的角度来说，虚拟化已经比较成熟，并且得到了大量厂商的支持，而多租户技术还在发展阶段，不同厂商对多租户技术的定义和实现还有很多分歧。当然，多租户技术有其存在的必然性及应用场景。在面对大量用户使用同一类型应用时，如果每一个用户的应用都运行在单独的虚拟机上，可能需要成千上万台虚拟机，这样会占用大量资源，而且有大量重复的部分，虚拟机的管理难度及性能开销也大大增加。在这种场景下，多租户技术作为一种相对经济的技术就有了用武之地。

3. 数据中心自动化

数据中心自动化带来了实时的或者随需应变的基础设施能力，这是通过在后台有效地管理资源实现的。自动化能够实现云计算或者大规模的基础设施，让企业理解影响应用程序或者服务性能的复杂性和依赖性，特别是在大型的数据中心中。

4. 云计算数据库

关系数据库不适合用于云计算，因此出现了用于云计算环境下的新型数据库，例如 Google 公司的 BigTable、Amazon 公司的 SimpleDB、Hadoop 的 HBase 等，都不是关系型的。这些数据库具有一些共同的特征，正是这些特征使他们适用于服务云计算的应用。这些数据库可以在分布式环境中运行，即意味着它们可以分布在不同地点的多台服务器上，从而可以有效处理大量数据。

5. 云操作系统

云操作系统即采用云计算、云存储方式的操作系统，目前 VMware、Google 和微软分别推出了云操作系统的产品。VMware 在 2009 年 4 月发布了 vSphere，并称其为第一个云操作系统；2009 年 11 月 Google 推出 Chrome OS 操作系统，该操作系统针对上网本和个人计算机的云操作系统；2008 年 10 月，微软宣布了 Windows Azure 云操作系统，是针对数据中心开发的操作系统，该操作系统于 2014 年 4 月更名为 Microsoft Azure。

6. 云安全

云安全是指基于云计算商业模式应用的安全软件、硬件、用户、机构、安全云平台的总称。"云安全"是"云计算"技术的重要分支，已经在反病毒领域当中获得了广泛应用。云安全通过网状的大量客户端对网络中软件行为的异常监测，获取互联网中木马、恶意程序的最新信息，推送到服务端进行自动分析和处理，再把病毒和木马的解决方案分发到每一个客户端。

在云计算中，由于数据都存储在用户看不见、摸不着的"云"上，人们最担心数据的泄密问题。2009 年 IBM 公司的研究员 Craig Gentry 进行了一项创新，即"隐私同态"（privacy homomorphism）技术，使用被称为"理想格"（ideal lattice）的数学对象，可以实现对加密信息进行深入和不受限制的分析，同时不会降低信息的机密性。有了该项突破，数据存储服务上将能够在不和用户保持密切互动以及不查看敏感数据的条件下帮助用户全面分析数据，可以分析加密信息并得到详尽的结果。云计算提供商可以按照用户需求处理用户的数据，但无须暴露原始数据。

4.4 区 块 链

4.4.1 区块链的定义和发展

区块链的英文是 blockchain，字面意思就是（交易数据）块（block）的链（chain）。区块链技术首先被应用于比特币，如图 1-4-4 所示。比特币本身就是第一个，也是规模最大、应用范围最广的区块链。区块链中每个块包含一个头部和一个正文。

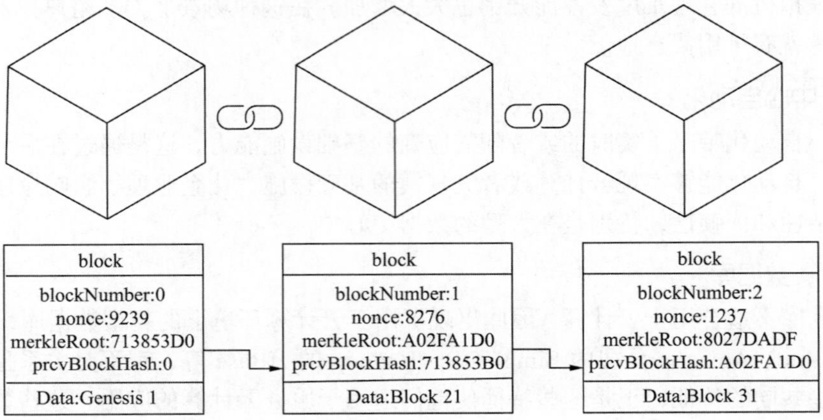

图 1-4-4 区块链

大部分观点认为，区块链技术是中本聪[1]发明，从比特币开始的。其实不然，区块链技术早在 20 世纪七八十年代就有了。只不过中本聪创造性地把分布式存储和加密技术结合发明了比特币，而因为比特币的价格一路攀升才逐渐为人们所重视和熟知。但是比特币不等于区块链，只是区块链技术的应用之一；区块链也不等于各种币，各种币只是区块链经济生态和模型中的一部分。

目前，关于区块链没有统一的定义，综合来看，区块链就是基于区块链技术形成的公共数据库（或称公共账本）。其中区块链技术是指多个参与方之间基于现代密码学、分布式一致性协议、点对点网络通信技术和智能合约编程语言等形成的数据交换、处理和存储的技术组合。同时，区块链技术本身仍在不断发展和演化中。

以参与方分类，区块链可以分为：公共链（public blockchain）、联盟链（consortium blockchain）和私有链（private blockchain）。

（1）公共链对外公开，用户不用注册就能匿名参与，无须授权即可访问网络和区块链。节点可选择自由出入网络。公共链上的区块可以被任何人查看，任何人也可以在公共链上发送交易，还可以随时参与网络上形成共识的过程，即决定哪个区块可以加入区块链并记录当前的网

1 中本聪是比特币协议及其相关软件 Bitcoin-Qt 的创造者，他于 2008 年发表了一篇名为《比特币：一种点对点式的电子现金系统》（*Bitcoin: A Peer-to-Peer Electronic Cash System*）的论文，描述了一种被他称为“比特币”的电子货币及其算法。2009 年，他发布了首个比特币软件，并正式启动了比特币金融系统。

络状态。公共链是真正意义上的完全去中心化的区块链，它通过密码学保证交易不可篡改，同时也利用密码学验证以及经济上的激励，在互为陌生的网络环境中建立共识，从而形成去中心化的信用机制。在公共链中的共识机制一般是工作量证明（PoW）或权益证明（PoS），用户对共识形成的影响力直接取决于他们在网络中拥有资源的占比。

公共链通常也称为非许可链（permissionless blockchain）。如比特币和以太坊等都是公共链。公共链一般适合于虚拟货币、面向大众的电子商务、互联网金融等 B2C、C2C 或 C2B 等应用场景。

（2）联盟链（consortium blockchain）仅限于联盟成员参与，区块链上的读写权限、参与记账权限按联盟规则来制定。联盟链是一种需要注册许可的区块链，这种区块链也称为许可链（permissioned blockchain）。

（3）私有链则仅在私有组织使用，区块链上的读写权限、参与记账权限按私有组织规则来制定。私有链的应用场景一般是企业内部的应用，如数据库管理、审计等。也有一些比较特殊的组织情况，比如在政府行业的一些应用：政府的预算和执行，或者政府的行业统计数据，这个一般来说由政府登记，但公众有权力监督。私有链的价值主要是提供安全、可追溯、不可篡改、自动执行的运算平台，可以同时防范来自内部和外部对数据的安全攻击，这在传统的系统是很难做到的。

4.4.2 区块链的“共识”

区块链的目标是真正改变信任的机制，陌生人在互联网上能不能一次就达成信任？互联网上成千上万的人在网络上连接，互相接触、互相交往，且陌生人的交往是常态。这种情况下，如何保证陌生人一次就建立信任？

今天区块链让我们已经极其接近这个社会底层的构造，方便建立陌生人之间的信任。在这种情形下，区块链正在让陌生人之间的信任建立在非常坚实的基础之上。

更重要的一点：区块链把财富的生产和财富的分配平衡地放在了一个巨大的账本之中。这个巨大的账本对所有参与区块链的人是公开透明的，同时又是加密保护隐私的。所以财富的生产和分配同时进行，这是它的伟大意义。

在这种情形下，人的创造力才能得到无穷的释放，才能进入艺术的、创新的、创造的那种氛围当中。所以区块链让我们每一个人达成自己的甜蜜三角，这个甜蜜三角就是指所能、所愿和所为之间的良好匹配。

所以有人说，区块链开启了互联网的一次升维的旅程。不要把互联网理解为就是一个网站，或者你手机上的一个流量，互联网已经进入了价值网络，这个价值网络，是每一个人都可能参与其中，每一个人都可能恰当地表达自己，每一个人都可以恰当地在价值交流、互换、流动的过程中，享受到价值创造的当下快乐的这样一种氛围。

4.4.3 从互联网思维到区块链思维

“区块链”作为新兴技术，短时期内得到如此多的关注，在现代科技史上并不多见。首先，区块链行业作为当前最受关注的科技创新热点之一，聚集着大量人才、资本和社会资源。区块链正处在发展的关键节点。

第一，“区块链思维”是什么？目前给“区块链思维”下定义是一件有困难的事情。区块链技术目前最大的意义在于它的运行机制：通过技术的精巧组合，完成资源的公平分配，从而确保社区的目标一致、成员的行为规范。因此，关于“区块链思维”三个关键点：一是技术架构的可靠性；二是分配过程的公平性；三是成员行为的规范性。

第二，用“区块链思维”做什么？区块链技术在很长一段时间内都被理解为“比特币技术”，比特币成了区块链的代名词。但是如果将比特币架构直接照搬套用到其他区块链技术应用场景中，难免衣不合体。“区块链思维”可以帮助人们跳出比特币架构，从内涵层面认识整个技术体系。目前，区块链技术的2.0、3.0版本对“比特币架构”进行了优化，这些都是“区块链思维”的具体体现。

第三，“区块链思维”怎么用？现阶段，区块链技术最显著的内涵在于使用分布式记账、非对称加密、点对点传输等技术组合，确保数据不可篡改、全程可追溯，从而解决社会交往中的信任构建难题。基于这一内涵，区块链技术要应用于各种具体场景，其外延要不断拓展，例如区块链与激励机制的结合、智能合约的发展等，最终都是为了通过区块链技术来确定真伪，让价值在互联网上直接流通，构建真正的价值互联网。想象是技术进步的重要驱动力。我们不妨以开放的心态，开发出区块链技术更丰富的应用，引领技术健康发展。

回顾区块链技术的发展历程，我们会发现它与早期的互联网技术有许多惊人相似的故事。比如都是从小众的学术圈走向中间的商业圈，再走向大众的社会圈。从互联网技术的后续发展可以看出：实验室中的经典架构与现实社会结合后，将会发生改变；绝对自由是不存在的；商业的深度参与，使得早期的理想状态十分短暂；资本与技术反复博弈将会推动新技术应用螺旋式上升，如果用发展的眼光看技术，热点只是起点。

用科学的眼光看区块链标签。当下区块链之所以备受热捧，一个重要的原因是被贴上了许多特别的标签，如去中心化、全程可追溯、不可篡改等。但这些标签是否都经得起历史和现实检验，还不宜过早下结论。区块链经典的技术架构虽然去掉了数据结构的中心，但其运行仍受中心化节点的约束。去中心化的标签能否在区块链上贴得牢，可能还需要进一步探讨。事实上，曾经有“去中心化”标签的互联网，只是颠覆了旧的中心，形成了新的寡头。

用战略的眼光看区块链产业。任何产业能够得到长久发展，都需要推动社会进步，满足人们生产生活需求。无论区块链在当下是否真正为实体经济发展和改善人民生活提供了支持，但长远来看，以人为本，从大众的根本需求出发，为社会进步和经济发展提供高效率、低成本的解决方案，才是区块链行业发展壮大，迈向成熟的持久动力。

4.4.4 区块链的价值

去中心化信用机制是区块链技术的核心价值之一，因此区块链本身又被称为“分布式账本技术”“去中心化价值网络”等。自古以来，信用和信任机制就是金融和大部分经济活动的基础，随着移动互联网、大数据、物联网等信息技术的广泛应用，以及工业4.0等新一代工业革命的开启，网络空间的信用作为数字化社会的基石的作用显得更加重要。传统上，信用机制是中心化的，而中心化的信任和信用机制必然导致中心化机构成为价值链的核心，也容易引发问题。而区块链技术则首先在人类历史上实现了去中心化的大规模信用机制，在消除中心机构“超级信用”的同时，保证信用机制安全、高效地运行。

人和人之间最核心的经济关系就是交易，但在没有区块链之前，人们所有的交易活动，怎么样保证交易双方真实可靠的完成一笔交易？两个人之间互相不信任。比如在互联网上网购，需要支付宝、微信支付等担任信任中介，确保交易完成。现在人们刷的银行卡，如果不是银行发的，商户是不敢收的，银行是一个信用的中介。在区块链出来之前，任何的交易活动都需要有一个中介，没有一个中介，两个陌生人不可能在缺乏第三方的情况下达成一笔交易。

区块链是信任的机器。倒过来说用一台机器人取代了一个信任中介的作用，用一套数学算法确保两个陌生人在不借助于第三方的情况下，把一笔交易（不管是金融的交易或者是商品的交易）完成。这就是区块链的最核心、最本质的东西。

区块链是去中心的。在经济交易活动当中，去中心主要包含几层意思：

（1）人们在完成一笔交易的时候，不再需要第三方，这个第三方就是一个中心。

（2）人们在开展经济活动的时候，需要有一个组织，这么多的公司，可能大部分来自各种各样的商业机构、商业组织，但是在区块链上所从事的所有经济活动，不再需要像公司的这种制度，不再需要这样一个组织。

（3）不再需要商业机构这样一个很熟悉的组织形式来帮助人们完成经济交换活动，来完成各种交易。

（4）除了不需要这个组织之外，任何的经济活动都有可能，或者说在数字世界里面的数字经济活动都不再有这个组织，它的激励机制不再是一个中心化的机构建立起来的。

如果每个人为中心化的机构服务，那么这个中心化的机构给人们工资、奖励、职务，来激励人们更好地为这个事业服务。但在区块链上面这个激励机制不是由中心化的机构来建立。

4.4.5 区块链的应用前景

中国在区块链技术研发应用方面走在全球前列，央行在主导法定数字货币和数字票据的研究，未来数字金融将把“平面金融折叠成立体金融”。在规模化应用方面，区块链可能还有很长的路要走。因为科技金融、数字金融有两个最基本的要求：第一就是规模化。比如外汇交易、证券交易，每秒交易可能达到几千笔、几万笔，这属于规模化的应用。目前的区块链技术有了突破，但也只能做到每秒几百笔或上千笔的交易。第二就是可靠性、安全性的要求。这是新技术金融应用的最基本要求。比如加密系统，加密要求太严格速度就会慢下来，但如果追求较高的速度可能会牺牲可靠性方面的某些要求，既可靠又快速的系统研发仍需要一个发展过程。

区块链的诞生，将大幅降低价值传输成本，又一次极大地解放生产力。目前，区块链底层技术还不成熟，基础设施还不完善。区块链难以篡改、共享账本、分布式的特性，更易于监管接入，获得更加全面实时的监管数据。区块链迅速发展不是偶然，它能极大降低信息价值传输成本。区块链可以和很多行业结合，使得业务交易更安全，交易成本更低，交易效率更高。

1. 区块链+金融

区块链在金融行业无疑会得到广泛的应用，如支付、结算、清算领域。在多方参与的跨地域、跨网络支付场景中，Ripple 支付就是一个很好的案例；在多方参与的结算、清算场景，R3 联盟也在利用区块链技术构建银行间的联盟链。同时在多方参与的虚拟货币发行、流通、交易、股权（私募、公募）、债券以及金融衍生品（包括期货、期权、次贷、票据）的交易（NASDAQ Linq 平台案例），以及在众筹、P2P 小额信贷、小额捐赠、抵押、信贷等方面，区块链也可以提供公正、透明、信用托管的平台。在保险方面，区块链也可以应用于互助保险、定损、理赔等业务场景。

2. 区块链+政府

区块链防伪、防篡改的特性能够广泛用于政府主管的产权、物权、使用权、知识产权和各类权益的登记方面，包括公共记录，如房地产权证、车辆登记证、营业许可证、专利、商标、版权、软件许可、游戏许可、数字媒体（音乐、电影、照片、电子书）许可、公司产权关系变更记录、监管记录、审计记录、犯罪记录、电子护照、出生死亡证、选民登记、选举记录、安全记录、法院记录、法医证据、持枪证、建筑许可证、私人记录、合同、签名、遗嘱、信托、契约（附条件）、仲裁、证书、学位、成绩、账号等方面的记录登记。

3. 区块链+医疗

区块链在医疗行业中可以应用于诊断记录、医疗记录、体检记录、病人病历、染色体、基因序列的登记，也可以用在医生预约、诊所挂号等应用场景，以建立公平、公正透明的机制。另外在药品、医疗器械及配件来源追踪、审计方面也有比较好的应用场景。

4. 区块链+物联网

利用区块链的智能合约，通过接口和物理世界的钥匙、酒店门卡、车钥匙、公共储物柜钥匙做程序的对接，可以达到区块链上一手交钱、物理世界一手交货的原子交易的效果。区块链在物联网的应用非常广泛，特别是在智能设备的自主管理，以及智能设备之间的互联、协调方面有着非常大的优势。

5. 区块链+商业

区块链在商业上的应用也非常广泛。凡是涉及交易、支付、积分等的场景都是比较适合区块链的应用场景。包括用区块链技术来实现打折券、抵用券、付款凭单、发票、预订、彩票、球票、电影票等业务流程的去中心化管理，以达到降低成本、提升效率的目的。

6. 区块链+能源

区块链在能源行业的应用前景广阔。采用区块链技术，可提供公正、透明的能源交易多边市场和碳交易市场，以达到降低对手信用风险，同时减少支付和结算成本、提高效率的目的。另外在缴费领域以及分布式发电，特别是新能源微电网中发电家庭、用电家庭和电网间的电交易，区块链都是非常理想的技术。区块链也可以用来记录发电、配电、输电、调度、用电、售电记录，提供公正、可追溯、透明的审计、监管记录。更重要的是，区块链在未来智能电网、能源互联网中会扮演更重要的角色，理论上可以通过区块链智能合约实现发、输、变、配、用电的同步调控。

区块链在别的行业，像电信、教育、交通、工业制造、文化娱乐等行业都有非常广泛的应用场景。只要是有防篡改数据记录、审计需求，业务上涉及交易、结算、清算、仲裁的行业，都是区块链+的潜在应用对象。

4.5 人工智能

1956年，在约翰·麦卡锡（John McCarthy）、马文·闵斯基（Marvin Minsky）、克劳德·香农（Claude Shannon）等人发起的达特茅斯会议上，人工智能（artificial intelligence，AI）的概念第一次被提出，会议形成的建议书中对人工智能设想的预期目标是："The study is to proceed on the basis of the conjecture that every aspect of learning or any other feature of intelligence can in principle be so precisely described that a machine can be made to simulate it”，人工智能是一门研究如何让机器来模拟人的某些思维过程和智能行为（如学习、推理、思考、规划等）的学科。

4.5.1　人工智能概述

1. 人工智能的定义

历史上关于人工智能的定义众说纷纭，其中被领域内专家广为认同的是由斯坦福大学教授尼尔斯·尼尔森（Nils J.Nilsson）提出的，即“人工智能是一门关于知识的学科——关于如何表达知识以及如何获取和使用知识的科学。”具体可以理解为人工智能学科的研究内容依附于知识的表示、知识的获取和知识的应用，通过人工的方法和技术，来模仿、延伸和扩展人类智能和行为，实现机器智能。

2. 人工智能的主要流派

人工智能在其发展过程中产生了三大流派，如图 1-4-5 所示。

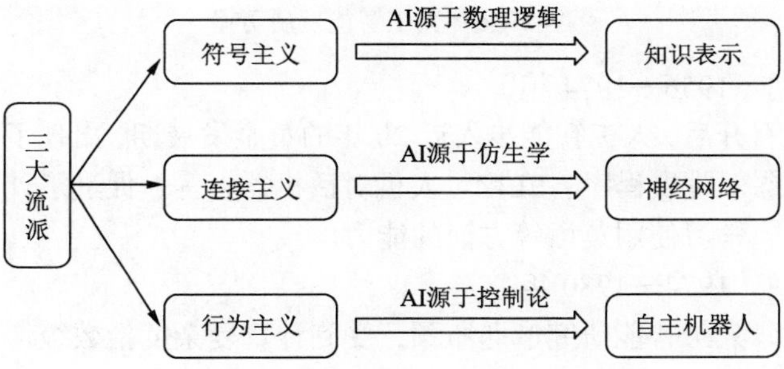

图 1-4-5　人工智能三大流派

1）符号主义（symbolism）

符号主义认为人工智能源于数理逻辑，又称为逻辑主义、心理学派或计算机学派，其实质是模拟人左脑的抽象逻辑思维，用计算机符号操作来模拟人的认知过程，将符号看作人类认知和思维的基本单元，而认知过程就是符号表示上的一种运算。其原理主要为物理符号系统假设和有限合理性原理，其核心是符号推理与机器推理，用符号表达的方式来研究智能。

2）连接主义（connectionism）

连接主义认为人工智能源于仿生学，又称仿生学派或生理学派，仿造生物神经系统，聚焦在大脑神经元及其连接机制，以期发现大脑结构及其处理信息的机制，进一步在机器上模拟实现。人工神经网络是连接主义的代表性技术，在一定程度上实现了人的右脑形象思维功能的模拟。

3）行为主义（actionism）

行为主义认为人工智能源于控制论，又称为进化主义或控制论学派，智能取决于感知和行为，取决于对外界复杂环境的感受，不需要知识、表示和推理，只需要将智能行为在与周围环境交互时表现出来，推崇控制、自适应与进化计算。

3. 人工智能的发展历史

近年来深度学习的迅猛发展，使人工智能又走进了人们的视野。然而，从 1956 年人工智能的概念被提出，其发展并非一帆风顺，实则跌宕起伏，共经历了“三起两落”，如图 1-4-6 所示。

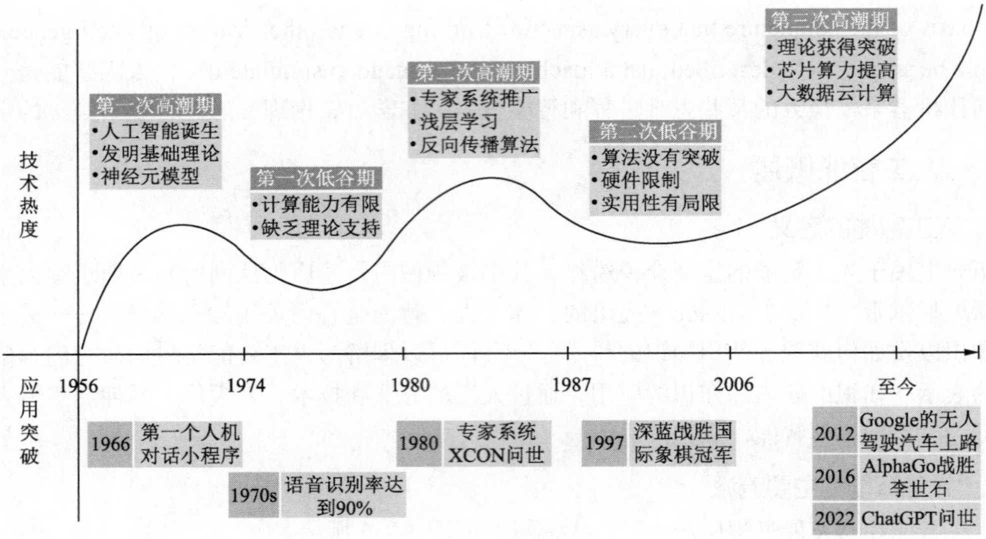

图 1-4-6　人工智能发展历程

1）第一次高潮期（1956—1974 年）

在达特茅斯会议召开后，人工智能步入近 20 年的黄金发展期，出现了大量举世瞩目的研究成果，如感知机、塞缪尔跳棋程序、ELIZA 人机对话机器人等，促进了计算机技术在解决代数应用、证明几何定理、学习使用英语等方面的能力。

2）第一次低谷期（1974—1980 年）

20 世纪 70 年代，人工智能研究遭遇瓶颈，受到计算复杂度指数级增长、训练样本不足、计算机性能有限等方面的影响，大量的人工智能研究项目均以失败告终，至此进入第一个发展低谷期。

3）第二次高潮期（1980—1987 年）

20 世纪 80 年代初期，以模拟人类专家的知识和经验来解决特定领域问题的专家系统得到广泛应用，为人工智能从理论研究走向实际应用带来重大突破，同时新型神经网络和反向传播算法的提出使连接主义重获新生，各国政府纷纷加大在人工智能和信息领域研究项目的资助，人工智能又迎来了大发展。

4）第二次低谷期（1987—2006 年）

随着人工智能应用规模的不断扩大，专家系统的缺点逐渐显现：应用领域狭窄、知识获取困难、维护费用昂贵，同时软件算法方面没有突破，硬件算力也受到限制，人工智能的研究再次进入低谷。在此阶段的后期，互联网技术的发展促进人工智能技术在一定程度上的稳步发展，为迎接第三次高潮期打下基础。

5）第三次高潮期（2006 年至今）

2006 年，大规模人工标注照片数据集 ImageNet 诞生，同年有三篇关于深度神经网络的文章问世，基于大数据的深度学习算法快速从理论走向实践，在计算机视觉、自然语言处理等领域不断取得突破，同时云计算、芯片技术为人工智能的发展提供温床，从此人工智能进入快速发展阶段。

4.5.2 人工神经网络与深度学习

1. 人工神经网络的发展

人工神经网络属于连接主义人工智能研究范畴，是对生物神经网络基本特性的模拟和抽象，对生物中枢神经系统的结构和功能建立数学模型或计算模型，通过大量的人工神经元的连接进行计算，取得比传统机器学习方法更好的结果，发展至今，它已经是一个规模庞大、多学科交叉的学科领域，本书中提到的神经网络泛指人工神经网络。

2. 神经元和神经网络

神经元是大脑组织的基本单元，是神经系统的结构和功能单位，由多条树突接受其他神经元的输入信号，由一条轴突输出细胞体产生的电化学信号。神经元的数学模型构成了神经网络的基本节点。神经网络是一种模仿生物神经网络进行分布式并行信息处理的数学模型，通常用于解决分类和回归问题。一个神经网络由很多个神经元连接组成，神经网络的整体功能不仅取决于单个神经元的特征，更取决于神经元之间的相互作用、相互连接，神经元可以表示不同的对象，如特征、字母、概念等。神经网络的处理单元可以分为三类：输入层单元、输出层单元和隐含层单元。输入层连接外部的信号和数据，输出层实现系统处理结果的输出，隐含层是处于输入层和输出层之间，不能由系统外部观察的神经元。神经元之间的连接权重控制了单元间的连接强度，整个系统的信息处理过程就体现在神经网络各处理单元的连接关系中，图 1-4-7 展示了具有一个隐含层的神经网络。神经网络是机器学习的一个庞大的分支，有几百种不同的算法，深度学习就是其中的一类算法。

3. 深度学习

2006 年加拿大多伦多大学教授杰弗里·辛顿（Geoffrey Hinton）在 *Science* 上发表论文提出深度学习两个主要观点：多隐层的人工神经网络具有优异的特征学习能力，学习得到的特征对数据有更本质的刻画，从而有利于可视化或分类；深度神经网络在训练上的难度可以通过“逐层初始化”来有效克服，逐层初始化可通过无监督学习实现。实质上，深度学习就是一种基于无监督特征学习和特征层次结构的机器学习方法，通过构建包含多个隐含层的模型和海量训练数据，来学习更有用的特征，从而最终提升分类或预测的准确性。

深度学习的训练过程分为两个阶段：

1）自下而上的无监督学习

在第一阶段中从输入层开始逐层构建单层神经元，每层采用认知和生成两个阶段对算法进行调优，每次仅调整一层，逐层调整，如图 1-4-8 所示。在认知阶段通过下层的输入特征和向上的编码器权重初始值产生初始抽象表示，再通过解码器权重的初始值产生一个重建信息，计算输入信息和重建信息残差，使用梯度下降修改层间的解码器权重值。在生成阶段中，通过初始抽象表示和向下的解码器权重修改值，生成下层的状态，再利用编码器权重初始值产生一个新的抽象表示。利用初始抽象表示和新建抽象表示的残差，利用梯度下降修改层间向上的编码器权重，最后利用修改后的编码器权重得到输入层的抽象表示即隐含层。在深度学习神经网络中，每个隐含层可以看作下一个隐含层的输入。

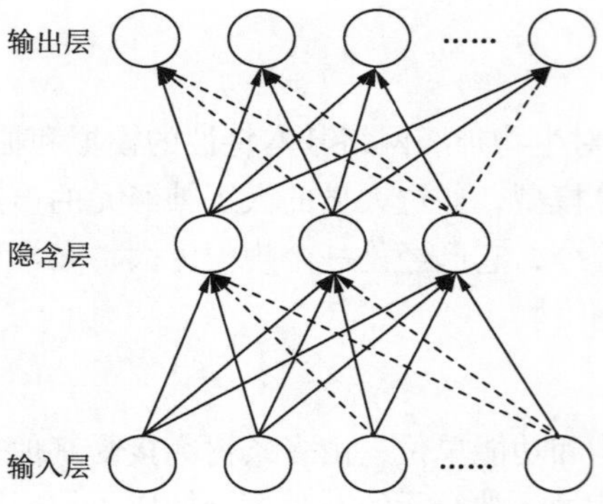

图 1-4-7　含一个隐含层的神经网络

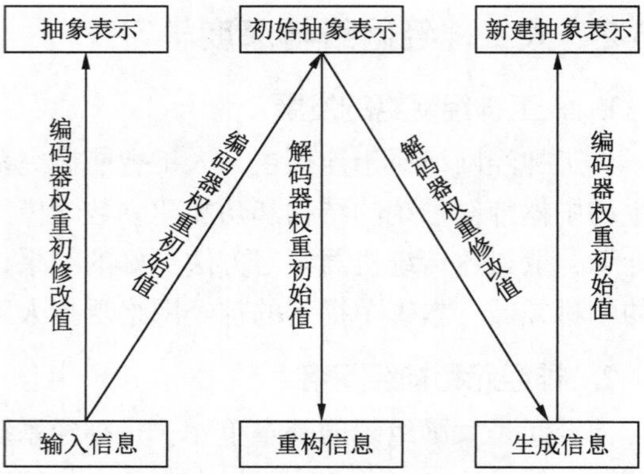

图 1-4-8　深度学习的逐层调参过程

2）自顶向下的监督学习

第二个阶段是在第一阶段学习获得各层参数的基础上，在最顶的编码层添加一个分类器，然后通过带标签数据进行有监督的学习，利用梯度下降法去微调整个网络参数，即自顶向下重修调整所有层间的编码器权重。

深度学习的第一阶段实质上是一个网络参数初始化过程，与传统神经网络初值随机初始化不同，深度学习模型是通过无监督学习输入数据的结构得到的，因而这个初值更接近全局最优，从而能够取得更好的效果。近年来，深度学习在图像识别、语言识别等领域有非常广泛的应用，典型的深度学习结构有：卷积神经网络（CNN）、递归神经网络（RNN）、长短时记忆单元（LSTM，一种特殊的 RNN）、生成对抗网络（GAN），其中卷积神经网络在图像识别和目标检测领域的应用取得了重大成功。

4. **卷积神经网络**

卷积神经网络是为识别二维形状而设计的一个多层神经网络，主要有五个特征：局部感知、权值共享、多卷积核、池化、多个卷积层。

在图像的空间联系中，距离较近的像素联系较为紧密，而距离较远的像素相关性比较弱，因而神经元没有必要对全局图像进行感知，只需要对相邻的局部进行感知，然后在更高层进行全连接就得到了全局信息。在局部连接中，每个神经元与上一层的连接方式可以看成是提取特征的方式，该方式与位置无关，所以在某部分学习的方式可以用在该图像所有位置上，实现了权值共享，即利用同一个卷积核在图像上做卷积，如图 1-4-9 所示。通过局部感知和权值共享可以将网络的参数大幅下降。

只用一个卷积核进行特征提取是不充分的，所以可以增加卷积核的个数来让网络学习更多的特征，每个卷积核都会将图像生成为另一幅图像。在卷积之后得到的卷积特征向量非常多，而在一个图像区域有用的特征极有可能在另一个区域同样适用，因此为了描述大的图像，可以对不同位置的特征进行聚合统计，即可以降低统计特征的维度，又不容易过拟合，池化有两种方式：平均池化和最大池化。一个卷积层学到的特征往往是局部的，层数越高学到的特征越全局化，所以在实际应用中往往在网络中添加多个卷积层，然后再使用全连接层进行训练。

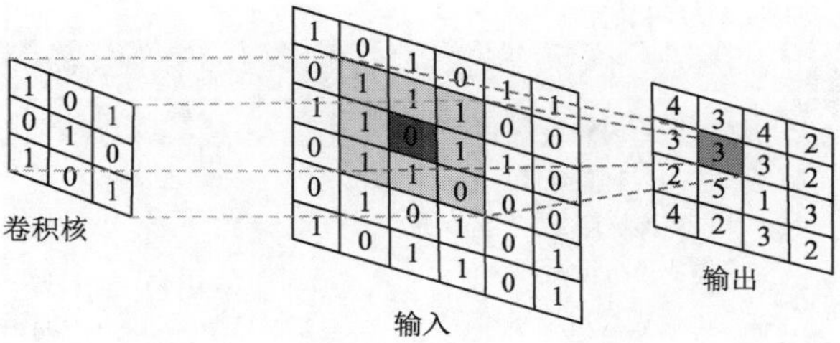

图 1-4-9 卷积过程

4.5.3 人工智能的应用

1. 智能机器人

美国科幻小说家艾萨克·阿西莫夫在他的作品 *I, Robot* 中总结出了“机器人三定律”：

第一，机器人不得伤害人类个体，或者目睹人类个体将遭受危险而袖手不管；

第二，机器人必须服从人给予它的命令，当该命令与第一定律冲突时例外；

第三，机器人在不违反第一、第二定律的情况下要尽可能保护自己的生存。

机器人三定律体现了人类在追求科技进步的同时要有追求伦理道德的美好愿望。现实中的智能机器人系统（intelligent robot system，IRS）是涉及机械、电子、控制、传感器、人工智能等多学科前沿技术的高端制造技术。智能机器人需要具备三个基本能力：通过配置视觉、听觉、触觉等传感器获得感知能力；基于脑科学、云计算、大数据处理技术对获取的信息进行加工、处理、决策的思考能力；利用行走、托举、飞行、观察、发声等行为与外界环境进行交互的行动能力。在近几十年里，智能机器人得到了迅速发展，如 2000 年日本本田科技公司推出的人形机器人“阿西莫”（ASIMO），波士顿动力公司分别在 2010 年和 2018 年推出的四足机器人“大狗”（BigDog）和会跳舞的两足机器人“阿特拉斯”（Atlas），2022 年深圳大疆研制的无人机 DJI Avata。

2. 自然语言处理

自然语言处理（natural language processing，NLP）是人工智能的一个分支，主要研究自然语言的分析、理解和生成，通过对词、句子、整个文档进行逐层分析，对内容中的时间、地点、人物等命名实体进行理解，并在此基础上生成人类可理解的自然语言实现机器翻译、阅读理解、人机交互、机器创作等功能。如图 1-4-10 所示，自然语言处理主要包括两类核心技术：自然语言理解和自然语言生成。

神经机器翻译是通过模拟人脑的翻译过程，来实现两种语言间的翻译，是自然语言处理的一个重要研究方向，近年来得到了迅猛发展，已经非常接近人工翻译性能，逐步取代了传统的统计机器翻译，成为机器翻译的主流技术。智能人机交互中的对话系统主要是为了完成特定任务，而聊天机器人可以实现任意开放话题上的交流，如微信的“小微”、微软的“小冰”、苹果的 Siri 等。阅读理解就是让机器“阅读”文章，然后针对文章提问，机器可以回答这些问题，甚至是就文章内容向人类提问，微软、阿里巴巴、科大讯飞在这方面都有非常好的研发成果，都超过了人工标注水平。机器创作方向的研究已经从理论走向实践，如新闻的快速播报，只需要人工给出关键词，就可以快速生成指定字数的新闻稿件，另外机器写诗、谱曲、写书也随着自然语言处理技术的发展成为可能。

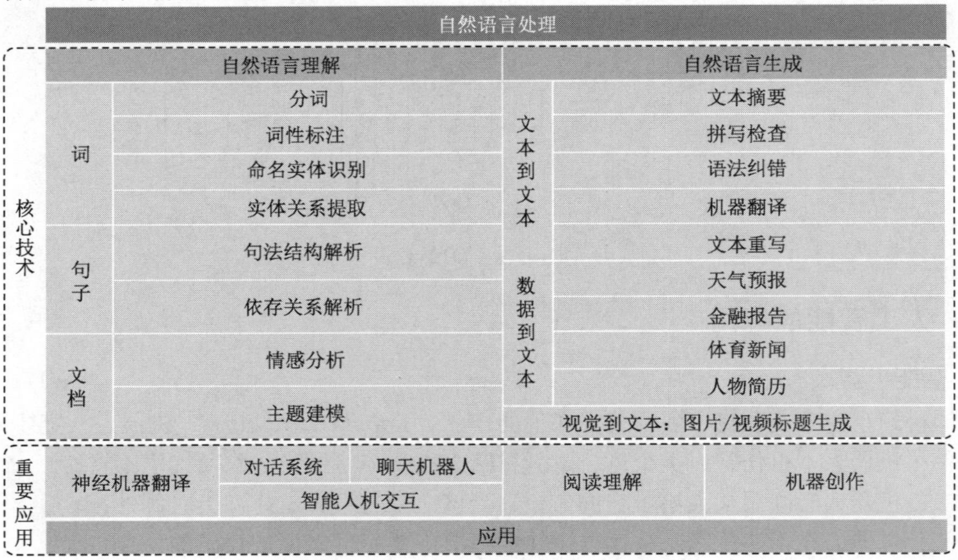
自然语言处理
自然语言理解
自然语言生成
核心技术
词
分词
词性标注
命名实体识别
实体关系提取
句子
句法结构解析
依存关系解析
文档
情感分析
主题建模
文本到文本
文本摘要
拼写检查
语法纠错
机器翻译
文本重写
数据到文本
天气预报
金融报告
体育新闻
人物简历
视觉到文本：图片/视频标题生成
重要应用
神经机器翻译
对话系统
聊天机器人
智能人机交互
阅读理解
机器创作
应用

图 1-4-10　自然语言处理的核心技术和重要应用

3. 计算机视觉

计算机视觉是一门研究用机器实现人类视觉系统理解图像或视频功能的交叉学科，从人工智能的角度来看，就是让机器具有人类“看”的智能，具有对图像或视频的获取、处理、分析和理解等能力。计算机视觉的研究方向包括计算成像学、图像理解、三维视觉、动态视觉、视频编解码等，近年来广泛应用于自动驾驶、智能医疗、智能安防、机器人等相关产业领域，特别是深度学习技术加速了计算机视觉在人类生产生活各领域中的应用，优秀的目标检测算法和图像生成算法。如图 1-4-11 为 YoloV3 在夜视条件下的检测结果，图 1-4-12 为 GAN 网络实现的图像生成（GANpaint），在原图的基础上添加草坪和树木。

图 1-4-11　夜视效果下的目标检测

（a）原图　　（b）生成图

图 1-4-12　GAN 网络实现的图像生成

第5章　数据库技术基础

5.1　数据库技术概述

数据库技术是计算机科学中发展最快的领域之一，也是在社会各个领域中应用最广泛的技术之一。数据库技术是数据管理的有效手段。目前对信息进行收集、组织、存储、加工、传播、管理和使用都以数据库为基础。同时，应用数据库技术可以为各种用户提供及时、准确的相关信息，满足这些用户的不同需要。

数据库技术研究的是：如何科学地组织和存储数据，如何高效地获取和处理数据，以及如何更广泛、更安全地共享数据。

5.1.1　基本概念

以下介绍数据库技术的一些术语与基本概念：

1. 数据

数据（data）是用来记录信息的可识别的符号，也是信息的具体表现形式。可以用多种不同的数据形式表示同一信息，而信息不随数据形式的不同而改变。

数据的概念在数据处理领域中已大大地拓宽了，其表现形式不仅包括数字和文字，还包括图形、图像、声音等。这些数据可以记录在纸上，也可记录在各种存储器中。

2. 数据库

数据库（database，DB）是存放数据的仓库，是长期存储在计算机内的有组织的可共享的数据集合。

数据库中的数据按一定的数据模型组织、描述和存储，数据冗余度较小，具有较高的数据独立性和易扩展性，并可为多个用户共享。

3. 数据库管理系统

数据库管理系统（database management system，DBMS）是位于用户与操作系统之间，对数据库进行操纵和管理的软件系统。它的功能是有效地组织和存储数据、获取和管理数据、接受和完成用户提出的访问数据的请求，实现对数据库进行统一的管理和控制，以保证数据库的安全性和完整性。

目前已存在很多成熟的数据库管理系统。根据功能强弱，可分为网络版和单用户版（也称桌面版）。前者有 ORACLE、Microsoft SQL Server、IBM DB2、Sybase、Informix、MySQL

等；后者有 Microsoft Access、Visual Foxpro、Paradox、SQLite 等。读者可以参考其他文献了解这些数据库管理系统的性能。

4. 数据库系统

数据库系统（database system，DBS）是一个实际运行的，按照数据库方式存储、维护和向应用系统提供数据支持的系统。一般认为是由硬件、软件、数据库和用户构成的完整计算机应用系统。这里的用户是一个广义上的概念，一般包括四类人员：①系统分析员和数据库设计人员；②应用程序员；③终端用户，也称“最终用户”；④数据库管理员。

综上所述，数据库系统的组成可用图 1-5-1 表述。

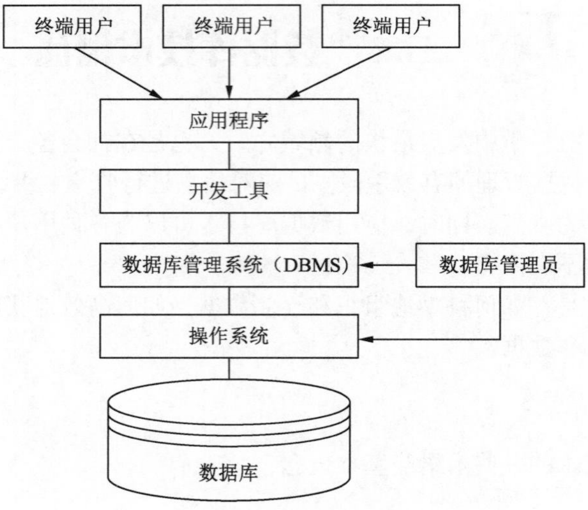

图 1-5-1　数据库系统

5.1.2　数据管理技术的产生与发展

数据管理技术是对数据进行分类、组织、编码、输入、存储、检索、维护和输出的技术。随着计算机硬件（尤其是外存储器）、软件和计算机应用范围的发展，数据管理技术的发展大致经历了人工管理、文件系统和数据库系统三个阶段。每一阶段的发展以数据存储冗余度不断减小、独立性不断增强、操作更加方便和简单为标志。

1. 人工管理阶段

20 世纪 40 年代中期到 50 年代中期属于人工管理阶段,这一阶段计算机主要用于科学计算。计算机硬件中的外存有卡片、纸带、磁带等，没有磁盘等直接存取设备；软件（实际上，还未形成软件的整体概念）只有汇编语言，没有操作系统和管理数据方面的软件；数据量小、无结构、缺乏逻辑组织，由用户直接管理；数据处理的方式基本上是批处理。人工管理阶段应用程序与数据之间的关系如图 1-5-2 所示。人工管理数据具有以下特点：

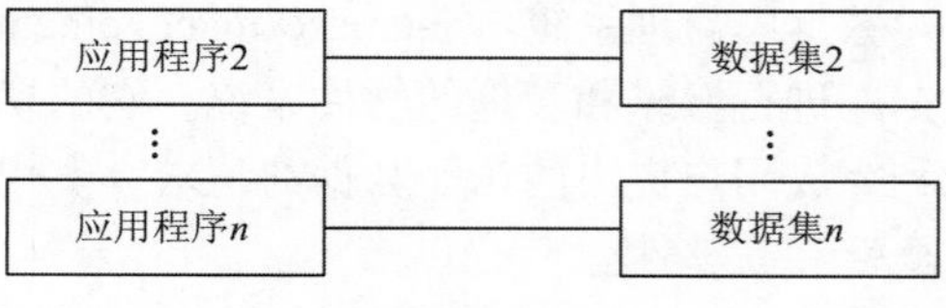

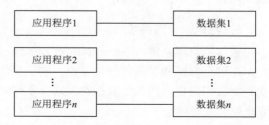

图 1-5-2　人工管理阶段应用程序与数据之间的关系

（1）数据不能长期保存，计算任务完成后，数据和程序空间一起释放。

（2）数据与程序不具有独立性。程序依赖于数据，一组数据只能对应一个程序。

（3）数据不共享。一个程序中的数据无法被其他程序使用，因此程序之间有大量的冗余数据。

2. 文件系统阶段

20 世纪 50 年代中期到 60 年代中期属于文件系统管理阶段。当时，计算机不仅应用于科学计算，还广泛地应用于信息管理。大量的数据存储、检索和维护成为紧迫的需求。计算机硬件有了磁盘、磁鼓等直接存储设备；软件方面出现了高级语言和操作系统。操作系统中有了专门管理数据的软件，称为“文件系统”，它专门处理外存储器中的数据。处理方式有批处理，也有联机实时处理。

文件管理数据的特点如下：

（1）数据以文件形式可长期保存在外存储器上，用户可以使用文件系统随时对文件进行查询、修改和增删等处理。

（2）文件系统可对数据的存取进行管理，程序员只与文件名打交道，不必明确数据的物理存储，大大减轻了程序员的负担。

（3）文件形式多样化，有顺序文件、随机文件、索引文件等，因而对文件的记录可顺序访问，也可随机访问，更便于存储和查找数据。

（4）程序与数据间有一定独立性。由专门的软件（即文件系统）进行数据管理，程序和数据之间由文件系统提供的存取方法进行转换。因此，数据存储发生变化不一定影响程序的运行。

与人工管理阶段相比，文件系统阶段对数据的管理有了很大的进步，但一些根本性问题仍没有彻底解决，主要表现在以下三方面：

（1）数据共享性差，冗余度大。由于文件系统采用面向应用的设计思想，系统中的数据文件与应用程序相对应。因此，数据文件之间没有有机的联系，一个文件基本上对应于一个应用程序，数据不能共享。这就造成了数据冗余度大，存储空间浪费的问题。

（2）数据独立性低。数据和程序相互依赖，一旦改变数据的逻辑结构，必须修改相应的应用程序。另一方面，应用程序发生变化（如改用另一种程序设计语言来编写程序），也需修改数据结构。

（3）数据一致性差。由于相同数据的重复存储、各自管理，在进行更新操作时，容易造成数据的不一致性。

文件系统阶段应用程序与数据之间的关系如图 1-5-3 所示。

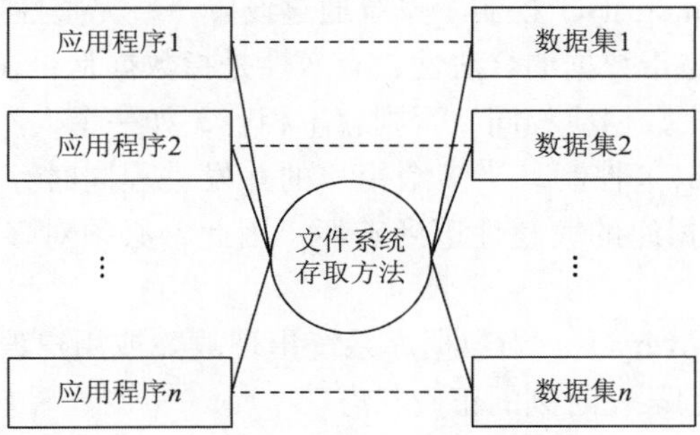

图 1-5-3　文件系统阶段应用程序与数据之间的关系

3. 数据库系统阶段

20 世纪 60 年代后期，计算机应用于管理的规模更加庞大，数据量急剧增加。同时，用户对数据共享的需求也越来越强。硬件方面出现了大容量磁盘，这使计算机联机存取大量数据成为可能；硬件价格下降，而软件价格上升，使开发和维护系统软件和应用软件的成本相对增加。在处理方式上，联机实时处理需求更多，开始提出和考虑分布式处理。文件系统的数据管理方法已不能满足开发应用系统的需要。为解决多用户、多应用程序共享数据的需求，使数据为尽可能多的应用服务，出现了统一管理数据的专门软件系统，即“数据库管理系统”。

用数据库系统管理数据与用文件系统相比，其具有明显的优点，标志着数据管理技术的一个飞跃。与人工管理和文件系统阶段相比，它具有以下特点：

1）数据结构化

在描述数据的时候，不仅要描述数据本身，还要描述数据之间的联系。这是数据库与文件系统的根本区别。

2）数据共享性高、冗余度低、易扩充

数据面向整个系统，可以被多个用户、多个应用程序共享使用。同时，还可以选取整体数据的各种子集用于不同的应用系统，体现了易扩充性。

3）数据独立性高

数据的独立性包括了物理独立性和逻辑独立性。

数据的逻辑独立性是指当数据的总体逻辑结构改变时，数据的局部逻辑结构不变。例如，在原有的记录类型之间增加新的联系，或在某些记录类型中增加新的数据项，均可确保数据的逻辑独立性。

数据的物理独立性是指应用程序与存储在磁盘上的数据库中的数据是相互独立的。例如，改变存储设备和增加新的存储设备，或改变数据的存储组织方式，均可确保数据的物理独立性。

4）数据由 DBMS 统一管理和控制

数据库为多个用户和应用程序所共享，对数据的存取往往是并发的，即多个用户可以同时存取数据库中的数据，甚至可以同时存取数据库中的同一个数据。为确保数据的正确性和系统的有效性，数据库管理系统提供下述四方面的数据控制功能。

（1）数据的安全性（security）控制。防止不合法访问数据造成数据的泄露和破坏，保证数据的安全和机密。例如，验证用户身份，防止非法用户使用系统；对数据的存取权限进行限制，只有通过检查后才能执行相应的操作。

（2）数据的完整性（integrity）控制。系统通过设置一些完整性规则以确保数据的正确性、有效性和相容性。正确性是指数据的合法性；有效性是指数据是否在其定义的有效范围；相容性是指表示同一事实的两个数据应相同，否则就不相容，如一个人不能有两个性别。

（3）并发（concurrency）控制。当多个用户的并发进程同时存取或修改数据库时，可能会发生相互干扰或使得数据库的完整性遭到破坏。因此，必须对多用户的并发操作加以控制和协调。

（4）数据库恢复（recovery）。当数据库系统出现故障或用户误操作时，系统有能力将数据库从错误状态恢复到最近某一时刻的正确状态。

数据库系统阶段程序与数据之间的关系如图 1-5-4 所示。

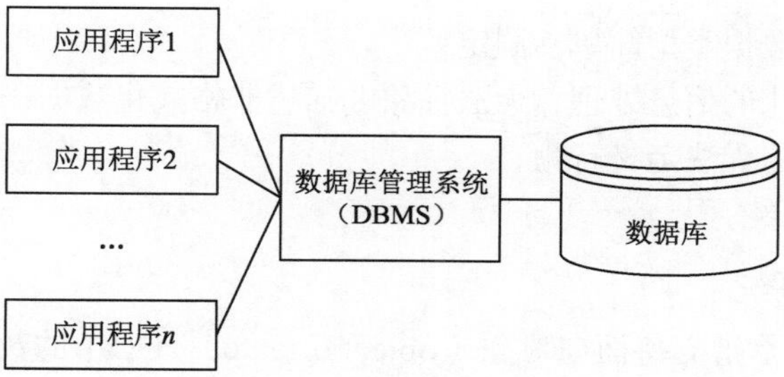

图 1-5-4　数据库系统阶段程序与数据之间关系

5.1.3　数据库技术的发展

数据模型是数据库系统的核心和基础，数据模型的发展经历了格式化数据模型（层次和网状数据模型）、关系数据模型和面向对象的数据模型三个阶段。按此划分，数据库技术的发展也经历了三个发展阶段。

1. 第一代数据库系统

第一代数据库系统是指层次和网状数据库系统，主要特点是：

（1）支持三级模式的体系结构。即支持外模式、模式和内模式，并通过外模式与模式、模式与内模式二级映象，保证数据的物理独立性和逻辑独立性。

（2）用存取路径来表示数据之间的联系。数据库不仅存储数据而且存储数据之间的联系。数据之间的联系在层次和网状数据库系统中是用存取路径来表示和实现的。

（3）独立的数据定义语言。第一代数据库系统使用独立的数据定义语言来描述数据库的三级模式以及二级映象。格式一经定义就很难修改，这就要求数据库设计时，不仅要充分考虑用户的当前需求，还要了解需求可能的变化和发展。

（4）导航的数据操纵语言。导航的含义就是用户使用某种高级语言编写程序，一步一步地引导程序按照数据库中预先定义的存取路径来访问数据库，最终达到要访问的数据目标。在访问数据库时，每次只能存取一条记录值。若该记录值不满足要求就沿着存取路径查找下一条记录值。

2. 第二代数据库系统

第二代数据库系统是关系数据库系统。1970 年 IBM 公司的 San Jose 研究实验室的研究员 Edgar F. Codd 发表了题为《大型共享数据库数据的关系模型》的论文，提出了关系数据模型，开创了关系数据库方法和关系数据库理论，为关系数据库技术奠定了理论基础。

20 世纪 70 年代是关系数据库理论研究和原型开发的时代，其中以 IBM 公司的 San Jose 研究试验室开发的 System R 和 Berkeley 大学研制的 Ingres 为典型代表。大量的理论成果和实践经验终于使关系数据库从实验室走向了社会。20 世纪 80 年代几乎所有新开发的系统均是关系型的，其中涌现出了许多性能优良的商品化关系数据库管理系统，如 DB2、Ingres、Oracle、Informix、Sybase 等。这些商用数据库系统的应用使数据库技术日益广泛地应用到企业管理、情报检索、辅助决策等方面，成为实现和优化信息系统的基本技术。

一般说来，将第一代数据库和第二代数据库称为传统数据库。传统数据库系统的应用存在以下局限性：

（1）面向机器语法数据类型简单、固定；

（2）只能进行离散化的信息处理，无法抽象和描述非格式化数据；

（3）只能定义结构，无法定义行为；

（4）存储管理的对象有限。

3. 第三代数据库系统

第三代数据库系统是指支持面向对象（object oriented，OO）的数据模型的数据库系统。1990 年 9 月，一些长期从事关系数据库理论研究的学者组建了高级 DBMS 功能委员会，发表了“第三代数据库系统宣言”的文章，提出了第三代 DBMS 应具有的三个基本特点：

（1）应支持面向对象的数据模型。除提供传统的数据管理服务外，第三代数据库系统应支持数据管理、对象管理和知识管理，支持更加丰富的对象结构和规则，以提供更加强大的管理功能，支持更加复杂的数据类型，以便处理非传统的数据元素（如超文本、图片、声音等）。20 世纪 90 年代，成功的 DBMS 大都会提供上述服务。

（2）必须保持或继承第二代数据库系统的优点。

（3）必须具有开放性。数据库系统的开放性是指必须支持当前普遍承认的计算机技术标准，如支持 SQL 语言，支持多种网络标准协议，使得任何其他系统或程序只要支持同样的计算机技术标准即可使用第三代数据库系统；开放性还包括系统的可移植性、可连接性、可扩展性和可互操作性等。

数据库技术与其他学科的内容相结合，是新一代数据库技术的一个显著特征，涌现出各种新型的数据库系统。数据库技术与分布处理技术相结合，出现了分布式数据库系统；与并行处理技术相结合，出现了并行数据库系统；与人工智能相结合，出现了演绎数据库系统、知识库和主动数据库系统；与多媒体处理技术相结合，出现了多媒体数据库系统；与模糊技术相结合，出现了模糊数据库系统。

5.2 数据模型

5.2.1 数据模型的概念

计算机要处理现实世界中的具体事物，首先要将其转换成计算机能够处理的数据。这种转换包括了“现实世界的客观事物→信息世界的抽象实体属性→机器世界（即计算机世界）的数据记录”等步骤。

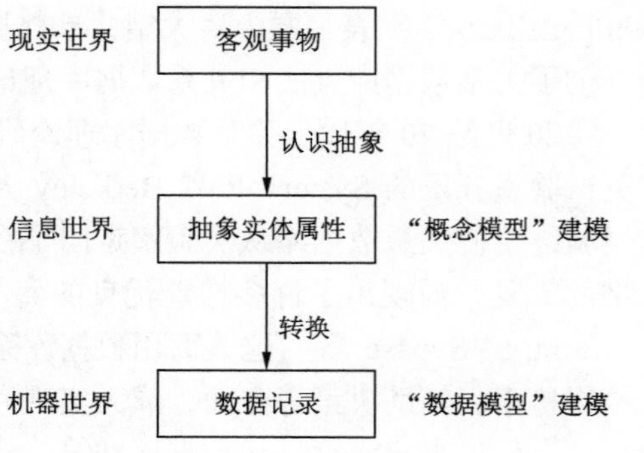

图 1-5-5 数据建模过程

独立存在于人们头脑外，且客观存在的事物归属现实世界；当人们把这些客观事物收入头脑后，予以整理，对其简化、抽象，选出事物、事件较具代表性质的属性，这便成为信息世界的实体；最后通过各种媒体（特别是计算机存储器），将这些属性整理、压缩，转换作数据，并以此形式保存在计算机数据库中。图 1-5-5 所示是现实世界到机器世界的数据建模过程：

在数据库中，用“数据模型”来抽象、表示和处理现实世界中的数据。因此，可以认为数据模型就是现实世界的模拟。数据模型应满足以下基本要求：

（1）能比较真实地模拟现实世界。

（2）能较容易地为人所理解。

（3）便于在计算机上实现。

数据模型的组成要素包括：

（1）数据结构：描述数据的类型、内容、性质及数据间的联系等。

（2）数据操作：主要描述在相应的数据结构上的操作及相应的操作规则。数据操作主要有检索和更新（包括插入、删除和修改）。

（3）数据的约束条件：主要描述数据结构内数据间的语法、语义联系，它们之间的制约与依赖关系，以及数据动态变化的规则，以保证数据的正确、有效与相容。

5.2.2　概念模型

1. 信息世界常用概念

（1）实体（entity）：客观存在并且可以相互区别的事物称为实体。如一名学生、一门课程、一位教师等。

（2）属性（attribute）：实体的某一特性称为属性。如学生实体有“学号、姓名、性别、所属学院”等属性；图书实体有“书名、作者、出版社、价格”等属性。每个属性都有其取值的类型和取值的范围。

（3）实体型（entity type）：用实体名和属性名称集合来表示一类实体，称为实体型。如学生（学号，姓名，性别，出生日期，所属学院）就是一个实体型；又如课程（课程号，课程名称，学分，学时）也是实体型。

（4）实体集（entity set）：同型实体的集合称为实体集。如所有的学生、所有的教师、所有的课程等。

（5）码（key）：有时也称“键”，能唯一标识实体的属性或属性集称为实体的码。如“学号”“身份证号”都可以作为学生实体的码，但“姓名”则不适合，因为可能有存在同名的学生。

（6）域（domain）：属性值的取值范围称为该属性的域。如学号的域为 10 位数字字符；性别的域为（男，女）。域是根据特定需求进行定义的，如性别域也可设置为（M，F），分别表示男、女。

2. 实体间的联系（relationship）

在现实世界中，事物内部以及事物之间是有联系的。联系包括实体内部和实体之间的相互关系。两个实体型之间的联系有如下三种类型：

（1）一对一联系（1:1）：实体集 A 中的一个实体至多与实体集 B 中的一个实体相对应，反之亦然，则称实体集 A 与实体集 B 为一对一的联系，标识为 1:1。例如，班级与班主任、学院与正院长之间都具有一对一联系。

（2）一对多联系（1:n）：实体集 A 中的一个实体与实体集 B 中的多个实体相对应，反之，实体集 B 中的一个实体至多与实体集 A 中的一个实体相对应，则称实体集 A 与实体集 B 为一对多的联系，标识为 1:*n*。例如，班级与学生、学院与教师、学院与专业都具有一对多联系。

（3）多对多（*m*:*n*）：实体集 A 中的一个实体与实体集 B 中的多个实体相对应，反之亦然，则称实体集 A 与实体集 B 为多对多的联系，标识为 *m*:*n*。例如，教师与学生，学生与课程，商店的商品与顾客都具有多对多联系。

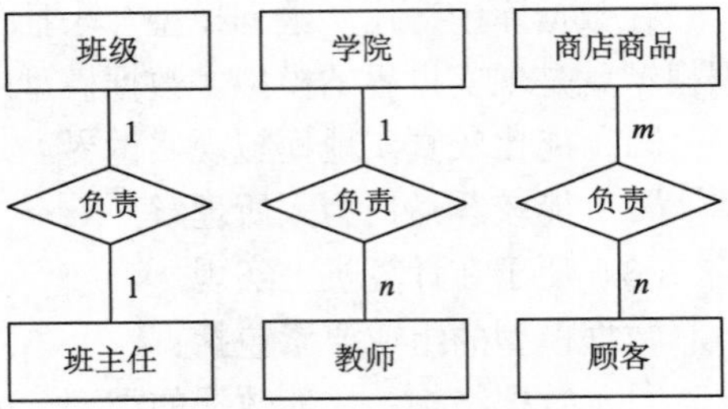

图 1-5-6　两个实体间的三种联系

图 1-5-6 分别列举了两个实体间的这三种联系。

3. 数据模型的分类

目前最常用的数据模型有层次模型、网状模型、关系模型和面向对象数据模型。这四种数据模型的区别在于数据结构不同，即数据之间联系的表示方式不同。层次模型用“树结构”来表示数据之间的联系；网状模型用“图结构”来表示数据之间的联系；关系模型用“二维表”来表示数据之间的联系。其中层次模型和网状模型是早期的数据模型，统称为非关系模型。20 世纪 70 年代至 80 年代初，非关系模型的数据库系统非常流行，现在已逐渐被关系模型的数据库系统取代了。

5.2.3　关系模型

关系模型是发展较晚的一种模型，1970 年美国 IBM 公司的研究员 E.F.Codd 首次提出了数据库系统的关系模型。关系数据库系统采用关系模型作为数据库的组织方法。关系数据库已成为目前应用最广泛的数据库系统，例如，现在广泛使用的小型数据库系统 Foxpro、Access，大型数据库系统 Oracle、Informix、Sybase、SQL Server 等都是关系数据库系统。

1. 关系模型的基本概念

关系模型的数据结构是一个“二维表框架”组成的集合，每个二维表又可称为关系。关系模型与层次模型、网状模型不同，它是建立在严格的数学概念之上的。关系模型中的一些术语主要包括：

（1）关系（relation）：一个关系对应一张二维表。例如，学生关系表（stud_info）见表 1-5-1。

（2）元组（tuple）：表中的一行称为一个元组，例如 stud_info 表中的一个学生记录即（062011101，张浩，男，1991-02-08，455，06，0620111）。

（3）属性（attribute）：表格中的一列称为属性，要给每个属性起一个名称，即属性名，属性相当于记录中的一个字段，例如 stud_info 表中有七个属性（学号，姓名，性别，出生日期，入学成绩，所属学院，班级代号）。

（4）主码（key）：唯一标识元组的属性或属性集，例如 stud_info 表中学号（sno）可以唯一确定一个学生，是学生关系的主码。

（5）外码（foreignkey）：如果关系模式 R 中属性 K 是其他关系模式的主码，那么 K 在关系模式 R 中称为外码。

（6）域（domain）：属性的取值范围，性别的域是（男，女）。

（7）分量（component）：元组中的每一个属性值称为元组的一个分量，*n* 元关系的每个元

组有 n 个分量。

（8）关系模式（relation schema）：对关系的描述，一般表示为：关系名（属性 1，属性 2，……属性 n），如：学生（学号，姓名，性别，出生日期，入学成绩，所属学院，班级代号）。

表 1-5-1　学生关系表（stud_info）

学号	姓名	性别	出生日期	入学成绩	所属学院	班级代号
062011101	张浩	男	1991-02-08	455	06	0620111
062011102	施凯	男	1991-04-29	460	06	0620111
022011101	马亮	男	1990-10-20	446	02	0220111
022011102	徐晨	女	1991-05-23	432	02	0220111
082011206	李韵	女	1991-02-13	461	08	0820112
082011209	陈慧	女	1992-06-16	462	08	0820112
102011109	陈军	男	1991-01-19	446	10	1020111

5.2.4　关系的完整性

关系模型的完整性规则是对关系的某种约束条件。关系模型允许定义三类完整性约束：实体完整性、参照完整性和用户定义完整性。

1. 实体完整性

关系模型中以主码作为其唯一性标识，主码不允许为空值。如果出现空值，那么主码值就起不到唯一标识元组的作用。

2. 参照完整性

若某个字段或字段组不是 A 表的主码，但它是另一张 B 表的主码，则该字段或字段组称为 A 表的外码。参照完整性规则，系号定义外码与主码之间的引用规则。

“学生”实体和“系”实体可以用以下关系表示，其中主码用下画线标识。

学生表 S（<u>学号</u>，姓名，性别，年龄，系号）

系表 D（<u>系号</u>，系名）

“学生”关系的“系号”属性与“系”关系的“系号”属性对应，“系号”属性是“学生”关系的外码，是“系”关系的主码。“学生”关系的“系号”必须是确实存在的系的“系号”，即“系”关系中有该系的记录。这里“系”关系是被参照关系，“学生”关系是参照关系。

“学生”关系中的每个元组的“系号”属性值只能取两类值：空值，表示该生还未确定系别；非空值，该值必须是“系”关系中某个元组的“系号”的值，表示该系在“系”关系中肯定存在。即被存在关系“系”一定存在一个元组，它的主码值等于参照关系“学生”中的外码值。

3. 用户定义完整性

由用户针对某一具体应用的关系数据库的约束条件。它由应用环境决定，它反映了某一具体应用所涉及的数据必须满足的语义要求。例如，性别只能是“男”或“女”两种可能。

5.3 MySQL数据库管理系统

5.3.1 MySQL 概述

MySQL 是一个开放源代码的关系数据库管理系统，原开发者为瑞典的 MySQL AB 公司，该公司于 2008 年被 Sun 收购。2009 年，Oracle 收购 Sun 公司，MySQL 成为 Oracle 旗下产品。MySQL 数据库系统使用结构化查询语言进行数据库管理。它采用了 GNU（一个自由软件工程项目）通用公共许可证 GPL（GNU general public license），是一款可自由使用的软件。由于体积小、速度快、总体拥有成本低，尤其是开放源码这一特点，许多应用开发选择了 MySQL 作为数据库服务器。

MySQL 分为“企业版”（MySQL enterprise edition）和“社区版”（MySQL community server）。企业版是一个已被证明和值得信赖的平台，它包含了安全可靠的企业级服务器，可以监控软件执行状态与技术预警的系统监控工具，并提供技术运行与咨询服务。社区版在技术方面加入了许多新的未经严格测试的特性，以从广大社区用户得到反馈和修正。它没有实时图形监控器，也没有官方的产品技术支持，未经各个专有系统平台的压力测试和性能测试，因此可以看作企业版的广泛体验版。

5.3.2 启动/停止 MySQL 服务

MySQL 数据库分为服务器端和客户端两部分。只有开启服务器端的服务后，客户端才能登录到 MySQL 数据库。默认安装时，MySQL Notifier 会在开机后自动启动。用户也可以通过 Windows 控制面板下的“管理工具”→“服务”命令进行 MySQL 服务的启动与停止等操作。图 1-5-7 所示是打开的 Windows 服务列表，在该列表中可以找到名称为“MySQL”的服务。“状态”列中显示该服务已启动。用户可以从右键菜单中选择“停止”“暂停”“重新启动”等命令。其中“属性”命令可以打开“属性”对话框，在该对话框中可以选择启动类型为“自动”“手动”“禁用”等。

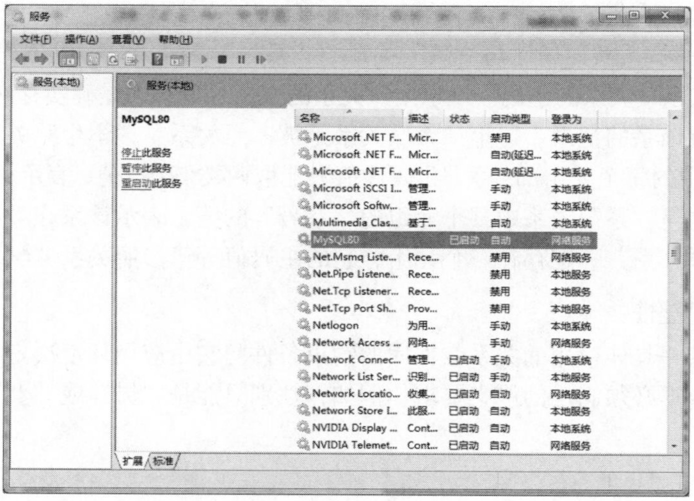

图 1-5-7 Windows 下的 MySQL 服务

5.3.3　命令行界面操作

在 MySQL 服务已经启动的情况下，可以通过命令行界面登录数据库服务器，对数据库进行建立、删除、查询等操作。

1. 登录 MySQL 数据库

选择“开始”→“MySQL”→“MySQL Server 8.0”→“MySQL 8.0 Command Line Client”命令，打开客户端程序，输入 root 用户的密码进行登录。如果登录成功，将显示图 1-5-8 所示的命令行提示符“mysql>”。

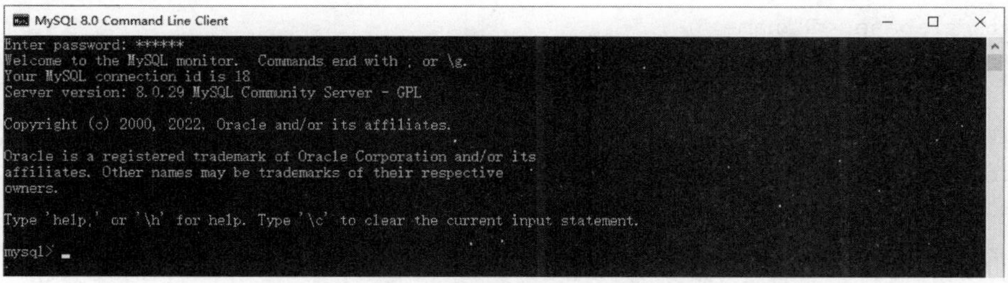

图 1-5-8　MySQL 命令行提示符

2. 显示数据库

在 MySQL 命令提示符下，可以使用：

```
show databases;
```

或

```
show schemas;
```

显示当前服务器下已存在的数据库。图 1-5-9 所示是使用以上命令后显示的命令行界面。

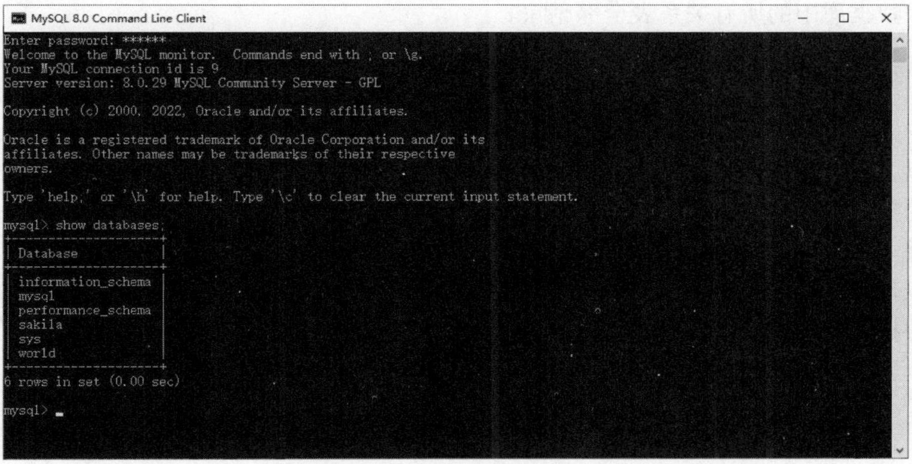

图 1-5-9　显示数据库命令

3. 创建、打开数据库

在 MySQL 命令提示符下，可以使用以下命令创建数据库：

```
create database <db_name>;
```

或

```
create schema <db_name>;
```

其中<db_name>表示该参数是必选项。可使用要创建的数据库名称代替它。例如：

```
create database MyDBS;
```

可使用以下命令打开数据库：

```
use <数据库名>;
```

MySQL 提供了一系列命令集，用于对数据库进行各种操作，读者可参考相关说明文档查看这些命令的使用方法。

4. 修改数据库

在 MySQL 命令提示符下，使用以下命令修改已创建数据库的全局特性：

```
alter database <db_name>
alter_specification [, alter_specification] ...
```

或

```
alter schema <db_name>
alter_specification [, alter_specification] ...
```

其中 alter_specification 用于指定更改数据库的特性，可使用的选项有：

[DEFAULT] CHARACTER SET charset_name | [DEFAULT] COLLATE collation_name 该选项与创建数据库语句中的含义相同，用于更改默认的数据库字符集。

5. 删除数据库

在 MySQL 命令提示符下，可使用以下命令删除已存在的数据库：

```
drop database <db_name>;
```

或

```
drop schema <db_name>;
```

其中 db_name 是需要删除的数据库名称。使用该语句时要非常小心，因为它将导致指定的数据库、数据库中的所有关系表全部删除。

5.3.4 Navicat 图形界面操作

命令行界面操作不够直观，图形界面则为用户提供了更加友好的交互接口。Navicat for MySQL 就是一款为 MySQL 设计的强大数据库管理及开发工具。它可用于 MySQL 3.21 版本及其以上的数据库服务器，并支持大部分 MySQL 最新版本的功能，包括触发器、存储过程、函数、事件、视图、管理用户等。它适用于 Microsoft Windows、Mac OS X 和 Linux 三种平台。用户可以从 Navicat 官方网站下载软件进行体验。Navicat 提供了 Oracle、SQLite、SQL Server 等多种数据库的操作平台，在使用时要注意相应的版本。

5.4 SQL

SQL 成为国际标准后，数据库厂家逐步推出各自的 SQL 软件或接口软件，使不同的数据库系统之间互操作有了共同的基础。SQL 不仅成为数据库领域中的主流语言，而且对数据库以外的领域也产生了很大的影响，不少软件产品将 SQL 语言的数据查询功能与图形功能、软件工程工具、软件开发工具、人工智能程序结合起来。

5.4.1　SQL 的概念

结构化查询语言（structured query language，SQL）是基于关系代数运算的一种关系数据查询语言，是一种非过程化的数据库查询和程序设计语言，用于存取数据以及查询、更新和管理关系数据库系统。

由于 SQL 语言结构简洁、功能强大、简单易学，所以自从 IBM 公司 1981 年推出以来，深受用户及计算机业界欢迎，经过各公司的不断修改和完善，SQL 语言得到了广泛的应用。

虽然目前存在着很多不同版本的 SQL 语言，但是为了与 ANSI 标准相兼容，它们必须以相似的方式共同地支持一些主要的关键词（如 SELECT、UPDATE、DELETE、INSERT、WHERE 等）。

5.4.2　SQL 的特点

SQL 是一门通用的、功能丰富、简洁易学的语言，它集数据定义、数据操作、数据查询和数据控制功能于一体，其主要特点包括以下几部分。

1. 综合统一

SQL 集数据定义语言、数据操纵语言、数据控制语言功能于一体，语言风格统一，可以独立完成数据库生命周期中的全部活动，主要包括：

（1）定义关系模式，插入数据，建立数据库。

（2）对数据库中的数据进行查询和更新。

（3）数据库重构和维护。

（4）数据库安全性、完整性控制。

2. 高度非过程化

非关系数据模型的数据操纵语言是面向过程的语言，用其完成某项请求，必须指定存取路径。而用 SQL 语言进行数据操作时，用户只需提出“做什么”，而不必指明“怎么做”，因此用户无须了解存取路径，存取路径的选择以及 SQL 语句的操作过程由系统自动完成。SQL 的大多数语句都是独立执行并完成一个特定操作，与上下文无关。这不但大大减轻了用户负担，而且有利于提高数据独立性。

3. 面向集合的操作方式

SQL 语言采用集合操作方式，不仅查找结果可以是元组的集合，而且一次插入、删除、更新操作的对象也可以是元组的集合。

4. 以同一种语法结构提供多种使用方式

SQL 语言既是独立的语言，又是嵌入式语言。它既能够独立地直接用命令方式联机交互使用，使用户可以在终端键盘上直接输入 SQL 命令对数据库进行操作；又能够用嵌入方式，嵌入到高级语言程序中，供程序员设计程序时使用，这使它具有极大的灵活性和强大的功能。在两种不同的使用方式下，SQL 的语法结构基本上是一致的。

5. 语言简洁、易学易用

SQL 功能极强，语言简洁，只用九个命令就可完成四大类功能：

（1）数据定义：创建数据库或表 Create，删除数据库或表 Drop，修改表的列、主键 Alter。

（2）数据操纵：插入记录 Insert，修改记录 Update，删除记录 Delete。

（3）数据查询：从表中查询数据 Select。

（4）数据控制：授予用户对数据库对象的访问权限 Grant，取消授权 Revoke。

完成核心功能只需用六个动词：SELECT、CREATE、INSERT、UPDATE、DELETE、GRANT（REVOKE），它们都是接近英语口语的单词，易于学习和使用。

5.4.3 一个使用 SQL 语句的实例

1. 代码示例

在某教学信息管理系统中，使用 SQL 创建数据库和数据表，并在此基础上实现查询和更新数据，相关代码如下所示：

```
//1）创建数据库 eduinfo
CREATE DATABASE eduinfo;
//2）创建学生信息表 stud_info
CREATE TABLE stud_info
(studNumb CHAR(9) PRIMARY KEY,
studName VARCHAR(10) NOT NULL,
studGendCHAR(2) CHECK(studGend IN('男','女')),
studBirth   DATE,
entrAchv INT CHECK(entrAchv>=0),
studDept CHAR(2),
clasNumb  CHAR(7));
//3）创建课程信息表 curi_info
CREATE TABLE curi_info
(curiNumb CHAR(6) PRIMARY KEY,
curiName VARCHAR(30) NOT NULL,
curiCrdt INT,
curiTime INT,
preCuri CHAR(6));
//4）创建成绩信息表 scor_info
CREATE TABLE scor_info
(termNumb CHAR(12),
studNumb CHAR(9) REFERENCES stud_info(studNumb),
curiNumb CHAR(6) REFERENCES curi_info(curiNumb),
score INT CHECK(score BETWEEN 0 AND 100),
grade CHAR(2),
PRIMARY KEY(termNumb,studNumb,curiNumb));
//5）向学生信息表 stud_info 中插入 3 条记录。
INSERT INTO stud_info
(studNumb,studName,studGend,studBirth,entrAchv,studDept,clasNumb)
 VALUES('062011101','张浩','男','1991-02-08',455,'06','0620111');
INSERT INTO stud_info
(studNumb,studName,studGend,studBirth,entrAchv,studDept,clasNumb)
 VALUES('062011102','施凯','男','1991-04-29', 460,'06','0620111');
INSERT INTO stud_info
(studNumb,studName,studGend,studBirth,entrAchv,studDept,clasNumb)
 VALUES('062011103','王磊','男','1992-09-26',459,'06','0620111');
```

```
//6）向课程信息表 curi_info 中插入 3 条记录。
INSERT INTO curi_info VALUES('219101','高等数学(上)',6,96,NULL);
INSERT INTO curi_info VALUES('219102','高等数学(下)',6,96,'219101');
INSERT INTO curi_info VALUES('259101','计算机应用基础',4,64, NULL);
//7）向成绩信息表 scor_info 中插入 3 条记录。
INSERT INTO scor_info VALUES
('2011-2012(1)','062011101','219101',89,'A-'),
 ('2011-2012(1)','062011102','219101',74,'C+'),
 ('2011-2012(1)','062011103','219101',96,'A');
//8）为课程信息表 curi_info 中所有课程的学分加 1 分，学时加 16 课时
UPDATE curi_info SET curiCrdt=curiCrdt+1 , curiTime=curiTime+16;
//9）删除课程号为"020109"（多媒体技术）的课程，以及选修该课程的所有成绩。
DELETE FROM scor_info WHERE curiNumb='020109';
DELETE FROM curi_info WHERE curiNumb='020109';
//10）查询所属学院为"02"的男生信息（输出字段：学号、姓名、性别、所属学院）。
SELECT studNumb,studName,studGend,studDept
FROM stud_info
WHERE studDept='02' AND studGend='男';
//11）查询"入学成绩"在[450，460]之间的女生信息（输出字段：学号、姓名、性别、入学成绩）。
SELECT studNumb,studName,studGend,entrAchv
FROM stud_info
WHERE (entrAchv BETWEEN 450 AND 456) AND studGend='女';
//12）查询课程名称中包括"数据"两个字的课程信息（课程字段：课程号、课程名称）。
SELECT curiNumb,curiName
FROM curi_info
WHERE curiName LIKE '%数据%';
//13）查询全体学生的学号、姓名、年龄等信息（输出字段：学号、姓名、年龄）。
查询语句：
SELECT studNumb,studName,YEAR(now())-YEAR(studBirth) AS 年龄
FROM stud_info;
//14）查询选修了"计算机应用基础"的每位学生成绩（输出字段：学期、学号、课程号、成绩）。
查询语句：
SELECT termNumb, studNumb, scor_info.curiNumb, score
FROM scor_info, curi_info
WHERE scor_info.curiNumb=curi_info.curiNumb AND curiName='计算机应用基础';
//15）查询选修人次大于 10 的课程信息（输出字段：课程号，课程名称，学分，学时）。
查询语句：
SELECT curiNumb, curiName, curiCrdt,curiTime
FROM curi_info
WHERE curiNumb IN
(
   SELECT curiNumb
   FROM scor_info
   GROUP BY curiNumb
   HAVING COUNT(*)>10
);
```

2. 解释说明

上述代码中，分号“;”表示一条语句的结束，共 15 条语句完成 15 个操作功能。第 1 条语句关键词 CREATE DATABASE 完成的是创建数据库 eduinfo；第 2～4 条语句中的关键词

CREATE TABLE 完成了三张数据表（学生信息表 stud_info、课程信息表 curi_info 和成绩信息表 scor_info）的创建。创建数据库只需要给出数据库的名称，而创建数据表除了要给出表名，还要指定表的结构，即各字段名、各字段的数据类型以及完整性约束条件。

第 5～7 条语句中的关键词 INSERT INTO 完成了向以上三张表中插入记录的功能。插入数据时，需要给出表名以及新记录的各字段值，各值的数据类型必须与创建数据表时的数据类型一致，且个数也要匹配。

1～7 条代码可以分别创建出表 1-5-2～表 1-5-4 所示的三张数据表。

表 1-5-2　学生信息表数据

学号	姓名	性别	出生日期	入学成绩	所属学院	班级代号
062011101	张浩	男	1991-02-08	455	06	0620111
062011102	施凯	男	1991-04-29	460	06	0620111
062011103	王磊	男	1992-09-26	459	06	0620111

表 1-5-3　课程信息表数据

课程号	课程名称	学分	学时	先修课程
219101	高等数学(上)	6	96	NULL
219102	高等数学(下)	6	96	219101
259101	计算机应用基础	4	64	NULL

表 1-5-4　成绩信息表数据

学期	学号	课程号	成绩	等级
2011—2012(1)	062011101	219101	89	A-
2011—2012(1)	062011102	219101	74	C+
2011—2012(1)	062011103	219101	96	A

第 8 条语句中的关键词 UPDATE 完成的是修改数据的功能，使用关键词 SET 给出新的属性列值。

第 9 条语句中的关键词 DELETE 完成的是条件删除数据，可以从指定表中删除满足 WHERE 子句条件的所有元组。如果省略 WHERE 子句，则表示删除表中全部元组，但表的定义仍在字典中。

第 10～15 条语句中的关键词 SELECT 完成的是数据查询功能，是数据库的核心操作。既可以完成简单的单表查询，也可以完成复杂的连接查询和嵌套查询。

第 10～12 条语句完成了简单的条件查询；第 13 条语句利用了 NOW()函数和出生日期 studBirth 的差计算年龄；第 14～15 条语句分别完成了连接查询和嵌套查询。

在 SQL 中，还可以使用 GRANT 和 REVOKE 关键词向用户授予或收回对数据的操作权限，以此来保证数据库操作的安全。由于篇幅有限，在此不做介绍。

实　践　篇

实验 1 Windows 的基本操作

一、实验目的

（1）掌握 Windows 10 的基本操作。

（2）掌握桌面主题及“开始”菜单的组织。

（3）掌握文件和文件夹的管理。

（4）掌握压缩存储和解压缩。

二、实验环境

中文 Windows 10 操作系统。

三、实验范例

（一）桌面个性化设置

设置桌面背景为场景中的任意一张照片，位置为填充；设置屏幕保护程序为公用图片中所有示例图片的随机播放，播放时间为“中速”，屏幕保护等待时间为 5 分钟，并在恢复时显示登录屏幕；将桌面上文本、应用等项目的文字大小设置为 125%，增大字体。

【操作步骤】

（1）在桌面空白处右击，弹出快捷菜单，选择“个性化”命令，在打开的对话框中单击左侧“个性化”→“背景”标签。在窗口右侧将“背景”设置为“图片”，在图片列表中选择第二张风景照片，“选择契合度”设置为“填充”，如图 2-1-1 所示。

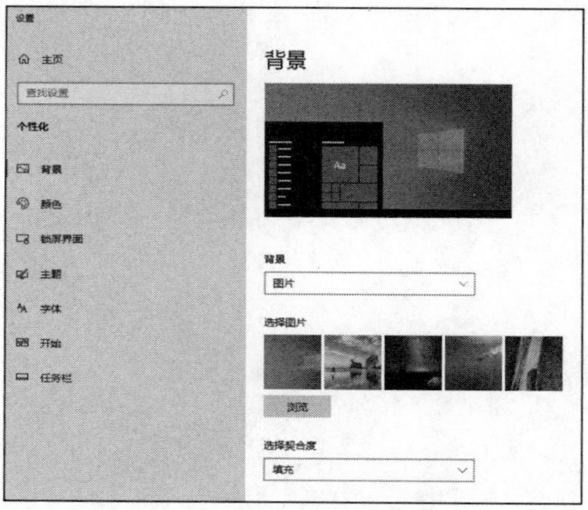

图 2-1-1 “背景设置”对话框

（2）单击左侧“个性化”→“锁屏界面”标签。单击窗口最下方的“屏幕保护程序设置”超链接，弹出图 2-1-2 所示的“屏幕保护程序设置”对话框，将“屏幕保护程序”设置为“3D 文字”，单击“设置”按钮，弹出图 2-1-3 所示的“3D 文字设置”对话框，选中“自定义文字”单选按钮，在文本框中输入文字“欢迎来到 Windows 10 世界！”，将旋转速度设置为中速，其他选项可自主修改观察效果，单击“确定”按钮返回图 2-1-2 所示界面，将“等待”时间设置为 5 分钟，并选中“在恢复时显示登录屏幕”复选框，单击“预览”按钮可查看修改后的效果。

图 2-1-2　“屏幕保护程序设置”对话框

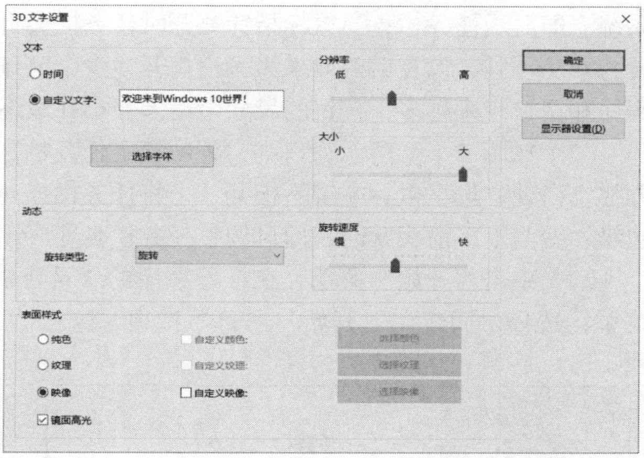

图 2-1-3　“3D 文字设置”对话框

（3）在桌面空白处右击，在弹出的快捷菜单中选择“显示设置”命令，单击左侧“系统”→“屏幕”标签，打开图 2-1-4 所示窗口，将“更改文本、应用等项目的大小”设置为 125%（或其他合适的大小），适当调整字体大小。

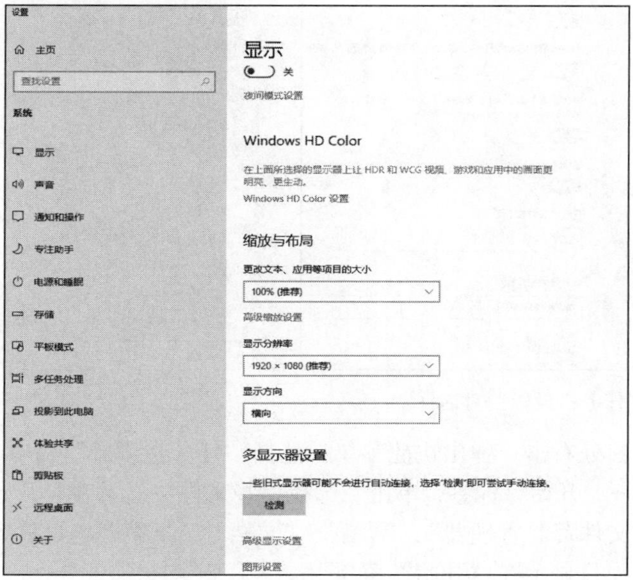

图 2-1-4　更改文本、应用等项目的大小

（二）设置任务栏以及“开始”菜单

将任务栏外观设置为“自动隐藏任务栏”，并将任务栏按钮设置为“从不合并”；将任务栏分别移动到屏幕的左、上和右边缘，最后移回屏幕下方；将任务栏高度设置为3行，再还原为一行；将“录音机”添加到“固定项目列表”上；并个性化选择哪些文件夹显示在“开始”菜单上。

【操作步骤】

（1）在桌面下方任务栏的空白处右击，弹出快捷菜单，选择“任务栏设置”命令，在弹出的图2-1-5所示的“任务栏设置”对话框中，将“在桌面模式下自动隐藏任务栏”设置为“开”。设置该项后任务栏的显示效果为默认不显示任务栏，当鼠标指针移动至任务栏所在的位置时，系统立即显示任务栏；当鼠标指针离开时任务栏会自动隐藏。将最下方“合并任务栏按钮”设置为“从不”，设置后的效果为无论打开多少个窗口，窗口不会折叠成一个按钮。随着打开的程序和窗口越来越多，按钮的尺寸会逐渐变小并最终在任务栏中滚动。

（2）在图2-1-5所示窗口中，将“锁定任务栏”设置为“关”。此时，将鼠标指针移到任务栏空白处，按下鼠标左键不松开，可将任务栏拖动到其他位置。将鼠标指针移至任务栏顶部边缘，变为上下箭头状时，即可调整任务栏高度。用同样的方法将任务栏高度拉回1行。

（3）单击“开始”菜单，在推荐程序的“录音机”选项上右击，弹出图2-1-6所示的快捷菜单，选择“固定到‘开始’屏幕”选项，这样“开始”菜单上就有“录音机”这个固定选项了。

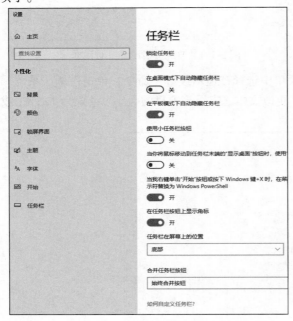

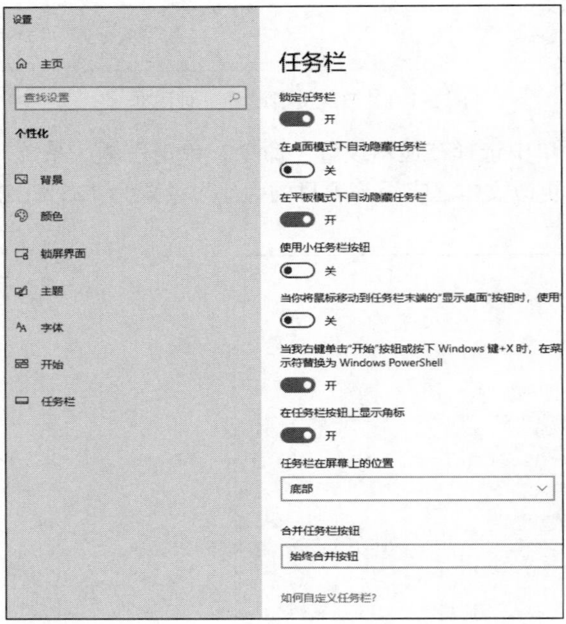

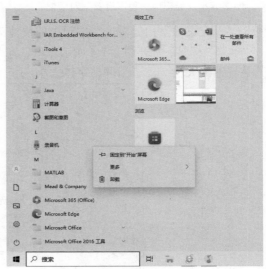

图2-1-5 “任务栏设置”对话框

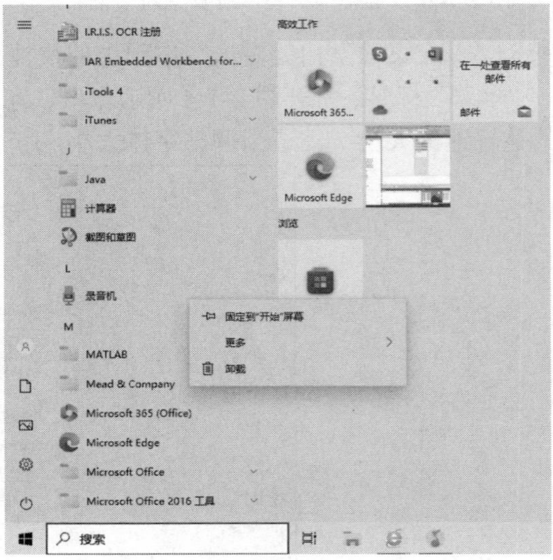

图2-1-6 “录音机”右键快捷菜单

（4）在任务栏空白处右击，弹出快捷菜单，选择“任务栏设置”命令，在弹出的对话框中单击左侧“个性化”→“开始”标签，单击“选择哪些文件夹显示在‘开始’菜单上”超链接，在弹出的窗口中将“文件资源管理器”“设置”“文档”“下载”均设置为“开”，如图2-1-7所示，即可将选中的项目显示在“开始”菜单上。

（三）文件和文件夹的管理

先后选用“超大图标”“大图标”“中图标”“小图标”“列表”“详细信息”“平铺”和“内容”等模式显示“实验 4 素材”文件夹中的内容；选择“实验 4 素材”文件夹中所有的 JPG 文件，复制到“此电脑\图片”文件夹中；在本地磁盘 D:\下创建一个新的文件夹，文件夹名称为自己的学号姓名（如：9902 张三），再在此文件夹中新建一个名称为“我的笔记”的文件夹，并在“我的笔记”文件夹中新建一个文本文件 test.txt，文件内容为自己的学院、学号和姓名；将“图片\本机照片”文件夹的属性设置为只读，将其中的 fl2_flower 图片标记添加为“花”；删除“插花”文件，再恢复该文件。

【操作步骤】

（1）双击桌面上的“计算机应用基础实验素材”文件夹，选择打开“实验 4 素材”文件夹，单击“查看”选项卡，下方工具栏显示出如图 2-1-8 所示的各种选项：“超大图标”“大图标”“中图标”“小图标”“列表”“详细信息”“平铺”和“内容”按钮，单击任何一个，观察几种视图查看方式的差别。

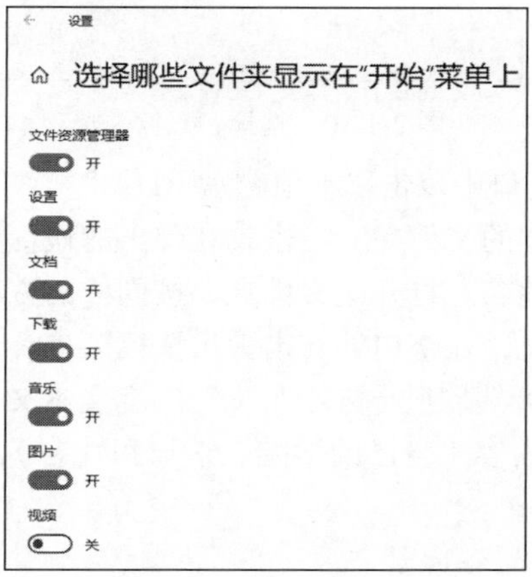

图 2-1-7　自定义“开始”菜单

图 2-1-8　视图选项

（2）单击“详细信息”按钮，选择“查看”→“当前视图”→“排序方式”→“类型”命令，文件将按类型排序。选择所有的 JPG 文件，右击，在弹出的快捷菜单中选择“复制”命令，回到桌面，双击“此电脑”图标，在打开的窗口左侧单击“图片”标签，单击“粘贴”按钮（或按【Ctrl+V】组合键），将所有图片文件复制到“图片”文件夹中，选中 fl2_flower 图片，右击弹出快捷菜单，选择“属性”命令，在弹出的对话框的“详细信息”选项卡中将“标记”选项设置为“花”，如图 2-1-9 所示。

返回“图片”文件夹，右击“本机照片”文件夹，在弹出的快捷菜单中选择“属性”命令，在弹出的对话框中选中“只读”复选框，如图 2-1-10 所示。

（3）打开“图片”文件夹，选中“插花”图片，按【Delete】键将其删除（或者选择右键快捷菜单中的“删除”命令完成）。删除的文件或文件夹会临时存放在“回收站”中。双击桌面上的“回收站”图标，在打开的窗口中选中要还原的“示例图片”文件夹中的“插花”图片，单击工具栏中“还原选定的项目”按钮（或者选择右键快捷菜单中的“还原”命令），就可以恢复被删除的文件或文件夹。

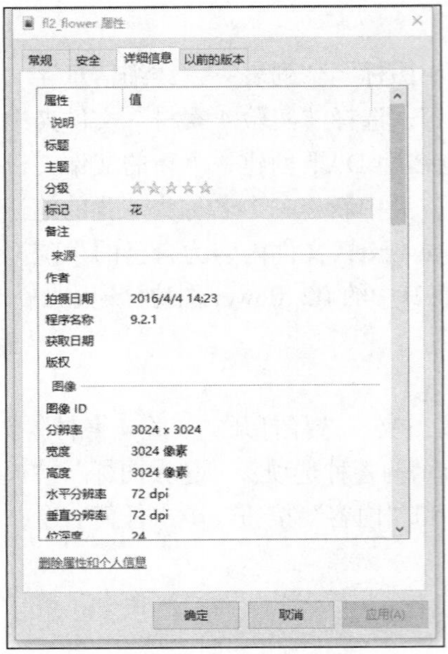

图 2-1-9　设置“详细信息”

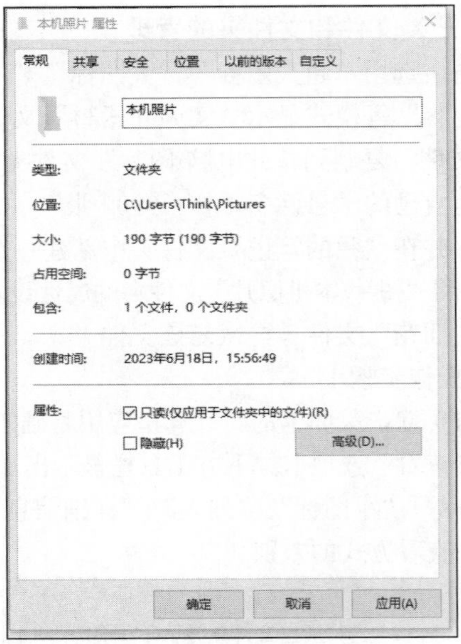

图 2-1-10　选择“只读”选项

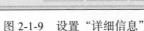

（4）双击桌面上的“此电脑”图标，在打开的窗口中双击“本地磁盘（D）”，打开 D 盘，单击工具栏上的“新建文件夹”按钮，选中这个新建的文件夹，右击，在弹出的快捷菜单中选择“重命名”命令，将文件夹名字改为自己的学号姓名。打开此文件夹，按同样的方法新建一个“我的笔记”的文件夹。打开“我的笔记”文件夹，在空白处右击弹出快捷菜单，选择“文件”→“新建”→“文本文档”命令，创建一个名为“新建文本文档.txt”的空文本文档，将文件名改为“test”。双击打开文档，按要求输入文本内容（自己的学院、学号和姓名），保存后关闭。

（四）屏幕截图

将当前整个屏幕画面保存到 D 盘下自己学号姓名命名的文件夹中，命名为“我的屏幕.jpg”；将 Windows 10 的“图片”主窗口画面复制到 Word 文档中。

【操作步骤】

（1）选择“开始”→“截图和草图”命令，在打开的窗口中单击“新建”按钮，在图 2-1-11 所示的窗口中，单击“全屏幕截屏”按钮（或者按【PrintScreen】键），将整个屏幕复制到剪贴板中，单击“另存为”按钮，在弹出的“另存为”对话框中设置“文件名”为“我的屏幕”，在“保存类型”下拉列表中选择 JPG 格式，将其保存在 D 盘下自己学号姓名命名的文件夹中，如图 2-1-12 所示。

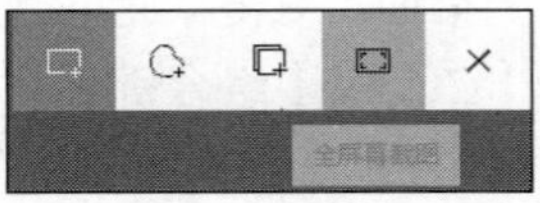

图 2-1-11　截图工具（1）

如果找不到“截图和草图”命令，可以在搜索框里输入“截图工具”，按【Enter】键，打开图 2-1-13 所示的窗口，选择“全屏幕截屏”（或者按【PrintScreen】键），将整个屏幕复制到剪贴板中，运行“画图”应用程序，单击“剪贴板”中的“粘贴”按钮，将剪贴板内的屏幕图像粘贴到画图工作区。单击“保存”按钮，在弹出的“保存为”对话框中设置“文件名”为“我的屏幕”，在“保存类型”下拉列表中选择 JPEG 格式，将其保存在 D 盘下自己学号姓名命名的文件夹中。

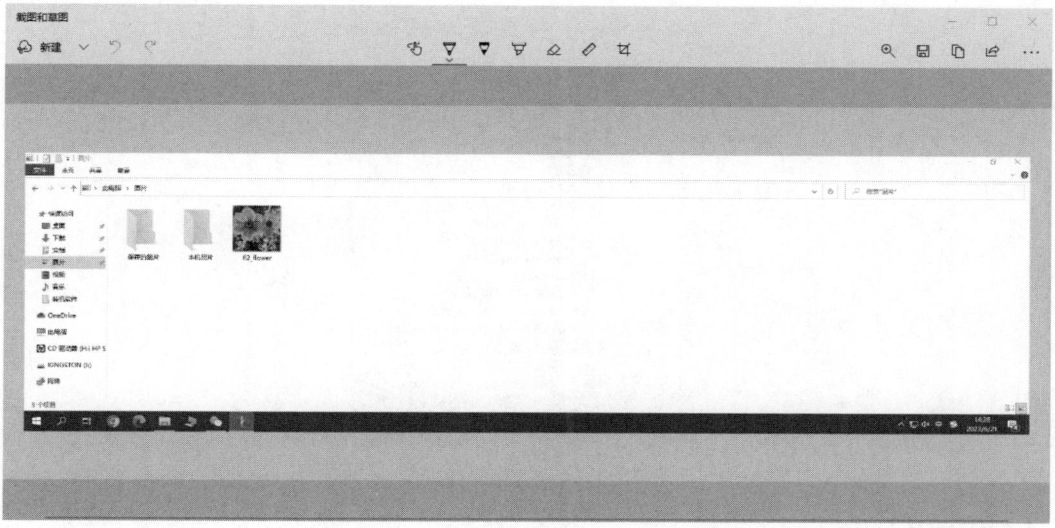

图 2-1-12　保存截屏文件

（2）在“图片”文件夹主窗口，选择“开始”→“截图和草图”命令，在打开的窗口中选择“窗口截屏”（或者按【Alt+PrintScreen】组合键，将当前活动窗口复制到剪贴板。运行 Word 程序，在 Word 窗口的“开始”选项卡“剪贴板”组中单击“粘贴”按钮，将“图片”主窗口的截图复制到 Word 中，将其保存在 D 盘下自己学号姓名命名的文件夹中。

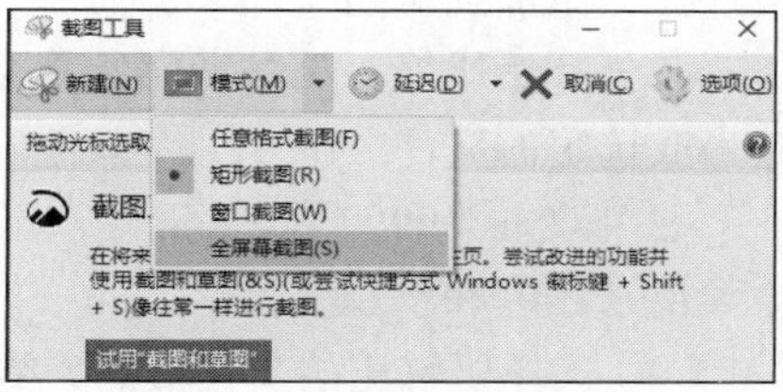

图 2-1-13　截图工具（2）

“截图和草图”中除了全屏幕截屏（【PrintScreen】键）和活动窗口截屏（【Alt+PrintScreen】键）外，还有任意格式截屏和矩形截屏，同学们可以尝试各操作一次，做一下比较。

（五）创建桌面快捷方式

要求在 D 盘下以自己学号姓名命名的文件夹中创建一个指向“计算器”程序（calc.exe），文件名为“JSQ”的快捷方式。

【操作步骤】

（1）先找到所使用计算机中“计算器”程序所在的位置，一般为“C:\Windows\System32\calc.exe”。在 D 盘下自己学号姓名命名的文件夹空白处右击，在弹出的快捷菜单中选择“新建”→“快捷方式”命令。

（2）在弹出的对话框的“请键入对象的位置”文本框中输入（或通过“浏览”选择）“C:\Windows\System32\calc.exe”，如图 2-1-14 所示，单击“下一步”按钮。在“键入该快捷方式的名称”文本框中输入“JSQ”，单击“完成”按钮。

（六）应用 WinRAR 压缩和解压文件

将 D 盘下自己学号姓名命名的文件夹压缩为相同名称的 RAR 文件，如“9902 张三.rar”，存放在 D 盘下，然后把其中的“我的笔记”文件夹解压到 D 盘下，形成“D:\我的笔记”。最后提交“学号+姓名.rar”文件。

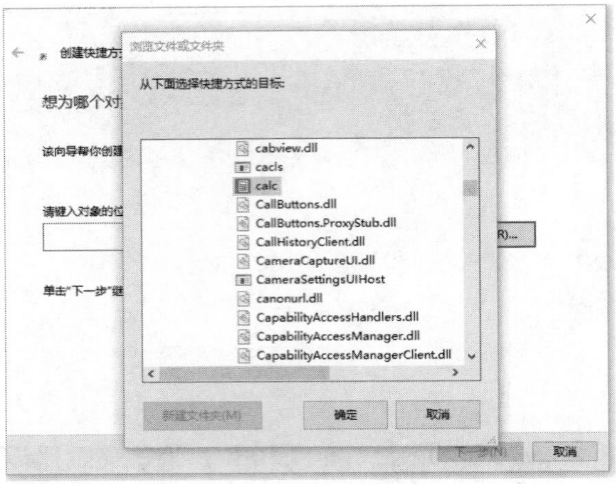

图 2-1-14　创建快捷方式

【操作步骤】

（1）选择“D:\”为当前文件夹，在自己学号姓名命名的文件夹上右击，在弹出的快捷菜单中选择“添加到压缩文件…”命令，在弹出的对话框中单击“确定”按钮，如图 2-1-15 所示。

（2）开始压缩。压缩期间，将会显示压缩进程。压缩文件将会在指定的地方创建，并自动被当成选定的文件。

（3）双击“9902 张三.rar”，压缩文件在 WinRAR 程序窗口打开，可以使用工具按钮或命令菜单来压缩和解压文件。

（4）选择要解压的文件夹后，单击“解压到”按钮，在弹出的对话框中输入目标文件夹（默认为新建一个以文件名命名的文件夹）。单击“确定”按钮开始解压。

（5）提交“学号+姓名.rar”文件。

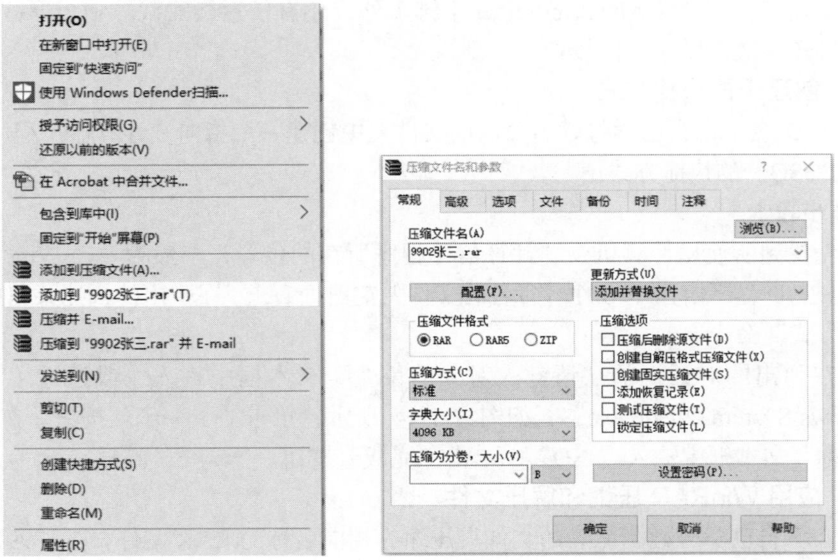

图 2-1-15　压缩文件

四、实验内容

（1）将“画图”程序添加到“开始”菜单的“固定项目列表”上。

（2）在 D 盘上建立以“学号+姓名 1”为名的文件夹（如 01108101 刘琳 1）和其子文件夹 sub1，然后执行下列操作：

① 在 C:\Windows 中任选两个 txt 文本文件，将它们复制到“学号+姓名 1”文件夹中。

② 将“学号+姓名 1”文件夹中的一个文件移到其子文件夹 sub1 中。

③ 在 sub1 文件夹中建立名为“test.txt”的空文本文档。

④ 删除文件夹 sub1，然后再将其恢复。

（3）搜索 C:\Windows\System32 文件夹及其子文件夹下所有文件名第一个字母为 s、文件长度小于 10 KB 且扩展名为 exe 的文件，并将它们复制到 sub1 文件夹中。

（4）用不同的方法，在桌面上创建“计算器”“画图”和“剪贴板”三个程序的快捷方式，它们的应用程序分别为：calc.exe、mspaint.exe 和 clip.exe。将三个快捷方式复制到 sub1 文件夹中。

（5）在“开始”菜单的“所有程序”子菜单中添加名为“书写器”的快捷方式，应用程序为 write.exe。

（6）在桌面创建“计算器”快捷方式，然后利用快捷方式打开计算器，选用“标准型”，将“计算器”窗口截图复制到剪贴板。

（7）将上题的“标准型”计算器窗口截屏，通过“画图”程序，以 JPG 格式，用文件名 jsq.jpg 存入 sub1 文件夹中。

（8）将 D 盘中的“学号+姓名 1”的文件夹压缩为“学号+姓名 1.rar”文件，存放在 D 盘下，然后把其中的 sub1 文件夹解压到 D 盘下，形成“D:\sub1”。

（9）提交“学号+姓名 1.rar”文件。

实验2 Visio的基本操作

一、实验目的

（1）熟悉 Visio 2016 软件的界面及功能。

（2）掌握创建基本流程图的各项操作。

（3）掌握创建地图和平面布局图的各项操作。

二、实验环境

（1）中文 Windows 10 操作系统。

（2）中文 Visio 2016 应用软件。

三、实验范例

（一）操作题 1

使用 Visio 2016，绘制“网上购物流程图”，样张如图 2-2-1 所示。

（1）新建“网上购物流程图”的绘图文档。

【操作步骤】

打开 Visio 2016，选择“新建”→“基本流程图”命令，如图 2-2-2 所示，单击“创建”按钮。

选择“文件”→“另存为”命令，创建名为“网上购物流程图”的绘图文档。

（2）新建开始流程“浏览网页”。

【操作步骤】

在“形状”窗格中选择“基本流程图形状”选项，在“基本流程图形状”列表中单击“开始/结束”形状不

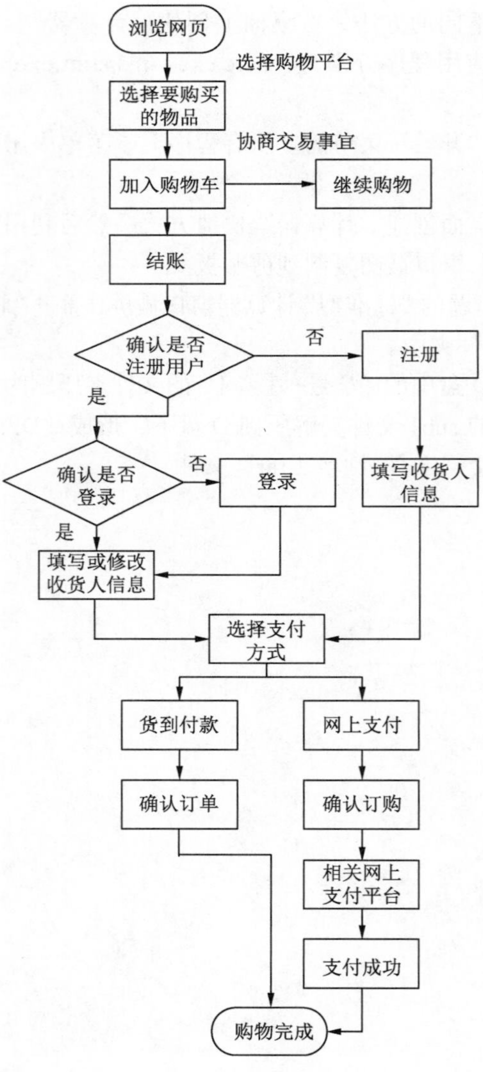

图 2-2-1 “网上购物流程图”样张

网上购物流程

松开，拖动到绘图文档的左上方位置，双击该形状，在文本框中输入文本“浏览网页”，如图 2-2-3 所示。

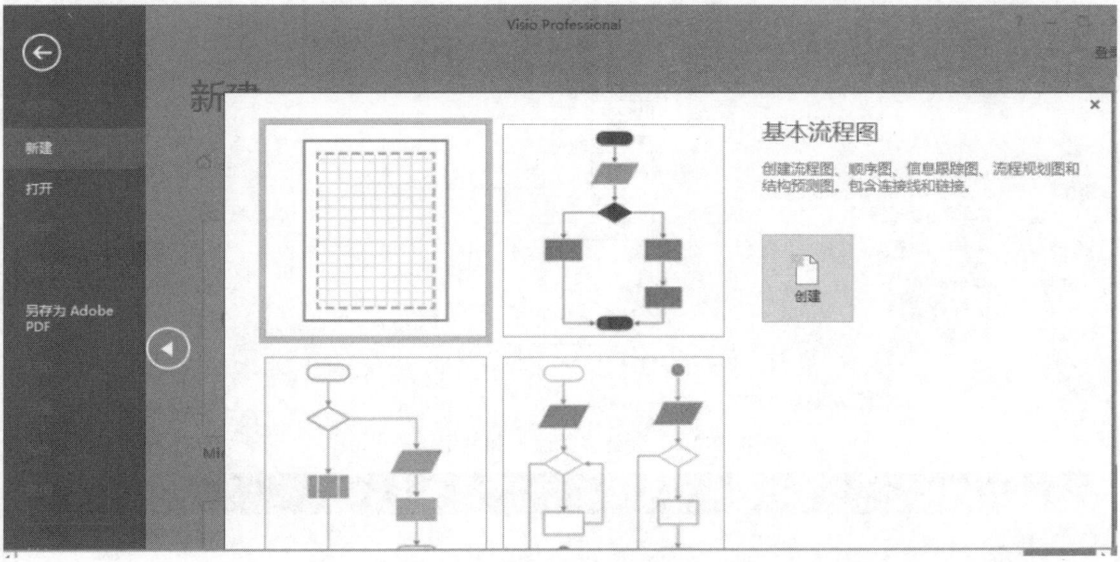

图 2-2-2　新建基本流程图

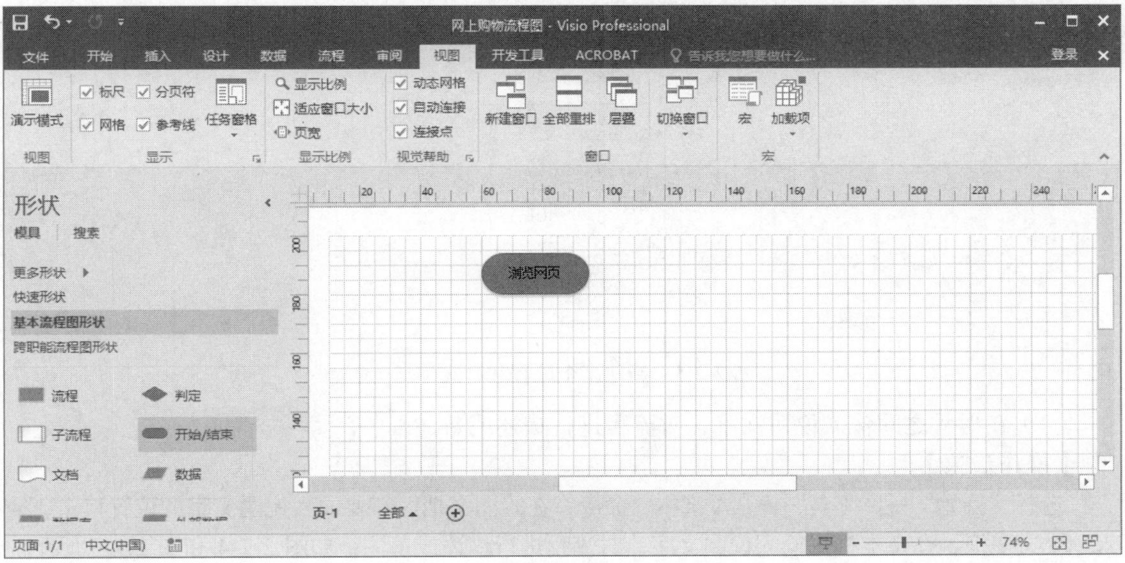

图 2-2-3　新建开始流程“浏览网页”

（3）新建多个流程和判定放置在绘图文档中。

【操作步骤】

按步骤（2）的方法，拖动多个流程和判定按下图所示放置在绘图文档中，并输入相应的文字，如图 2-2-4 和图 2-2-5 所示。

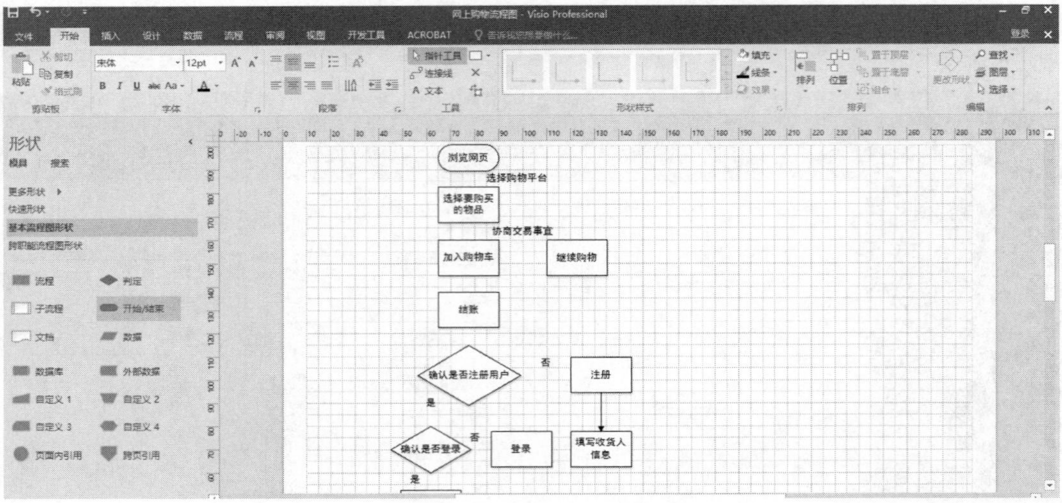

图 2-2-4　新建多个流程和判定（一）

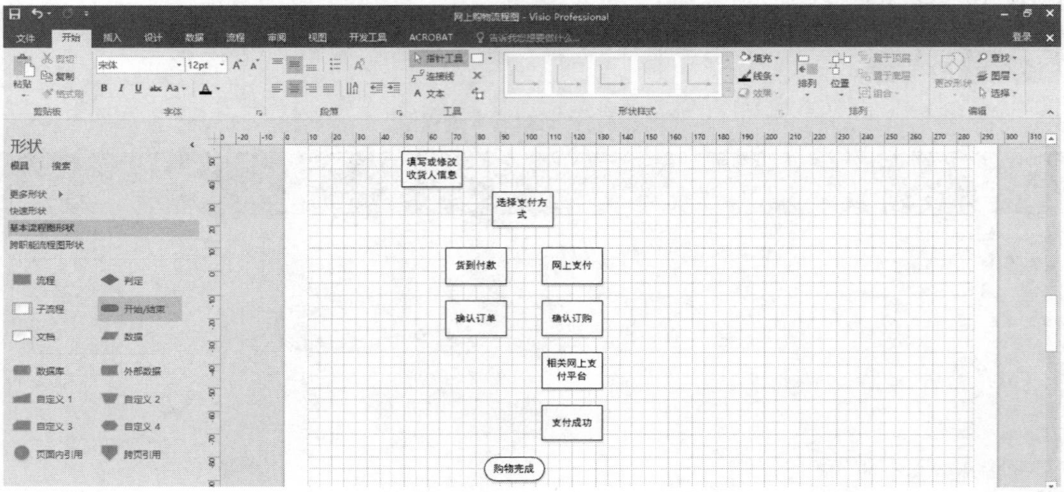

图 2-2-5　新建多个流程和判定（二）

（4）在形状之间输入说明文字，对流程进行描述或备注。

【操作步骤】

选择“开始”→“工具”→“A 文本”命令，在绘图文档区需要输入说明文字的位置单击，插入一个文本框，在文本框内输入说明文字，对流程进行描述或备注，如图 2-2-4 和图 2-2-5 所示。

（5）将所有文本的字号设置为 12 pt，将所有流程图形状的高度设置为 11 mm。

【操作步骤】

在绘图文档区，按住【Ctrl+A】组合键将所有内容全部选中，在“开始”选项卡“字体”组中将字体大小设置为“12 pt”。

选中一个流程图形状，单击 Visio 窗口底部的“高度”，弹出“大小和位置”窗口，将高度信息修改为“11 mm”，如图 2-2-6 所示。用同样的方法对所有其他流程图形状进行“11 mm”高度设置。

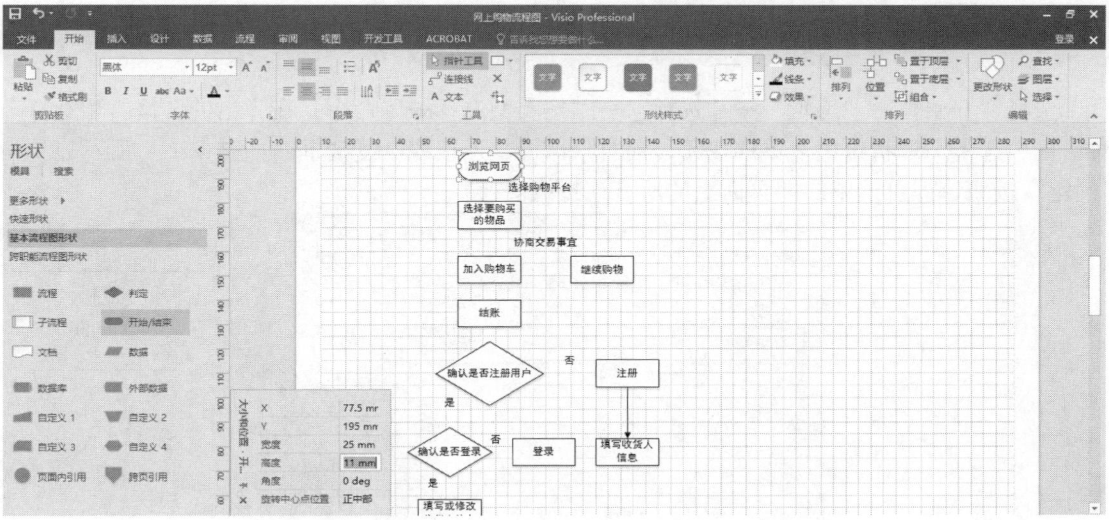

图 2-2-6　设置流程图形状的高度

（6）为形状之间添加连接线。

【操作步骤】

选中“视图”→“视觉帮助”→“自动连接”复选框。选中需要添加连接线的流程图形状，在流程图形状的四周会出现浅蓝色的连接箭头符号，单击连接箭头符号不松开，拖动到下一个流程图形状上，为这两个形状之间添加一根连接线；（也可以用方法二：单击“开始”→“工具”→“连接线”按钮，在绘图文档区添加连接线的位置从起点拉动到终点）。

根据需要，选中连接线，右击，在弹出的快捷菜单中选择“直线连接线”命令，可将连接线转换为直线连接线；选择“直角连接线”命令，可将连接线转换为直角连接线；选择“曲线连接线”命令，可将连接线转换为曲线连接线。设置后如图 2-2-7 所示。

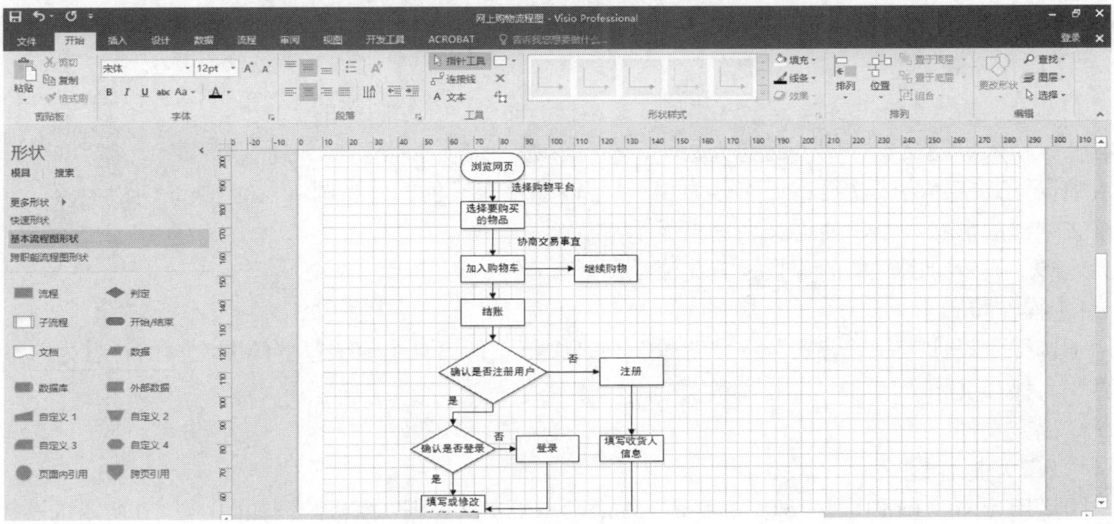

图 2-2-7　设置连接线后的效果

（7）设置线条的格式粗细为 1.5 pt，颜色为红色；设置形状的填充颜色。

【操作步骤】

选择“开始”→“编辑”→“选择”→“按类型选择…”命令，在弹出的“按类型选择”对话框中选中“形状角色”单选按钮，同时只保留“连接线”复选框，如图 2-2-8 所示，单击“确定”按钮，即可选中绘图页面上的所有连接线。

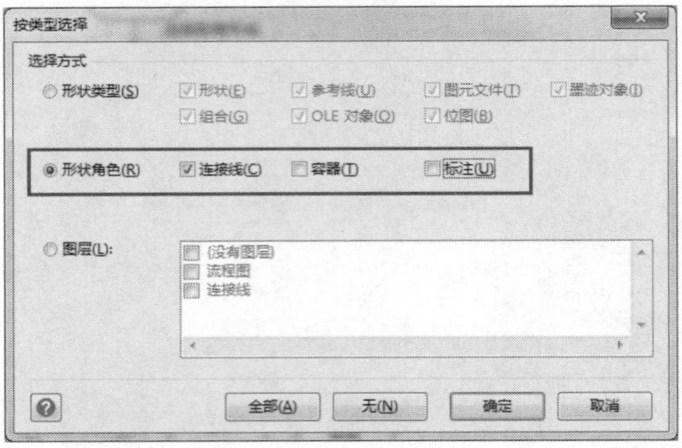

图 2-2-8 “按类型选择”对话框

在线条区域右击，在弹出的快捷菜单中选择“设置形状格式”命令，在绘图页面右侧弹出的“设置形状格式”窗格中选中“线条”为“实线”，设置线条的宽度为 1.5 磅，颜色为红色，如图 2-2-9 所示。

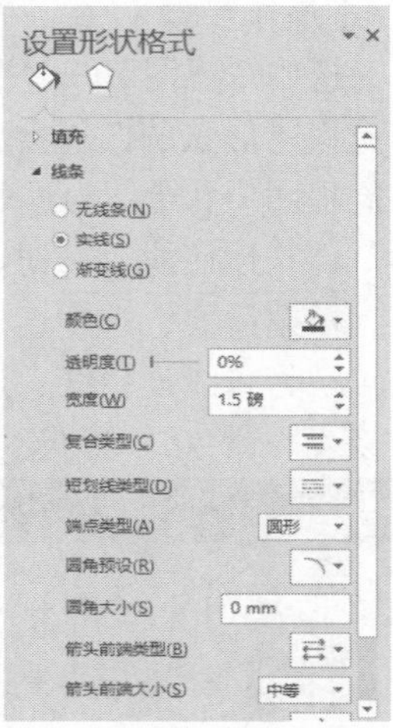

图 2-2-9 设置线条

选中除“购物完成”形状外的所有“流程”形状和“开始/结束”形状，在选择区域右击，在弹出的快捷菜单中选择“设置形状格式”命令，在弹出的窗格中设置其填充颜色为“浅绿”；采用同样的方法，设置“判断”形状的填充颜色为“浅蓝”；“购物完成”形状的填充颜色为“绿色”。

（8）在绘图区的右上方添加标题“网上购物流程”，垂直显示。

【操作步骤】

选择“插入”→“文本框”→“竖排文本框”命令，在绘图区的右上方输入标题文本“网上购物流程”，在“开始”选项卡“字体”组中设置其字体为华文行楷，字号为 48，字体颜色为紫色，适当调整文本框的形状大小，使得文字垂直显示。

（9）设置绘图文档的背景，美化流程图。

【操作步骤】

选择“设计”→“背景”→“背景”列表中第三行第二个值，设置绘图文档的背景为“世界”，保存文档。

提交文件。

（二）操作题 2

运用 Visio 2016 中的“地图和平面布局图”→“家具规划”模板绘制如图 2-2-10 所示的“室内家具布局图”。

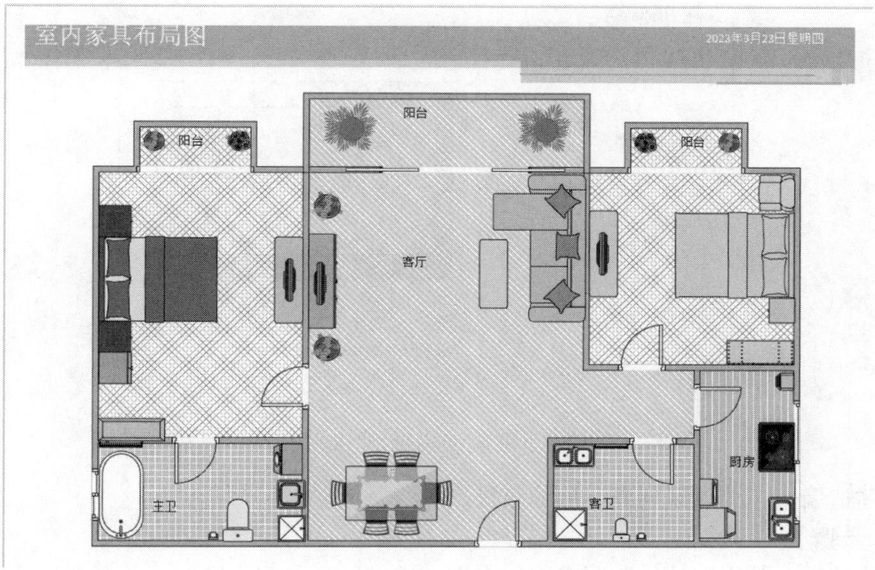

图 2-2-10　“室内家具布局图”样张

（1）新建“室内家具布局图”的绘图文档。调整“室内家具布局图”绘图文档的页面大小。

【操作步骤】

打开 Visio 2016，选择“新建”→“地图和平面布置图”→“家居规划”命令，如图 2-2-11 所示，单击“创建”按钮。

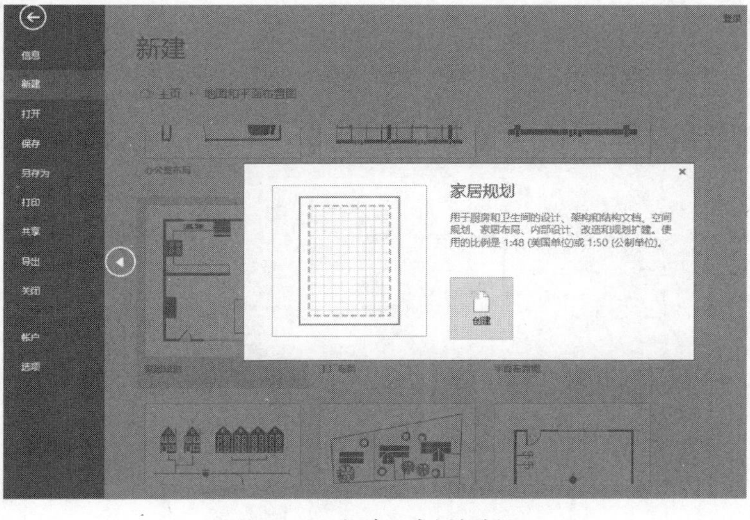

图 2-2-11　新建“家居规划”

选择“文件”→“另存为”命令，将文件命名为“室内家具布局图”，单击“保存”按钮保存绘图文档。

单击“设计”→“页面设置”右下角的对话框启动器按钮，弹出“页面设置”对话框，选择“页面尺寸”选项卡，将其中的“预定义的大小”改为“A4”“横向”，如图 2-2-12 所示。单击“应用”和“确定”按钮。

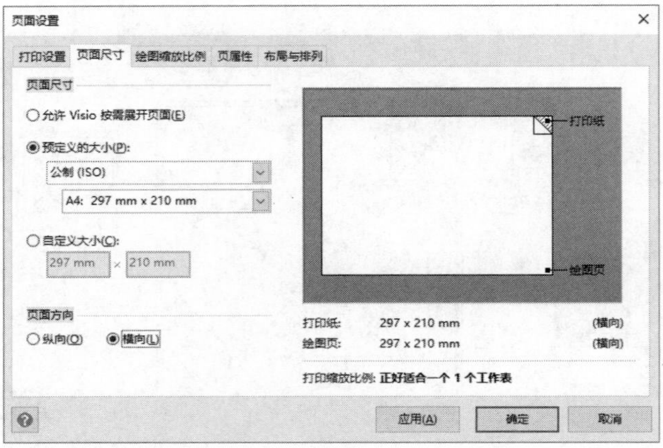

图 2-2-12 “页面设置”对话框

（2）建造墙壁，大致规划好室内的布局。

【操作步骤】

拖动“墙壁、外壳和结构”列表中的多个“墙壁”形状到绘图区，并调整好墙壁的长度与角度，将室内的布局大致规划好，效果如图 2-2-13 所示，墙壁尺寸如图 2-2-14 所示。

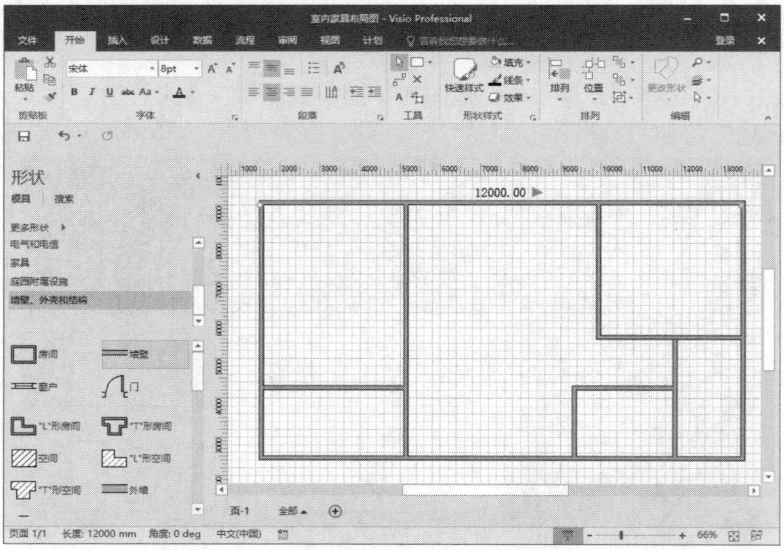

图 2-2-13 拖动“墙壁”形状后的效果

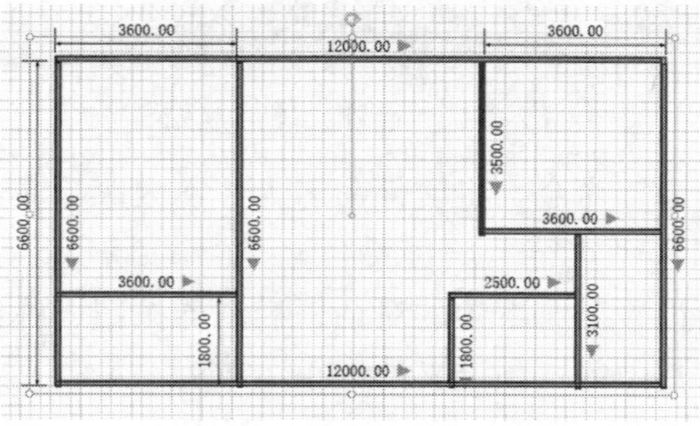

图 2-2-14 墙壁尺寸

（3）建造阳台。

【操作步骤】

拖动“墙壁、外壳和结构”列表中的多个“墙壁”形状到绘图区，并调整好墙壁的长度与角度，在房屋上方添加三个阳台，其中左右两阳台的尺寸相同，形状如图 2-2-15 所示，相关参数如图 2-2-16 所示。

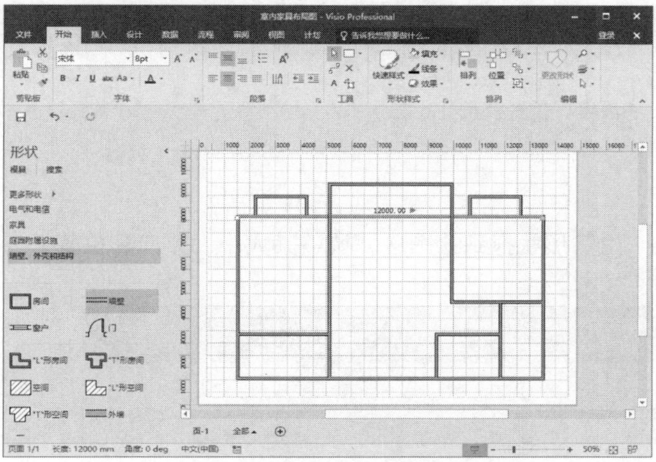

图 2-2-15　左右两阳台尺寸及形状

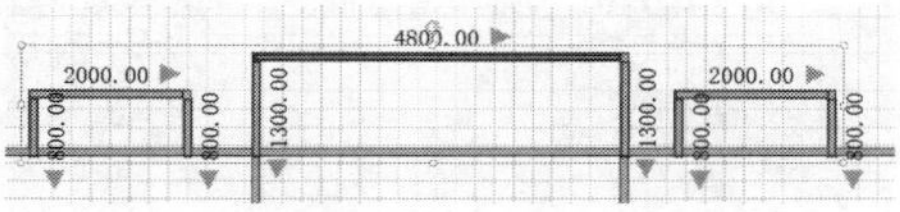

图 2-2-16　阳台参数

（4）建造门开口。

【操作步骤】

在“墙壁、外壳和结构”列表中将“开口”形状拖到绘图区小阳台与房间的结合处，将“双凹槽门”形状拖到绘图区大阳台与房间的结合处，将“滑窗”形状拖到绘图区下方的两个小房间处，位置和尺寸如图 2-2-17 和图 2-2-18 所示。

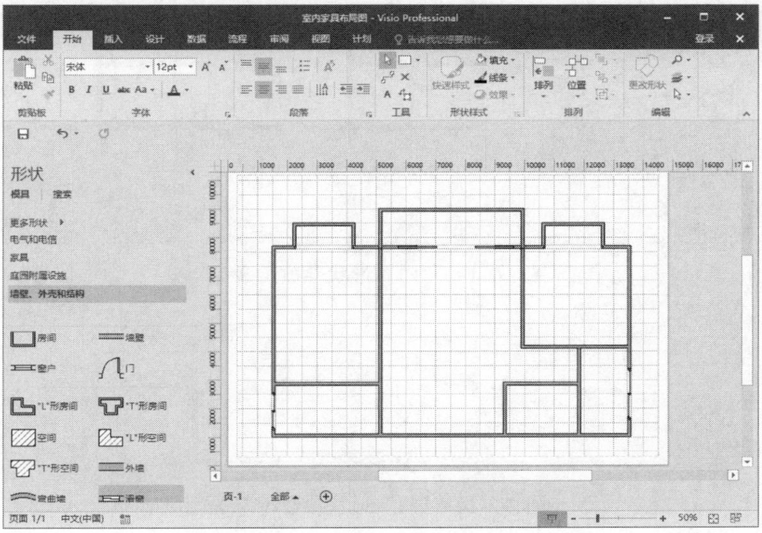

图 2-2-17　“滑窗”位置及尺寸（一）

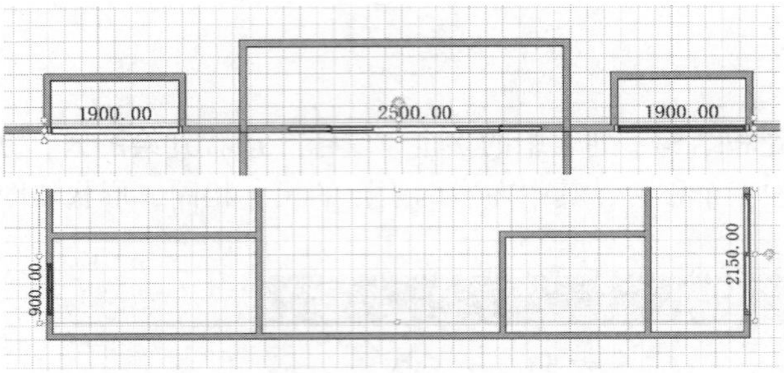

图 2-2-18 “滑窗”位置及尺寸（二）

（5）建造门。

【操作步骤】

在“墙壁、外壳和结构”列表中将“门”形状拖到绘图区，调整其大小、方向和位置，参数如图 2-2-19 和图 2-2-20 所示。

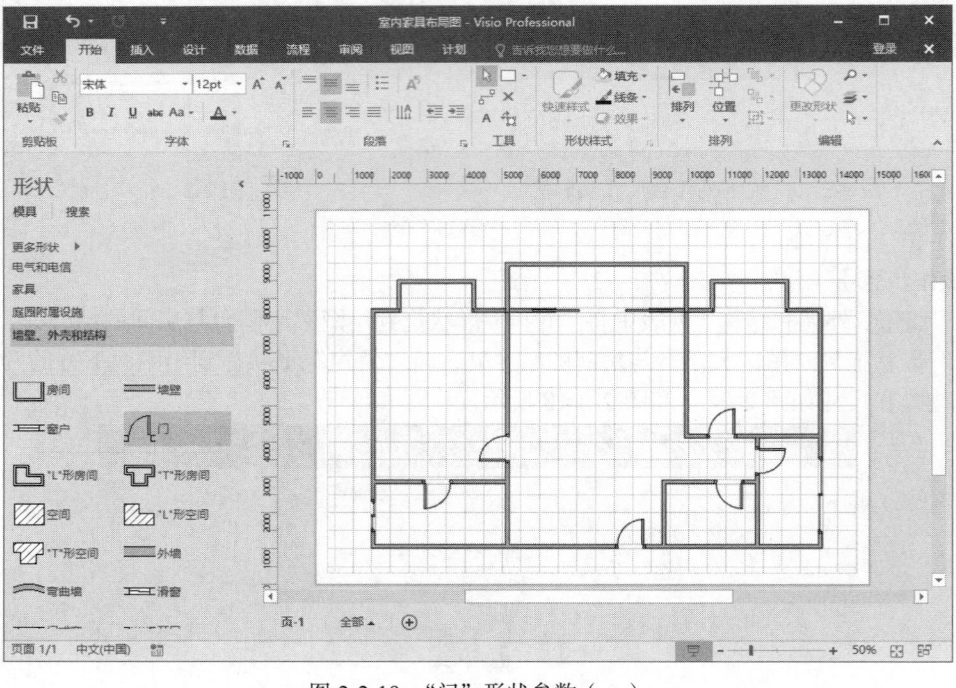

图 2-2-19 “门”形状参数（一）

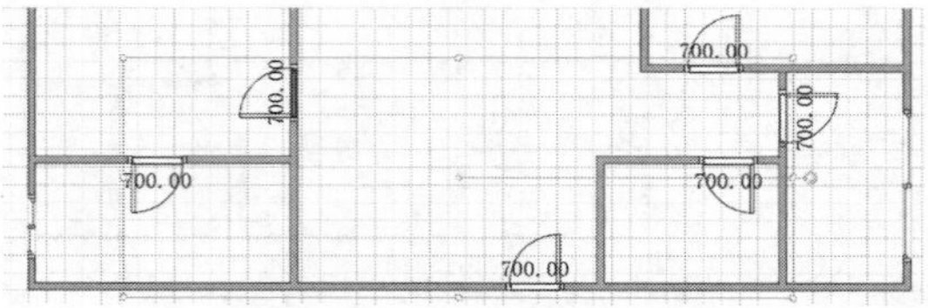

图 2-2-20 “门”形状参数（二）

（6）参照图 2-2-21 给房间命名，用不同颜色填充，并设置其透明度，线条颜色均为无，都置于底层。

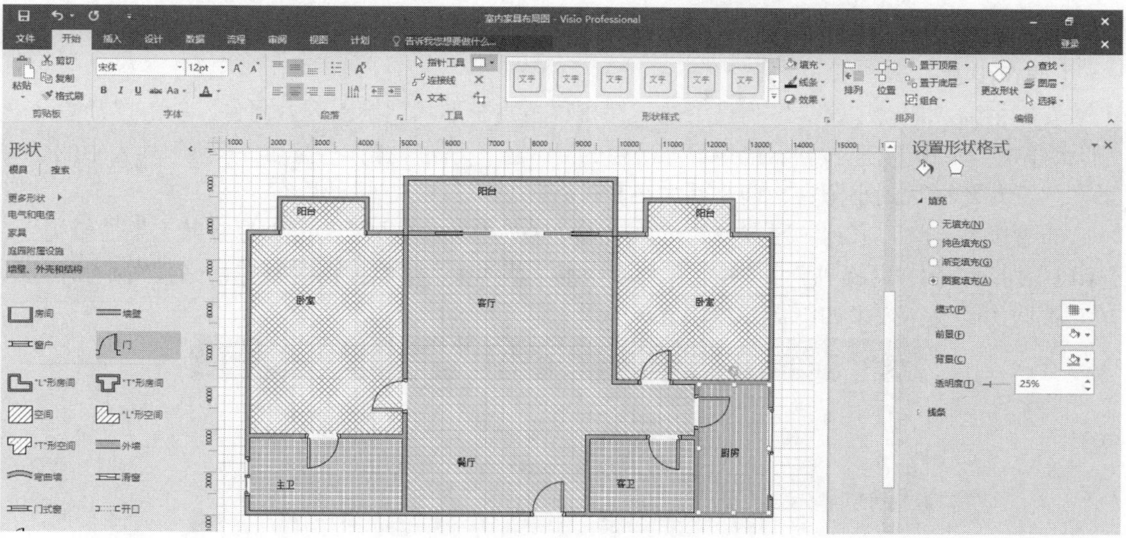

图 2-2-21 房间名称

【操作步骤】

单击“开始”→“工具”→“文本”按钮，然后单击绘图区相应的位置，分别命名“阳台”“卧室”“客厅”“餐厅”“厨房”“主卫”“客卫”。

① 卧室部分。选择“开始”→“工具”→“矩形”工具沿卧室内壁绘制矩形，选择“开始”→“形状样式”→“填充”→“填充选项”命令，打开“设置形状格式”窗格，选中“填充”项的“图案填充”单选按钮，设置“模式”为“04”，“前景”为“淡紫 着色 3 深色 25%”，“背景”为“白色”，“透明度”为“20%”，如图 2-2-22 所示。

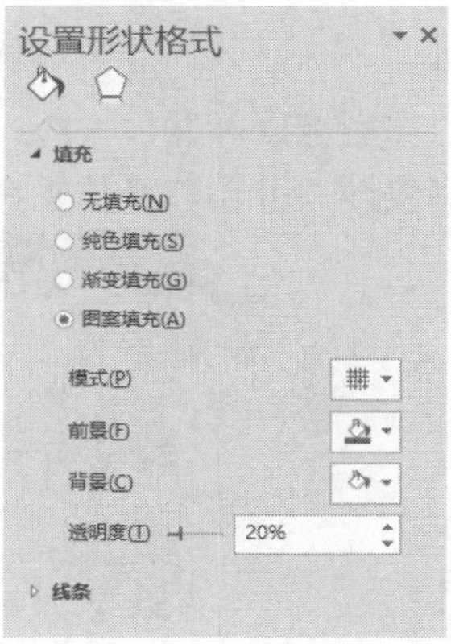

图 2-2-22 设置房间填充

选择“开始”→“形状样式”→“线条”→“无线条”命令，将线条颜色取消。选择“开始”→“排列”→“置于底层”→“置于底层”命令，将填充图案置于底层。

其他部分同理操作。

② 小阳台和卧室。图案填充：“模式”选择“04”，“前景”为“淡紫 着色 3 深色 25%”，“背景”为“白色”，“透明度”为“20%”；“线条”为“无线条”；“置于底层”。

③ 大阳台、客厅和餐厅。图案填充：“模式”选择“05”，“前景”为“白色”，“背景”为“橙色 着色 5”，“透明度”为“50%”；“线条”为“无线条”；“置于底层”。

④ 主卫和客卫。图案填充：“模式”选择“03”，“前景”为“白色”，“背景”为“水绿色 着色 4”，“透明度”为“50%”；“线条”为“无线条”；“置于底层”。

⑤ 厨房。图案填充：“模式”选择“07”，“前景”为“白色”，“背景”为“浅绿”，“透明度”为“25%”；“线条”为“无线条”；“置于底层”。

（7）安放植物，布置家具。

【操作步骤】

安放植物。拖动“家具”列表中的“棕榈科植物”形状到绘图区大阳台，单击“开始”→“形状样式”→“填充”按钮，选择填充颜色为“绿色”；同样操作，拖动“家具”列表中的“叶子”“开花”形状到小阳台，调整其大小和位置。

布置卧室。将“家具”列表中的“大床”“床头柜”“矩形桌”“双联梳妆台”“躺椅”，“家电”列表中的“电视机”和“柜子”列表中的“落地橱”形状拖到卧室并调整其大小和位置，填充不同的颜色，效果如图 2-2-23 所示。

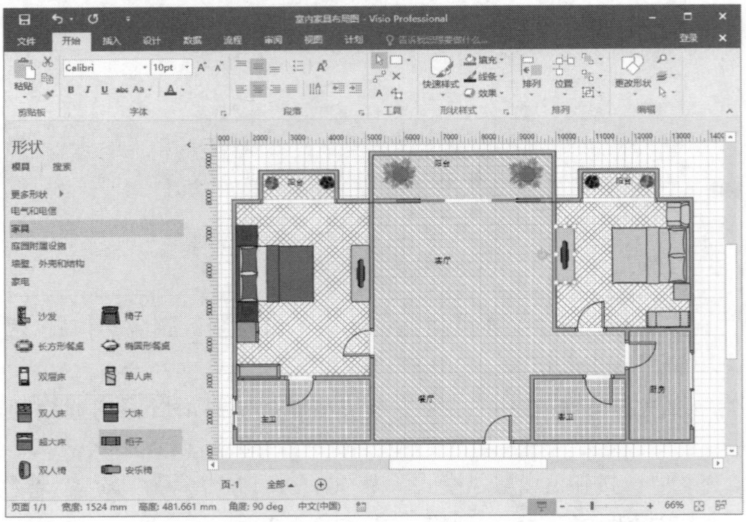

图 2-2-23　布置卧室

布置客厅和餐厅。将“沙发”“矩形桌”“电视机”“叶子”“长方形餐桌”形状拖到客厅和餐厅，并调整其位置和大小，填充不同的颜色，效果如图 2-2-24 所示。

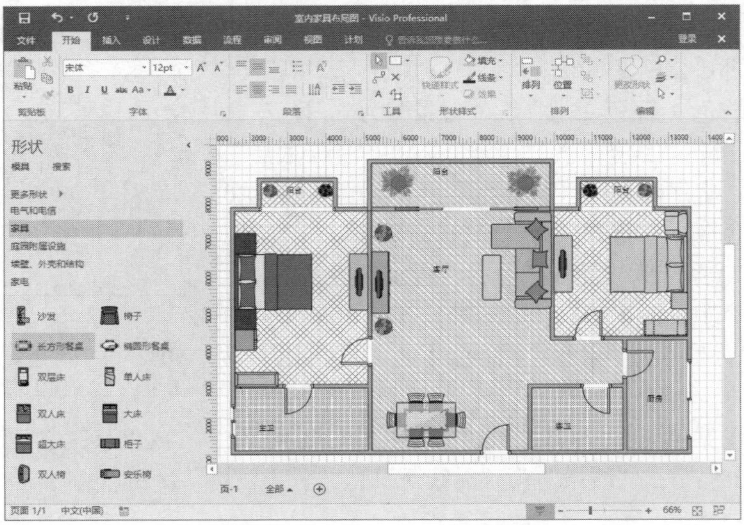

图 2-2-24　布置客厅和餐厅

布置主卫。将“卫生间和厨房平面图”列表中的“浴缸 1”“淋浴间”“水池 1”“抽水马桶”“毛巾架”“卫生纸架”和“家电”列表中的“洗衣机”形状拖到主卫中，调整其方向，效果如图 2-2-25 所示。

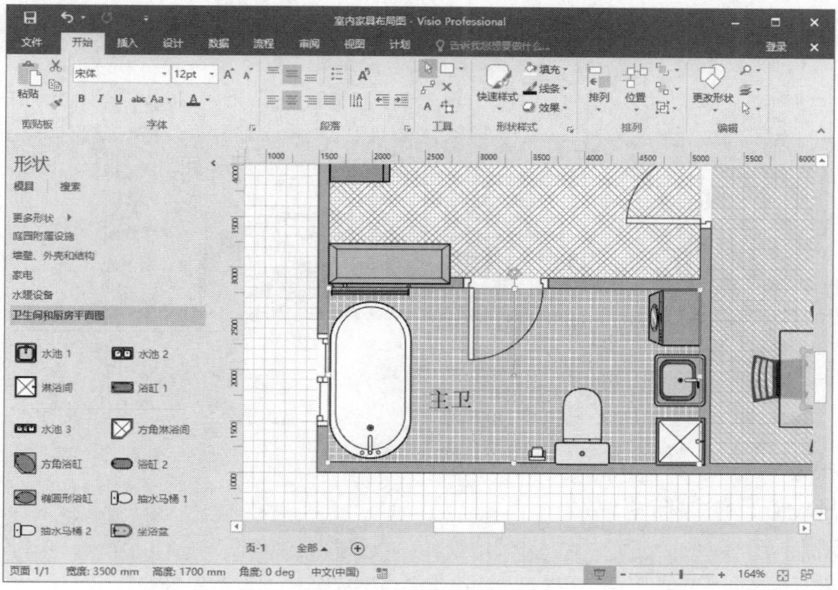

图 2-2-25　布置主卫

布置客卫。将“卫生间和厨房平面图”列表中的“淋浴间”“水池 2”“卫生纸架”“抽水马桶”“毛巾架”形状拖到客卫中，调整其方向，效果如图 2-2-26 所示。

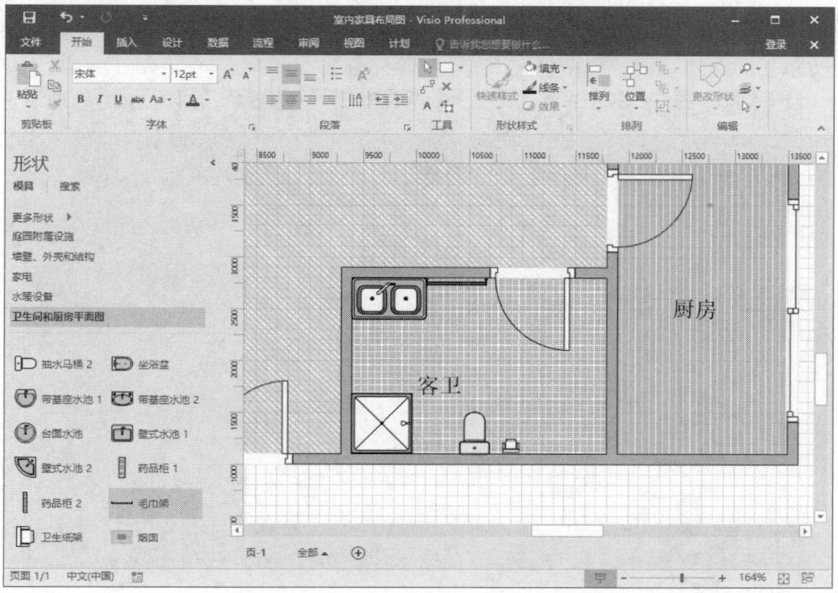

图 2-2-26　布置客卫

布置厨房；将“卫生间和厨房平面图”列表中的“水池 2”和“家电”列表中的“冰箱”“炊具”“饮水机”“微波炉”形状拖到厨房中，调整其方向，效果如图 2-2-27 所示。

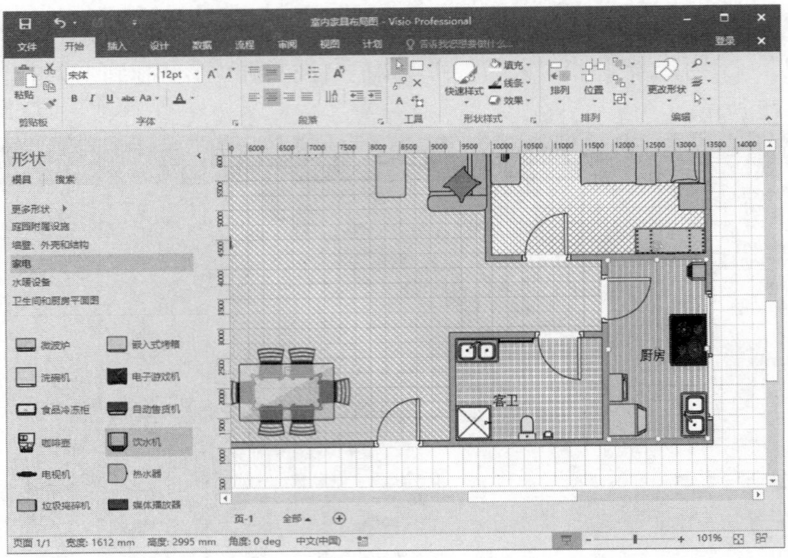

图 2-2-27　布置厨房

（8）背景设置，添加标题。

【操作步骤】

选择“设计”→“背景”→“背景”→“实心”命令，将“背景色”设为“白色”；选择“边框和标题”→“都市”选项。

单击绘图文档底部的“背景 1”进入标题背景页面，双击标题，即可修改，输入“室内家具布局图”；在“开始”→“字体”中，设置文字字体为“黑体”，字体颜色为“白色”；在“开始”→“形状样式”中，设置边框的填充颜色为“浅绿”；单击“保存”按钮，如图 2-2-28 和图 2-2-29 所示。

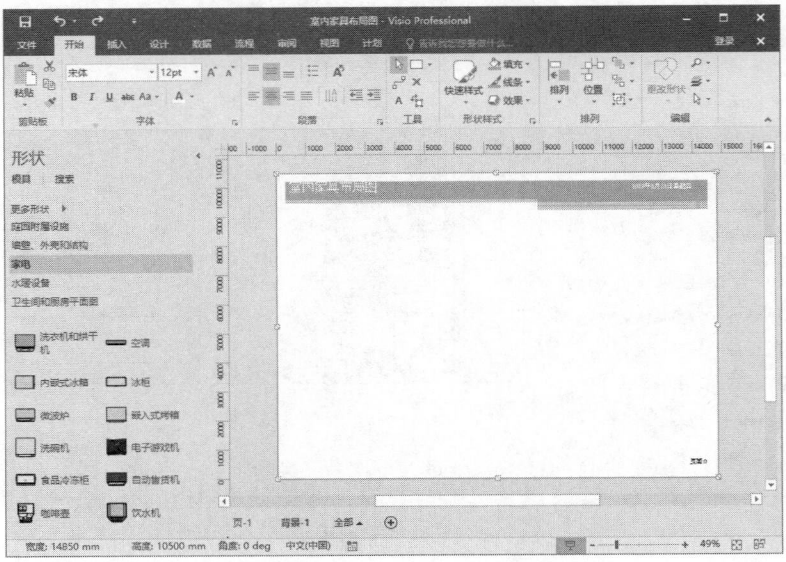

图 2-2-28　标题及背景效果（一）

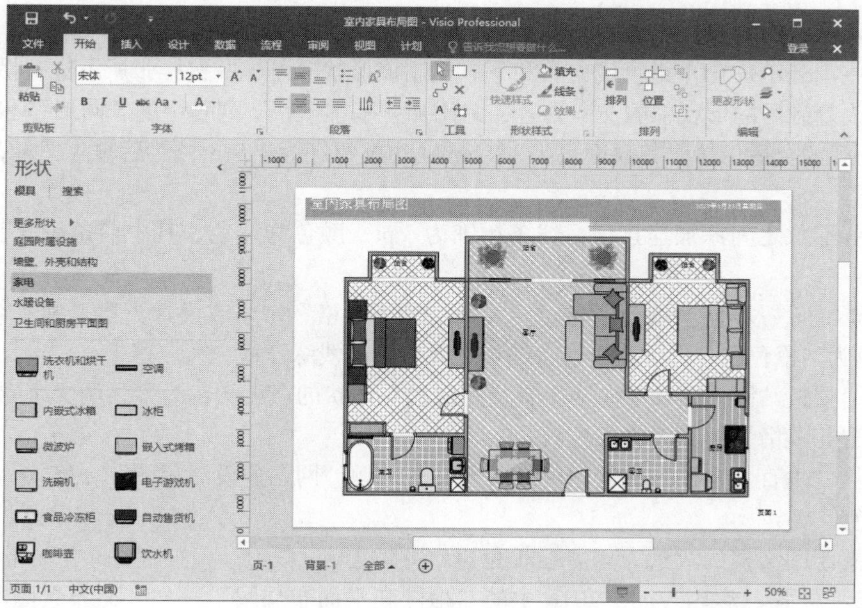

图 2-2-29　标题及背景效果（二）

保存文件，并提交。

四、实验内容

（1）参考样张，运用 Visio 2016 中的“流程图”模板中的“基本流程图”模具和“常规”模板中的“基本形状”模具绘制图 2-2-30 所示的“网站建设流程图”。

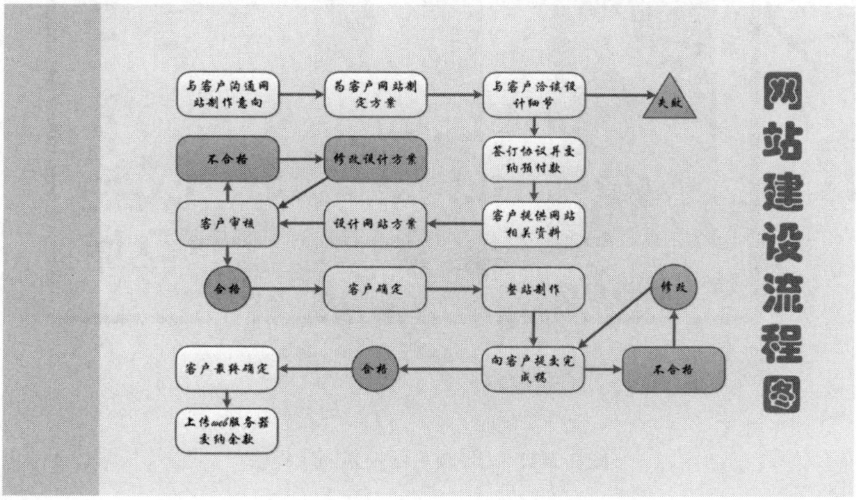

图 2-2-30　“网站建设流程图”样张

① 选择“流程图”模板的“基本流程图”选项，创建名为“网站建设流程图”的绘图文档，保存。

② 将“流程”形状拖到绘图区的左上方，调整形状高度为 18 mm，边框粗细为 1.5 pt，输入文本并设置格式。

③ 设置形状的线条样式和填充颜色。

④ 按住【Shift+Ctrl】组合键向右和下方复制该形状多份，并按样张所示进行摆放。

⑤ 修改复制后的形状中的文本内容，并添加“基本形状”列表中的“圆形”和“三角形”形状到绘图区的合适位置，其高度也为 18 mm，边框粗细为 1.5 pt，然后输入文本，其格式与前面的相同。

⑥ 为各形状之间添加连接线，线条粗细为 3 pt，颜色为蓝色，其中两条折线改为直线连接线。

⑦ 为形状设置不同的填充颜色。“失败”“不合格”“修改设计方案”和“修改”形状的填充颜色为“橙色”；“合格”形状的填充颜色为“浅绿”；“客户审核”“设计网站方案”“客户确定”“整站制作”和“向客户提交完成稿”形状的填充颜色为“强调文字颜色 2”。

⑧ 设置相关箭头的颜色为红色。

⑨ 利用“垂直文本框”在绘图区的右侧输入标题“网站建设流程图”，格式为华文琥珀，48 pt，蓝色。

⑩ 设置绘图文档的背景为“中心渐变”，保存文档。

（2）参考样张，运用 Visio 2016 中的“地图和平面布局图”→“平面布置图”模板绘制图 2-2-31 所示的“公园平面规划图”。

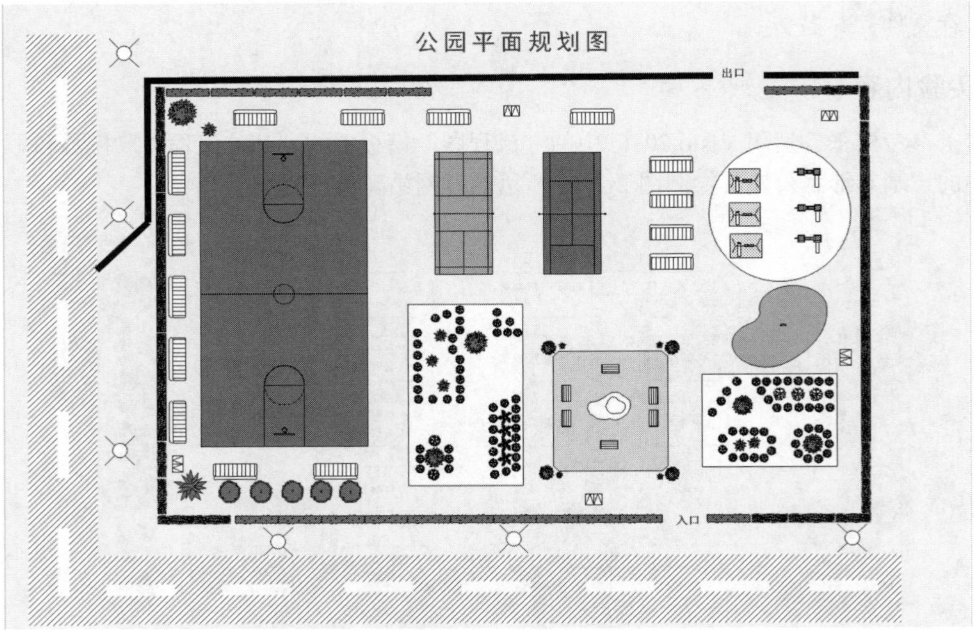

图 2-2-31 “公园平面规划图”样张

① 在“新建”列表的“模板类别”中选择“地图和平面布置图”模板中的“现场平面图”，将文件保存为“公园平面规划图”。

② 将“绘图工具形状”中的矩形拖到绘图区的左侧和下方，其尺寸分别为：宽度“121 000 mm”，高度“106 700 mm”；宽度“140 000 mm”，高度“12 000 mm”，作为公路；并在其内部适当添加小矩形作为道路标线。

选择两个大矩形，选择“开始”→“形状”→“填充”→“填充选项”命令，设置“颜色”为白色，“图案”为“02”，“图案颜色”为紫色，然后单击“应用”和“确定”按钮；将“线条”设置为无线条。

③ 绘制公园的围墙、篮球场、羽毛球场和网球场。

④ 布置绿化带。将“植物”列表中的“阔叶树篱”“多年生植物绿化带”“落叶灌木”“多汁植物”“阔叶常绿灌木”“阔叶长绿树”和“棕榈树”等形状拖到绘图区，进行缩放后填充为绿色，并摆成一定造型。

⑤ 布置“秋千”“游乐设施”“肾形泳池”“长凳”“巨石”“户外长凳”“垃圾罐”“灯柱”等。

⑥ 利用“文本”工具输入标题“公园平面规划图”“入口”和“出口”文本，并设置标题为“黑体”“60 pt”“字符间距为加宽，磅值为 10 pt”；“入口”和“出口”文本为“宋体 30 pt”“加粗”。

⑦ 设置绘图文档背景为“水平渐变”，保存文档。

实验3 Excel相关分析和回归分析在信息安全中的应用

一、实验目的

（1）熟悉 Excel 软件的界面及功能。

（2）掌握利用 Excel 进行相关分析和回归分析的步骤。

（3）应用相关分析和回归分析维护车辆信息安全。

二、实验环境

（1）中文 Windows 10 操作系统。

（2）中文 Excel 2016 应用软件。

三、实验范例

（一）操作题 1——基于相关分析的车辆入侵检测

智能网联车在为人们的交通出行带来舒适便捷的同时，系统复杂化和对外通信接口的增加使车载网络更容易受到网络攻击，例如通过物理方式直接接入车辆或者使用远程无线入侵的方式来劫持车辆的车速传感器，使得该传感器报告错误的车速值，从而干扰车辆控制的判断等，给车辆和人们带来极大的安全威胁。利用车辆的 acceleration（加速度值）和 wheel_torque（扭矩值）两个变量，采用相关分析的方法对实验内容中车辆的受攻击行为进行检测。

本实验首先通过图形定性地感知如何用相关性来检测攻击，然后通过相关系数定量地描述这种相关关系，以便于形成入侵检测系统并且部署应用于车辆上。

1. 未受攻击时传感器数据的定性探究和定量分析

（1）绘图探索未受攻击时的传感器数据。

通过绘制传感器时域图来直观地感知和探究 acceleration 和 wheel_torque 之间的关联性，从定性的角度来理解基于相关分析的攻击检测策略。

【操作步骤】

启动 Excel 软件，单击“打开”→“计算机”→“浏览”按钮，打开“打开”对话框，选择“..\实验 3 素材”目录下的“车载传感器数据集_正常”文件，单击“打开”按钮，如图 2-3-1 所示。

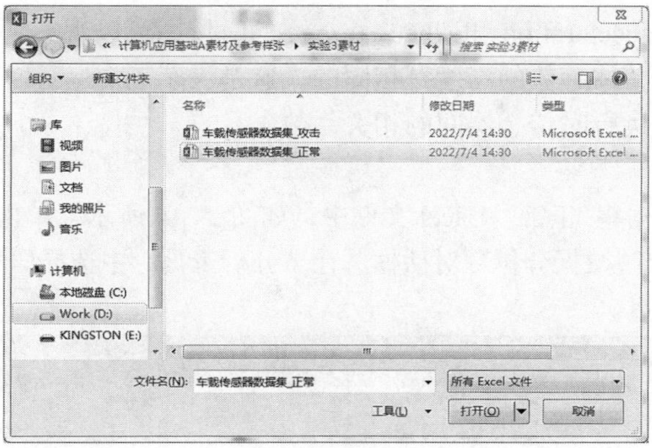

图 2-3-1　打开“车载传感器数据集_正常”文件

打开文件后，选中 A 列（acceleration）单元格，单击“插入”→“图表”→“插入折线图”→“二维折线图”命令，为 acceleration 变量添加折线图，如图 2-3-2 所示。

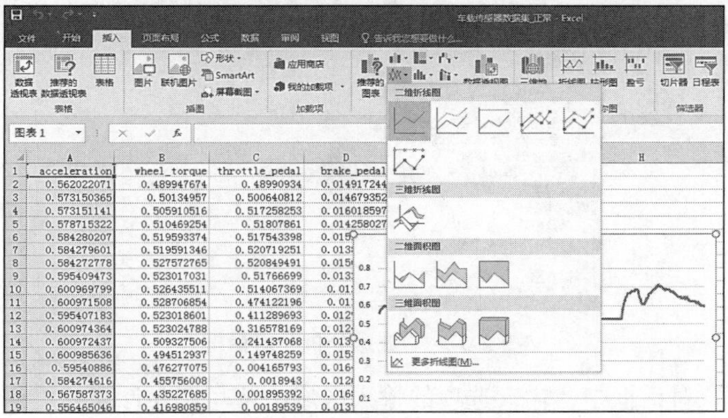

图 2-3-2　acceleration 变量时域图

选中 B 列（wheel_torque）单元格，单击“插入”→“图表”→“插入折线图”→“二维折线图”命令，为 wheel_torque 变量添加折线图，如图 2-3-3 所示。

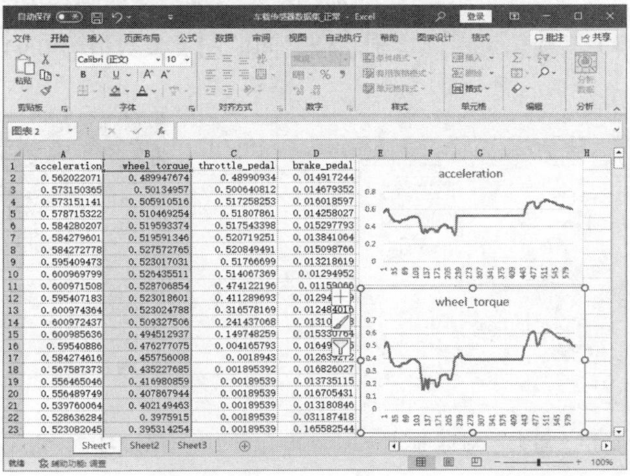

图 2-3-3　wheel_torque 变量时域图

由图 2-3-3 中变量 acceleration 和 wheel_torque 的时域图可以观察到，虽然两者在对应时刻的数值不相同，但是其整体趋势的高度是相同的，这是汽车正常运行时的相关性的直观体现。

（2）计算汽车正常运行时传感器间的相关系数。

【操作步骤】

在“车载传感器数据集_正常”Excel 文件中，如图 2-3-4 所示，单击“数据”→“分析”→“数据分析”按钮，弹出“数据分析”对话框，在“分析工具”中选择“相关系数”，如图 2-3-5 所示，单击“确定”按钮。

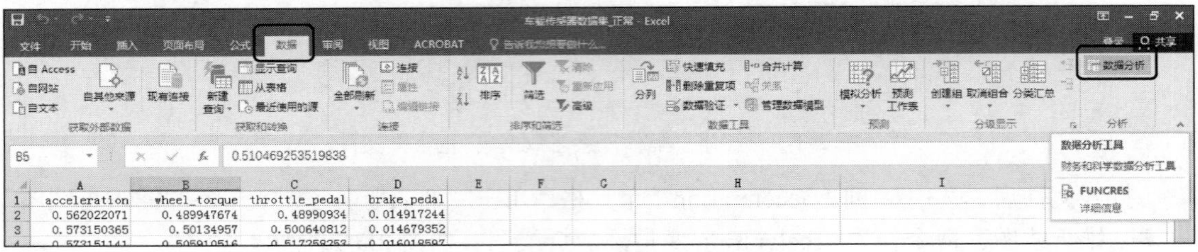

图 2-3-4　数据分析命令

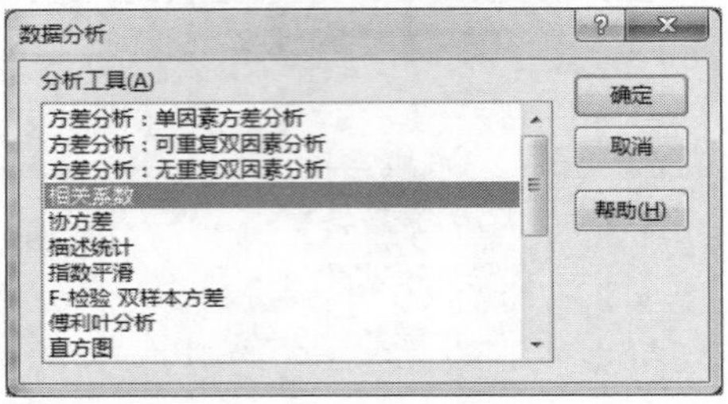

图 2-3-5　“数据分析”对话框

在“相关系数”对话框中，输入选项的输入区域中填写需要计算相关系数的一对传感器数据。在本实验中，需要计算 acceleration 和 wheel_torque 两个变量的相关系数，即填入单元格区域$A$2:$B$601。在输出选项中选择输出到新的工作表，并且命名为“相关系数”，如图 2-3-6 所示，单击“确定”按钮。

计算结果如图 2-3-7 所示，“列 1”“列 2”相交处的数值为传感器变量 acceleration 和 wheel_torque 之间的相关系数，可以观察到它们之间的相关系数值为 0.942 293，即具有很高的相关性。

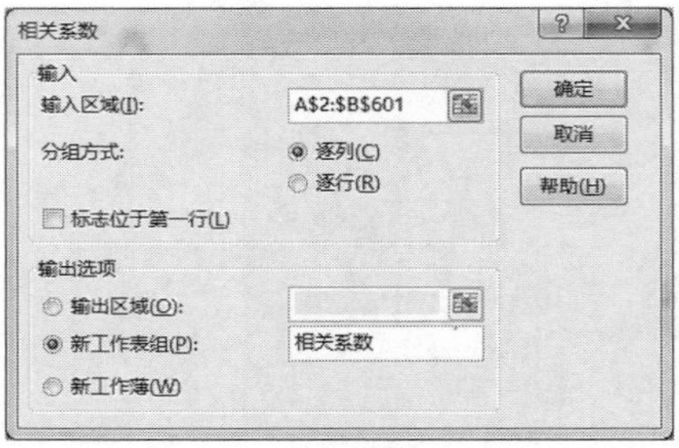

图 2-3-6　“相关系数”对话框

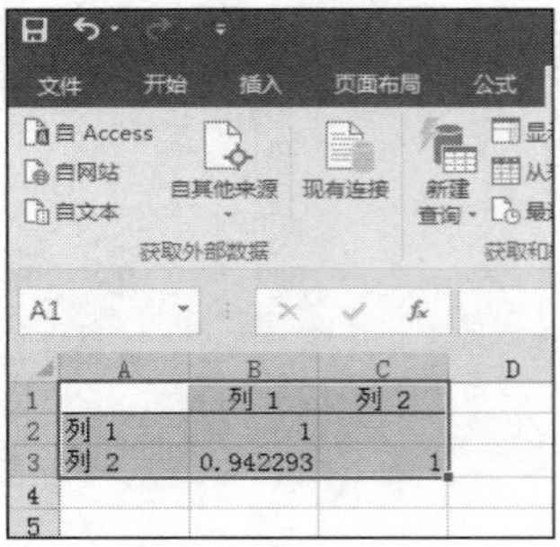

图 2-3-7　相关系数计算结果

选择“文件”→“另存为”命令，保存文件，上传文件。

2. 遭受攻击时传感器数据的定性探究、定量分析和攻击检测

(1)绘图探索遭受攻击时的传感器数据。

【操作步骤】

单击“文件”→“打开”→“计算机”→“浏览”按钮，选择“..\实验 3 素材”目录下的“车载传感器数据集_攻击”文件，单击“打开”按钮，如图 2-3-8 所示。

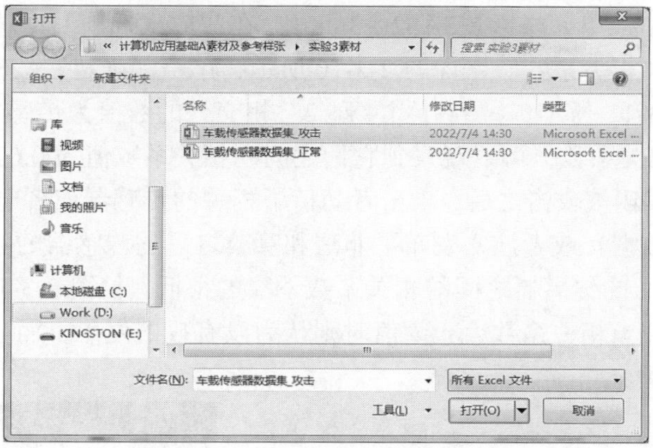

图 2-3-8　打开“车载传感器数据集_攻击”文件

打开文件后，参照上面的步骤分别为文件的 A 列(acceleration)和 B 列(wheel_torque)单元格添加折线图，如图 2-3-9 所示。

图 2-3-9　acceleration 和 wheel_torque 变量时域图

根据图 2-3-9 并且对比正常情况(图 2-3-3)可以观察到，在攻击发生时(横坐标 201～500 时间点)，两者不再具有相同的发展趋势，即相关性很低，这是相关分析可以作为检测攻击的原因。

（2）计算汽车被攻击时传感器间的相关系数。

【操作步骤】

在“车载传感器数据集_攻击”Excel 文件中，单击“数据”→“分析”→“数据分析”按钮，弹出“数据分析”对话框，在“分析工具”中选择“相关系数”，单击“确定”按钮。

在“相关系数”对话框中，输入选项的输入区域中填写 acceleration 和 wheel_torque 两个变量的所有数值对，即填入单元格区域$A$2:$B$601。在“输出选项”中选中“新工作表组”单选按钮，并且命名为“相关系数”，如图 2-3-10 所示，单击“确定”按钮。

计算结果如图 2-3-11 所示，“列 1”“列 2”相交处的数值为传感器变量 acceleration 和 wheel_torque 之间的相关系数，可以观察到它们之间的相关系数值为 0.630 787，即它们之间相关性很低，这是因为车辆被攻击之后，攻击者劫持了相关的传感器或者电子控制单元（ECU），篡改了正常运行时的数据，或者注入发布了非法和篡改之后的传感器的数值，使得本该具有较高相关性（见图 2-3-7）的传感器之间的相关系数下降的很低（见图 2-3-11），因此可以通过设置阈值来检测攻击，即当相关系数大于阈值时则认为没有攻击发生，而当系数小于该阈值时则检测为有攻击行为出现。

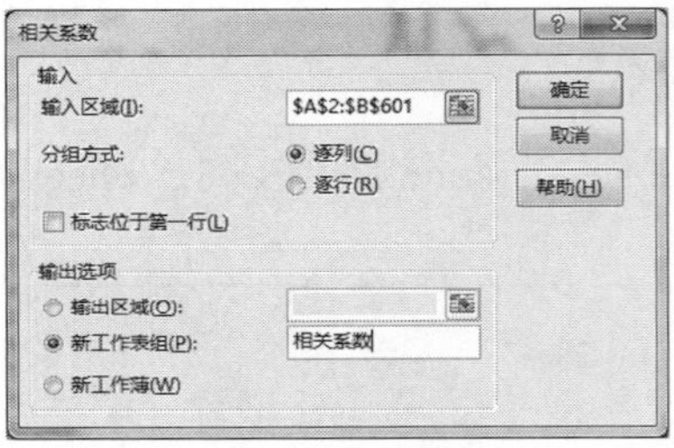

图 2-3-10 “相关系数”对话框及参数设置

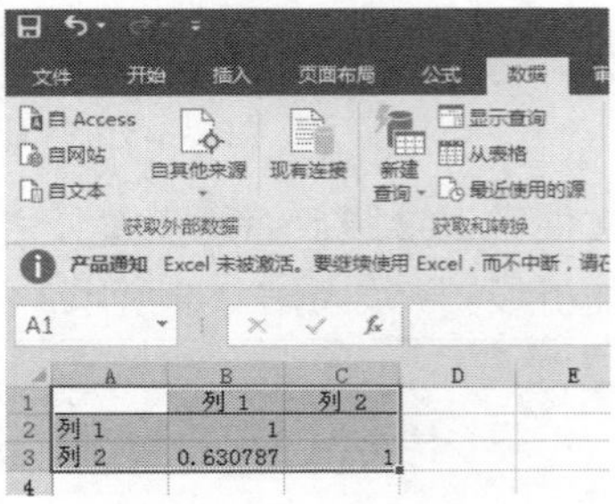

图 2-3-11 相关系数计算结果图

选择“文件”→“另存为”命令，保存文件，上传文件至教师机。

（二）操作题 2——基于回归分析的车辆入侵检测

首先，根据汽车正常运行时传感器之间的数据规律来建立回归方程，并且利用 Excel 求解回归方程，即解得回归系数。然后，用该回归方程来预测实时车载传感器数值，并将预测的数值与真实值相比较。当汽车正常运行时，预测的数值与真实值的偏差较小并且在一定范围内浮动，而当攻击发生时这个偏差会很大，意味着有攻击行为的发生。

根据数据集，建立如下回归方程：

$$\text{acceleration}=a+b_1\times\text{torque}+b_2\times\text{throttle}+b_3\times\text{brake}$$

即根据回归方程通过传感器数据 torque（扭矩值）、throttle（油门踏板的角度）和 brake（制动踏板的角度）的值预测 acceleration（加速度值）的值，并且将预测的值与真实值比较（残差）来检测攻击行为。

【操作步骤】

（1）启动 Excel 软件，打开“..\实验 3 素材”目录下的“车载传感器数据集_正常”文件。单击“数据”→“分析”→“数据分析”按钮，弹出“数据分析”对话框。在“分析工具”中选择“回归”，如图 2-3-12 所示，单击“确

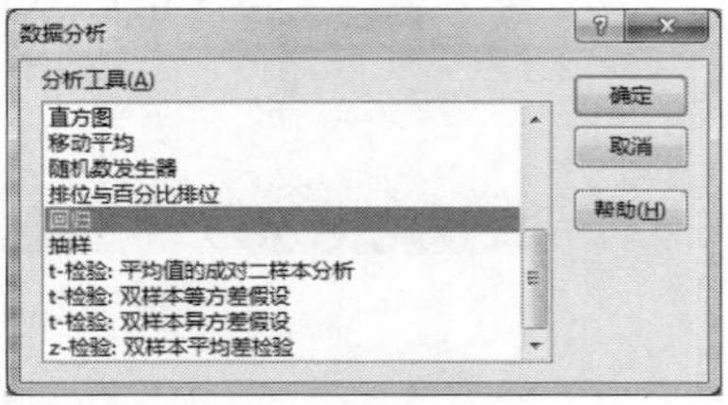

图 2-3-12 数据分析对话框

定”按钮，弹出“回归”对话框，如图 2-3-13 所示。

（2）在“回归”对话框中，“输入”栏的“Y 值输入区域”填入目标变量（acceleration）的数据范围，即$A$2:$A$601，在“X 值输入区域”填入说明变量（torque、throttle 和 brake）的数据范围，即$B$2:$D$601。在“输出选项”栏中，选中“新工作表组”单选按钮，将回归结果放在新的表组中，新的表组命名为“回归分析”。在“残差”栏中，选中“残差”复选框以衡量预测和真实值之间的差别。参数设置如图 2-3-14 所示，单击“确定”按钮。回归分析结果如图 2-3-15 所示。

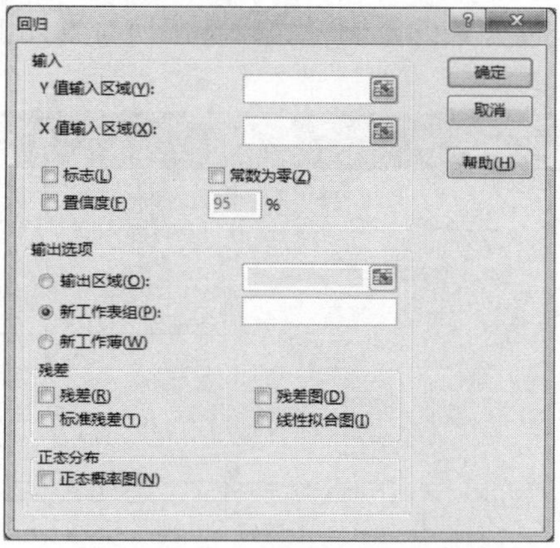

图 2-3-13　“回归”对话框

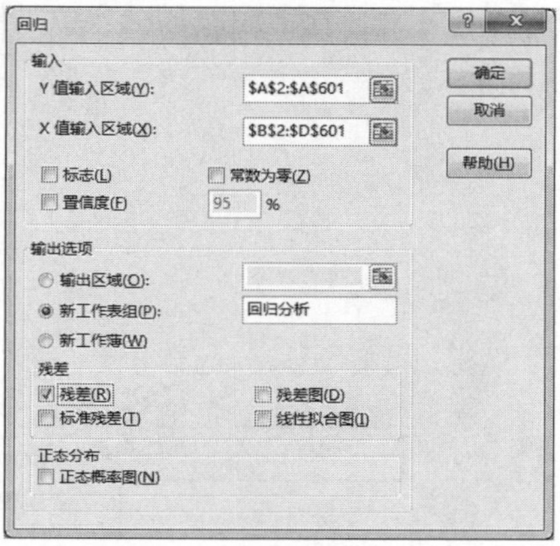

图 2-3-14　“回归”对话框参数设置

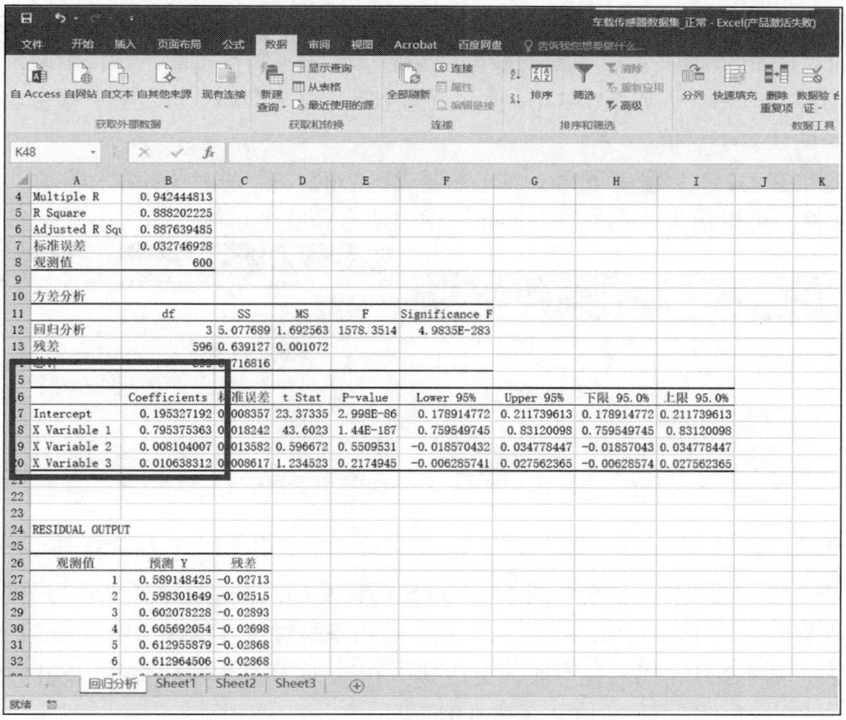

图 2-3-15　回归分析结果

（3）由图 2-3-15 中 Coefficients 列可以得到回归系数分别为 a=0.195，b_1=0.795，b_2=0.008，

b_3=0.010 6，因此可以解得回归方程为：

acceleration=0.195+0.795×torque+0.008×throttle+0.010 6×brake

（4）选择“文件”→“另存为”命令，保存文件，上传文件至教师机。

（5）打开“车载传感器数据集_攻击”文件，选中 F1 空白单元格，输入“acceleration 预测值”，F 列数据表示利用回归方程得出的 acceleration 预测值。选中 F2 单元格，在自定义公式栏编辑栏中输入“=0.195+0.795*B2+0.008*C2+0.010 6*D2”，如图 2-3-16 所示，按【Enter】键，F2 单元格中就自动求出预测值。将光标定位在 F2 单元格右下角，当光标变成实心的“+”时，按住鼠标左键不放，往下拉至 F601 单元格，可以进行公式的复制操作，求出所有预测值，如图 2-3-17 所示。

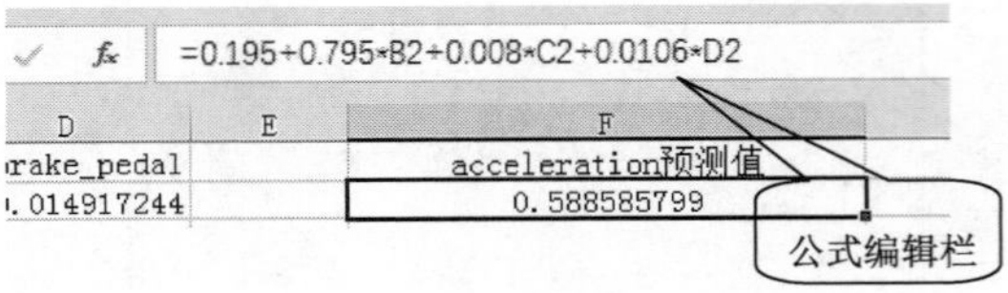

图 2-3-16　公式编辑栏

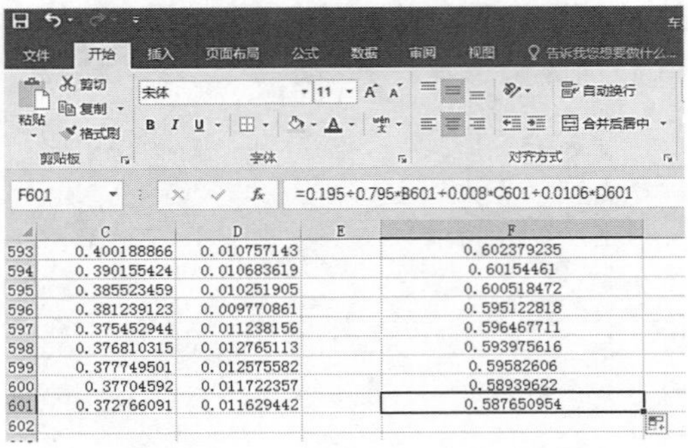

图 2-3-17　acceleration 预测值结果

（6）选中 G1 单元格，输入“残差绝对值”。利用 ABS()绝对值函数求出“acceleration 预测值”和“acceleration 真实值”之间的残差绝对值。选中 G2 单元格，在自定义公式栏编辑栏中输入“=ABS(A2−F2)”，如图 2-3-18 所示，按【Enter】键，G2 单元格中就自动求出预测值和真实值之间的残差绝对值。

将光标定位在 G2 单元格右下角，当光标变成实心的“+”时，按住鼠标左键不放，往下拉至 G601 单元格，可以进行公式的复制操作，求出所有残差绝对值，如图 2-3-19 所示。

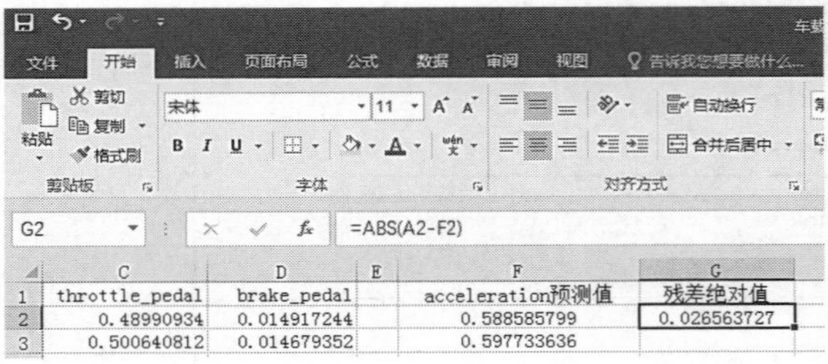

图 2-3-18　G2 单元格残差绝对值公式

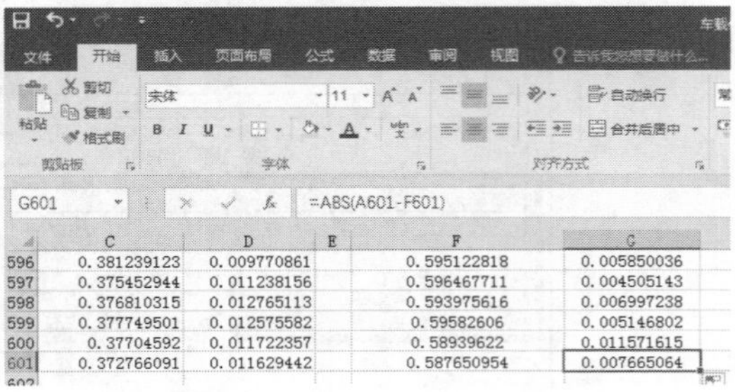

图 2-3-19　残差绝对值结果

在上一实验中，通过图 2-3-9 与图 2-3-3 对比观察发现，横坐标 201～500 时间点之间存在攻击行为。观察发生攻击时（201～500 时间点）的残差绝对值可发现，攻击发生时残差绝对值的数值会较大，基本在 0.1 以上，有时甚至达到了 0.3。而汽车正常运行时（501～600 时间点）的残差绝对值基本在 0.02，有些值甚至在 0.01 以下。

通过对比汽车正常运行和遭受攻击情况下的残差绝对值可知，该值在这两种情况下有明显的差异，因此可以设置一个阈值来检测攻击。当残差绝对值小于该阈值时认为没有攻击发生，而当残差绝对值大于该阈值时则检测为有攻击行为出现。

（7）计算汽车被攻击时（201～500 时间点）的平均残差绝对值。

选中 H1 单元格，输入“被攻击时的平均残差绝对值”，利用 AVERAGE()平均值函数求出汽车被攻击时残差绝对值的均值。

选中 H2 单元格，单击编辑栏中的插入函数图标，如图 2-3-20 所示，弹出“插入函数”对话框。

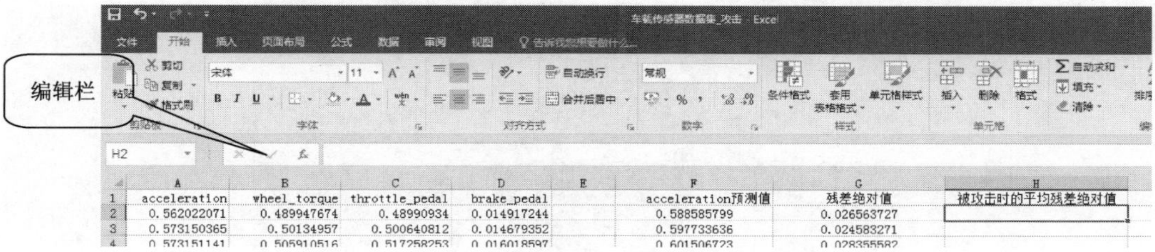

图 2-3-20　编辑栏

在“或选择类别”下拉列表中选择“常用函数”选项，在“选择函数”列表中选择“AVERAGE”选项，如图 2-3-21 所示。

单击“确定”按钮，弹出“函数参数”对话框，输入数据区域 G201:G500，如图 2-3-22 所示。单击“确定”按钮，H2 单元格中求出了汽车被攻击时（201～500 时间点）的平均残差绝对值 0.099 532 59，如图 2-3-23 所示。

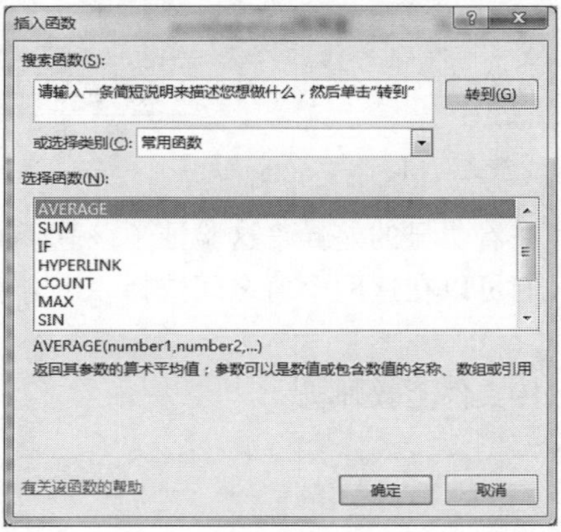

图 2-3-21　选择 AVERAGE 函数

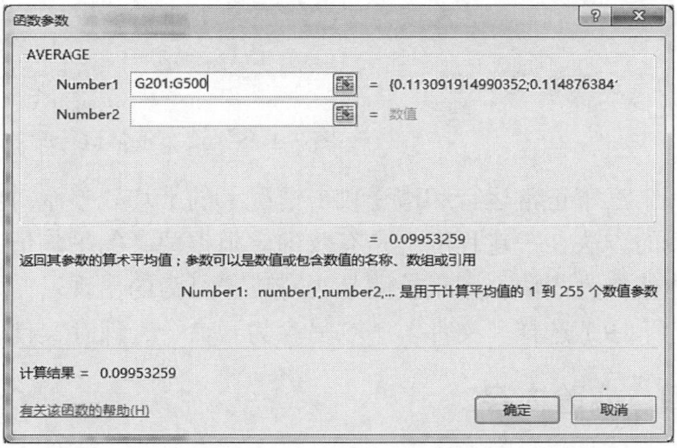

图 2-3-22　“函数参数”对话框

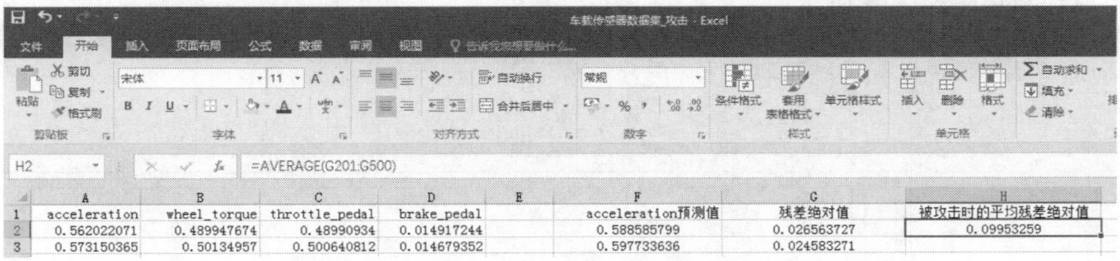

图 2-3-23　汽车被攻击时的平均残差绝对值

（8）计算汽车正常运行时（501～600 时间点）的平均残差绝对值。

选中 I1 单元格，输入“正常时的平均残差绝对值”。选中 I2 单元格，单击编辑栏中的插入函数图标fx，在“插入函数”对话框中选择“AVERAGE”平均值函数，单击“确定”按钮。在“函数参数”对话框中输入数据区域 G501:G600，如图 2-3-24 所示。单击“确定”按钮，I2 单元格中求出了汽车正常运行时（501～600 时间点）的平均残差绝对值 0.008 285 121，如图 2-3-25 所示。

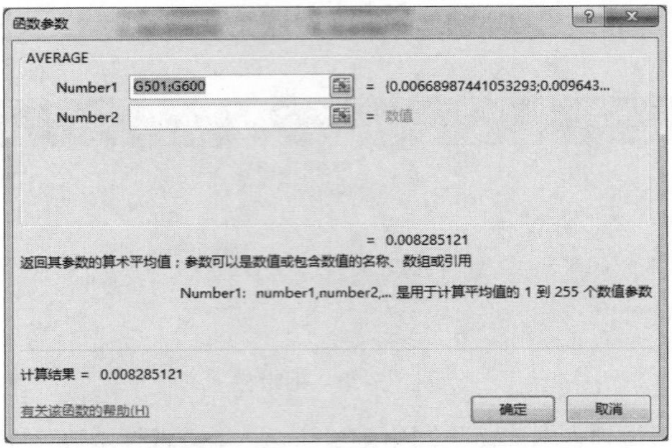

图 2-3-24 “函数参数”对话框

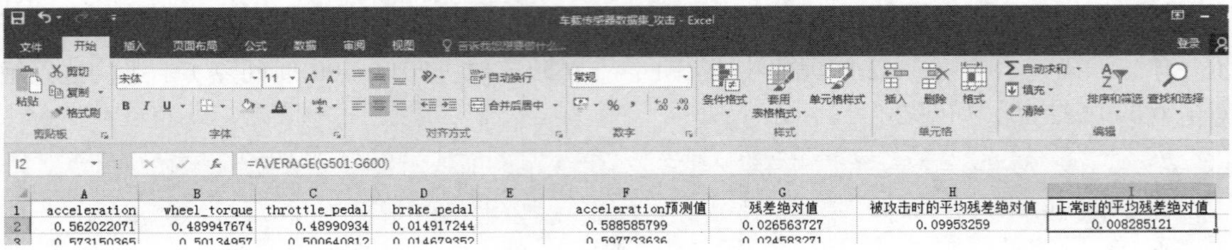

图 2-3-25 汽车正常运行时的平均残差绝对值

汽车正常运行和遭受攻击情况下的平均残差绝对值存在着明显的差异，这验证了该基于回归的方法在一定程度上是有效的。根据两者的平均值，人们可以在这两个值之间选择一个合适的值作为阈值，用来检测是否有攻击行为的出现。

（9）选择“文件”→“另存为”命令，保存文件，上传文件至教师机。

四、实验内容

（1）利用相关系数工具计算 2012～2017 年居民消费价格月度涨跌幅度同比和环比之间的相关性，结果如图 2-3-26 所示。

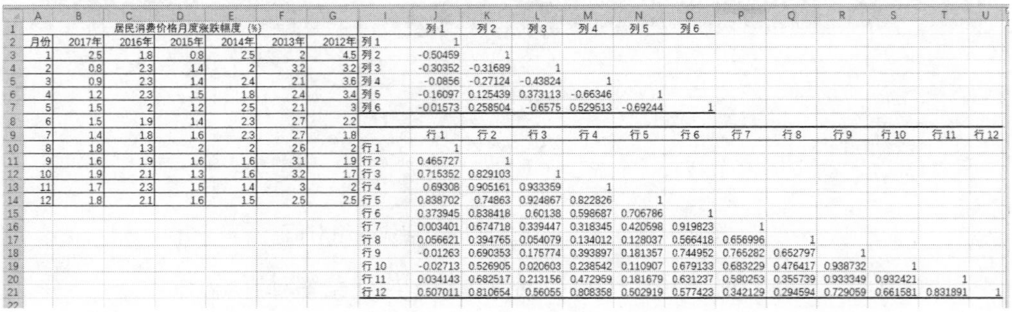

居民消费价格月度涨跌幅度（%）

月份	2017年	2016年	2015年	2014年	2013年	2012年
1	2.5	1.8	0.8	2.5	2	4.5
2	0.8	2.3	1.4	2	3.2	3.2
3	0.9	2.3	1.4	2.4	2.1	3.6
4	1.2	2.3	1.5	1.8	2.4	3.4
5	1.5	2	1.2	2.5	2.1	3
6	1.5	1.9	1.4	2.3	2.7	2.2
7	1.4	1.8	1.6	2.3	2.7	1.8
8	1.8	1.3	2	2	2.6	2
9	1.6	1.9	1.6	1.6	3.1	1.9
10	1.9	2.1	1.3	1.6	3.2	1.7
11	1.7	2.3	1.5	1.4	3	2
12	1.8	2.1	1.6	1.5	2.5	2.5

	列 1	列 2	列 3	列 4	列 5	列 6
列 1	1					
列 2	-0.50459	1				
列 3	-0.30352	-0.31689	1			
列 4	-0.0856	-0.27124	-0.43824	1		
列 5	-0.16097	0.125439	0.373113	-0.66346	1	
列 6	-0.01573	0.258504	-0.6575	0.529513	-0.69244	1

	行 1	行 2	行 3	行 4	行 5	行 6	行 7	行 8	行 9	行 10	行 11	行 12
行 1	1											
行 2	0.465727	1										
行 3	0.715352	0.829103	1									
行 4	0.69308	0.905161	0.933359	1								
行 5	0.838702	0.74863	0.924867	0.822826	1							
行 6	0.373945	0.838418	0.60138	0.598687	0.706786	1						
行 7	0.003401	0.674718	0.339447	0.318345	0.420598	0.919823	1					
行 8	0.056621	0.394765	0.054079	0.134012	0.128037	0.566418	0.656996	1				
行 9	-0.01263	0.690353	0.175774	0.393897	0.181357	0.744952	0.765282	0.652797	1			
行 10	-0.02713	0.526905	0.020603	0.238542	0.110907	0.679133	0.683229	0.476417	0.938732	1		
行 11	0.034143	0.682517	0.213156	0.472959	0.181679	0.631237	0.580253	0.355739	0.933349	0.932421	1	
行 12	0.507011	0.810654	0.56055	0.808358	0.502919	0.577423	0.342129	0.294594	0.729059	0.661581	0.831891	1

图 2-3-26 月度涨幅相关性分析

（2）观测自变量 x 和因变量 y 的变化数值，利用线性回归工具拟合 x 和 y 的方程，其结果如图 2-3-27 所示。

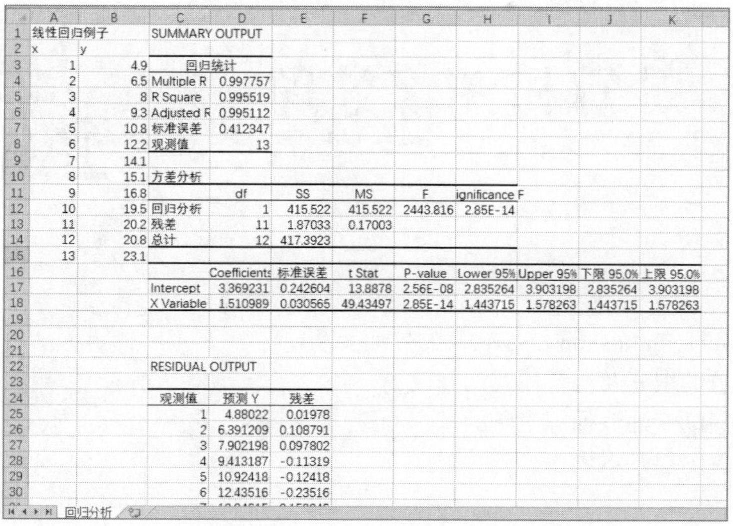

	A	B	C	D	E	F	G	H	I	J	K
1	线性回归例子		SUMMARY OUTPUT								
2	x	y									
3	1	4.9	回归统计								
4	2	6.5	Multiple R	0.997757							
5	3	8	R Square	0.995519							
6	4	9.3	Adjusted R	0.995112							
7	5	10.8	标准误差	0.412347							
8	6	12.2	观测值	13							
9	7	14.1									
10	8	15.1	方差分析								
11	9	16.8		df	SS	MS	F	ignificance F			
12	10	19.5	回归分析	1	415.522	415.522	2443.816	2.85E-14			
13	11	20.2	残差	11	1.87033	0.17003					
14	12	20.8	总计	12	417.3923						
15	13	23.1									
16				Coefficients	标准误差	t Stat	P-value	Lower 95%	Upper 95%	下限 95.0%	上限 95.0%
17			Intercept	3.369231	0.242604	13.8878	2.56E-08	2.835264	3.903198	2.835264	3.903198
18			X Variable	1.510989	0.030565	49.43497	2.85E-14	1.443715	1.578263	1.443715	1.578263
19											
20											
21											
22			RESIDUAL OUTPUT								
23											
24			观测值	预测 Y	残差						
25			1	4.88022	0.01978						
26			2	6.391209	0.108791						
27			3	7.902198	0.097802						
28			4	9.413187	-0.11319						
29			5	10.92418	-0.12418						
30			6	12.43516	-0.23516						

回归分析

图 2-3-27 回归分析结果图

实验 4　计算机图像处理

一、实验目的

（1）熟悉 Adobe Photoshop CS5 软件的界面及功能。

（2）学会颜色的填充及混合模式的修改；

（3）熟练掌握渐变油漆桶等工具的基本用法

（4）熟练掌握图层基本操作。

二、实验环境

（1）中文 Windows 10 操作系统

（2）Adobe Photoshop CS5 中文版

三、实验范例

（一）操作题 1

通过红、绿、蓝三色光混合练习，理解 RGB 颜色模型的图像原理，效果如图 2-4-1 所示。

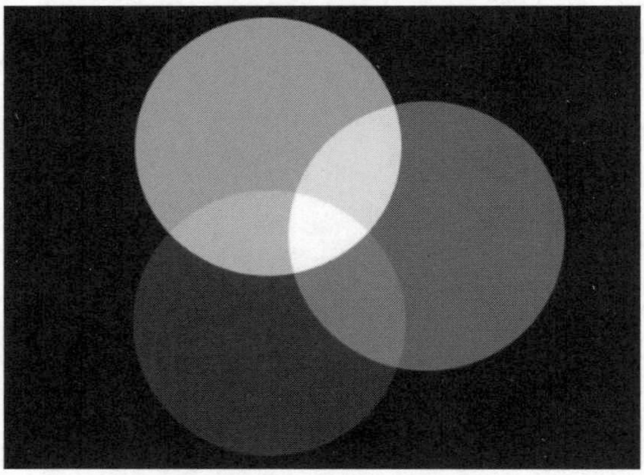

图 2-4-1　三色光混合练习

1. 新建文件

【操作步骤】

打开 Photoshop，选择“文件”→“新建”命令，打开图 2-4-2 所示的“新建”对话框。在该对话框中，将“名称”设置为“RGB 混合”，“预设”中选择 Web，大小选择“640 × 480”（也可根据实际大小需要进行修改），分辨率采用 72 像素/英寸。

2. 创建选区及图层

【操作步骤】

从工具箱中选择“选框类型工具”，当单击并停留片刻后会显示相应的菜单项（见图 2-4-3），选择“椭圆选框工具”，并确保椭圆选框工具选项栏中已选择“新选区”。羽化、消除锯齿、样式的设置如图 2-4-4 所示。

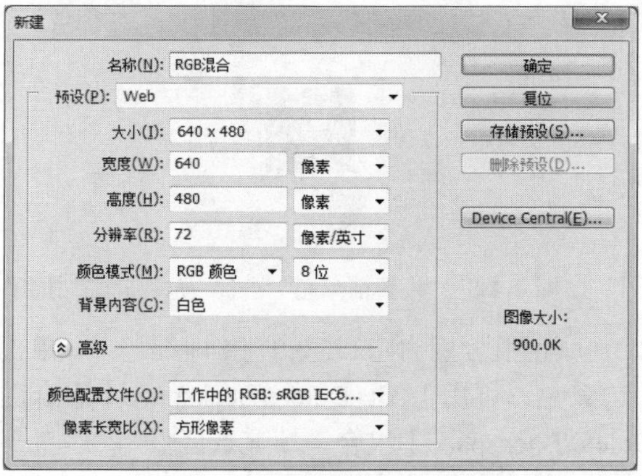

图 2-4-2 “新建”对话框

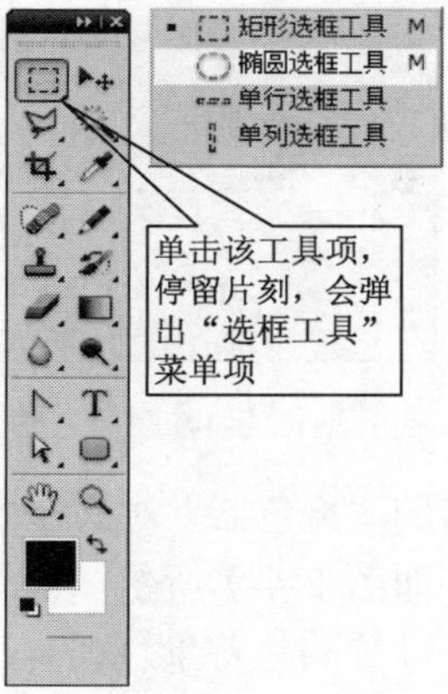

图 2-4-3 菜单项

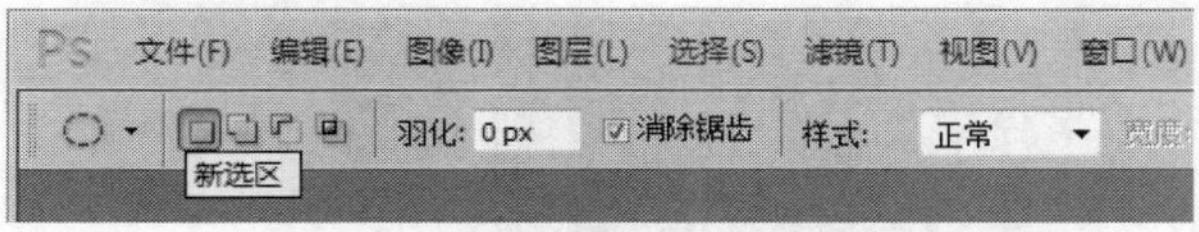

图 2-4-4 设置羽化、消除锯齿、样式

在图像窗口中，先按鼠标左键，再按【Shift】键，拖动鼠标作“正圆”选区。如果选区位置需要调整，则在鼠标左键未松开的前提下，按住空格键不放，拖动鼠标来调整位置；位置确定时，可先松开空格键，此时位置固定，但仍可调整选区大小。当选区大小与位置均适合时，先松开鼠标左键，再松开【Shift】键。

说明：在这一步骤的操作过程中，要记住“鼠标先做原则”，即操作开始时鼠标先单击；操作结束时鼠标先松开。

单击“图层调板”右下角的“创建新图层”按钮（见图 2-4-5），创建名称为“图层 1”的透明图层（见图 2-4-6）；双击图层名称，或者单击菜单弹出按钮，选择“图层属性”命令，可以对图层名称进行修改。将图层名称改为“红”，并选中图 2-4-7 所示的图层“红”。

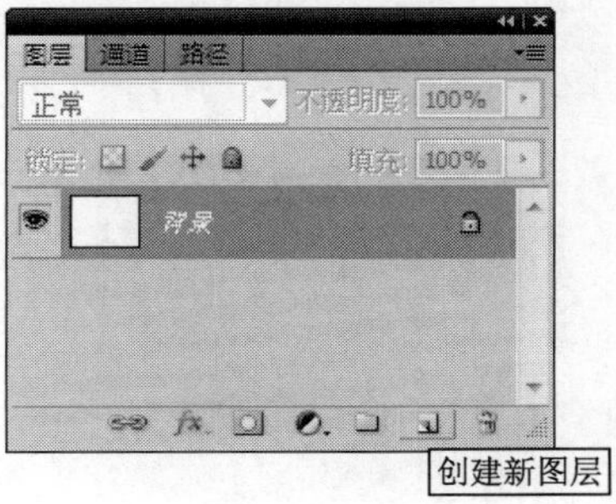

图 2-4-5 创建新图层

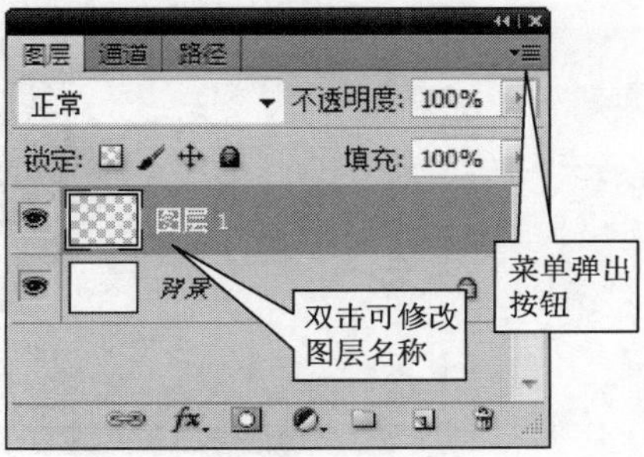

图 2-4-6 修改图层名称

3. 选择并填充颜色

【操作步骤】

单击图 2-4-3 所示工具箱中的“设置前景色”/“设置背景色”按钮（见图 2-4-8）：

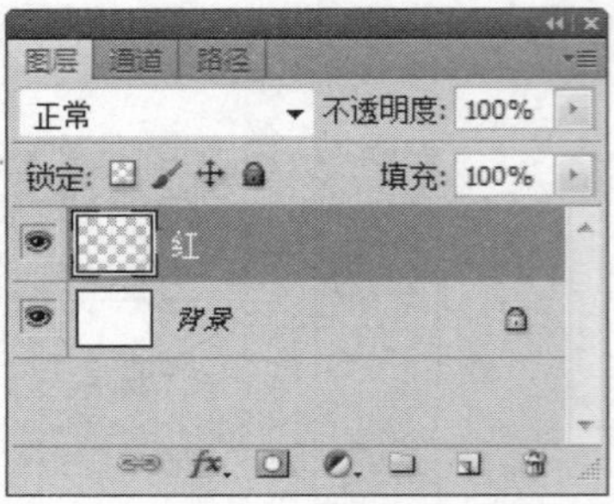

图 2-4-7　命名图层

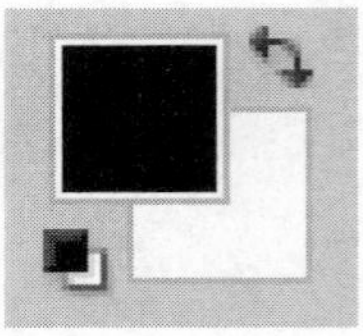

图 2-4-8　“设置前景色”/“设置背景色”按钮

在弹出的“拾色器”对话框中，设置 RGB 颜色值分别为“255,0,0”（即红色），单击“确定”按钮，如图 2-4-9 所示。如果设置的是前景色，可用【Alt+Delete/Backspace】组合键填充选区；如果设置的是背景色，可用【Ctrl+Delete/Backspace】组合键填充选区。

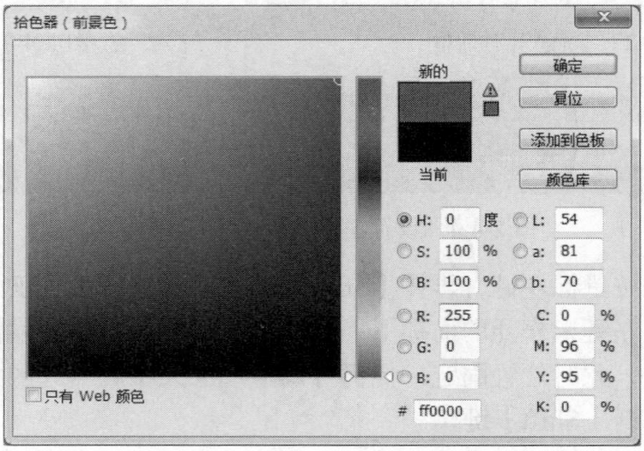

图 2-4-9　设置红色

填充红色后的“图像窗口”及“图层调板”效果如图 2-4-10 所示。

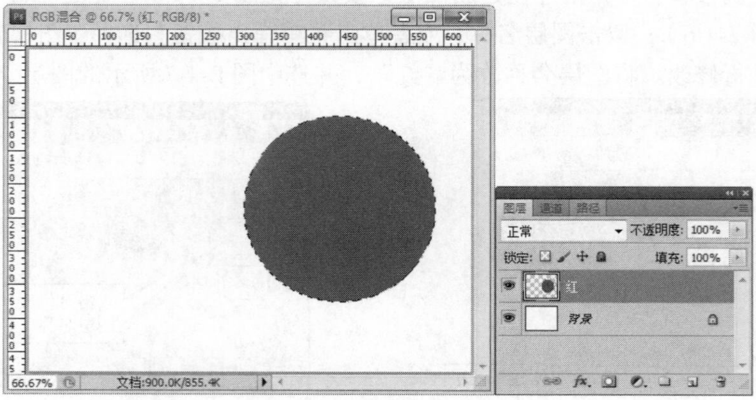

图 2-4-10　填充红色后的效果

可选择“图层”→“取消选区”命令（【Ctrl+D】组合键）来取消圆形选区，并同上操作，继续创建绿和蓝两个图层，图像窗口及“图层”调板效果如图 2-4-11 所示。

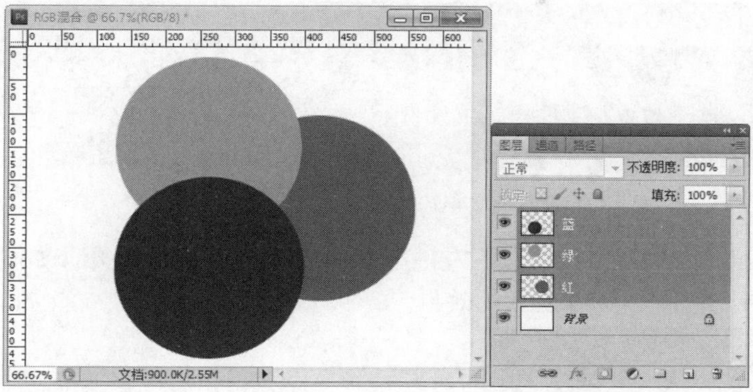

图 2-4-11　创建绿和蓝图层后的效果

4. 修改图层混合模式

【操作步骤】

用黑色填充“背景”层，并将“红”“绿”“蓝”三个图层的混合模式改为“滤色”，最终效果如图 2-4-12 所示。

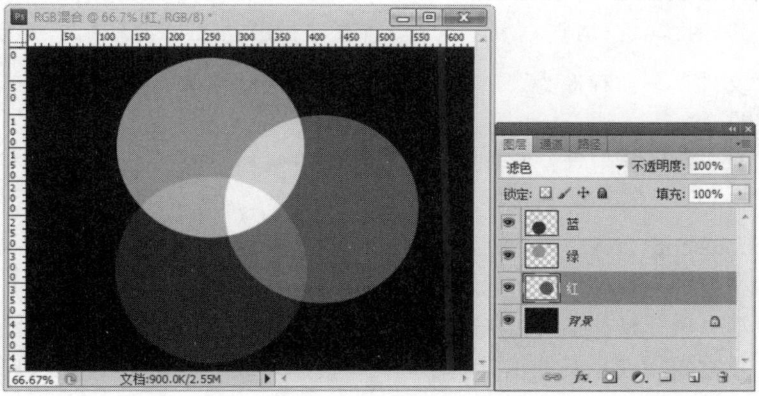

图 2-4-12　最终效果

通过光色加色法，可了解到 RGB 的原理，以及表示“红、绿、蓝、黄、黑、白”的不同颜色值。

5. 存储为 JPG 格式

【操作步骤】

选择“文件”→“存储为”命令，保存文件，关闭图像，提交文件。

（二）操作题 2

使用基本工具——渐变工具，把花修改为“雾里看花”的效果。

【操作步骤】

（1）启动 photoshop CS5，选择“文件”→“打开”命令，打开素材图像“..\实验 4 素材\fl2_flower.jpg”。

（2）在工具箱上将前景色设置为白色，选择渐变工具，在选项栏上设置填充色渐变类型等参数，如图 2-4-13 所示。

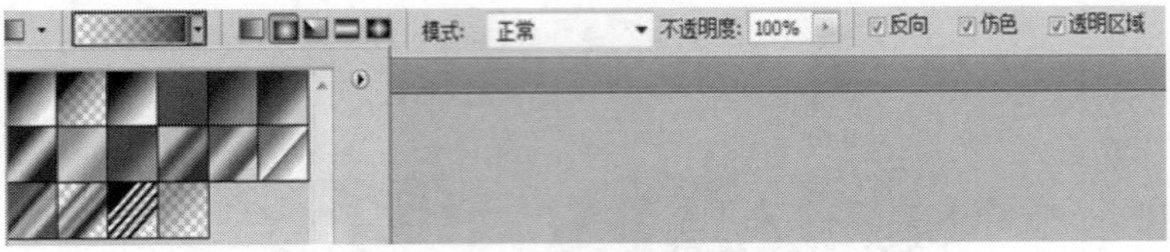

图 2-4-13　设置渐变参数

（3）在图像窗口中的 A 点按住鼠标左键不放，拖动到 B 点后松开。如图 2-4-14 所示，创建径向渐变。结果产生图 2-4-15 所示的效果。

图 2-4-14　A 点

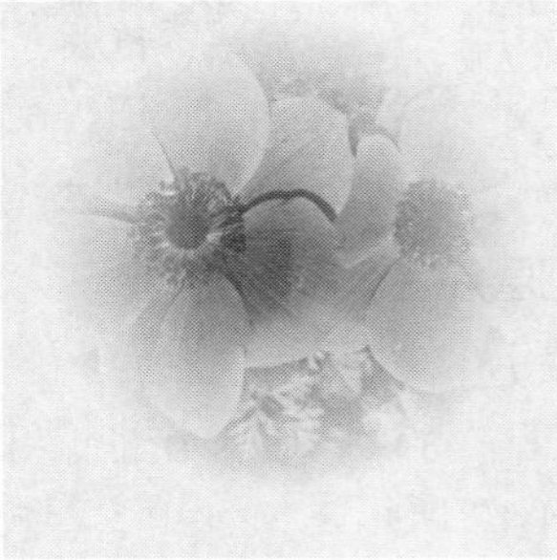

图 2-4-15　“雾里看花”效果

（4）选择“文件”→“存储为”命令，保存文件，关闭图像，提交文件。

（三）操作题 3

使用基本工具——修补工具，对有瑕疵的水果进行修补处理。

【操作步骤】

（1）启动 photoshop CS5，选择“文件”→“打开”命令，打开素材图像“..\实验 4 素材\水果.JPG”。

（2）在工具箱上选择修补工具，在选项栏上选择“源”选项。通过在图像上拖移光标选择要修复的区域（当然也可以使用其他工具创建选区，使用缩放工具放大图像后再操作可使选区创建得更准确），如图 2-4-16 所示。

（3）将光标定位于选区内，按下鼠标左键将选区拖移到要取样的区域，如图 2-4-17 所示。松开鼠标按键，结果选区内图像得到修补。取消选区后，效果如图 2-4-18 所示。

图 2-4-16　选择修补区域

图 2-4-17　选择取样区域

图 2-4-18　修补后

（4）选择“文件”→“存储为”命令，保存文件，关闭图像，提交文件。

（四）操作题 4

将夜景照片添加上月牙效果。

【操作步骤】

（1）启动 photoshop CS5，选择“文件”→“打开”命令，打开素材图像“..\实验 4 素材\fl4_night.jpg”。

（2）选择椭圆选框工具（选项栏采用默认设置，特别是“羽化”值为 0），按【Shift】键拖移鼠标创建如图 2-4-19 所示的圆形选区。

注：按住【Shift】键可以绘制一个正圆。

（3）在图层面板下方单击“创建新图层”按钮，在“背景”层上方添加一个新图层“图层 1”，如图 2-4-20 所示。

图 2-4-19　选择图形区域

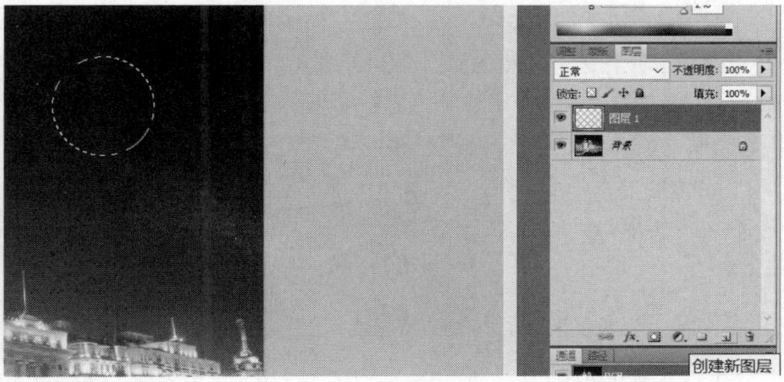

图 2-4-20　新建图层

（4）将前景色设置为白色。使用“油漆桶工具”在选区内单击填色，如图 2-4-21 所示。

注：油漆桶工具和渐变工具在同一组。

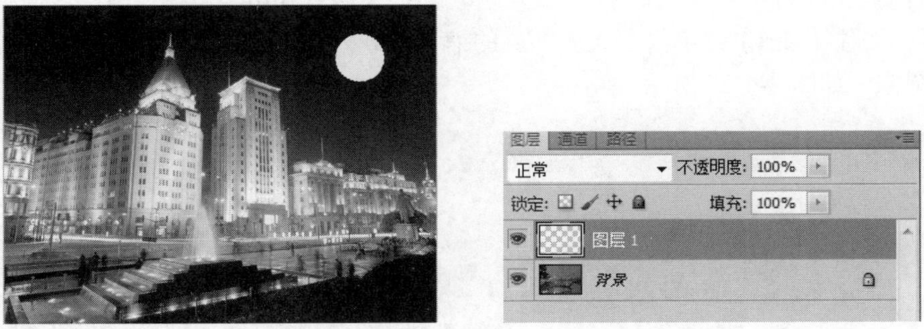

图 2-4-21　填色设置

（5）选择“选择”→“修改”→“羽化”命令，将选区羽化 4 个像素左右。

（6）选择“选择”→“修改”→“扩展”命令，将选区扩展 4 个像素左右。

（7）按键盘方向键将选区向右、向上、向右移动到图 2-4-22 所示的位置。

注：仅移动选区时，切记不要单击移动工具。

（8）按【Delete】键删除图层 1 中选区内的像素。选择“选择”→“取消选择”命令。

（9）移动工具拖移“小月亮”，调整其位置。最终效果如图 2-4-23 所示。

图 2-4-22　移动位置

图 2-4-23　小月亮

（10）选择“文件”→“存储为”命令，保存文件，关闭图像，提交文件。

（五）操作题 5

已有“天鹅 01.psd”“天鹅 02.psd”“山清水秀.jpg”三个图片素材，在 Photoshop 中制作出“天鹅湖.jpg”，如图 2-4-24 所示。要求：将天鹅合成到桂林山水的湖面上，并在水中形成倒影。

（a）天鹅 01.psd　（b）天鹅 02.psd　（c）山清水秀.jpg　（d）“天鹅湖.jpg”

图 2-4-24　合成图片

【操作步骤】

（1）启动 Photoshop，打开文件“..\实验 4 素材\天鹅 01.psd”。在“图层”面板中，选择“天鹅”层，按住【Ctrl】键单击“天鹅”层的缩览图载入选区，按【Ctrl+C】组合键复制选区内的天鹅图像，如图 2-4-25 所示。

图 2-4-25　复制天鹅

（2）打开文件“山清水秀.jpg”。按【Ctrl+V】组合键将“天鹅”粘贴过来，得到图层 1. 选择“编辑”→“自由变换”命令，适当缩小“天鹅”后，单击菜单下方工具栏中的“√”符号确认修改，如图 2-4-26 所示。选择“图像”→“调整”→“色阶”命令，适当增加“天鹅”的亮度。选择“编辑”→“变换”→“水平翻转”命令。

图 2-4-26　粘贴天鹅

（3）在图层面板中，右击图层 1 文字所在位置，在弹出的快捷菜单中选择“复制图层”命令，在弹出的窗口中单击“确定”按钮得到图层 1 副本。选择“编辑”→“变换”→“垂直翻转”命令。单击移动工具，向下移动垂直翻转后的“天鹅”。选择“滤镜”→“模糊”→“高斯模糊”命令，对图层 1 副本添加高斯模糊滤镜，在弹出的窗口中设置半径为 2.0 像素，如图 2-4-27 所示。在图层面板中，设置不透明度为“80%”或其他值，适当降低图层不透明度，如图 2-4-28 所示。这样得到图中右侧天鹅及倒影效果。

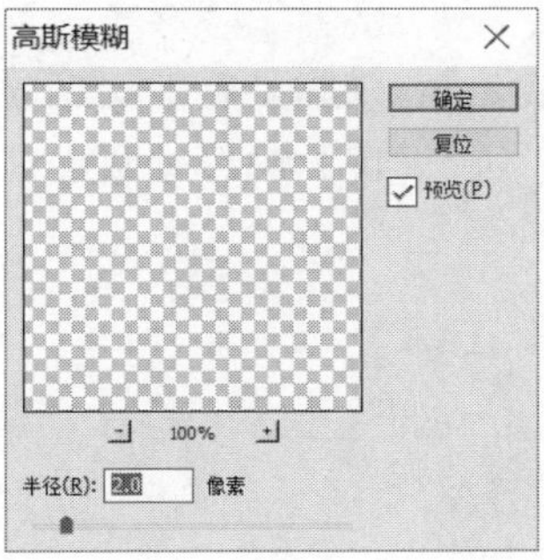

图 2-4-27　设置高斯模糊

图 2-4-28　设置图层不透明度

（4）对素材文件“天鹅 02.psd”进行类似处理。得到图中左侧天鹅及倒影效果。

（5）在图中水面漩涡（天鹅右侧上方）处创建矩形选区，并适当羽化选区。

（6）选择背景层。选择“滤镜”→“扭曲”→“水波”命令，在弹出的窗口中单击“确定”按钮，在背景层选区内添加水波滤镜。

（7）选择“文件”→“存储为”命令，保存文件，关闭图像，提交文件。

四、实验内容

（1）利用素材图像“荷花素材 01.jpg”“荷花素材 02.jpg”“花瓶.jpg”[见图 2-4-29（a）、（b）、（c）]制作如图 2-4-29（d）所示的效果。

（a）荷花素材 01.jpg　（b）荷花素材 02.jpg　（c）花瓶.jpg　（d）合成效果

图 2-4-29　素材及效果

（2）使用 Photoshop 的蒙版操作，对图 2-4-30 和图 2-4-31 所示的素材进行合成，效果如图 2-4-32 所示。

图 2-4-30　素材 1

图 2-4-31　素材 2

图 2-4-32　合成效果

实验 5　图像识别与分类

一、实验目的

（1）了解人工智能技术发展现状。

（2）认识人工智能技术的应用领域。

（3）掌握人工智能技术的开发环境。

（4）掌握人工智能技术基本开发过程。

二、实验环境

（1）中文 Windows 10 操作系统。

（2）Anaconda 3。

三、实验范例

（一）操作题 1

使用 Anaconda 下的 IDE Spyder 环境，采用卷积神经网络验证手写体数字的识别。本次实验采用分模块执行代码的方式，通过查看每个模块的运行结果，学习手写体数字的识别原理，了解如何在实际中应用人工智能技术。

1. 打开 Spyder 环境

【操作步骤】

打开“Anaconda Navigator（Anaconda 3）”软件，如图 2-5-1 所示。将“工作平台”设置为“tf38”，如图 2-5-2 所示。工作平台设置完成后，单击 Spyder 图标下的“Launch”按钮，如图 2-5-3 所示，启动 Spyder 环境，如图 2-5-4 所示。

2. 调整当前工作路径

【操作步骤】

在 Spyder 界面单击“选择目录”按钮，如图 2-5-5 所示，弹出“选择目录”对话框，选择“..\实验 5 素材\”目录，找到“人工智能”文件夹，单击“选择文件夹”按钮，如图 2-5-6 所示，将当前工作路径调整到“人工智能”文件夹下。

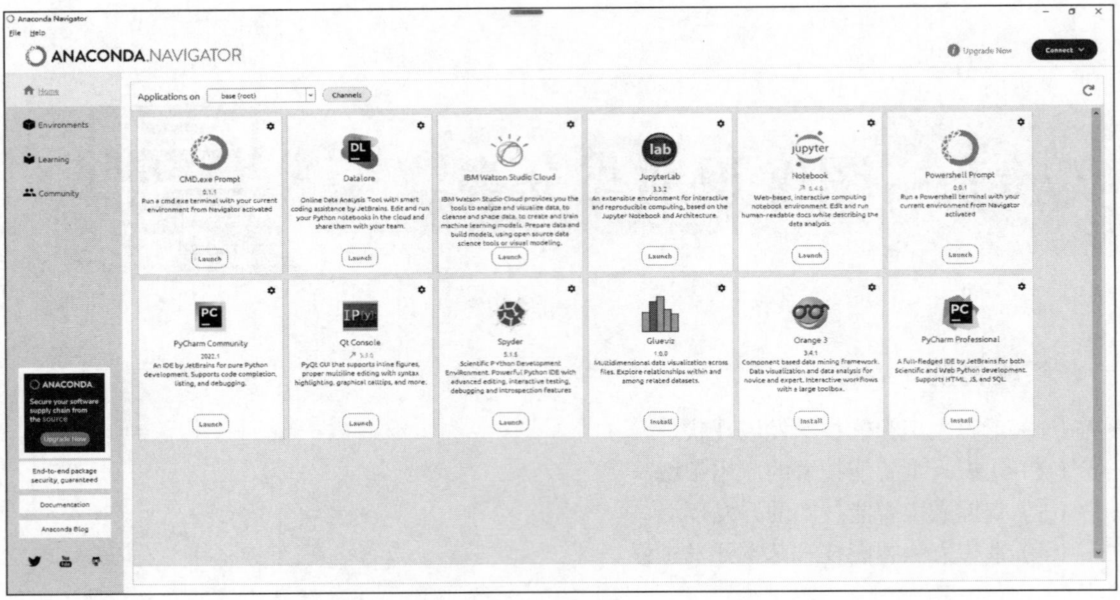

图 2-5-1　Anaconda Navigator（Anaconda 3）界面

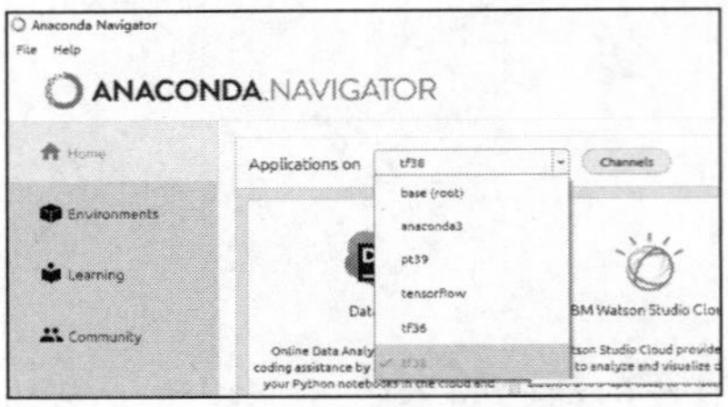

图 2-5-2　设置工作平台

图 2-5-3　Spyder 启动图标

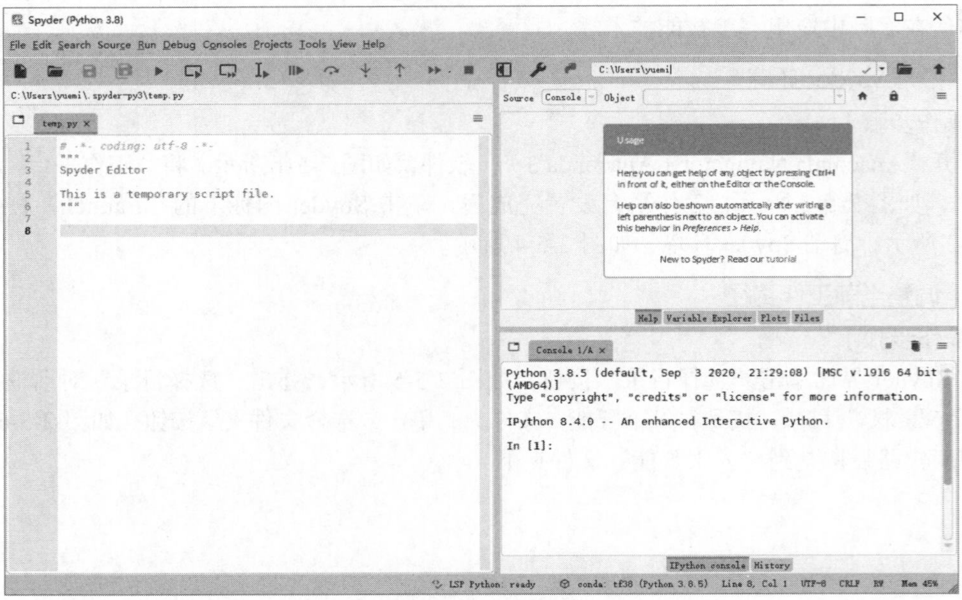

图 2-5-4　Spyder 界面

图 2-5-5　调整工作路径

图 2-5-6　选择文件夹

3. 打开 Python 程序

【操作步骤】

选择“文件（File）”→“打开（Open）”命令，弹出“打开文件（Open file）”对话框，如图 2-5-7 所示。选中“人工智能”目录下的“01_Handwriting_Convolutional_Neural_Network_CN.py”文件，单击“打开”按钮，如图 2-5-8 所示。该文件即为使用卷积神经网络进行手写体数字识别的 Python 程序。

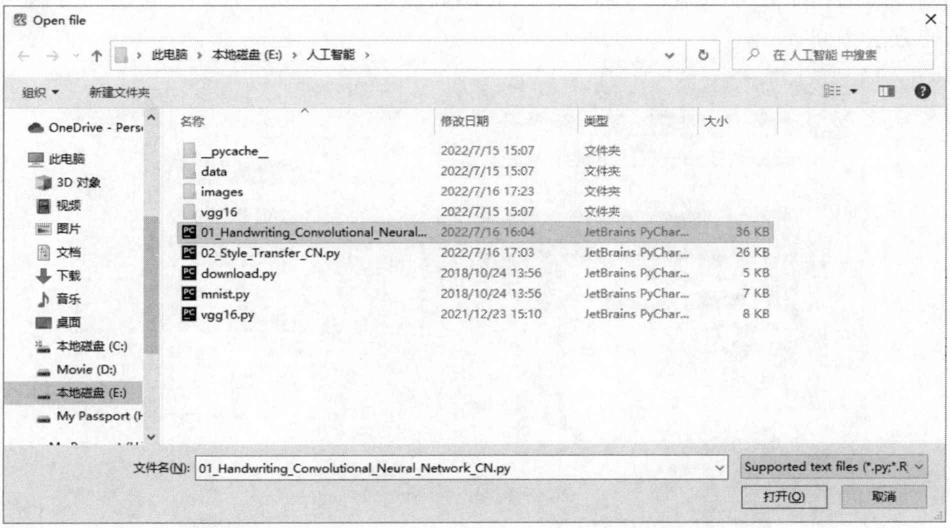

图 2-5-7　“打开文件”对话框

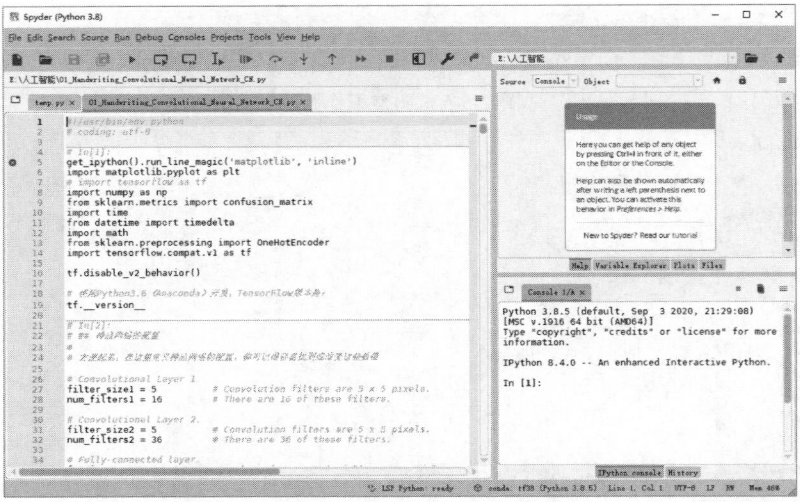

图 2-5-8　打开的 Python 程序

4. 运行 Python 程序

为了了解人工智能技术是如何在实际中应用的，本实验采用分模块执行代码的方式，通过查看每个模块的运行结果，来学习手写体数字的识别原理。

为方便分模块执行程序，本程序文件中为每个模块设置了编号：In[1]、In[2]、In[3]……。每一行开头带有“#”标志的为注释行，“#”为注释字符。注释行代码在程序执行过程中不参与运算，其功能是程序的解释。

【操作步骤】

选中模块 In[1]所有程序，右击，选择“Run selection or current line”命令，如图 2-5-9 所示，执行模块 In[1]程序，执行结果如图 2-5-10 所示。结果显示当前所用 tensorflow 版本为 2.7.0。模块 In[1]程序的作用是导入本程序需要的所有函数包文件。后续运行其他模块的方法与运行模块 In[1]的方法相同。

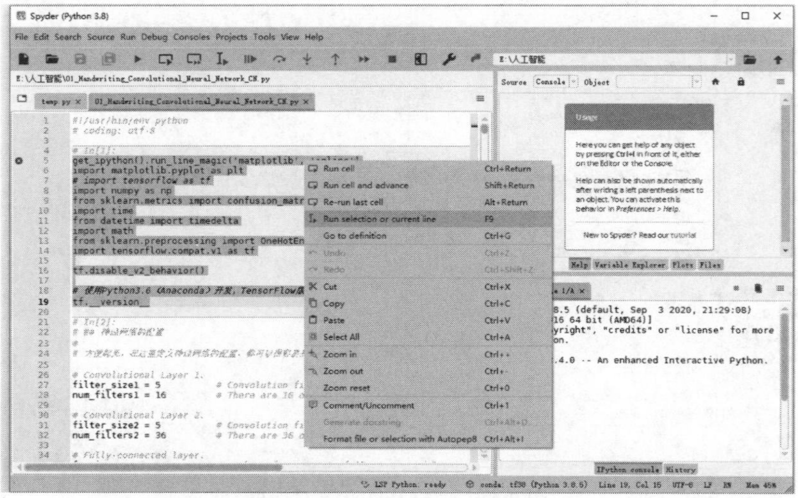

图 2-5-9　选中模块 In[1]程序及运行菜单命令

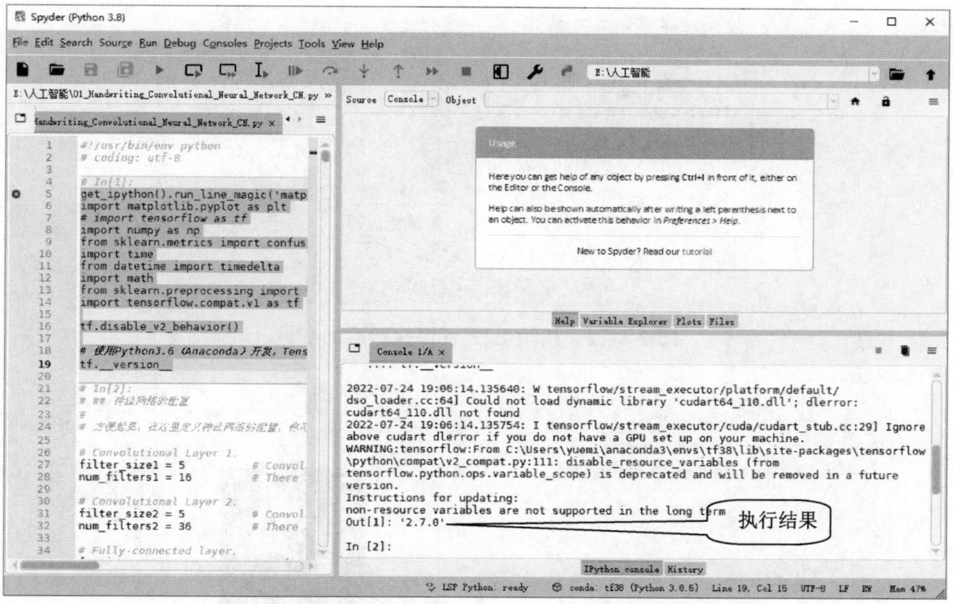

图 2-5-10　模块 In[1]程序执行结果

选中模块 In[2]所有程序，如图 2-5-11 所示，右击，选择“Run selection or current line”命令，程序执行，进行卷积神经网络部分参数的配置。程序执行完成后，在变量管理区可以显示出该模块运行后的变量，如图 2-5-12 所示。

选中模块 In[3]所有程序并运行，模块 In[3]程序实现 MNIST 数据集的载入，并显示训练集中的某一个图片。运行结果如图 2-5-13 所示。

按顺序分别运行模块 In[4]和模块 In[5]。其中模块 In[5]显示出训练集和测试集的大小。如图 2-5-14 所示。本数据集中训练集数据为 60 000 张图片，测试集数据为 10 000 张图片。

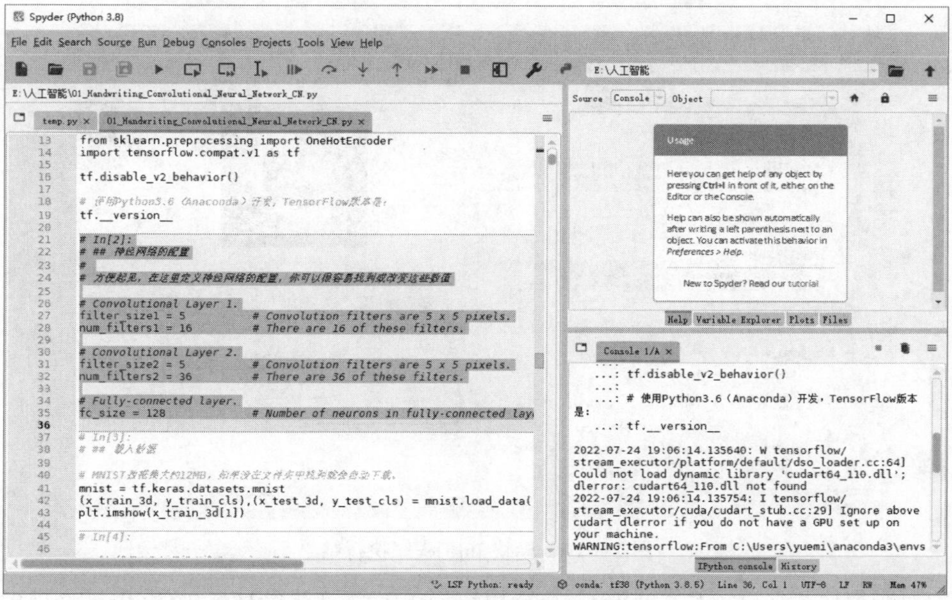

图 2-5-11　选中模块 In[2]程序

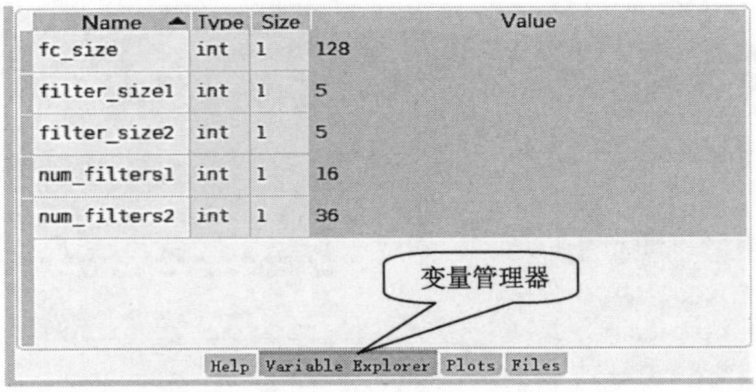

图 2-5-12　模块 In[2]程序执行后的变量

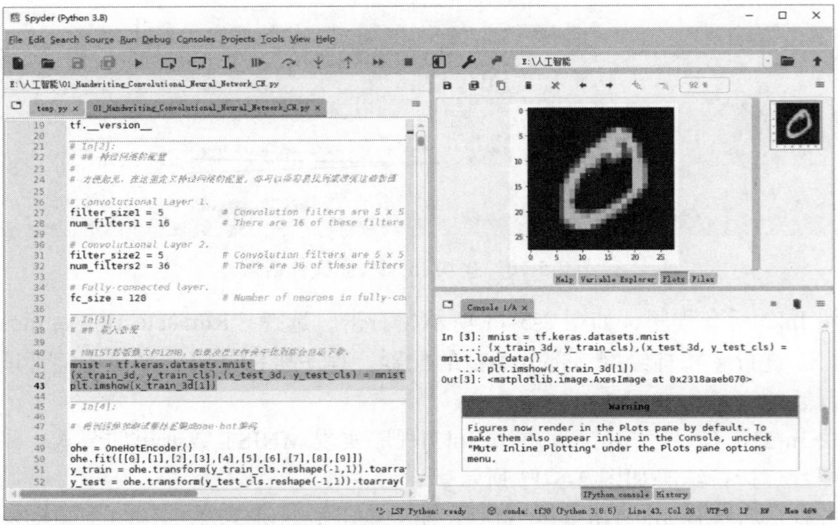

图 2-5-13　模块 In[3]程序执行结果

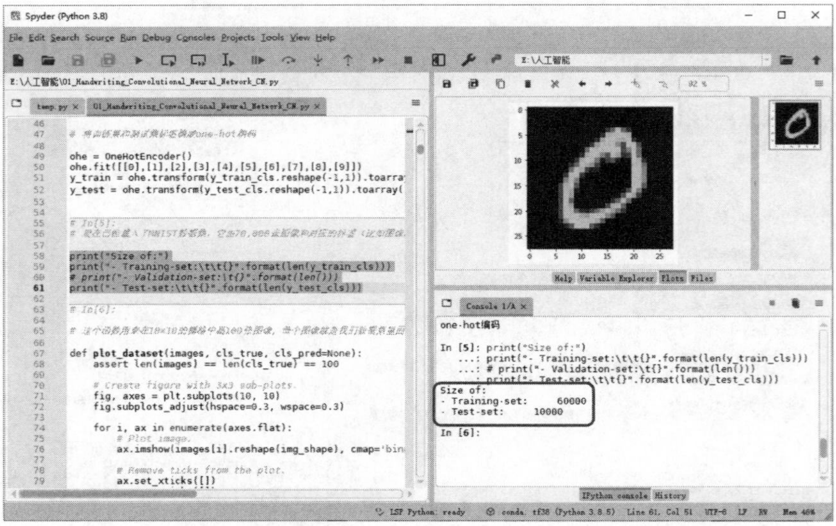

图 2-5-14　模块 In[5]程序执行结果

依次执行模块 In[6]、In[7]、In[8]。执行模块 In[8]后，变量管理区中的 Plots 选项中，展示了训练集中的 100 张手写数字图片，如图 2-5-15 所示。

依次执行模块 In[9]、In[10]。执行模块 In[10]后，变量区中的 Plots 选项中，展示了测试集中的 9 张手写数字图片以及每张图片的标签，如图 2-5-16 所示。

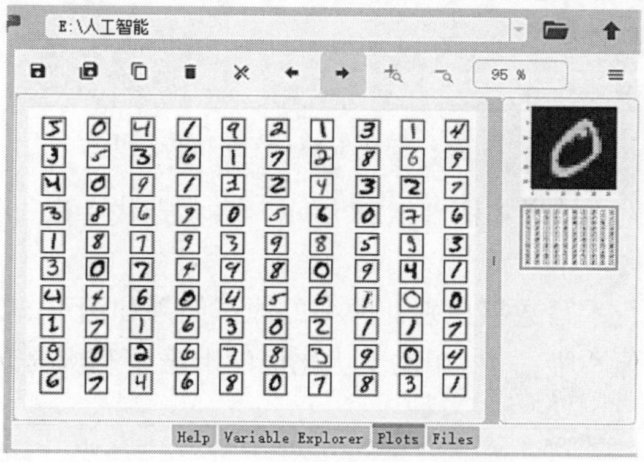

图 2-5-15　模块 In[8]程序执行结果

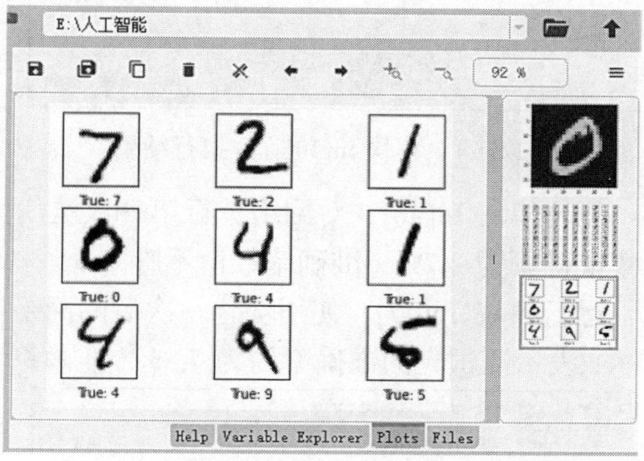

图 2-5-16　模块 In[10]程序执行结果

依次执行模块 In[12]～In[21]，模块 In[11]可以不用执行，该模块属于注释说明。模块 In[12]～In[20]完成卷积神经网络的搭建。模块 In[21]则显示当前卷积神经网络的第一卷积层参数，运行结果如图 2-5-17 所示。

依次执行模块 In[22]、In[23]。模块 In[22]完成第二卷积层的搭建，模块 In[23]则显示第二卷积层参数，运行结果如图 2-5-18 所示。

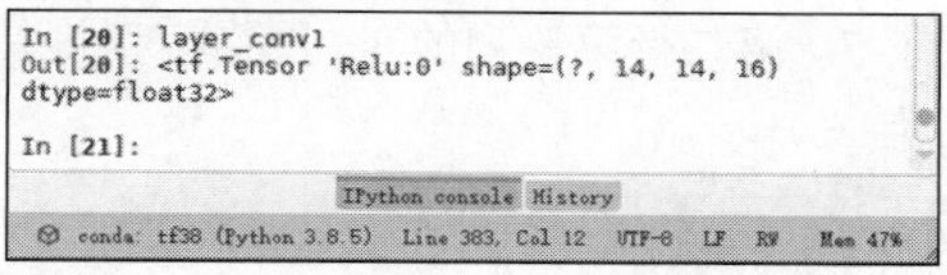

图 2-5-17　模块 In[21]程序执行结果

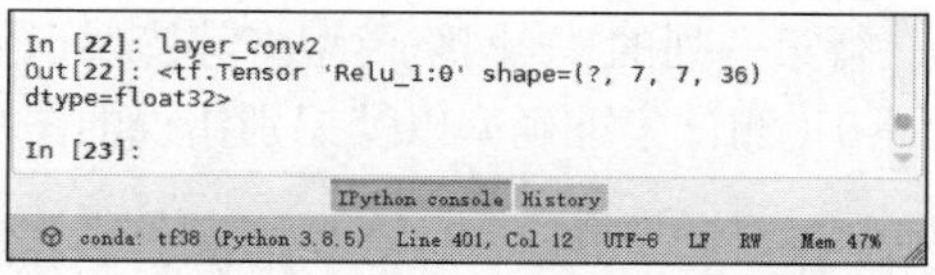

图 2-5-18　模块 In[23]程序执行结果

依次执行模块 In[24]、In[25]。模块 In[24]完成全连接层输入数据的转换，其输出结果将作为全连接层的输入。模块 In[25]则显示全连接层参数，运行结果如图 2-5-19 所示。

执行模块 In[26]。执行结果显示该卷积神经网络提取的特征数量：1 764。这 1 764 个特征最终会进入分类器进行识别。

依次执行模块 In[27]、In[28]。模块 In[27]完成第一个全连接层的搭建，模块 In[28]显示第一个全连接层的参数，运行结果如图 2-5-20 所示。

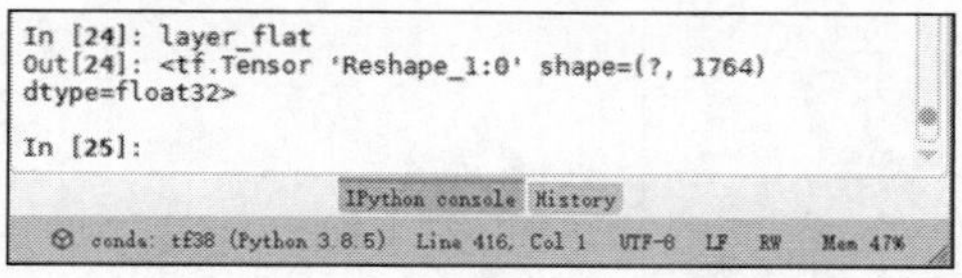

图 2-5-19　模块 In[25]程序执行结果

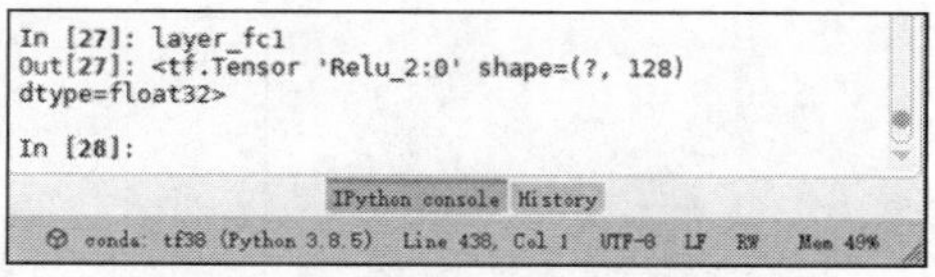

图 2-5-20　模块 In[28]程序执行结果

依次执行模块 In[29]、In[30]。模块 In[29]完成第二个全连接层的搭建，模块 In[30]显示第二个全连接层的参数，运行结果如图 2-5-21 所示。

依次运行模块 In[31]～In[45]。其中模块 In[31]～In[44]主要实现卷积神经网络激活函数的构建，以及运行相关结果的展示等；模块 In[45]运行结果如图 2-5-22 所示，表示测试集 10 000

张图片，其中识别正确的是 900 张，准确率约为 9 %（由于神经网络还没有训练，所以准确率数值不唯一）。

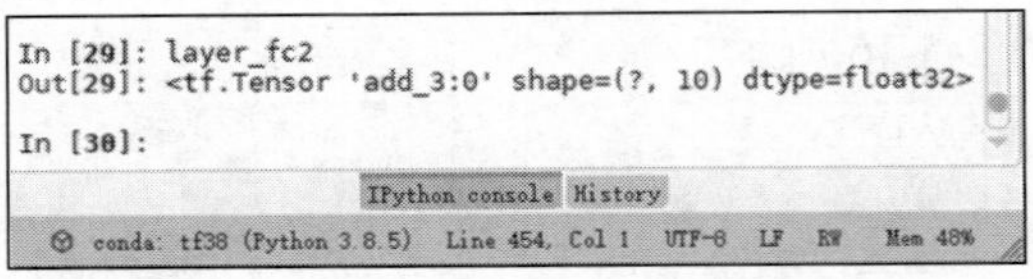

图 2-5-21 模块 In[30]程序执行结果

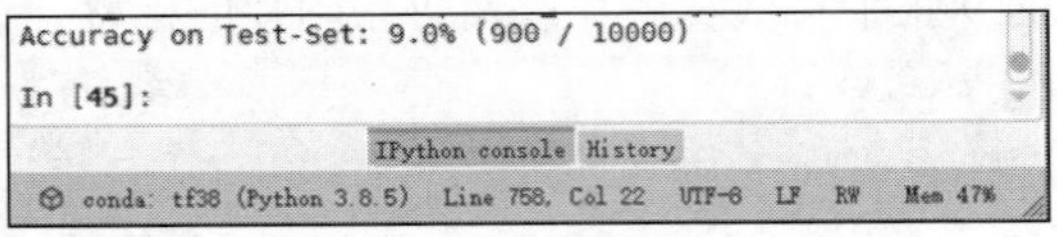

图 2-5-22 模块 In[45]程序执行结果

运行模块 In[46]，对网络进行第一次迭代优化，结果如图 2-5-23 所示，表示迭代 1 次，训练集准确率为 4.7%（准确率数值不唯一）。

运行模块 In[47]，使用优化一次后的网络进行手写数字识别，网络的测试结果如图 2-5-24 所示，表示测试集的准确率约为 7.8%（准确率数值不唯一），相比于优化前的准确率有所提升。

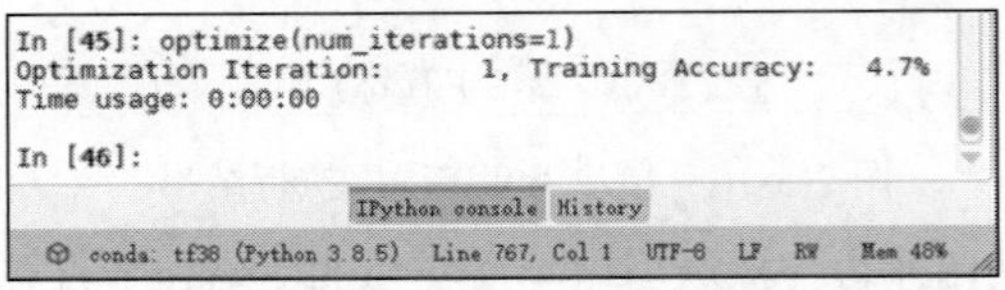

图 2-5-23 模块 In[46]程序执行结果

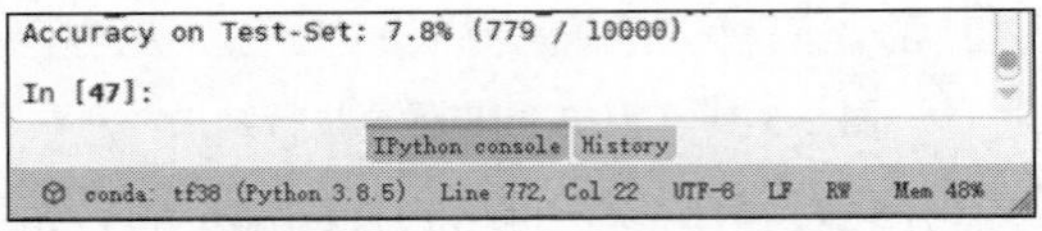

图 2-5-24 模块 In[47]程序执行结果

依次运行模块 In[48]、In[49]。其中，模块 In[48]对网络又进行 99 次迭代优化，至此网络共完成了 100 次迭代；模块 In[49]显示了进行 100 次迭代后网络的识别准确率，以及识别错误的图片真实标签和识别标签，如图 2-5-25 所示。此时测试集准确率约为 80%。识别错误的图片，例如第一行第一列的 4，网络模型将其错误识别成了 7。第二行第一列的 3，网络模型将其错误识别成了 0（测试集准确率以及识别错误的图片不唯一）。

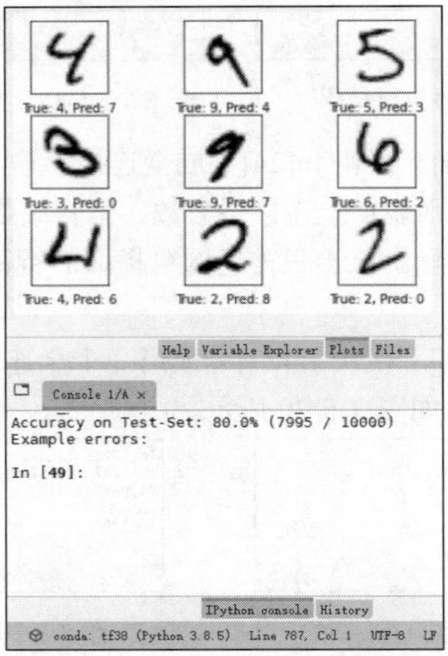

图 2-5-25 模块 In[49]程序执行结果

依次运行模块 In[50]、In[51]。模块 In[50]对网络又进行 900 次迭代优化，到此网络共完成了 1 000 次迭代。运行结果如图 2-5-26 所示，表示迭代次数所对应的训练集的准确率。从图中可以看出随着迭代次数的增加，训练集的准确率呈上升趋势，迭代 900 次用时 22 s。在不同机器上运行程序时，迭代所用时间也不相同。机器配置越高，迭代运行时间越短。模块 In[51]显示了进行 1 000 次迭代后网络的识别准确率，以及识别错误的图片真实标签和识别标签，结果如图 2-5-27 所示，此时测试集准确率约为 95.6%（测试集准确率以及识别错误的图片不唯一）。

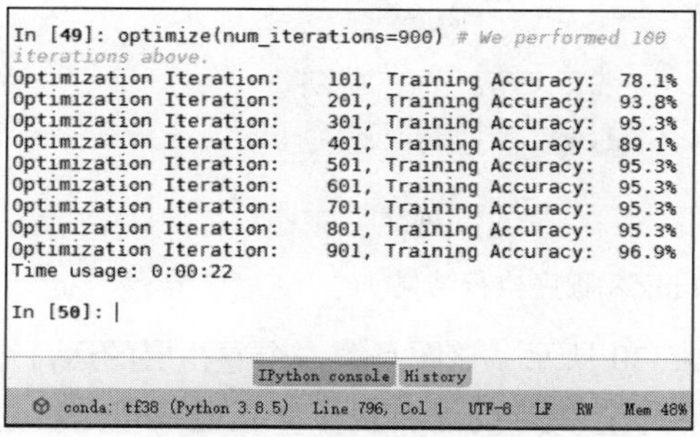

图 2-5-26　模块 In[50]程序执行结果

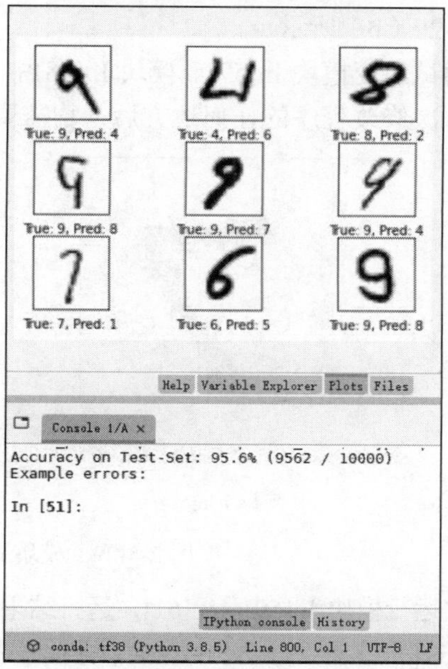

图 2-5-27　模块 In[51]程序执行结果

依次运行模块 In[52]、In[53]，运行结果如图 2-5-28 所示。模块 In[52]对网络又进行了 9 000 次迭代优化，至此网络共完成了 10 000 次迭代，完成本次 9 000 次迭代用时 3 min 24 s。模块 In[53]显示了进行 10 000 次迭代后网络的识别准确率，识别错误的图片真实标签和识别标签，以及混淆矩阵。此时测试集准确率为 98.7%（测试集准确率以及识别错误的图片不唯一）。

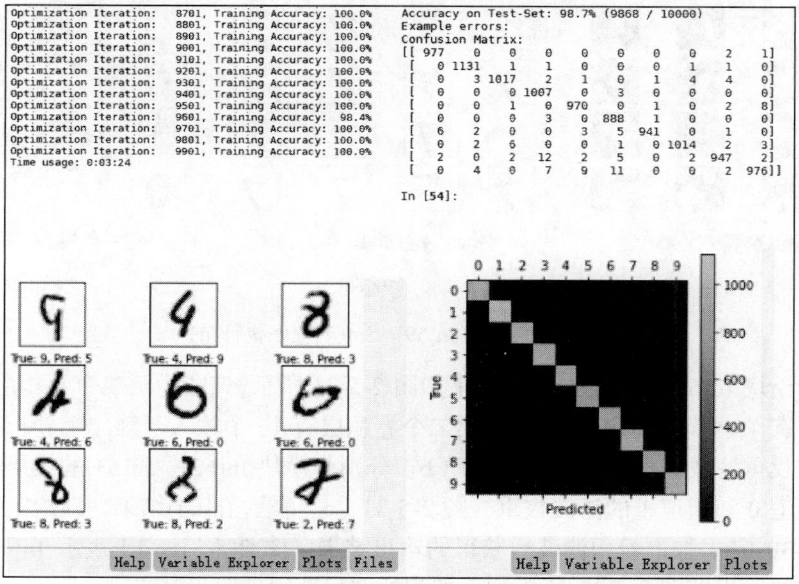

图 2-5-28　模块 In[52]和 In[53]程序执行结果

依次运行模块 In[54]～In[58]，结果如图 2-5-29 所示。其中模块 In[54]～In[56]实现卷积层权重的绘制，卷积层输出图像的绘制，任意图像的绘制。模块 In[57]实现绘制测试集中第 1 张图像，运行结果如图 2-5-29（a）所示。模块 In[58]实现绘制测试集中第 14 张图像，运行结果如图 2-5-29（b）所示。

请尝试改变模块 In[57]或模块 In[58]中 x_test[ ]中的数字，重新运行后，观察结果的变化。注意：每次修改程序的任何地方后，均需要先将整个程序文件保存，方可成功运行。

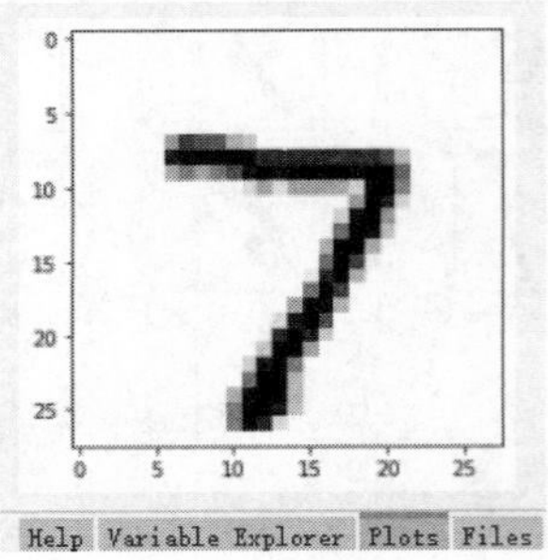

（a）In[57]

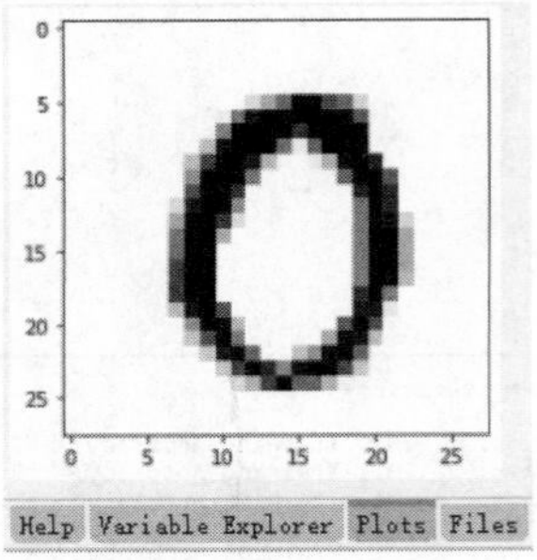

（b）In[58]

图 2-5-29　模块 In[57]和 In[58]程序执行结果

依次运行模块 In[59]～In[61]，运行结果如图 2-5-30 所示，该图是第一个卷积层的运行结果。模块 In[59]的结果如图 2-5-30（a）所示，表示第一个卷积层的滤波权重，正值权重是红色，负值为蓝色。模块 In[60]的结果如图 2-5-30（b）所示，表示第一个卷积层的滤波权重加入第一张图像（测试集中的第一张图像）后，获得的输出。此输出也将作为第二个卷积层的输入。模块 In[61]的结果如图 2-5-30（c）所示，表示第一个卷积层的滤波权重加入第二张图像（测试集中的第十四张图像）后，获得的输出。从整张图 2-5-30 可以看出，输入图像经过第一层卷积后，生成了一些变体，就像光线从不同角度打到图像上并产生阴影一样。

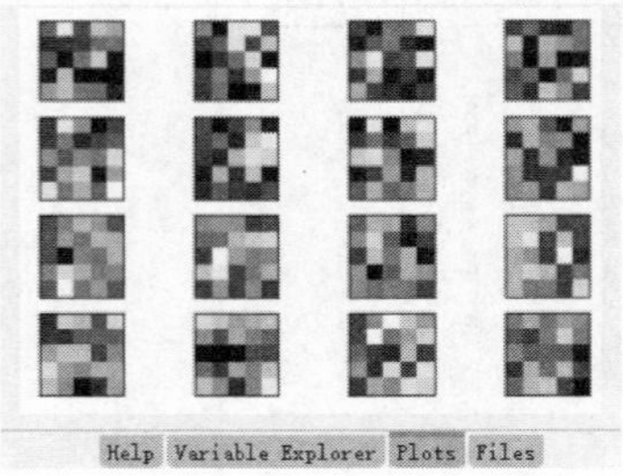

（a）In[59]

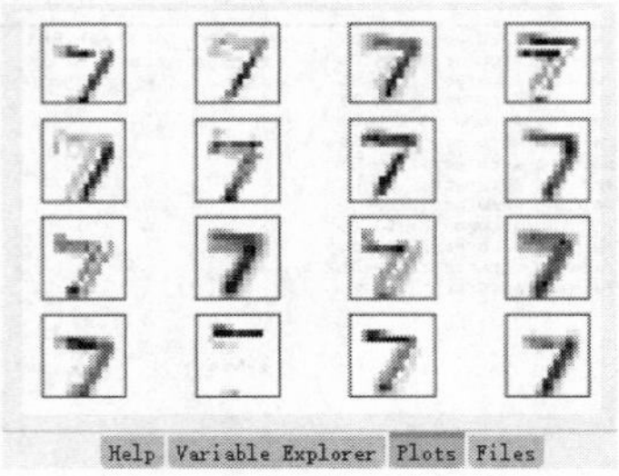

（b）In[60]

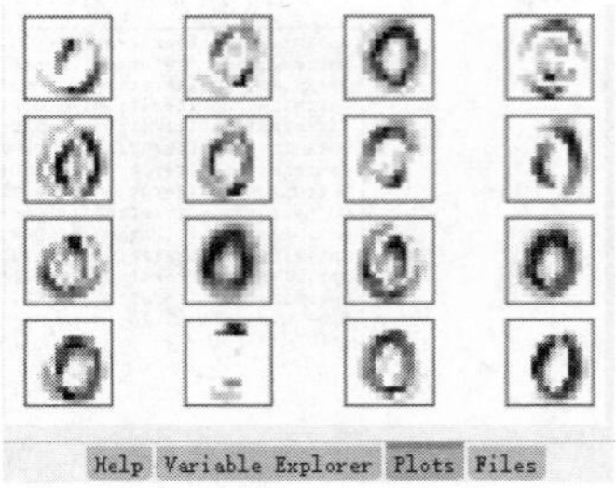

（c）In[61]

图 2-5-30　模块 In[59]～In[61]程序执行结果

依次运行模块 In[62]～In[65]，运行结果如图 2-5-31 所示，该图为第二个卷积层的运行结果。第一个卷积层有 16 个输出通道，代表着第二个卷积层有 16 个输入。第二个卷积层的每个输入通道也有一些权重滤波。图 2-5-31（a）和（b）分别为模块 In[62]、In[63]的结果，表示第二个卷积层输入通道 0 和通道 1 的滤波权重。图 2-5-31（c）表示 In[64]结果，即给第一个卷积层的输出即图 2-5-30（b）加上卷积滤波后获得的输出结果。图 2-5-31（d）表示 In[65]结果，即给第一个卷积层的输出即图 2-5-30（c）加上卷积滤波后获得的输出结果。

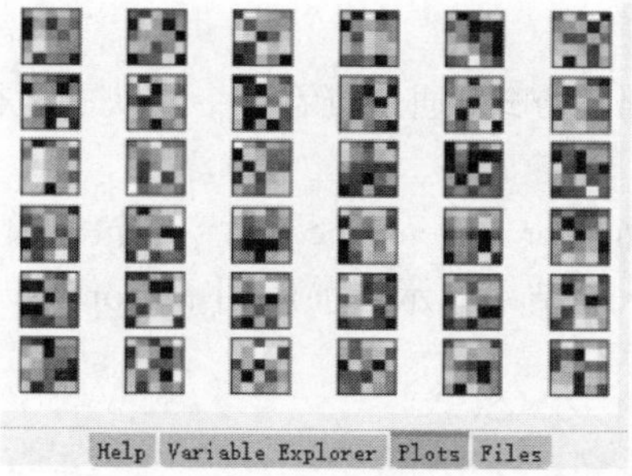

（a）In[62]

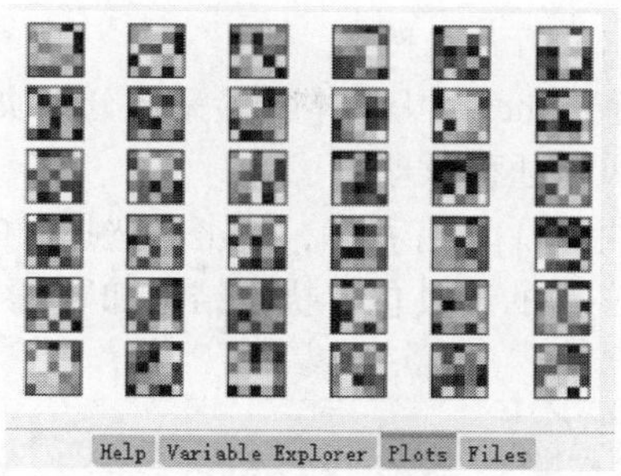

（b）In[63]

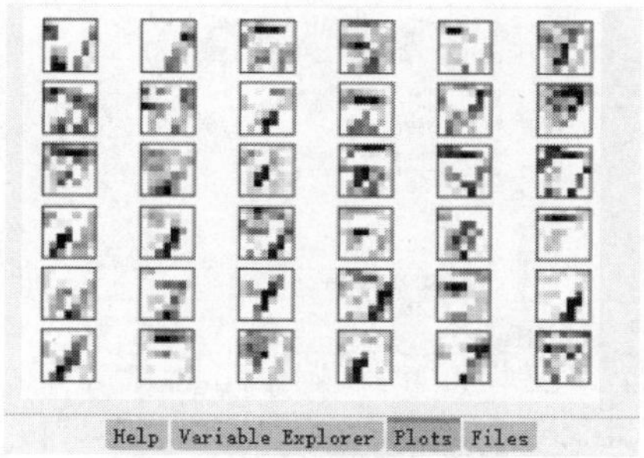

（c）In[64]

（d）In[65]

图 2-5-31　模块 In[62]～In[65]程序执行结果

（二）操作题 2

有两张输入图：一张内容图像和一张风格图像，利用内容图像的轮廓和风格图像的纹理，创建一张混合图像。样图如图 2-5-32 所示。其中图 2-5-32（a）是内容图像，图 2-5-32（b）为风格图像，图 2-5-32（c）是图 2-5-32（a）经过风格迁移后的混合图像，实现了图像的风格迁移。

（a）内容

（b）风格

（c）混合

图 2-5-32　样图

【操作步骤】

（1）打开 Spyder 环境。打开“Anaconda Navigator (anaconda3)”软件，将“工作平台”设置为“tf38”。工作平台设置完成后，单击 Spyder 图标下的“Launch”按钮，启动 Spyder 环境。

（2）调整当前工作路径。在 Spyder 界面中单击“选择目录”按钮，弹出“选择目录”对话框，选择实验素材所在目录，找到“人工智能”文件夹，单击“选择文件夹”按钮，将当前工作路径调整到“人工智能”文件夹下。

（3）打开 Python 程序。选择“文件（File）”→“打开（Open）”命令，弹出“打开文件”对话框，选中“..\实验 5 素材\人工智能”目录下的“02_Style_Transfer_CN.py”风格画迁移程序文件，单击“打开”按钮。

（4）运行 Python 程序。本实验采用分模块执行代码的方式，通过查看每个模块的运行结果，来学习图像风格迁移原理。

选中模块 In[1]所有程序，右击，选择“Run selection or current line”命令，执行模块 In[1]程序，导入必需的工具包，执行结果如图 2-5-33 所示。结果显示当前所用 tensorflow 版本为 2.7.0。

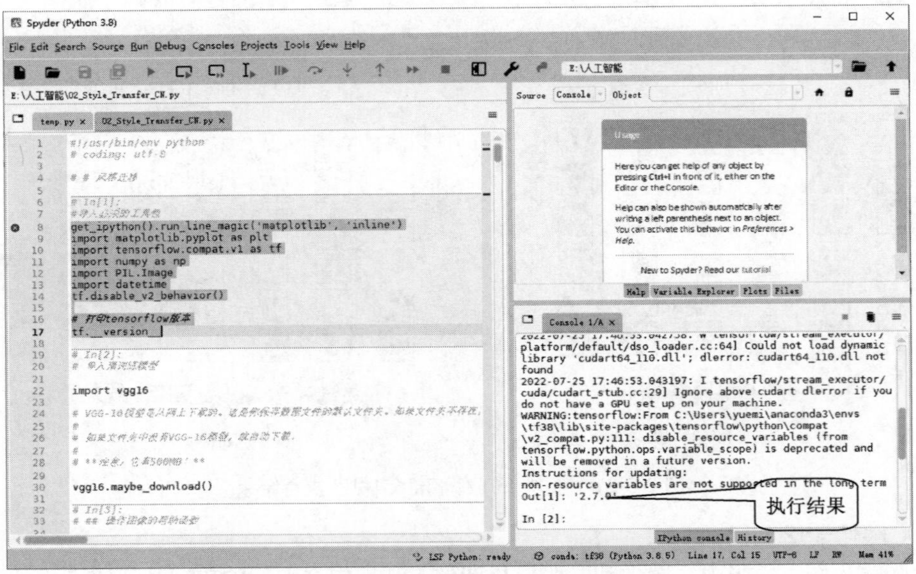

图 2-5-33　模块 In[1]程序执行结果

运行模块 In[2]，导入预训练模型 VGG16。结果如图 2-5-34 所示。

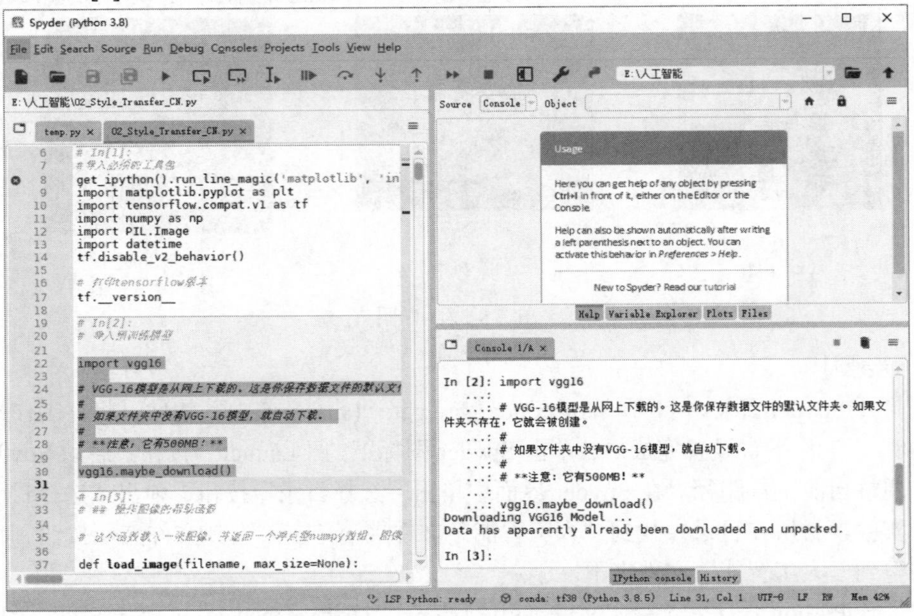

图 2-5-34　模块 In[1]程序执行结果

依次顺序运行模块 In[3]～In[12]，这些模块分别实现了输入图像的载入，图像格式转换，同时绘制内容图像、风格图像、混合图像，损失函数的构建，内容图像的损失函数，风格图像的损失函数，风格迁移等。

依次顺序运行模块 In[13]～In[17]，实现第一个图像风格的迁移学习。其中模型 In[13]～In[16]分别实现内容图像的载入、风格图像的载入及 VGG16 模型部参数的设置。模块 In[17]执行风格迁移，自动地为内容图像和风格图像创建合适的损失函数，然后进行多次优化迭代，每次迭代均输出内容图像、混合图像和风格图像，如图 2-5-35 所示。其中中间的图像是混合图像，即经过风格迁移后的图像。模块 In[17]的运行结果如图 2-5-36 所示。程序运行时间随计算机配置不同而不同。本次使用的内容图像是人物肖像图，风格图像是凡·高的星空图，经过风格迁移后，混合图像也拥有了星空图的特征。

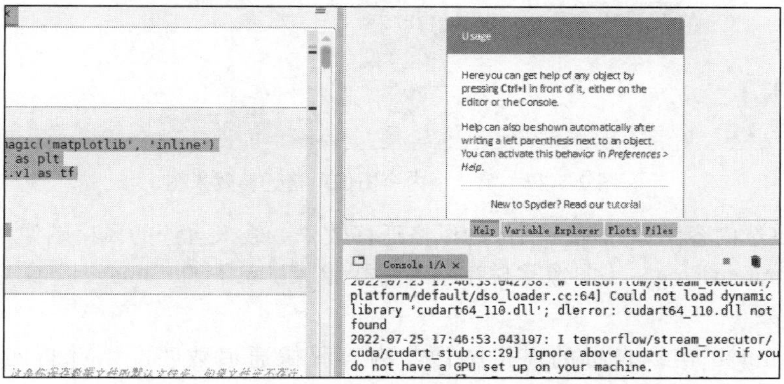

图 2-5-35　迭代后输出的内容图像、混合图像和风格图像

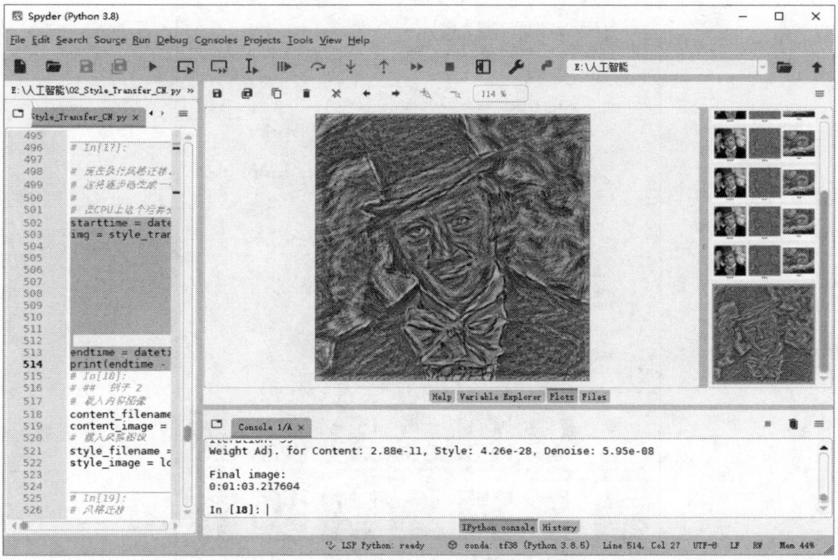

图 2-5-36　模块 In[17]程序执行结果

依次运行模块 In[18]和 In[19]，实现第二个图像风格的迁移学习。模块 In[18]分别载入内容图像和风格图像。模块 In[19]实现风格的迁移。第二个内容图像风格迁移后的效果如图 2-5-37 所示。

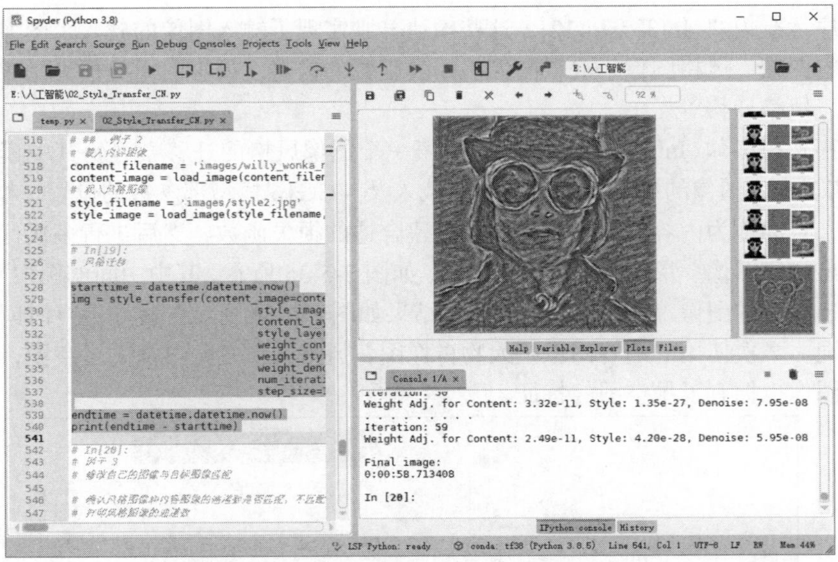

图 2-5-37　第二个内容图像风格迁移效果图

（5）验证自选内容图像和风格图像的风格迁移效果。载入自选的风格图像“dongman.jpg”和内容图像“content1.jpg”（图像素材在“人工智能”目录下的“images”文件夹中），实现图像风格的迁移。

运行模块 In[20]实现自选的风格图像与内容图像通道数匹配。并将匹配后的图像以“my_style.jpg”和“my_content.jpg”保存在“images”文件夹下。运行结果如图 2-5-38 所示。

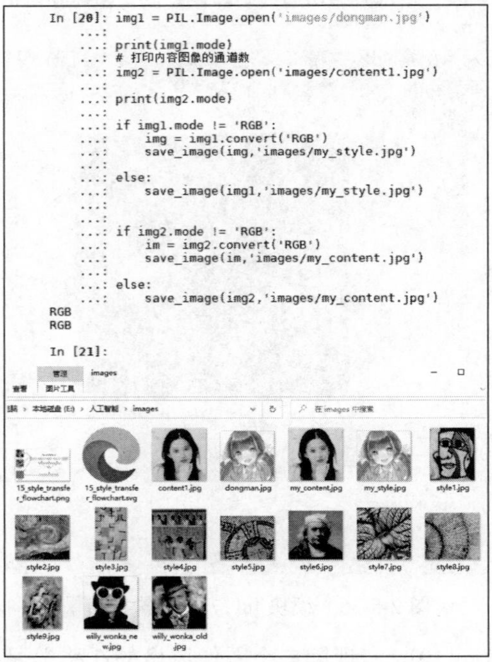

图 2-5-38　模块 In[20]程序执行结果及匹配后的图像保存目录

依次运行模块 In[21]、In[23]实现风格的迁移。模块 In[21]分别载入内容图像和风格图像。

模块 In[23]实现风格的迁移。运行结果如图 2-5-39 所示。

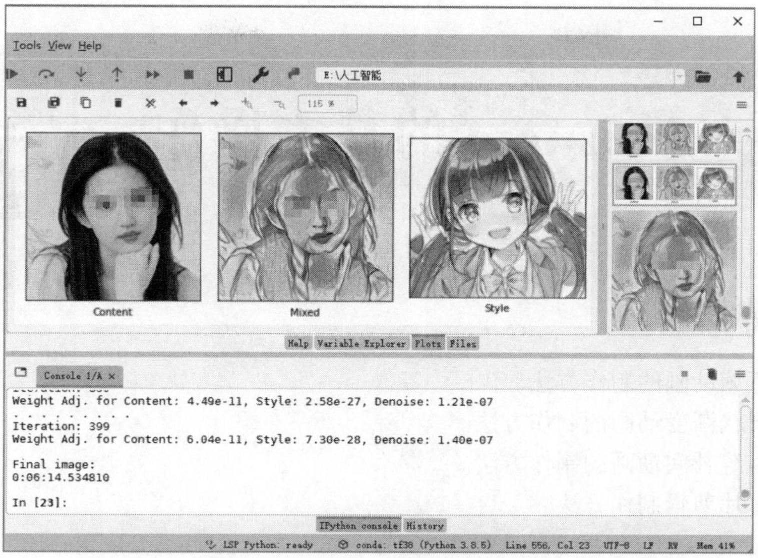

图 2-5-39　模块 In[22]程序执行结果

四、实验内容

使用自己的图像素材来实验图像风格迁移效果

确定风格图像素材和内容图像素材，并将两张图像素材保存在“images”文件夹下；然后修改“02_Style_Transfer_CN.py”风格画迁移程序的模块 In[20]中第 548 行，将“dongman.jpg”修改成风格图像素材的文件名，将第 552 行中“content1.jpg”修改成内容图像素材的文件名；最后依次运行模块 In[20]～In[23]，查看运行结果。

实验 6　Animate 的基本操作

一、实验目的

（1）掌握逐帧动画的制作方法。

（2）掌握形状渐变动画的制作方法。

（3）掌握传统补间动画的制作方法。

（4）了解影片剪辑制作方法。

二、实验环境

（1）中文 Windows 10 操作系统。

（2）中文 Adobe Animate CC 2018 应用软件。

三、实验范例

（一）操作题 1

利用 Animate 绘图工具绘制树叶。

【操作步骤】

（1）新建图形元件。启动 Animate，选择“文件”→“新建”命令，在弹出的对话框中选择“常规”选项卡“类型”选项组中的“ActionScript 3.0”选项，如图 2-6-1 所示。单击“确定”按钮，建立一个 Animate 文档。

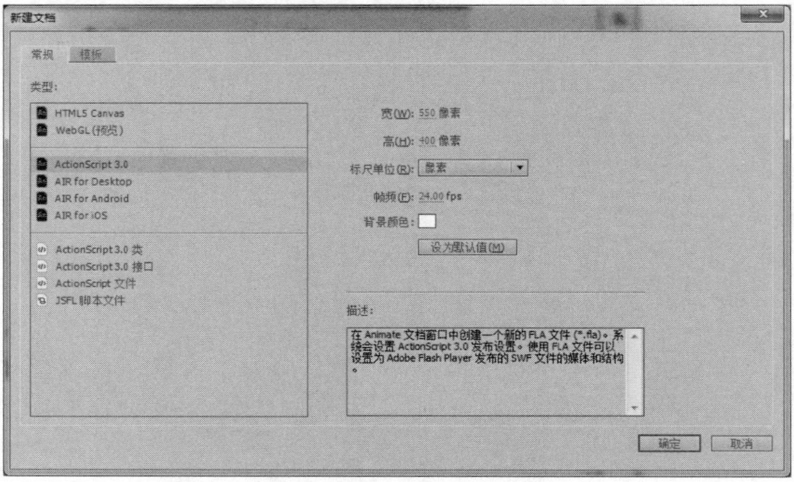

图 2-6-1　“新建文档”对话框

选择“插入”→“新建元件”命令（或者按【Ctrl+F8】组合键），弹出“创建新元件”对话框，在“名称”文本框中输入元件名称“树叶”，“类型”选择“图形”，单击“确定”按钮，如图 2-6-2 所示。

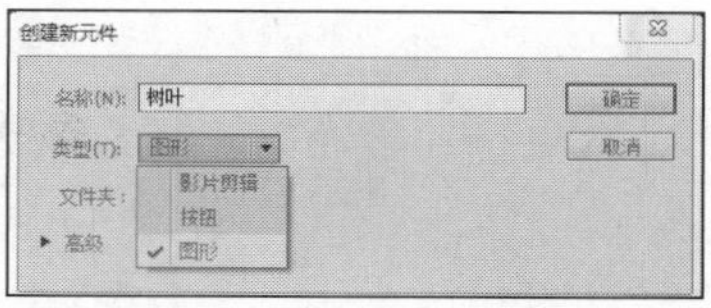

图 2-6-2 “创建新元件”对话框

这时工作区变为“树叶”元件的编辑状态，如图 2-6-3 所示，窗口布局可以依个人喜好拖动重新布置，如窗口下方的时间轴，右侧的工具栏等，都可以拖移位置。

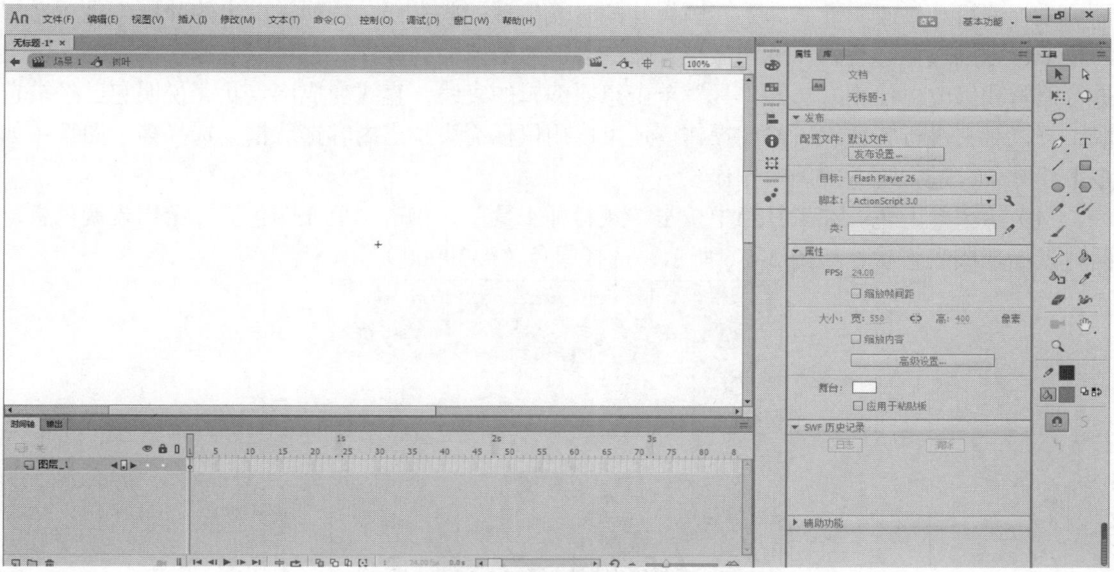

图 2-6-3 元件编辑区

（2）绘制树叶图形。在“树叶”图形元件编辑场景中，单击工具箱中的“线条工具”，将“笔触颜色”设置为深绿色，在舞台中央画一条直线；单击工具箱中的“选择工具”，单击直线的中间位置不松开，往左往右拉动将它拉成曲线；再使用“线条工具”绘制一条直线，用这条直线连接曲线的两端点，用“选择工具”将这条直线也拉成曲线，如图 2-6-4 所示，绘制出树叶的轮廓。

图 2-6-4 绘制树叶轮廓

接下来绘制叶脉图案。单击工具箱中的“线条工具”，在树叶轮廓的两端点间绘制直线，然后拉成曲线。再进一步绘制主叶脉旁边的细小叶脉，可以全用直线，也可以略加弯曲，这样，一片简单的树叶就画好了，如图 2-6-5 所示。

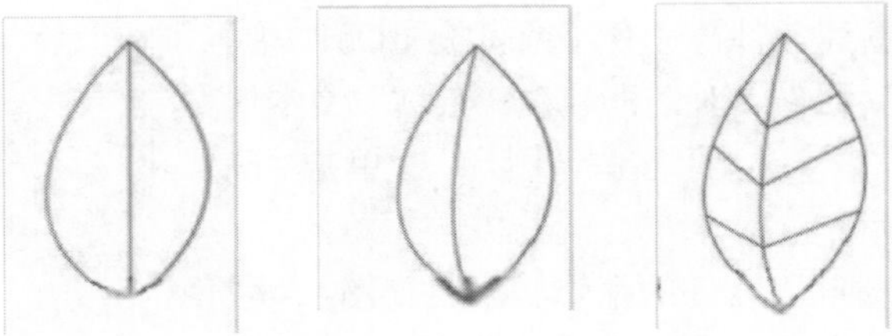

图 2-6-5　绘制树叶

（3）编辑和修改树叶。如果在画树叶的时候出现一些失误，例如，画出的叶脉不是所希望的样子，可以选择“编辑”→“撤销”命令多次撤销前面的操作，也可以选择在画好的图案上进行编辑和修改。使用“选择工具”单击想要编辑的直线，直线变成网点状，说明它已经被选取，可以对它进行各种编辑修改操作。还可以用鼠标箭头拉出内容选取框，选择多个图案（如多条叶脉），进行统一的编辑操作。

（4）给树叶上色。在工具箱中单击“颜料桶工具”，单击“填充颜色”，会出现调色板，同时光标变成吸管状，如图 2-6-6 所示，选择绿色（#339900）。

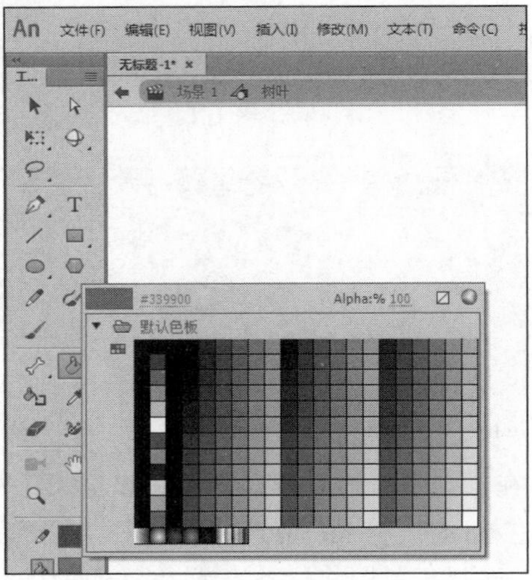

图 2-6-6　调色板

在画好的叶子上单击，就会在鼠标指针当前位置所在的封闭空间内填色。依次单击树叶上的各个封闭空间，将整个树叶填充为绿色，如图 2-6-7 所示。至此，一个树叶图形就绘制好了。

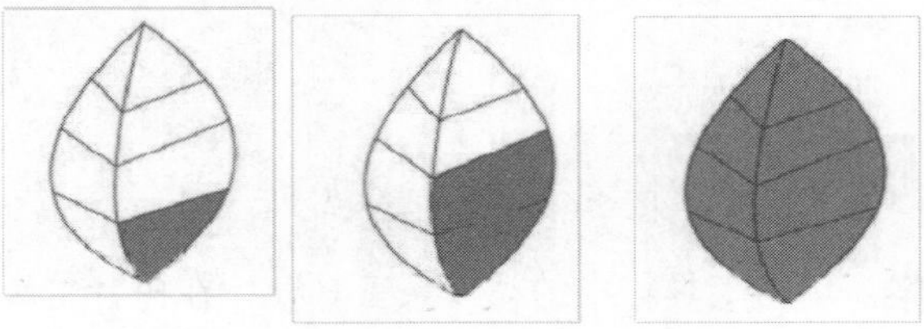

图 2-6-7　填充效果

选择“窗口”→“库”命令，打开“库”面板，发现“库”面板中出现一个“树叶”图形元件，如图 2-6-8 所示。

（5）绘制多个树叶和树枝。单击舞台的“场景 1”，回到舞台。选择“插入”→“新建元件”命令，新建一个名字为“三片树叶”的图形元件。将“库”面板中的“树叶”图形元件拖动到舞台中央。现在我们要把这孤零零的一片树叶组合成树枝。

（6）复制和变形树叶。选择“选择工具”单击舞台上的树叶图形，选择“编辑”→“复制”命令，再选择“编辑”→“粘贴”命令，这样就复制得到一个同样的树叶。

在工具箱中选择“任意变形工具”，工具箱的下边就会出现相应的“选项”，如图 2-6-9 所示。选择“任意变形工具”后，单击舞台上的树叶，这时树叶被一个方框包围着，中间有一个小圆圈，这就是变形点，对树叶进行缩放旋转时，就以它为中心，如图 2-6-10 所示。

变形点是可以移动的。在变形点上按住鼠标左键进行拖动，将变形点拖到叶柄处，使树叶能够绕叶柄旋转。再把鼠标指针移到方框的右上角，鼠标指针变成圆弧状，就可以进行旋转了。向下拖动鼠标，叶子绕控制点旋转，到合适位置松开鼠标，效果如图 2-6-11 所示。

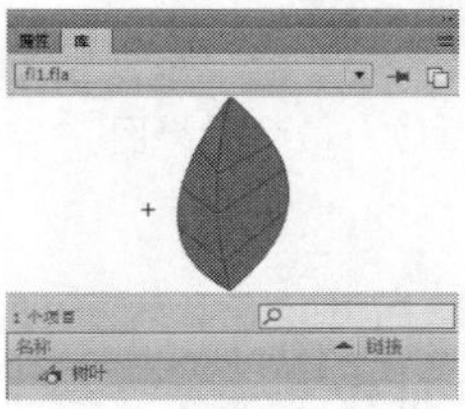

图 2-6-8　树叶元件

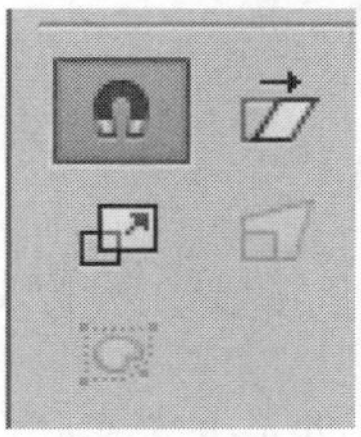

图 2-6-9　选项

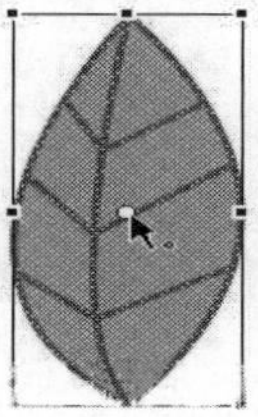

图 2-6-10　选中树叶

图 2-6-11　旋转后效果

将复制好的树叶移动至其他位置，再单击“任意变形工具”进行旋转变形，可以通过拖动缩放手柄改变树叶的大小，如图 2-6-12 所示。

（7）创建“三片树叶”图形元件。重复（6）步骤，再复制一张树叶，使用“任意变形工具”将三片树叶调整成图 2-6-13 所示形状。

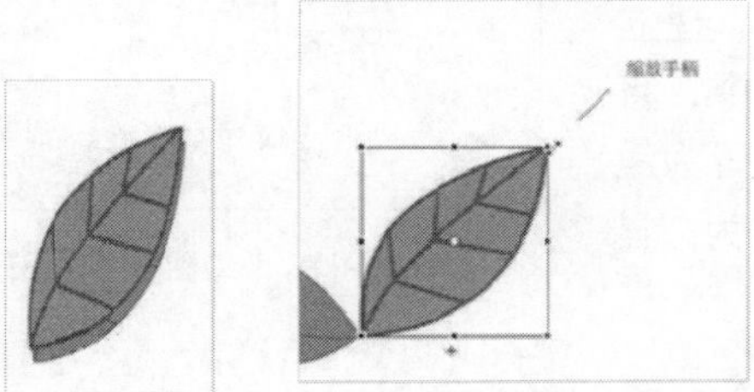

图 2-6-12　复制第二片树叶

图 2-6-13　三片树叶的效果图

三片树叶图形创建好以后，将它们全部选中，然后选择“修改”→“转换为元件”命令，将它们转换为元件。

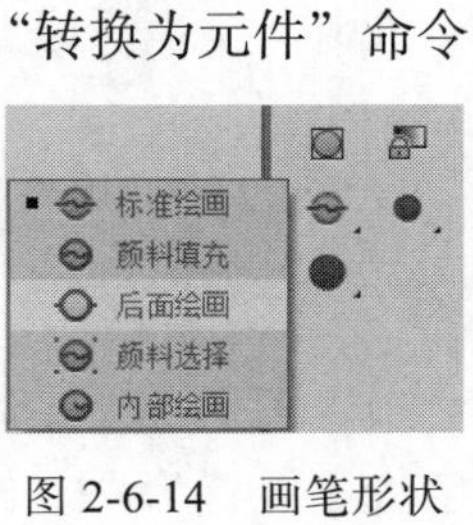

图 2-6-14　画笔形状

（8）绘制树枝。单击时间轴左上角的“场景 1”按钮，返回主场景“场景 1”。单击工具箱中的“画笔工具”，设置填充颜色为褐色，选择“画笔形状”为圆形，大小自定，选择“后面绘画”模式，如图 2-6-14 所示。移动鼠标指针到场景 1 中，绘制出树枝形状，如图 2-6-15 所示。

（9）组合树叶和树枝。选择“窗口”→“库”命令（或者按【Ctrl+L】组合键），打开“库”面板，可以看到，“库”面板中出现两个图形元件，这两个图形元件就是我们前面绘制的“树叶”图形元件和“三片树叶”图形元件，如图 2-6-16 所示。

单击“三片树叶”和“树叶”图形元件，将其拖放到场景的树枝图形上，用“任意变形工具”进行调整。元件“库”里的元件可以重复使用。自由选择多个元件，进行大小、形状的调整，以表现出纷繁复杂的效果，完成效果如图 2-6-17 所示。

图 2-6-15　树枝形状

图 2-6-16　图形元件

图 2-6-17　最终效果图

（10）选择“文件”→“另存为”命令，保存文件，提交文件。

（二）操作题 2

利用 Animate 绘图工具绘制文字形变动画：画面大小为 400 像素 × 200 像素，浅黄色背景，将红色的“勤奋求是”文字静止 1 s 后变化为蓝色的“创新奉献”，中间变化为 1 s，文字均为华文行楷，60 点。

【操作步骤】

（1）启动 Animate，选择“文件”→“新建”命令，在弹出的对话框中选择“常规”选项卡“类型”选项组中的“ActionScript3.0”选项，单击“确定”按钮，建立一个 Animate 文档。选择“修改”→“文档”命令，将文档大小设置为 400 像素 × 200 像素，舞台颜色设置为浅黄色(#FFFF99)，如图 2-6-18 所示，将舞台大小设置为“显示帧”，如图 2-6-19 所示。

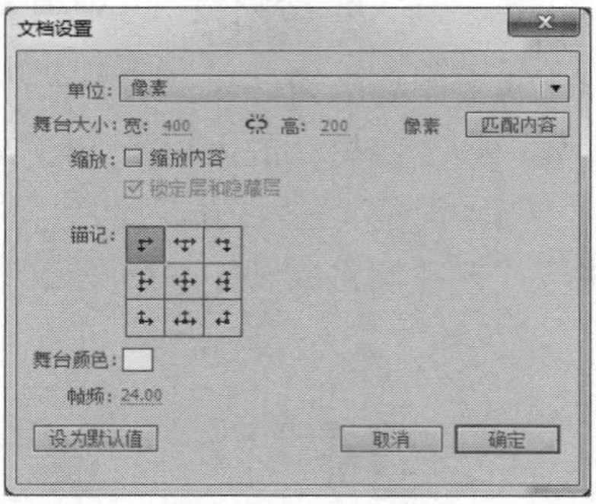

图 2-6-18　“文档设置”窗口

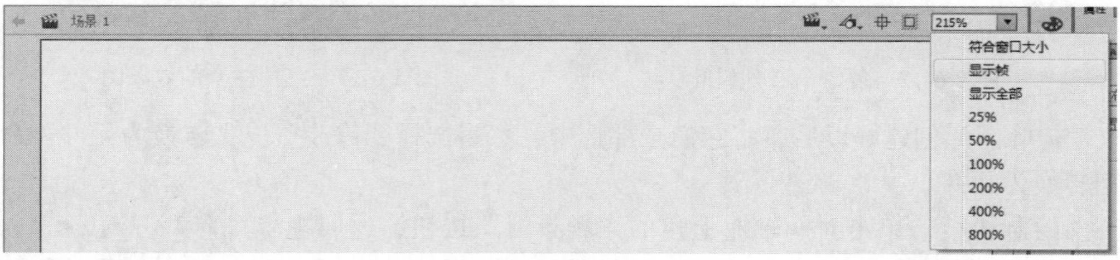

图 2-6-19　设置舞台大小

（2）单击工具箱中的“文本工具（T）”，先在“属性”面板上将字体设置为“华文行楷”、文字大小设置为“60 磅”、文字颜色设置为“红色”，然后在舞台中央输入文字“勤奋求是”，如图 2-6-20 所示。

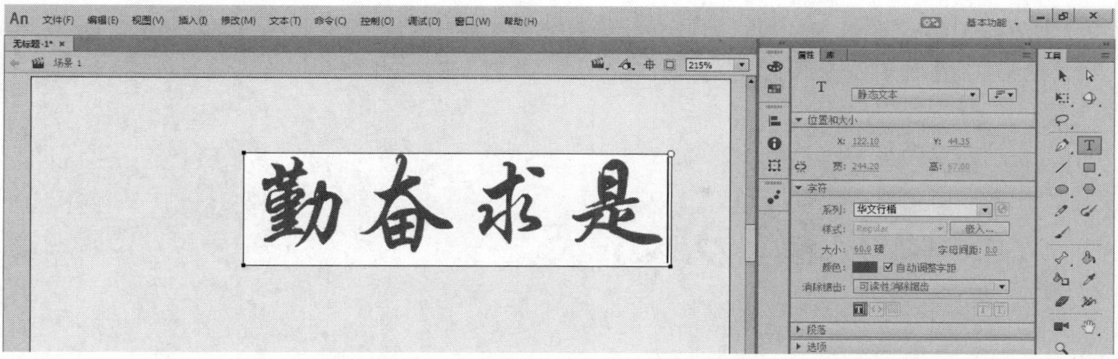

图 2-6-20　文本工具“属性”面板

（3）单击工具箱的“选择工具”后单击文字，使文字处于被选中状态（文字的四周有条蓝色的边框）。选择“窗口”→“对齐”命令，显示“对齐”的浮动面板，在弹出的窗口中选中“与舞台对齐”复选框，单击“对齐”面板上的两个按钮（“水平中齐”和“垂直中齐”），如图 2-6-21 所示，使文字处于舞台的中央。

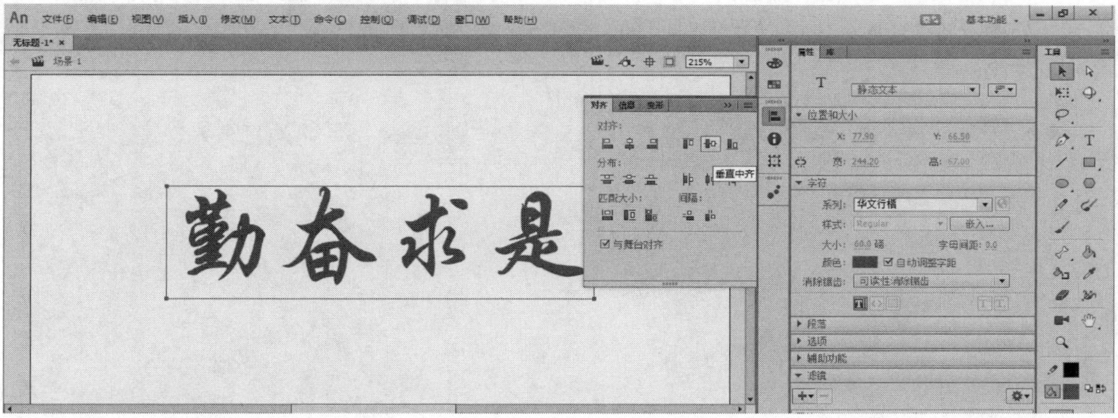

图 2-6-21　“对齐”面板

（4）由于形状补间动画的对象必须是矢量图形，而文字为非矢量图形，必须转换为矢量图形。选择“修改”→“分离”命令两次（或者按【Ctrl+B】组合键），此时的文字已被转化为矢量图形，其特征是对象上布满细小白点。

提示：文字要进行形状补间动画，必须先要将文字打散（分离）。第一次分离是把四个文字分成四个独立的个体，第二次分离是把每个文字分离。

右击时间轴的第 24 帧，选择“插入关键帧”命令（或者按【F6】键），让文字保持 1 s。

（5）单击时间轴的第 48 帧处，按【F7】键，插入空白关键帧（原有的文字消失了），输入“创新奉献”，将颜色改为蓝色。单击“对齐”面板上的 3 个按钮，如图 2-6-22 所示，使文字在舞台上居中。

分离新的文字。单击工具箱的“选择工具”后单击文字，选择“修改”→“分离”命令两次（或者按【Ctrl+B】组合键），使文字分离（文字对象呈细小白点）。

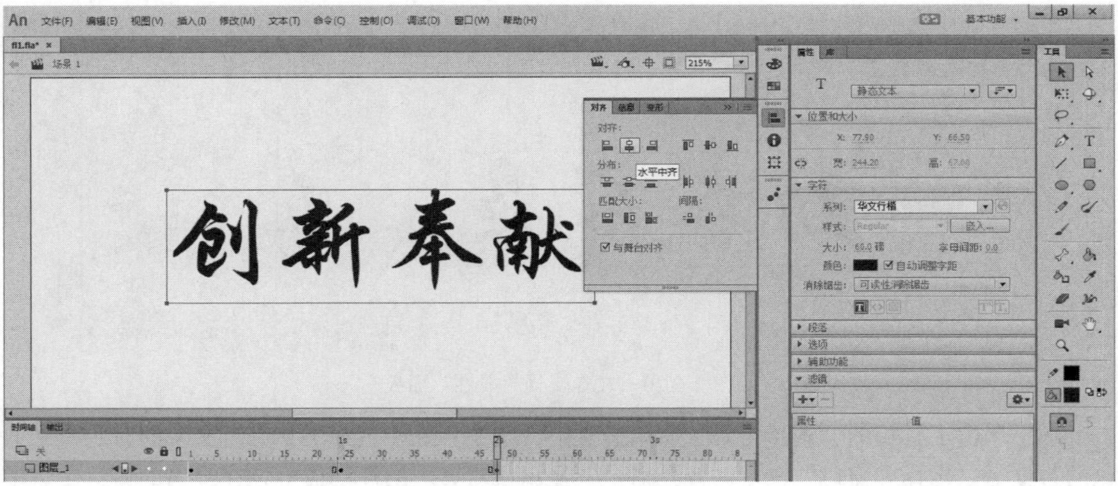

图 2-6-22 “对齐”面板

（6）在第 25～48 帧之间设置补间。右击第 25～48 帧中的任意一帧，选择“创建补间形状”命令，如图 2-6-23 所示，可以看到时间轴上第 25～48 帧上出现浅绿色背景的箭头，完成了形状补间动画。

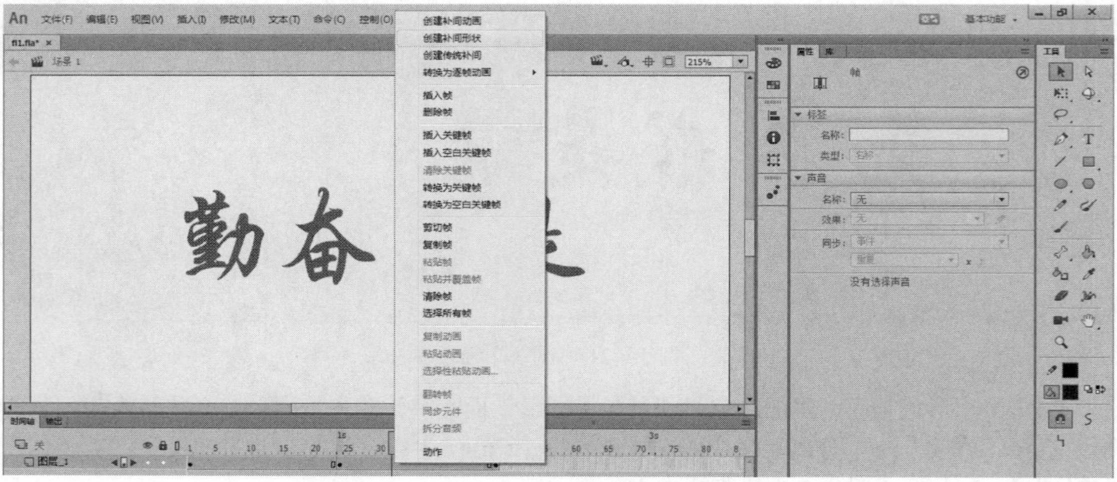

图 2-6-23 创建补间形状

（7）右击时间轴的第 72 帧，选择“插入关键帧”命令（或者按【F6】键），让文字保持 1 s。

（8）选择“文件”→“另存为”命令，将动画文件保存为 fl2.fla，按【Ctrl+Enter】组合键，可以测试影片效果。

（9）导出视频

选择“文件”→“导出”→“导出视频…”命令，弹出“导出视频”对话框，如图 2-6-24 所示，设置完成后，单击“导出”按钮。双击“fl2.mov”文件，观看动画放映效果。

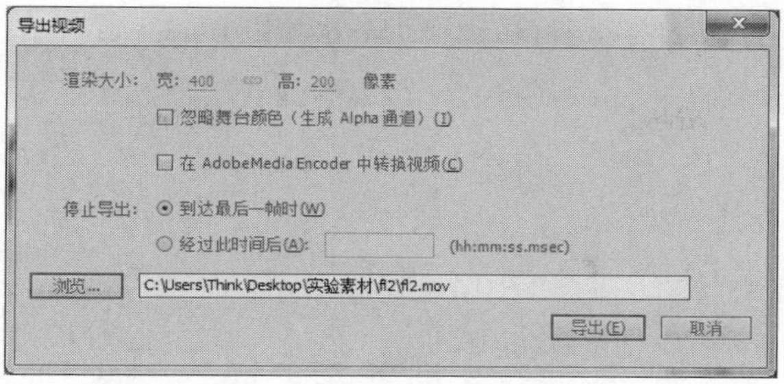

图 2-6-24 “导出视频”对话框

（三）操作题 3

制作逐帧动画：奔跑的骏马。辽阔的草原上，有一只矫健的骏马在奔跑。

【操作步骤】

（1）创建影片文档。启动 Animate，选择“文件”→“新建”命令，在弹出的对话框中选择“常规”选项卡“类型”选项组中的“ActionScript3.0”选项，单击“确定”按钮，建立一个 Animate 文档。

（2）创建背景图层。在时间轴上选择第 1 帧，选择“文件”→“导入到舞台”命令，导入“草原.jpg”图片到舞台中，选择“修改”→“变形”→“缩放”命令，将图片调整至舞台大小。在时间轴第 40 帧处右击，选择“插入帧”命令（或者按快捷键【F5】），加过渡帧使帧内容延续。

（3）新建元件“奔跑的骏马”。选择“插入”→“新建元件”命令，在弹出的对话框中输入名称“奔跑的骏马”，“类型”选择“影片剪辑”，如图 2-6-25 所示，单击“确定”按钮。

选择“文件”→“导入”→“导入到库”命令，导入“奔跑的骏马”系列图像文件（horse1.bmp……horse9.bmp），共 9 个，如图 2-6-26 所示。

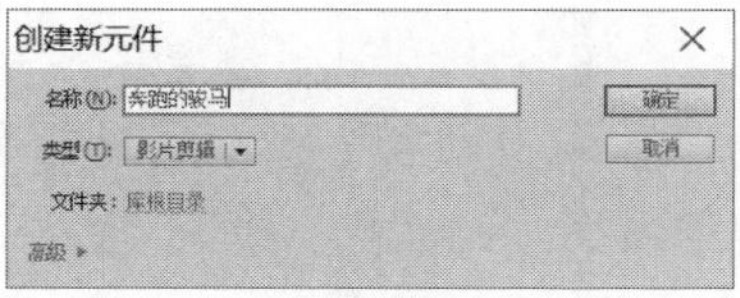

图 2-6-25 “创建新元件”对话框

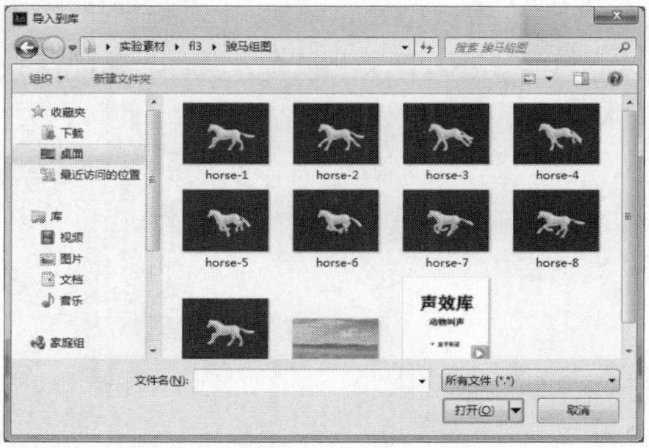

图 2-6-26 “导入到库”对话框

单击第一帧，将舞台大小调整为“显示帧”，如图 2-6-27 所示，将库里的“horse1.bmp”文件拖动到舞台上，选择“窗口”→“对齐”命令，显示“对齐”的浮动面板，在弹出的窗口中，选中“与舞台对齐”复选框，单击“对齐”面板上的两个按钮（“水平中齐”和“垂直中齐”），如图 2-6-28 所示，使骏马处于舞台的中央。

提示：如果 Fash 窗口中没有“库”浮动面板，则选择“窗口”→“库”命令，来显示“库”的浮动面板。

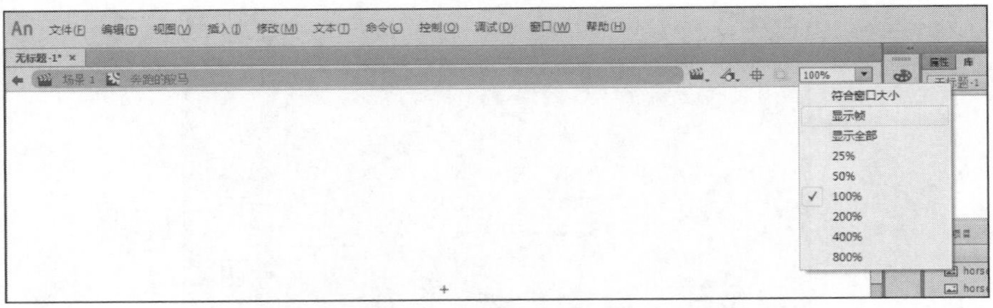

图 2-6-27　设置舞台大小

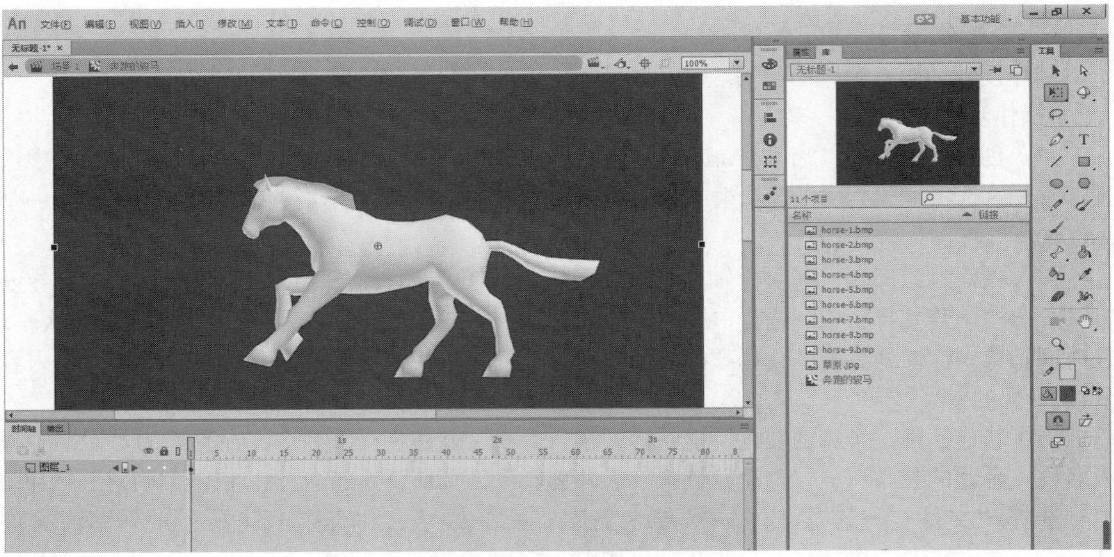

图 2-6-28　图片居中效果

调整舞台大小与图片相匹配。选择“修改”→“文档”命令，打开图 2-6-29 所示的“文档设置”对话框，单击“匹配内容”按钮，使舞台大小与舞台上的内容相匹配，单击“确定”按钮。

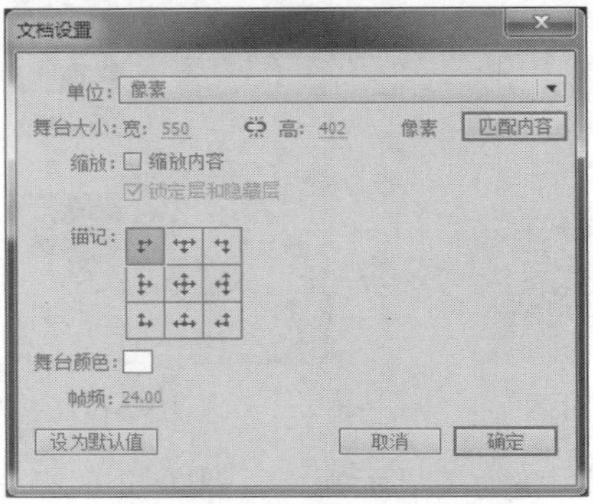

图 2-6-29　“文档设置”对话框

在时间轴第 3 帧的位置右击，在弹出的快捷菜单中选择“插入空白关键帧”命令，如图 2-6-30 所示（或直接按【F7】键），再将第 2 幅图片“horse2.bmp”拖动到舞台上，显示“对齐”的浮动面板，在弹出的窗口中，选中“与舞台对齐”复选框，单击“对齐”面板上的两个按钮（“水平中齐”和“垂直中齐”）。

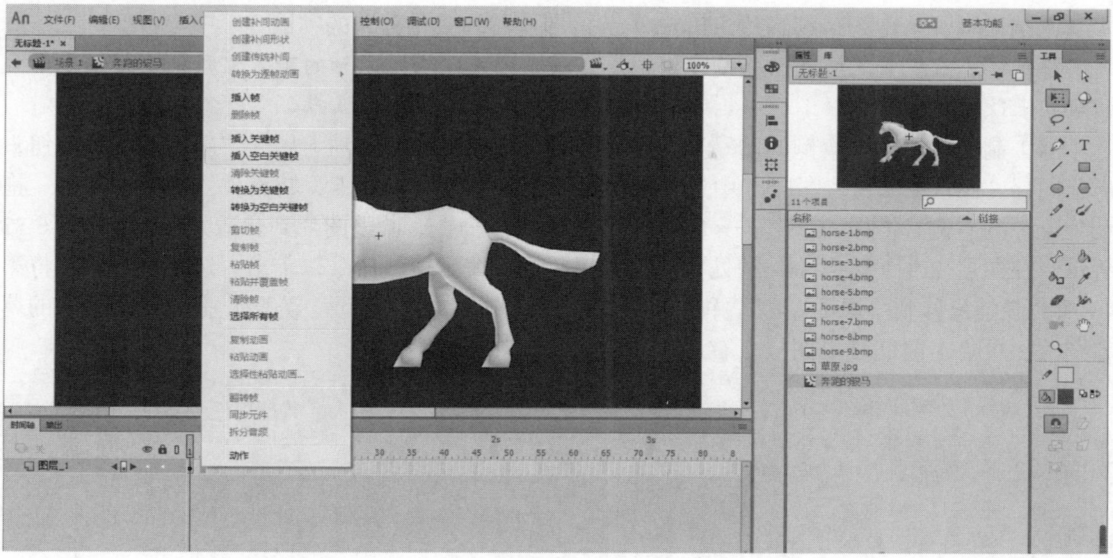

图 2-6-30　插入空白关键帧

用类似的方法分别插入第 5～17 空白关键帧，并将库中的第 3～9 幅图片拖动到相对应的舞台上，利用“对齐”浮动面板使图片处于舞台的中央。

单击第 1 帧，单击工具栏中的“选择工具”，选定 horse1，选择“修改”→“分离”命令；单击工具栏中的“魔棒工具”，如图 2-6-31 所示，在骏马的任意黑色背景位置单击，选中所有的黑色背景，按【Delete】键，删除黑色背景（若还有其他小面积的黑色背景，重复使用“魔术棒”单击，按【Delete】键删除）；若还有残余黑色线条，如图 2-6-32 所示，可以使用“橡皮擦工具”擦除。

图 2-6-31　魔棒工具

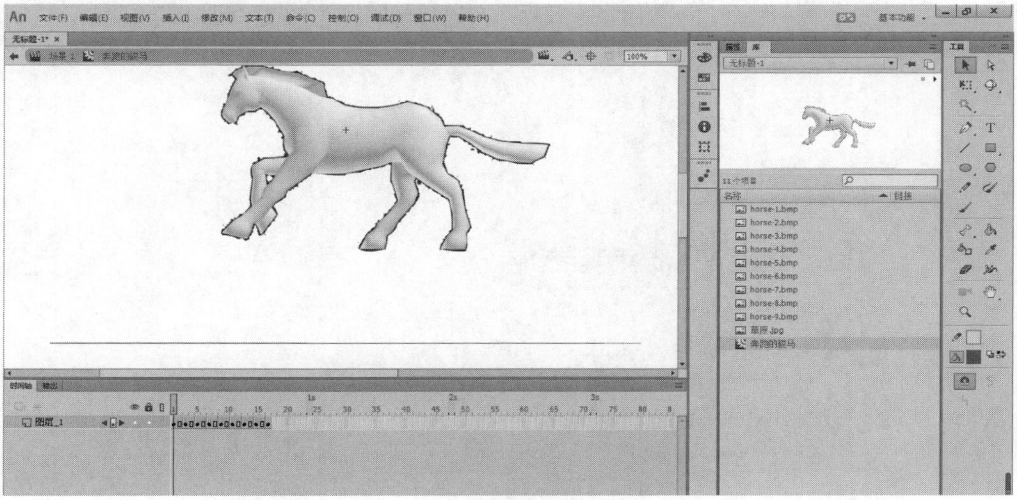

图 2-6-32　删除黑色背景效果

对其他帧的图片文件，采用同样的操作，删除黑色背景。

调试动画。单击第一帧，按【Enter】键，即可看到骏马奔跑的动图。

提示：测试中如果觉得动画频率过快或过慢，则可以在时间轴的下方重新设置“帧速率”的数字来改变帧频率。

（4）制作草原上“奔跑的骏马”。回到“场景 1”，在时间轴上单击“新建图层”按钮，新建图层“图层 2”，在图层 2 中选择第 1 帧，打开“库”选项卡，将元件“奔跑的骏马”拖动到草原的右侧，选择“修改”→“变形”→“缩放”命令，调整图片到合适大小，如图 2-6-33 所示。在图层 2 时间轴第 40 帧处右击，选择“插入关键帧”命令，单击“选择工具”，将第 40 帧的骏马拖移到草原的左侧，并适当调整大小，如图 2-6-34 所示。为防止拖动了图层 1 的草原图片，可点击时间轴上图层 1 右边的“锁定图标”。

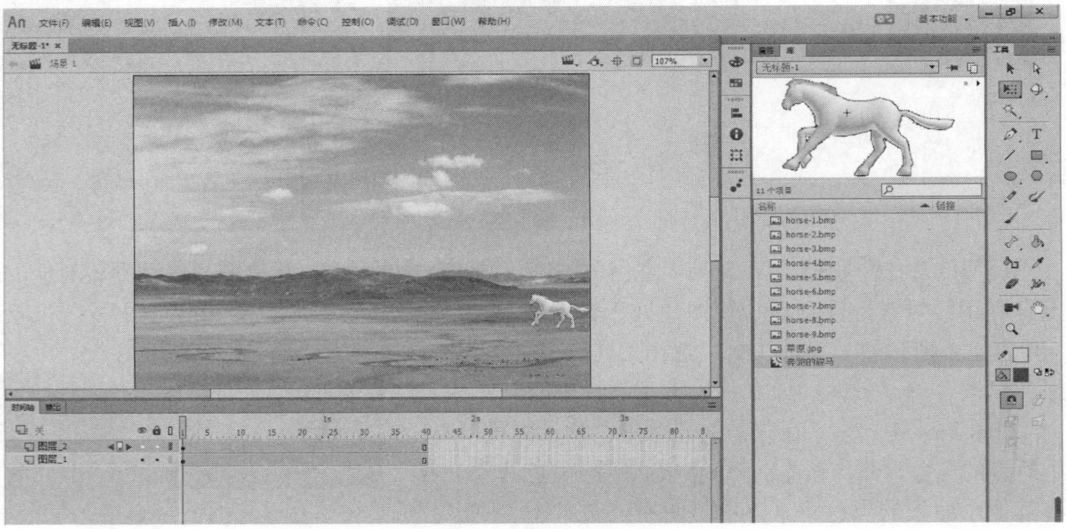

图 2-6-33　调整图片大小

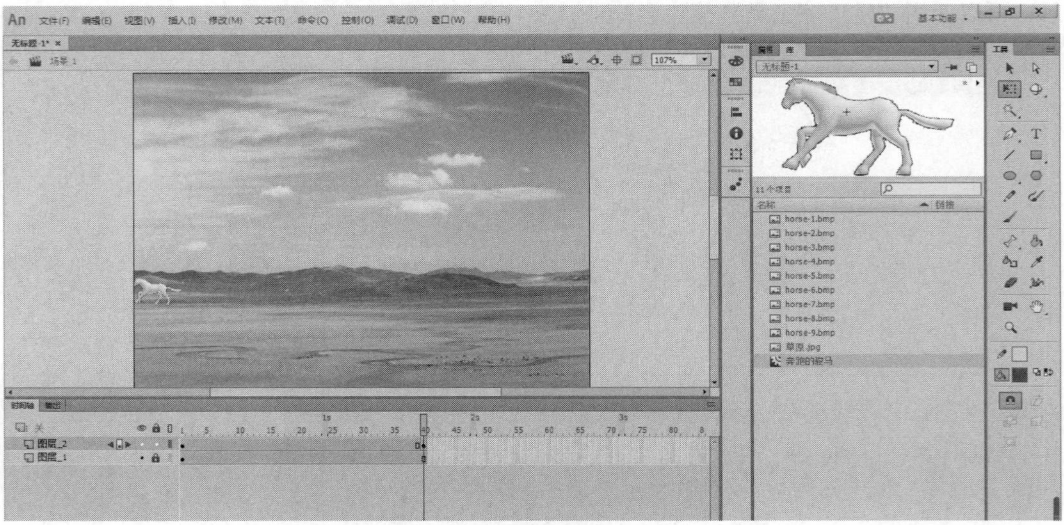

图 2-6-34　创建第 40 帧

在图层 2 中选择第 1 帧，右击，在弹出的快捷菜单中选择“创建传统补间”命令，实现骏马从草原右侧奔跑到左侧的动画。

在时间轴上单击“新建图层”按钮，新建图层“图层 3”，选中该图层的第 1 帧，选择“文件”→“导入到舞台”命令，导入“音效.mp3”文件。选中“图层 3”，打开“属性”面板，将“声音”的“同步”设为“数据流”，如图 2-6-35 所示。选择“文件”→“另存为”命令，保存文件。

（5）选择“文件”→“导出”→“导出视频”命令，在打开的“导出视频”对话框中，单击“浏览”按钮，选择视频导出目录，输入导出动画文件名为“fl3.mov”，单击“保存”按钮，再单击“导出”按钮，完成视频导出。测试影片，观察动画放映效果。

（6）发布动画到 Android 移动设备（选做）。选择“文件”→“发布设置…”命令，打开图 2-6-36 所示的“发布设置”对话框，将“目标”设置为“AIR 26.0 for Android”，单击“确定”按钮。

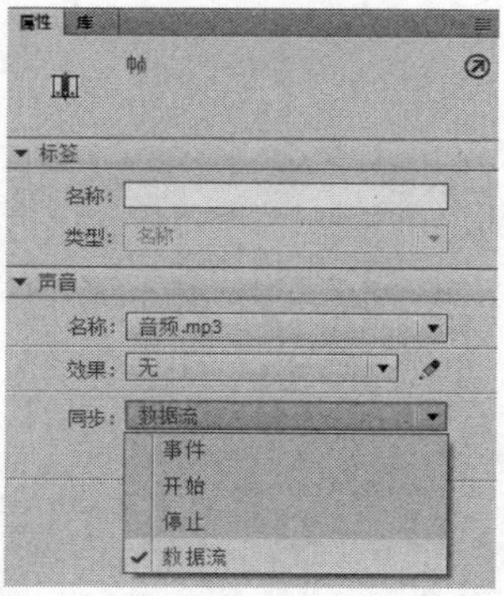

图 2-6-35　“属性”面板

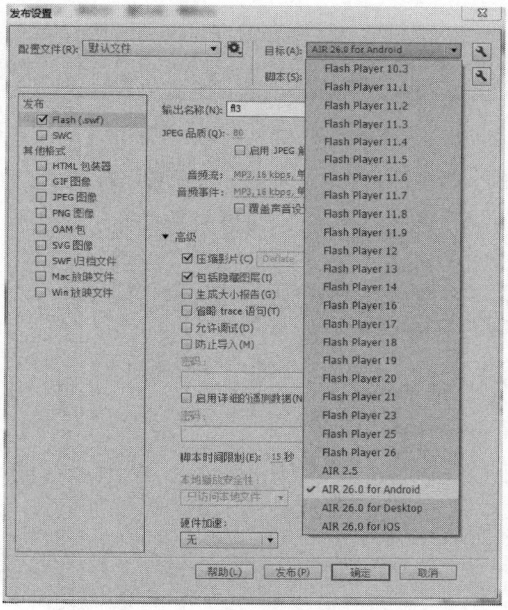

图 2-6-36　“发布设置”对话框

按【Ctrl+Enter】组合键，可以在 Simulator（模拟器）面板中测试影片效果。

选择“文件”→“发布”命令，打开“AIR for 设置”对话框，如图 2-6-37 所示。

发布动画到 Android 设备时，将用到证书。在本课中不需要正式的证书，因此，可以创建自签名的证书。（在 iOS 设备上发布动画，需要 Apple 认证的正式证书，因此这里无法在 iOS 移动设备上实验）

单击“部署”选项卡中的“创建”按钮，打开“创建自签名的数字证书”对话框，在空字段中输入信息（数字证书的信息可以自由设定），其中“有效期”字段输入“25”（注意，Android 应用程序证书的有效期须至少设置为 25 年）；在“另存为”字段中输入证书的名称，单击“浏览”按钮，将证书存放在与“fl3.fla”文件相同的文件夹中，单击“确定”按钮，如图 2-6-38 所示。

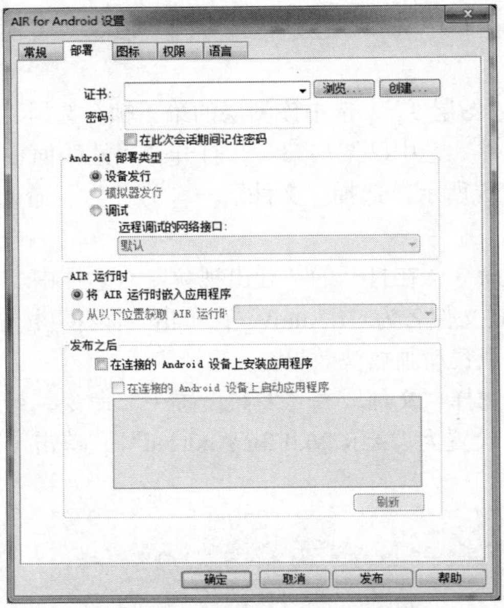

图 2-6-37 “AIR for Android 设置”对话框

图 2-6-38 “创建自签名的数字证书”对话框

这时，返回“AIR for Android 设置”对话框，在“密码”字段中，自行设置密码。如图 2-6-39 所示。单击“发布”按钮，如果成功发布，则会弹出显示 APK 成功打包的对话框，如图 2-6-40 所示，单击“确定”按钮。

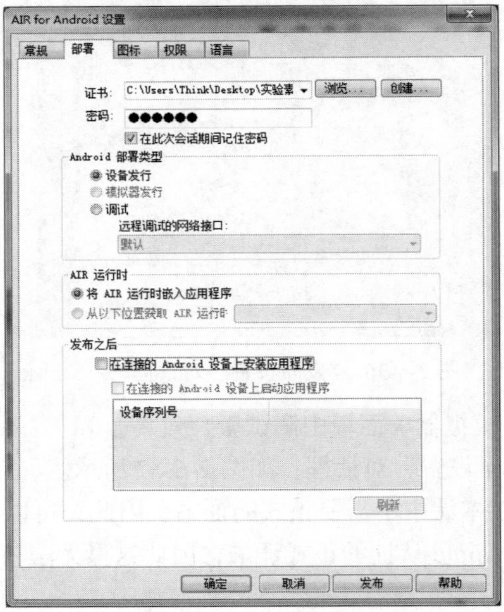

图 2-6-39 “AIR for Android 设置”对话框

图 2-6-40 APK 成功打包

打开“fl3.fla”文件所在的文件夹，就会看到已经发布成功的“fl3.apk”文件，如图 2-6-41 所示。将“fl3.apk”文件保存到 Android 移动设备上，在移动设备的“文件管理”中找到“fl3.apk”文件，用“应用安装器”将该文件安装到移动设备上。安装完成后，就可以在 Android 移动设备上观看动画。

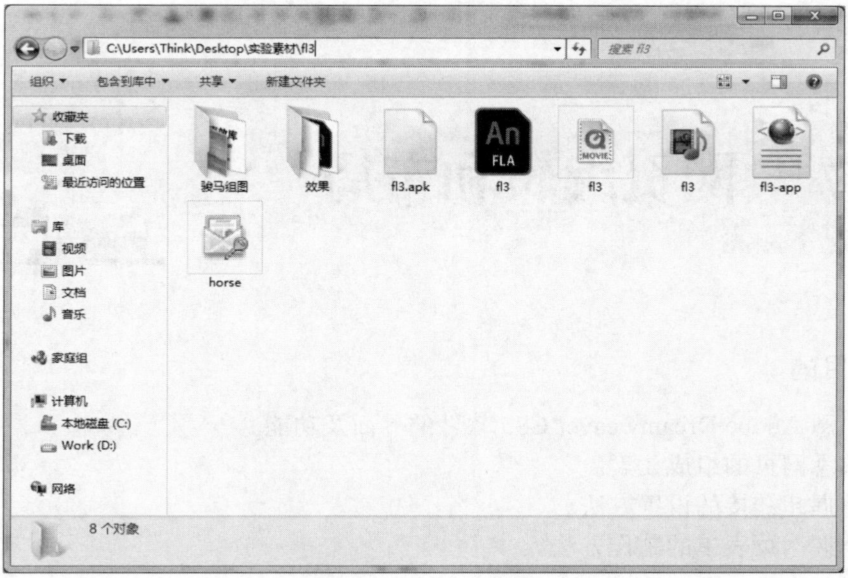

图 2-6-41　“fl3.fla”文件所在的文件夹

四、实验内容

（1）利用“..\实验 6 素材\小猪”文件夹中的素材图片制作一个小猪摇头的 GIF 动画，导出为“小猪.gif”文件，提交文件。

（2）制作一个形状补间变形动画。将学生本人的姓名在第 20 帧后变化为本人的学号，并静止在第 20 帧的动画，文字均为华文行楷、96 号、蓝色，保存文件为“sy2.fla”，导出为“sy2.mov”，并提交文件。

（3）制作一个大小为 50 像素 × 50 像素的红色五角星，透明度为 10%，2 s 内从舞台的左上角加速并逆时针旋转 2 圈到右下角，放大一倍，不透明；然后又在 1 s 内从右下角移动到左下角，从红色变成蓝色。保存文件名为“sy3.fla”，导出为“sy3.mov”，并提交文件。

实验 7　网页编辑和布局

一、实验目的

（1）熟悉 Adobe Dreamweaver CS5 软件的界面及功能。

（2）熟悉网页的组成元素。

（3）掌握超链接的设置方法。

（4）掌握网页表单的制作方法。

二、实验环境

（1）中文 Windows 10 操作系统。

（2）中文 Adobe Dreamweaver CS5 应用软件。

三、实验范例

（一）操作题 1——网页制作“校园风光”

【操作步骤】

（1）选择“文件”→“新建”命令，在弹出的窗口中选择“空白页”标签，在“页面类型”列表中选择“HTML”、布局选择“<无>”，如图 2-7-1 所示，单击“创建”按钮。选择“文件”→“另存为”命令，保存文件为“fl1.html”。

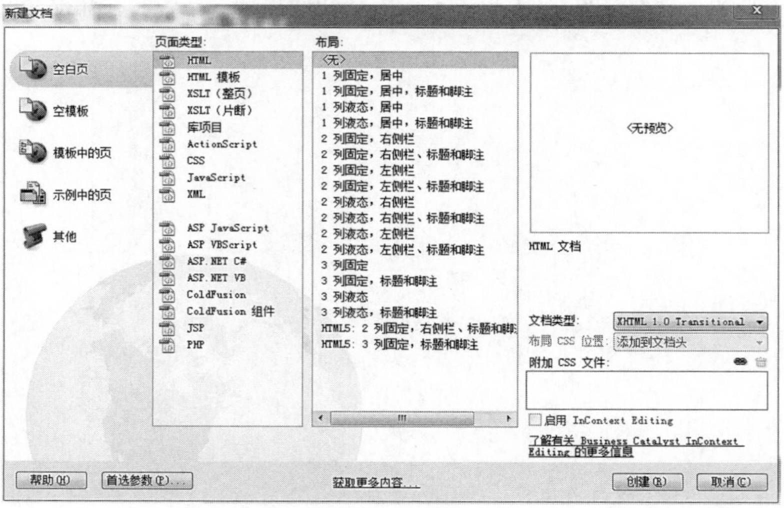

图 2-7-1　“新建文档”对话框

（2）单击“设计”按钮，显示“设计”视图，如图 2-7-2 所示。在“标题”文本框中输入网页标题“校园风光”。

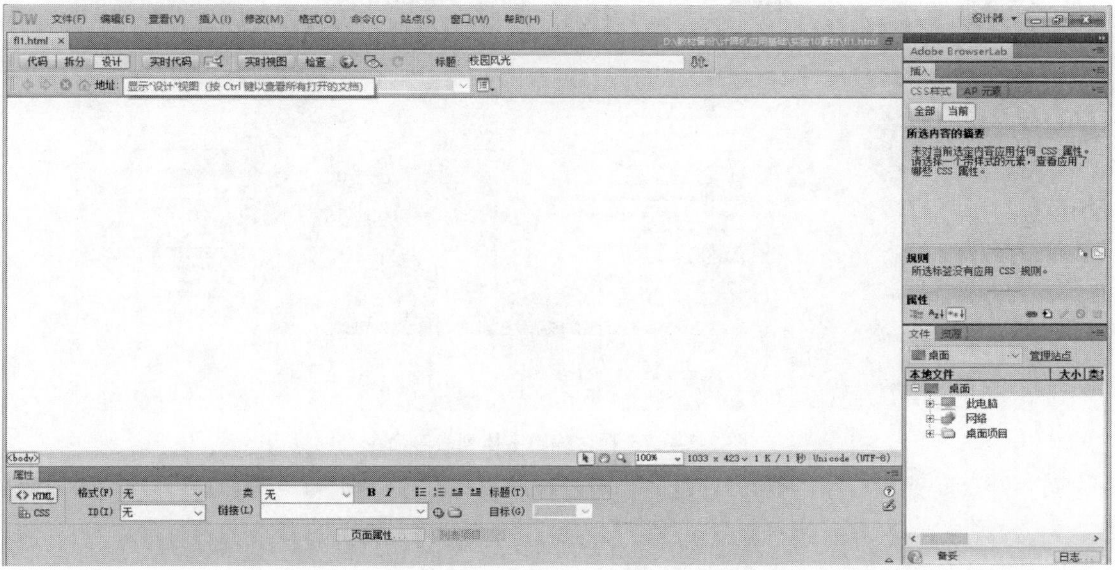

图 2-7-2　显示“设计”视图

（3）选择“修改”→“页面属性”命令，在打开的“页面属性”对话框中选择“外观”分类，如图 2-7-3 所示，可以依照个人喜好设置页面背景颜色或背景图像，单击“确定”按钮。

图 2-7-3　设置外观

（4）将插入点置于空白页面，在第一行输入文字“美丽的大学”，选中输入的文字，右击，在右键快捷菜单中选择“字体”→“编辑字体列表”命令，如图 2-7-4 所示。

弹出图 2-7-5 所示对话框，多次单击“可用字体”部分对应的向下箭头，可以看到多种中文字体，可选择任意一种字体，如选中“华文彩云”，单击中间的往左箭头按钮，加入新选择的字体，单击“确定”按钮。

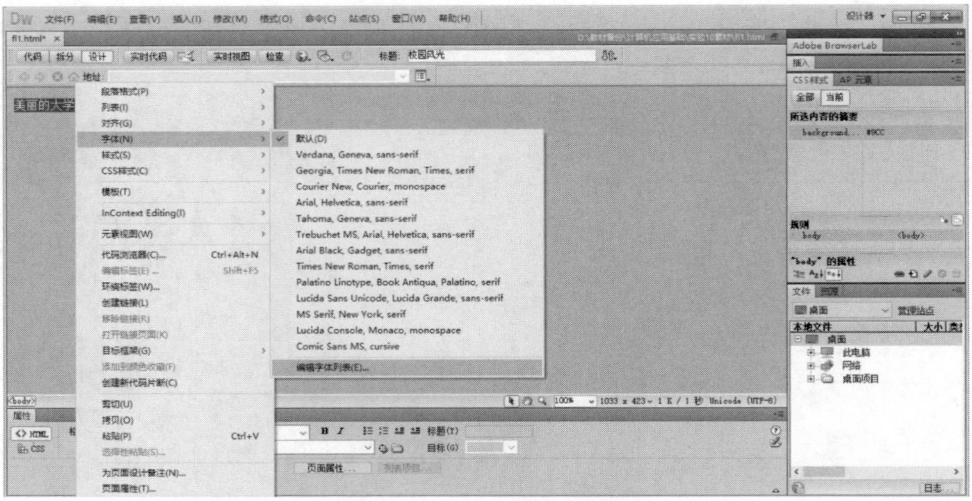

图 2-7-4　选择“编辑字体列表”命令

图 2-7-5　“编辑字体列表”对话框

选择“格式”→“对齐”→“居中对齐”命令，让文字居中显示。在窗口下方的“属性”窗格中（如果该窗口未显示，可以选择“窗口”→“属性”命令打开），选择“格式”为“标题 1”，如图 2-7-6 所示。

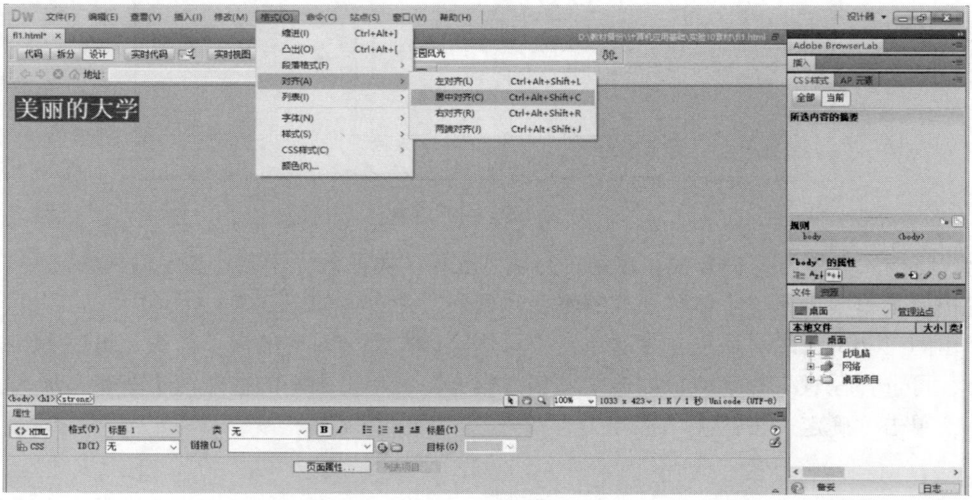

图 2-7-6　设置对齐方式

（5）在文字“美丽的大学”后右击，按【Enter】键换行。选择“插入”→“表格”命令，在“表格”对话框中设置表格参数为 4 行 2 列，设置表格宽度为 80%，如图 2-7-7 所示，单击“确定”按钮。在下方的“属性”面板中将对齐方式设为“居中对齐”，如图 2-7-8 所示。

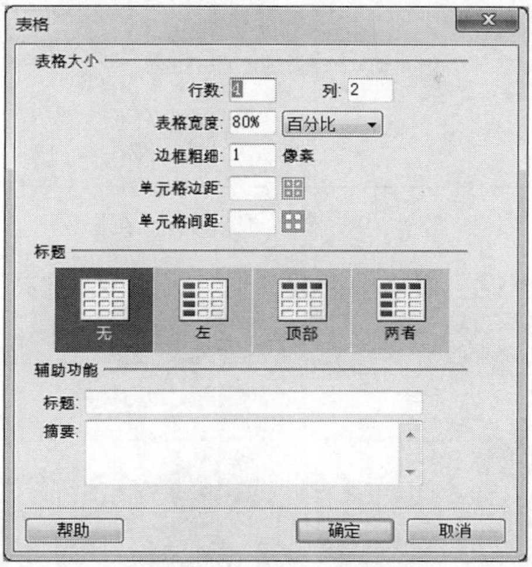

图 2-7-7　“表格”对话框

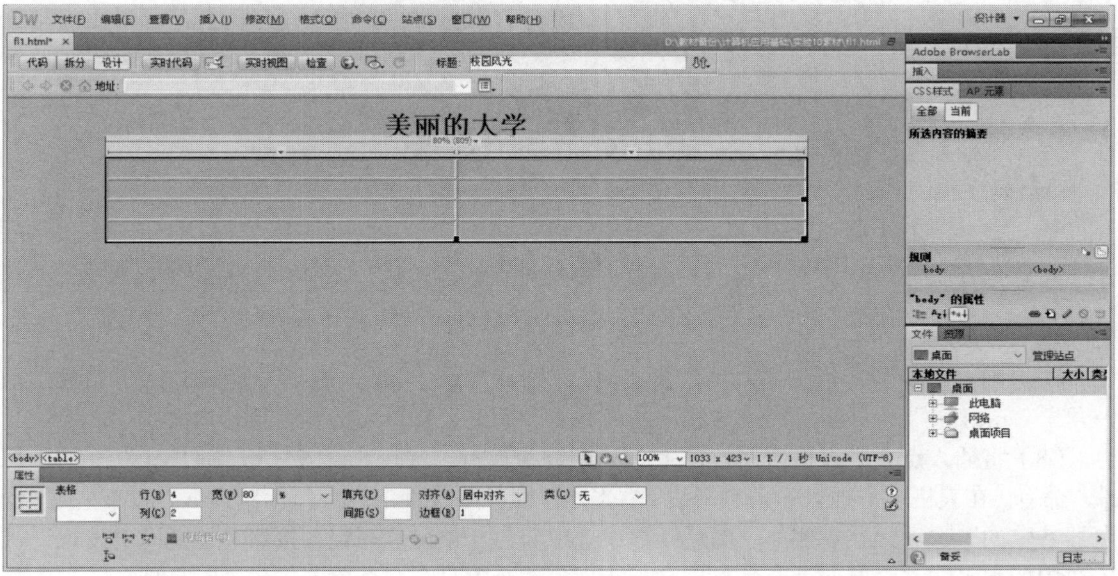

图 2-7-8　插入表格

（6）将插入点置于表格第 1 行第 1 列单元格，输入文字“芳树有红樱”，将插入点置于表格第 1 行第 2 列单元格，选择“插入”→“图像”命令，选择“..\实验 7 素材\pic1.jpg”，插入图像，弹出如图 2-7-9 所示对话框，在替换文本中输入“芳树有红樱”（替换文本的作用是：当浏览网页的时候若图片文件 pic1.jpg 丢失，可以在网页对应位置显示文本“芳树有红樱”），单击“确定”按钮。

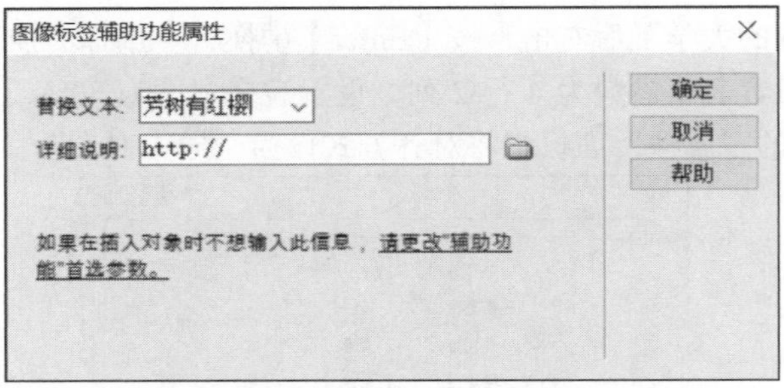

图 2-7-9　输入“芳树有红樱”

选中图片，在下方的“属性”窗格中设置“宽”为 700、“高”为 200，如图 2-7-10 所示。

图 2-7-10　设置宽及高

（7）同上一步骤，依次插入“茵茵草地”“pic2.jpg”“夏日荷花”“pic3.jpg”“教学楼一角”“pic4jpg”，并设置图片为相同的高和宽。调整表格单元格宽度至合适大小。

（8）将插入点置于表格后面，按【Enter】键为换行。选择“插入”→“HTML”→“水平线”命令，在表格下方插入一条水平线。右击水平线，弹出图 2-7-11 所示对话框，选择左侧“浏览器特定的”选项，在右侧的“颜色”框中选中蓝色，单击“确定”按钮。（此时会发现设计窗口中的水平线并没有变为蓝色，这是正常现象，蓝色只会在浏览器中预览时呈现）

在下方“属性”窗格中，设置水平线的高度为“5”。

（9）将插入点定位在水平线的下方。输入文字“欢迎访问学校网站：”，选择“插入”→“超级链接”命令，在弹出的对话框中设置：文本为“上海工程技术大学”，链接为“http://www.sues.edu.cn”，目标为“_blank”，如图 2-7-12 所示，单击“确定”按钮。

换行，输入文字“请联系我:”，选择“插入”→“电子邮件链接”命令，在弹出的对话框中设置：文本为“电子邮箱”，电子邮件为“mailto:sues@sues.edu.cn”，如图 2-7-13 所示。

换行，选择“插入”→“日期”命令，在弹出的对话框中设置：星期格式为“星期四”，日期格式为“1974 年 3 月 7 日”，时间格式为“10:18 PM”，选中“储存时自动更新”复选框，如图 2-7-14 所示。

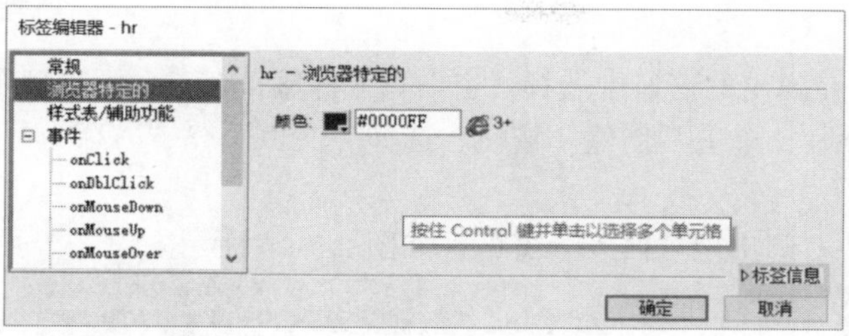

图 2-7-11　设置蓝色水平线

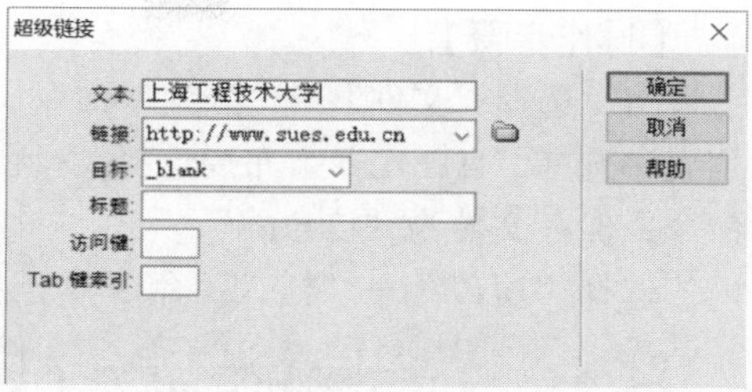

图 2-7-12　“超级链接”对话框

图 2-7-13　“电子邮件链接”对话框

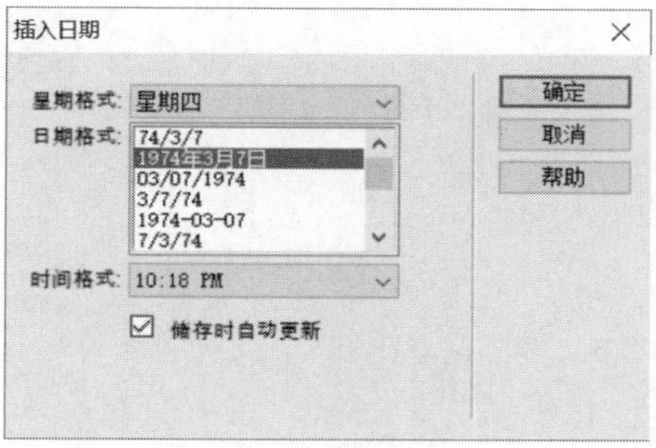

图 2-7-14　“插入日期”对话框

效果如图 2-7-15 所示。

图 2-7-15　效果图

选择“文件”→“保存”命令，保存文件。单击第二排的“在浏览器中预览/调试”按钮，选择一个合适的浏览器浏览，查看网页效果。提交文件。

（二）操作题 2

完成网页表单制作“调查表”。

【操作步骤】

（1）选择“文件”→“新建”命令，在弹出的窗口中选择“空白页”标签，在“页面类型”列表中选择“HTML”，布局选择“<无>”，单击“创建”按钮。选择“文件”→“另存为”命令，保存文件为“f2.html”。

选择“窗口”→“插入”命令，会在右侧出现“插入”窗格，如图 2-7-16 所示。

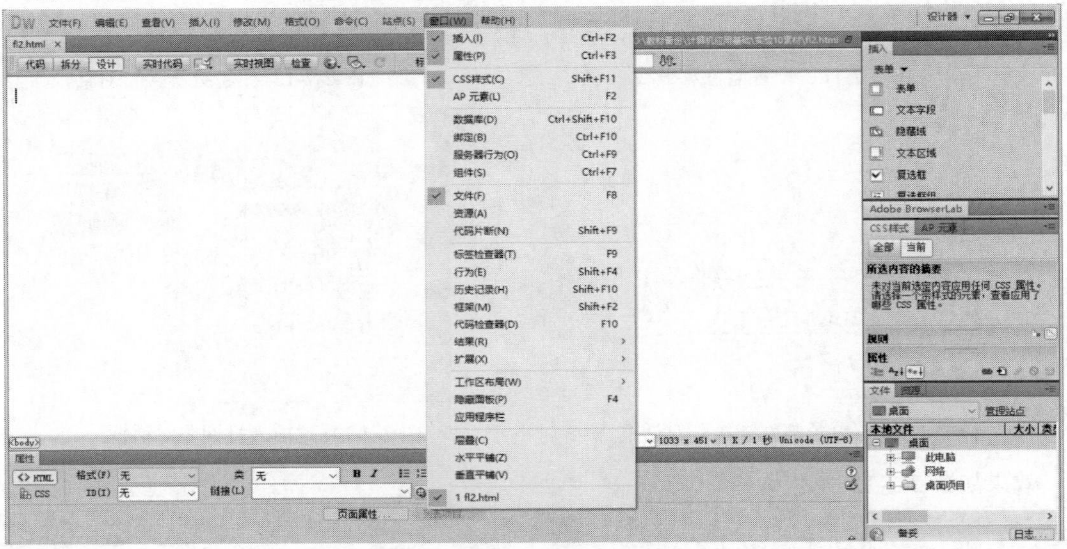

图 2-7-16 选择“插入”命令

鼠标左键按住图 2-7-16 右侧的“插入”窗格标题位置不松开，可直接拖移到“文件”菜单下方后松开左键，在网页编辑区上方即出现“插入”工具栏，如图 2-7-17 所示。

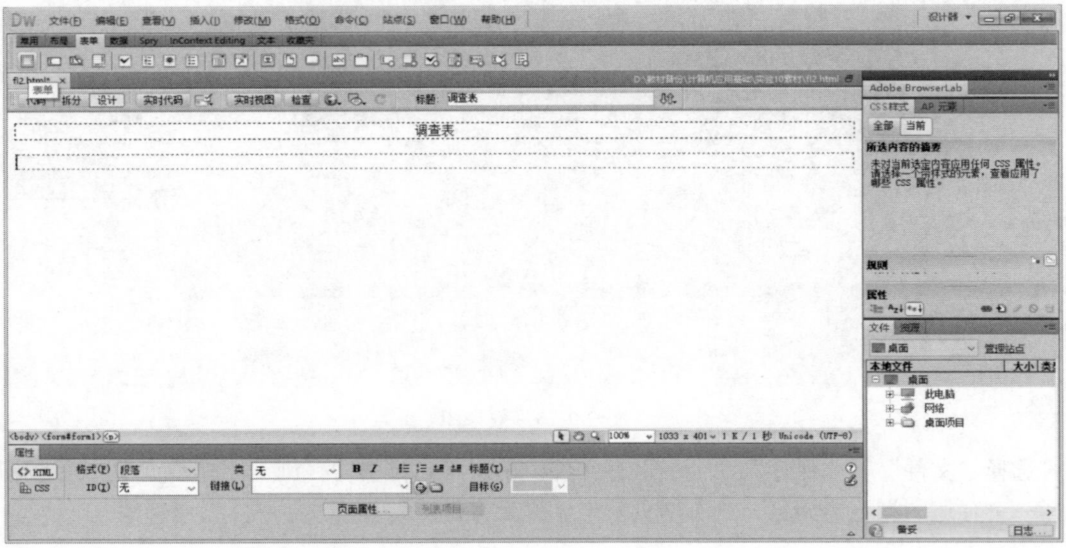

图 2-7-17 “插入”工具栏

在窗口上的“标题”框中输入标题“调查表”，在文档顶部输入文字“调查表”，选择“格式”→“对齐”→“居中对齐”命令，让文字居中显示。

（2）单击“插入工具栏”上的“表单”选项卡，单击第一个按钮“表单”，在光标所在行即可插入红色虚线框表单域，如图 2-7-17 所示。

在红色虚线框内输入文字“姓名:”，单击“文本字段”按钮，在弹出的窗口中单击“确定”按钮，插入文本字段框，单击文本字段边框，在“属性”面板中设置字符宽度和最多字符数均为 20，如图 2-7-18 所示。

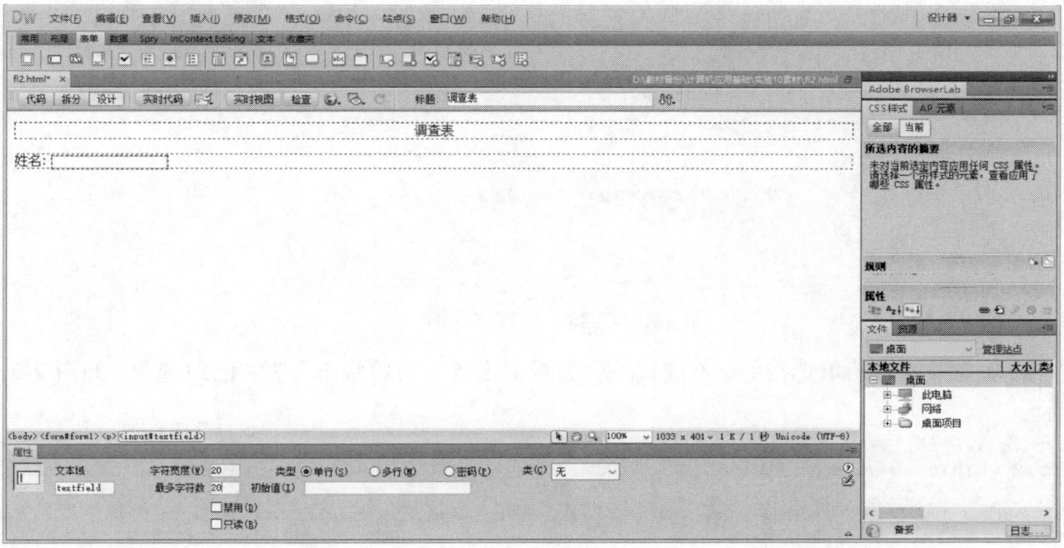

图 2-7-18　设置“姓名”

如图 2-7-19 所示，输入文字“密码:”，单击“文本字段”按钮，在弹出的窗口中单击“确定”按钮，插入文本字段框，在“属性”面板中设置字符数为 16，选择“类型”为“密码”。

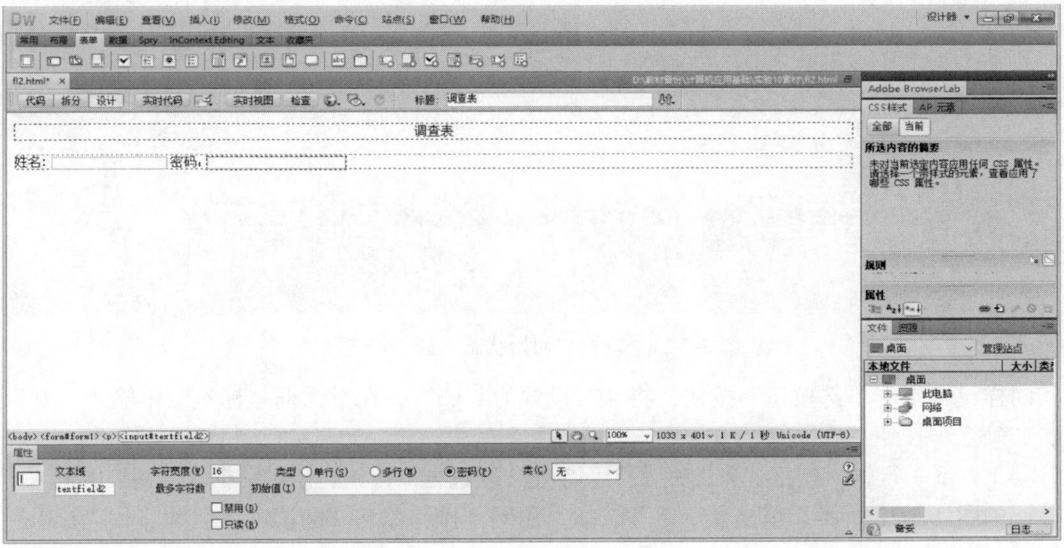

图 2-7-19　设置“密码”

在下一行输入文字“性别:”，单击“单选按钮”按钮，在对话框中将 ID 设置为“xb”，在“标签”中输入“男”，如图 2-7-20 所示，单击“确定”按钮。

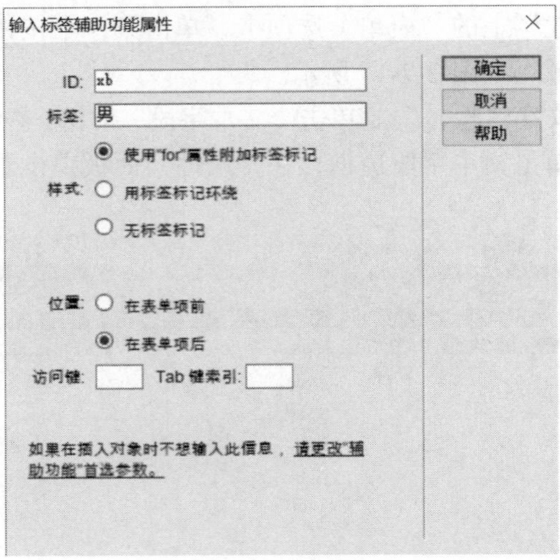

图 2-7-20　设置“性别”

选取刚刚插入的单选按钮，在“属性”面板上设置“初始状态”为“已勾选”，如图 2-7-21 所示。

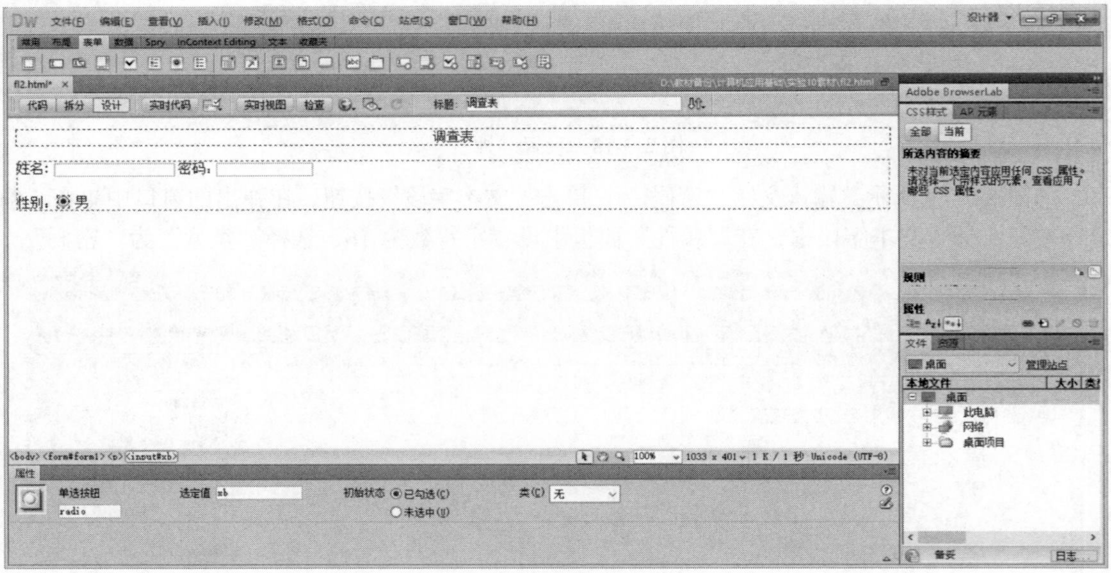

图 2-7-21　设置“初始状态”为“勾选”

同样，单击“单选按钮”按钮，将 ID 设置为“xb”，在对话框“标签”中输入“女”，单击“确定”按钮。

（4）在下一行输入文字“兴趣爱好:”，单击“复选框”按钮，在对话框“标签”中输入“上网”，如图 2-7-22 所示，单击“确定”按钮。用同样操作添加“阅读”“运动”和“音乐”复选框。

（5）在下一行输入文字“所在学院：”，单击第 9 个按钮“选择（列表/菜单）”，在打开的“输入标签辅助功能属性”对话框中单击“取消”按钮。

选取插入的“选择（列表/菜单）”，在“属性”面板中选择“列表”类型。设置列表高度为 9。在“属性”面板单击“列表值”按钮，在“列表值”对话框中单击“添加”按钮，在“项目标签”中输入“机械工程学院”，然后连续单击窗口左上方的“+”按钮，在“项目标签”中陆续输入其他学院：“电子电气工程学院”“航空运输学院”“城市轨道交通学院”“汽车工程学院”“材料工程学院”“化学化工学院”“服装学院”“数理与统计学院”，单击“确定”按钮，如图 2-7-23 所示。

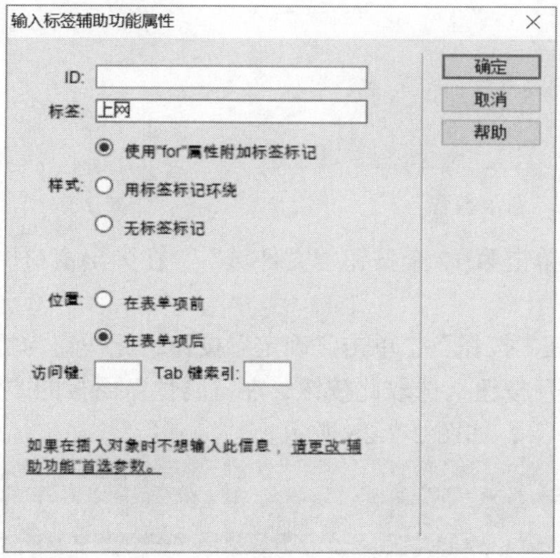

图 2-7-22　设置“兴趣爱好”

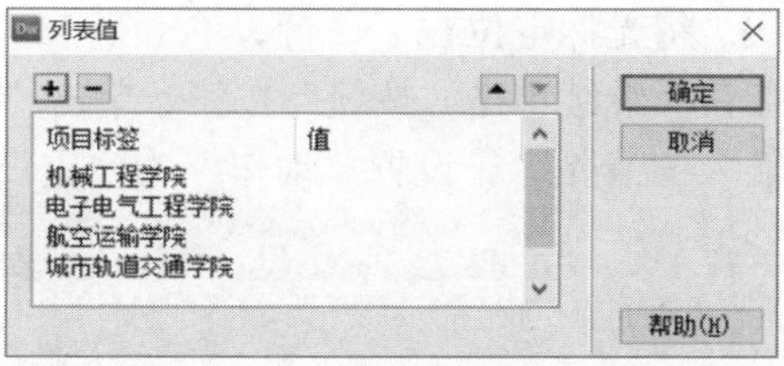

图 2-7-23　“列表值”对话框

（6）添加“教育网站”跳转菜单，菜单项为“上海热线教育频道”和“新浪教育”，分别转“http://edu.online.sh.cn”和“http://edu.sina.com.cn”。

（7）在下一行上输入文字“教育网站:”，单击第 10 个按钮“跳转菜单”，在弹出的“插入跳转菜单”对话框的文本框中输入“上海热线教育”，在“选择时，转到 URL”框内输入“http://edu.online.sh.cn”，如图 2-7-24 所示。

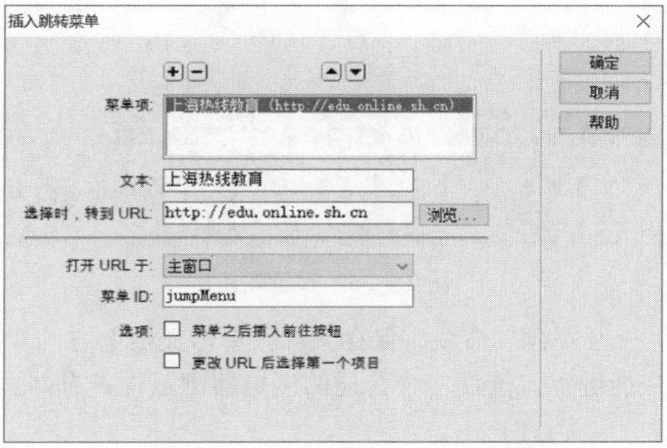

图 2-7-24　“插入跳转菜单”对话框

单击左上方“+”添加按钮，在相应的框内输入“新浪教育”以及对应的网址“http://edu.sina.com.cn”，如图 2-7-25 所示。单击“确定”按钮。

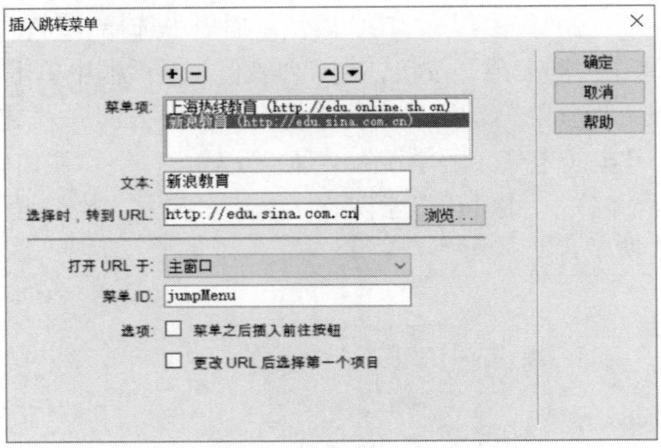

图 2-7-25　输入“新浪教育”

（8）在下一行上输入文字“我的建议：”，单击第 12 个按钮“文件域”，在弹出窗口中单击“确定”按钮。

（9）将光标定位在下一行，单击第 13 个按钮“按钮”，单击“确定”按钮，此按钮为提交表单按钮。继续单击“按钮”按钮，单击“确定”按钮，选取此按钮，在“属性”面板的“值”框中输入“清除”，设置“动作”为“重设表单”，如图 2-7-26 所示。

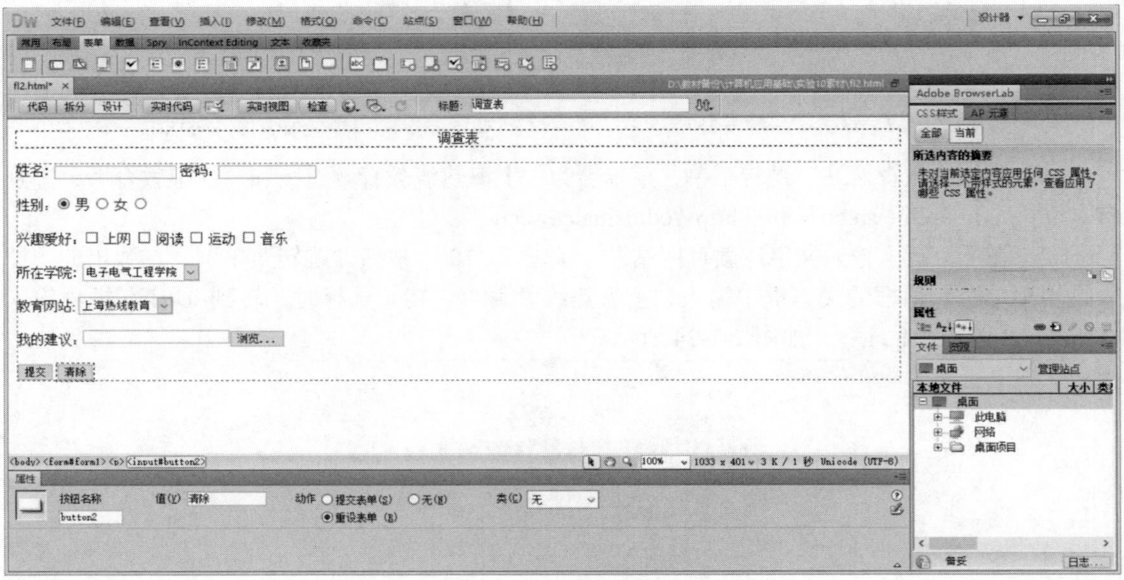

图 2-7-26　设置按钮

（10）选择“文件”→“保存”命令，保存文件。单击文档上方的“在浏览器中预览/调试”按钮（或者按【F12】快捷键），选择一个合适的浏览器浏览，查看网页效果。提交文件。

四、实验内容

1. 创建网页，提交文件

（1）新建网页文件“sy1.html”，将网页标题设为“调查问卷表”，保存在 D:\文件夹中。

（2）在“sy1.html”网页中插入一个 8 行 2 列的表格，表格宽度为 90%，表格居中对齐，并将前三行所有单元格水平对齐方式设为“居中对齐”，最后一行设为右对齐。

（3）将表格第一行两个单元格合并，插入 banner.png。

（4）在第二行第一个单元格中插入图像“fg.jpg”，将脸部设为热点区域，并创建链接到“fg.html”。在第三行到第 8 行的第一个单元格中依次插入图像“picture1.jpg”～“picture6.jpg”。

（5）如图 2-7-27 所示，将表格第二行和第三行的第二个单元格合并，并插入表单；表单中的用户名字字符数为 15，密码字符数为 10；表单设置“性别”为单选项；表单中的“所在城市”为列表项，内容为“北京”“上海”“天津”和“重庆”；表单中用户可通过文件域提交建议；添加“提交”和“清除”按钮。

图 2-7-27　网页样张

2. 创建一个音乐网站的网页。提交文件

（1）新建网页文件“music.html”，将网页标题设为“文档音乐网站”，保存文件。

（2）在网上搜寻一个自己喜欢的音乐文件以及对应的歌手照片文件，以及对该音乐的背景介绍，如歌词、词曲作者等。

（3）将搜索到的信息利用网页布局或表格安排到网页“music.html”中，使得布局合理、美观。

（4）在文末添加“返回顶部”文字，浏览网页时单击“返回顶部”文字，可跳转到文档顶部。

（5）在文末添加“与我联系”文字，单击“与我联系”文字弹出发送电子邮件到“music@126.com”的窗口。

（6）保存并提交文件。

实验 8　数据库的基本操作

一、实验目的

（1）掌握使用 SQL 语句创建数据库和关系表。

（2）熟悉使用 Insert、Delete、Update 进行数据的插入、删除与修改操作。

（3）熟悉使用 SELECT 语句进行单表查询。

（4）了解连接查询与嵌套查询的使用。

二、实验环境

（1）中文 Windows 10 操作系统。

（2）MySQL 8.0 应用软件。

三、实验范例

（一）操作题 1

在 MySQL 软件中，创建“教学信息”数据库——“eduinfo”，在该数据库下创建学生信息、课程信息和成绩信息三个关系表，关系表结构见表 2-8-1～表 2-8-3。

表 2-8-1　学生信息表（stud_info）

序号	字段名	数据类型	主键	逻辑含义	备注
1	studNumb	CHAR(9)	是	学号	不为空
2	studName	VARCHAR(10)		姓名	不为空
3	studGend	CHAR(2)		性别	取值:男,女
4	studBirth	DATA		出生日期	
5	entrAchv	INT		入学成绩	entrance achievement 缩写
6	studDept	CHAR(2)		所属学院	
7	clasNumb	CHAR(7)		班级代号	

表 2-8-2　课程信息表（curi_info）

序号	字段名	数据类型	主键	逻辑含义	备注
1	curiNumb	CHAR(6)	是	课程号	不为空
2	curiName	VARCHAR(30)		课程名称	不为空
3	curiCrdt	INT		学分	取值大于 0
4	curiTime	INT		学时	取值大于 0
5	preCuri	CHAR(6)		先修课程	允许空，NULL 表示无先修课程

表 2-8-3　成绩信息表（scor_info）

序号	字段名	数据类型	主键	逻辑含义	备注
1	termNumb	CHAR(12)	是	学期	表示学期，格式如:2011-2012(1)
2	studNumb	CHAR(9)	是	学号	参照学生信息表
3	curiNumb	CHAR(6)	是	课程号	参照课程信息表
4	score	INT		成绩	
5	grade	CHAR(2)		等级	

【操作步骤】

（1）登录 MySQL 数据库。选择“开始”→“MySQL”→“MySQL Server8.0”→“MySQL 8.0 Command Line Client 命令，打开客户端程序，在图 2-8-1 所示的界面中，输入 root 用户的密码（本书的 root 密码是 123456），按【Enter】键登录 MySQL 数据库。登录成功后，将显示图 2-8-2 所示的命令行提示符“mysql>”。

图 2-8-1　客户端程序

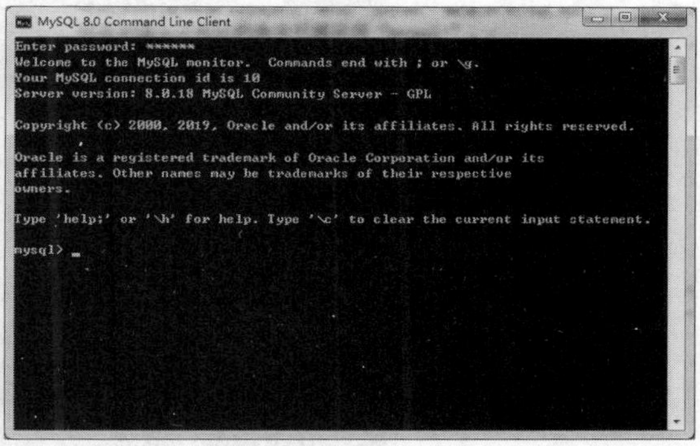

图 2-8-2　命令行界面

（2）创建、打开数据库。在图 2-8-2 命令行窗口的“mysql>”提示符后输入：

```
CREATE DATABASE eduinfo;
```

或

```
CREATE SCHEMA eduinfo;
```

注意：命令字符大小写不敏感（即大小写均可）；每条语句后必须加西文字符的分号（如果不加分号，MySQL 会认为该语句未结束），按回车后将执行该语句。

如显示“Query OK, 1 row affected”（见图 2-8-3），表示数据库已创建成功。

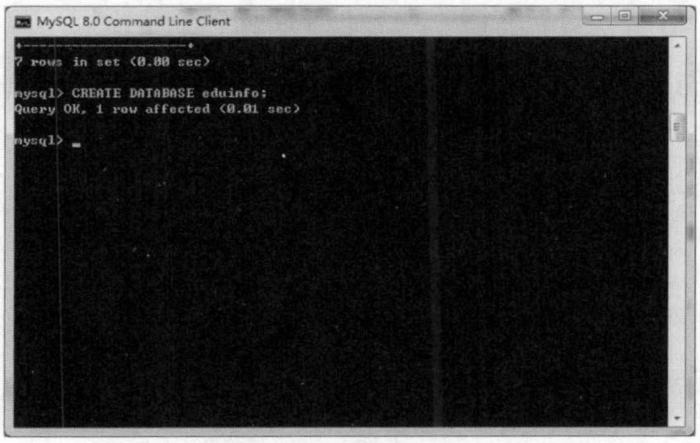

图 2-8-3　创建数据库

在命令行窗口的“mysql>”提示符后输入：

```
SHOW DATABASES;
```

按【Enter】键执行该命令，命令行窗口中显示当前服务器下已存在的数据库，如图 2-8-4 所示。

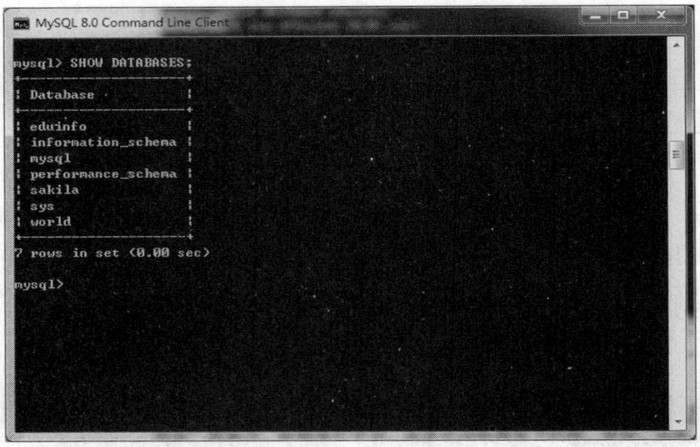

图 2-8-4　显示数据库

在命令行窗口的“mysql>”提示符后输入：

```
USE eduinfo;
```

按【Enter】键执行该命令，打开 eduinfo 数据库，如图 2-8-5 所示。

图 2-8-5　打开数据库

（3）创建关系表 stud_info（学生信息表）。根据表 2-8-1 所述的 stud_info 关系表的结构，在命令行窗口的“mysql>”提示符后输入创建关系表的 SQL 语句，可参考如下语句：

```
CREATE TABLE stud_info
(
   studNumb     CHAR(9) PRIMARY KEY,
   studName     VARCHAR(10) NOT NULL,
   studGend     CHAR(2) CHECK(studGend IN('男','女')),
   studBirth        DATE,
   entrAchv     INT CHECK(entrAchv>=0),
   studDept     CHAR(2),
   clasNumb     CHAR(7)
);
```

按【Enter】键执行该命令，运行结果如图 2-8-6 所示。如果 SQL 语句有误，可根据提示的异常信息进行修改后再执行。

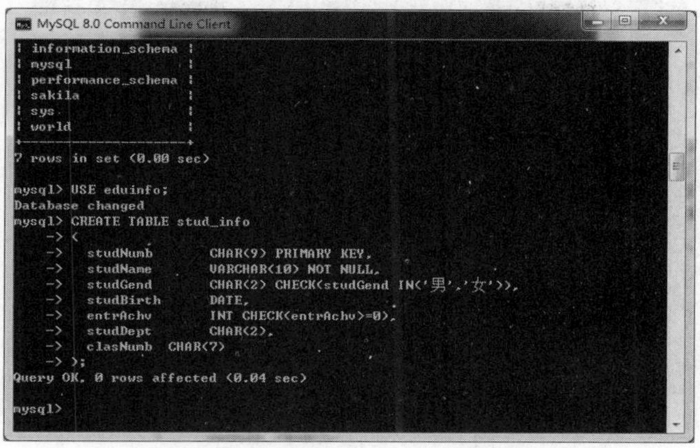

图 2-8-6　创建 stud_info 表语句

创建 stud_info 关系表的 SQL 语句执行成功后，在命令行窗口的“mysql>”提示符后输入语句：

```
SHOW TABLES;
```

可看到创建的 stud_info 关系表，如图 2-8-7 所示。

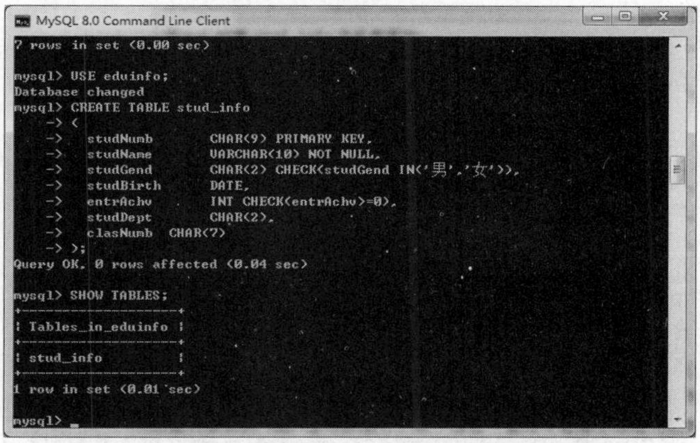

图 2-8-7　查看 stud_info 关系表

（4）创建关系表 curi_info（课程信息表）。参考“创建关系表 stud_info（学生信息表）”的相关操作步骤，以及表 2-8-2 所述的 curi_info 关系表结构，在命令行窗口的“mysql>”提示符后输入创建关系表的 SQL 语句，可参考如下语句：

```
CREATE TABLE curi_info
(
   curiNumb CHAR(6) PRIMARY KEY,
   curiName VARCHAR(30) NOT NULL,
   curiCrdt INT CHECK(curiCrdt>0),
   curiTime INT CHECK(curiTime>0),
   preCuri     Char(6)
);
```

按【Enter】键执行该命令，创建 curi_info 关系表，运行结果如图 2-8-8 所示。

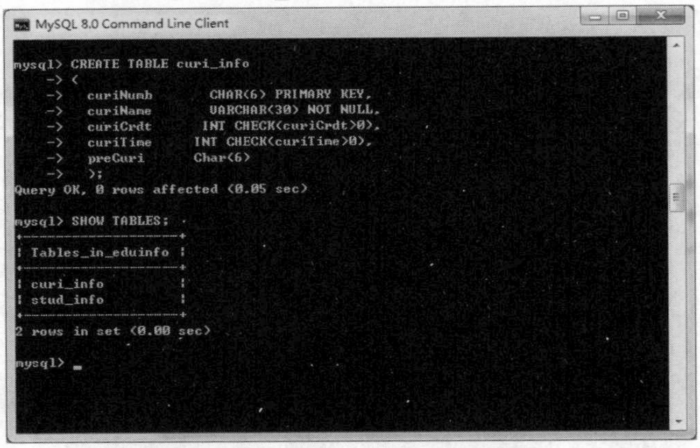

图 2-8-8　创建 curi_info 表

（5）创建关系表 scor_info（成绩信息表）。参考“创建关系表 stud_info（学生信息表）”的相关操作步骤，以及表 2-8-3 所述的 scor_info 关系表结构，在命令行窗口的“mysql>”提示符后输入创建关系表的 SQL 语句，可参考如下语句：按【Enter】键执行该命令，创建 scor_info 关系表，运行结果如图 2-8-9 所示。

```
CREATE TABLE scor_info
(
    termNumb CHAR(12),
    studNumb CHAR(9) REFERENCES stud_info(studNumb),
    curiNumb    CHAR(6) REFERENCES curi_info(curiNumb),
    score INT CHECK (score BETWEEN 0 AND 100),
    grade CHAR(2) ,
    PRIMARY KEY (termNumb,studNumb,curiNumb)
);
```

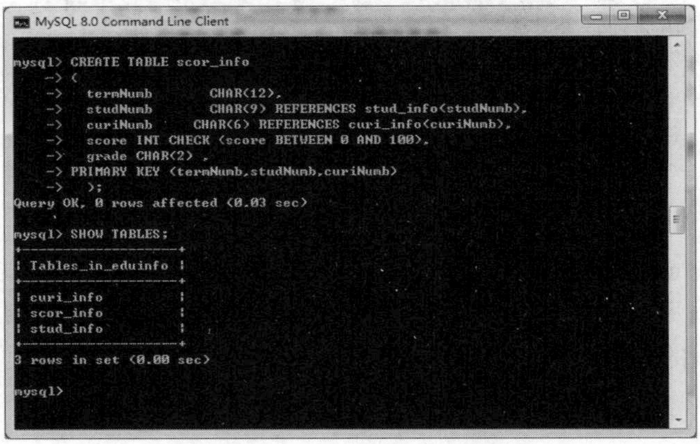

图 2-8-9　创建 scor_info 表

（二）操作题 2

通过使用 INSERT、UPDATE、DELETE 等 SQL 语句，对“学生信息表 stud_info”“课程信息表 curi_info”和“成绩信息表 scor_info”进行数据的插入、修改与删除操作。数据内容见表 2-8-4～表 2-8-6。

表 2-8-4 学生信息表数据

学　号	姓　名	性别	出生日期	入学成绩	所属学院	班级代号
062011101	张浩	男	1991-02-08	455	06	0620111
062011102	施凯	男	1991-04-29	460	06	0620111
062011103	王磊	男	1992-09-26	459	06	0620111
062011104	陈欣	女	1991-01-18	451	08	0820112
022011101	马亮	男	1990-10-20	446	02	0220111
022011102	徐晨	女	1991-05-23	432	02	0220111
022011103	朱艺	女	1991-06-27	439	02	0220111
022011104	许杰	男	1992-11-22	449	02	0220111
022010107	顾伟	男	1989-07-17	460	02	0220101
022010108	严斌	男	1989-08-25	453	02	0220101
082011205	黄丽	女	1990-11-19	456	08	0820112
082011206	李韵	女	1991-02-13	461	08	0820112
082011209	陈慧	女	1992-06-16	462	08	0820112
102011109	陈军	男	1991-01-19	446	10	1020111
102011121	朱勇	男	1991-03-22	432	10	1020111

表 2-8-5 课程信息表数据

课 程 号	课程名称	学　分	学　时	先修课程
219101	高等数学(上)	6	96	NULL
219102	高等数学(下)	6	96	219101
259101	计算机应用基础	4	64	NULL
219301	大学英语(一)	4	64	NULL
219302	大学英语(二)	4	64	219301
219303	大学英语(三)	4	64	219302
219304	大学英语(四)	4	64	219303
020101	面向对象程序设计	4	64	NULL
020102	数据结构	5	80	020101
020103	数据库原理	4	64	020102
020106	操作系统	3	48	020101
020108	计算机网络	4	64	020106
020109	多媒体技术	3	48	020101

表 2-8-6 成绩信息表数据

学　期	学　号	课程号	成　绩	等　级
2011-2012(1)	062011101	219101	89	A-
2011-2012(1)	062011102	219101	74	C+
2011-2012(1)	062011103	219101	96	A
2011-2012(1)	062011104	219101	69	C

续表

学 期	学 号	课程号	成 绩	等 级
2011-2012(1)	022011101	219101	65	C-
2011-2012(1)	022011102	219101	82	B+
2011-2012(1)	022011103	219101	60	D
2011-2012(1)	022011104	219101	97	A
2010-2011(1)	022010107	219101	78	B
2010-2011(1)	022010108	219101	89	A-
2011-2012(1)	082011205	219101	73	C+
2011-2012(1)	082011206	219101	65	C-
2011-2012(1)	082011209	219101	97	A
2011-2012(1)	102011109	219101	77	B-
2011-2012(1)	102011121	219101	65	C-
2011-2012(1)	062011101	259101	91	A
2011-2012(1)	062011102	259101	63	C-
2011-2012(1)	062011103	259101	83	B+
2011-2012(1)	062011104	259101	72	C+
2011-2012(1)	082011205	259101	75	B-
2011-2012(1)	082011206	259101	82	B+
2011-2012(1)	082011209	259101	52	F
2011-2012(1)	102011109	259101	76	B-
2011-2012(1)	102011121	259101	46	F
2011-2012(1)	062011101	219301	88	A-
2011-2012(1)	062011102	219301	95	A
2011-2012(1)	062011103	219301	96	A
2011-2012(1)	062011104	219301	72	C+
2010-2011(2)	022010107	020109	76	B-
2010-2011(2)	022010108	020109	63	C-

1. 添加数据

根据表 2-8-4～2-8-6 提供的数据，使用 INSERT 语句对“学生信息表 stud_info”“课程信息表 curi_info”“成绩信息表 scor_info”进行数据的插入。

【操作步骤】

在命令行窗口的“mysql>”提示符后输入插入记录的 SQL 语句，以学生信息表数据第一条记录为例，相应的 INSERT 语句可以写成：

```
INSERT INTO
stud_info(studNumb,studName,studGend,studBirth,entrAchv,studDept,clasNumb)
VALUES('062011101','张浩','男','1991-02-08',455,'06','0620111');
```

由于 VALUES 后的数据值与 stud_info 表中的字段次序一一对应，而且没有省略字段值，所以语句中“stud_info”后的字段名称可以全部省略，该 INSERT 语句也可以写成：

```
INSERT INTO stud_info
```

```
VALUES('062011101','张浩','男','1991-02-08',455,'06','0620111');
```

按【Enter】键执行该命令，添加一条学生记录，运行结果如图 2-8-10 所示。

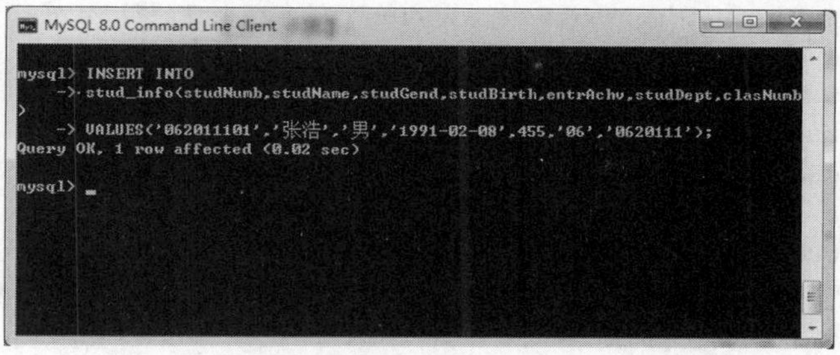

图 2-8-10　添加学生信息

根据表 2-8-4 所示的数据内容，编写相应的 SQL 语句，可参考如下语句：

```
INSERT INTO stud_info VALUES('062011102','施凯','男','1991-04-29',460,'06','0620111');
INSERT INTO stud_info VALUES('062011103','王磊','男','1992-09-26',459,'06','0620111');
INSERT INTO stud_info VALUES('062011104','陈欣','女','1991-01-18',451,'08','0820112');
INSERT INTO stud_info VALUES('022011101','马亮','男','1990-10-20',446,'02','0220111');
INSERT INTO stud_info VALUES('022011102','徐晨','女','1991-05-23',432,'02','0220111');
INSERT INTO stud_info VALUES('022011103','朱艺','女','1991-06-27',439, '02','0220111');
INSERT INTO stud_info VALUES('022011104','许杰','男','1992-11-22',449,'02','0220111');
INSERT INTO stud_info VALUES('022010107','顾伟','男','1989-07-17',460,'02','0220111');
INSERT INTO stud_info VALUES('022010108','严斌','男','1989-08-25',453,'02','0220101');
INSERT INTO stud_info VALUES('082011205','黄丽','女','1990-11-19',456,'08','0820112');
INSERT INTO stud_info VALUES('082011206','李韵','女','1991-02-13',461,'08','0820112');
INSERT INTO stud_info VALUES('082011209','陈慧','女','1992-06-16',462,'08','0820112');
INSERT INTO stud_info VALUES('102011109','陈军','男','1991-01-19',446,'10','1020111');
INSERT INTO stud_info VALUES('102011121','朱勇','男','1991-03-22',432,'10','1020111');
```

执行语句，完成学生信息表的记录添加操作。图 2-8-11 所示为执行 INSERT 语句后的结果。

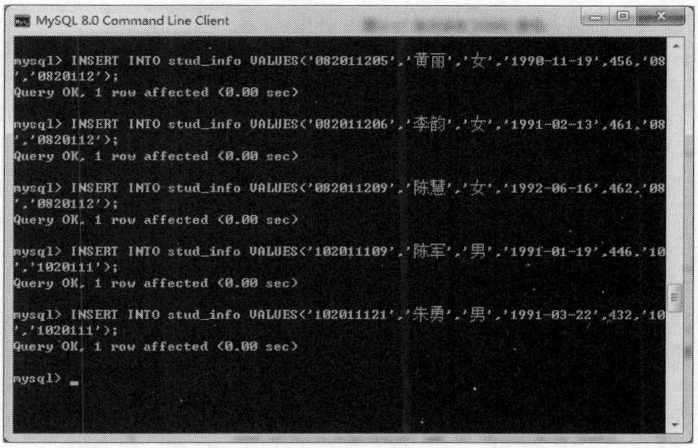

图 2-8-11　执行多条 INSERT 语句

根据课程信息表（见表 2-8-5）所示的数据内容，编写相应的 SQL 语句，可参考如下语句：

```
INSERT INTO 'curi_info' VALUES ('219101', '高等数学(上)', 6, 96, NULL);
INSERT INTO 'curi_info' VALUES ('219102', '高等数学(下)', 6, 96, '219101');
INSERT INTO 'curi_info' VALUES ('259101', '计算机应用基础', 4, 64, NULL);
INSERT INTO 'curi_info' VALUES ('219301', '大学英语(一)', 4, 64, NULL);
```

```
INSERT INTO 'curi_info' VALUES ('219302', '大学英语(二)', 4, 64, '219301');
INSERT INTO 'curi_info' VALUES ('219303', '大学英语(三)', 4, 64, '219302');
INSERT INTO 'curi_info' VALUES ('219304', '大学英语(四)', 4, 64, '219303');
INSERT INTO 'curi_info' VALUES ('020101', '面向对象程序设计', 6, 64, NULL);
INSERT INTO 'curi_info' VALUES ('020102', '数据结构', 5, 80, '020101');
INSERT INTO 'curi_info' VALUES ('020103', '数据库原理', 4, 64, '020102');
INSERT INTO 'curi_info' VALUES ('020106', '操作系统', 3, 48, '020101');
INSERT INTO 'curi_info' VALUES ('020108', '计算机网络', 4, 64, '020106');
INSERT INTO 'curi_info' VALUES ('020109', '多媒体技术', 3, 48, '020101');
```

执行语句，完成课程信息表的记录添加操作。图 2-8-12 所示为执行 INSERT 语句后的结果。

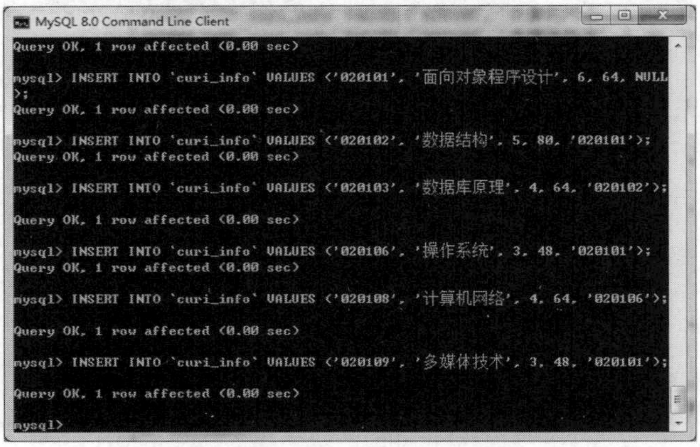

图 2-8-12　添加课程信息表记录

注意：虽然 curi_info 表中的 preCuri 字段是 CHAR 字符类型，但当该字段的值为空值 NULL 时，SQL 语句中不能用单引号括起。

根据成绩信息表（见表 2-8-6）所示的数据内容，编写相应的 SQL 语句，可参考如下语句：

```
INSERT INTO 'scor_info' VALUES ('2011-2012(1)', '062011101', '219101', 89, 'A-');
INSERT INTO 'scor_info' VALUES ('2011-2012(1)', '062011102', '219101', 74, 'C+');
INSERT INTO 'scor_info' VALUES ('2011-2012(1)', '062011103', '219101', 96, 'A');
INSERT INTO 'scor_info' VALUES ('2011-2012(1)', '062011104', '219101', 69, 'C');
INSERT INTO 'scor_info' VALUES ('2011-2012(1)', '022011101', '219101', 65, 'C-');
INSERT INTO 'scor_info' VALUES ('2011-2012(1)', '022011102', '219101', 82, 'B+');
INSERT INTO 'scor_info' VALUES ('2011-2012(1)', '022011103', '219101', 60, 'D');
INSERT INTO 'scor_info' VALUES ('2011-2012(1)', '022011104', '219101', 97, 'A');
INSERT INTO 'scor_info' VALUES ('2010-2011(1)', '022010107', '219101', 78, 'B');
INSERT INTO 'scor_info' VALUES ('2010-2011(1)', '022010108', '219101', 89, 'A-');
INSERT INTO 'scor_info' VALUES ('2011-2012(1)', '082011205', '219101', 73, 'C+');
INSERT INTO 'scor_info' VALUES ('2011-2012(1)', '082011206', '219101', 65, 'C-');
INSERT INTO 'scor_info' VALUES ('2011-2012(1)', '082011209', '219101', 97, 'A');
INSERT INTO 'scor_info' VALUES ('2011-2012(1)', '102011109', '219101', 77, 'B-');
INSERT INTO 'scor_info' VALUES ('2011-2012(1)', '102011121', '219101', 65, 'C-');
INSERT INTO 'scor_info' VALUES ('2011-2012(1)', '062011101', '259101', 91, 'A');
INSERT INTO 'scor_info' VALUES ('2011-2012(1)', '062011102', '259101', 63, 'C-');
INSERT INTO 'scor_info' VALUES ('2011-2012(1)', '062011103', '259101', 83, 'B+');
INSERT INTO 'scor_info' VALUES ('2011-2012(1)', '062011104', '259101', 72, 'C+');
INSERT INTO 'scor_info' VALUES ('2011-2012(1)', '082011205', '259101', 75, 'B-');
INSERT INTO 'scor_info' VALUES ('2011-2012(1)', '082011206', '259101', 82, 'B+');
```

```
INSERT INTO 'scor_info' VALUES ('2011-2012(1)', '082011209', '259101', 52, 'F');
INSERT INTO 'scor_info' VALUES ('2011-2012(1)', '102011109', '259101', 76, 'B-');
INSERT INTO 'scor_info' VALUES ('2011-2012(1)', '102011121', '259101', 46, 'F');
INSERT INTO 'scor_info' VALUES ('2011-2012(1)', '062011101', '219301', 88, 'A-');
INSERT INTO 'scor_info' VALUES ('2011-2012(1)', '062011102', '219301', 95, 'A');
INSERT INTO 'scor_info' VALUES ('2011-2012(1)', '062011103', '219301', 96, 'A');
INSERT INTO 'scor_info' VALUES ('2011-2012(1)', '062011104', '219301', 72, 'C+');
INSERT INTO 'scor_info' VALUES ('2010-2011(2)', '022010107', '020109', 76, 'B-');
INSERT INTO 'scor_info' VALUES ('2010-2011(2)', '022010108', '020109', 63, 'C-');
```

执行语句，完成成绩信息表的记录添加操作。图 2-8-13 所示为执行 INSERT 语句后的结果。

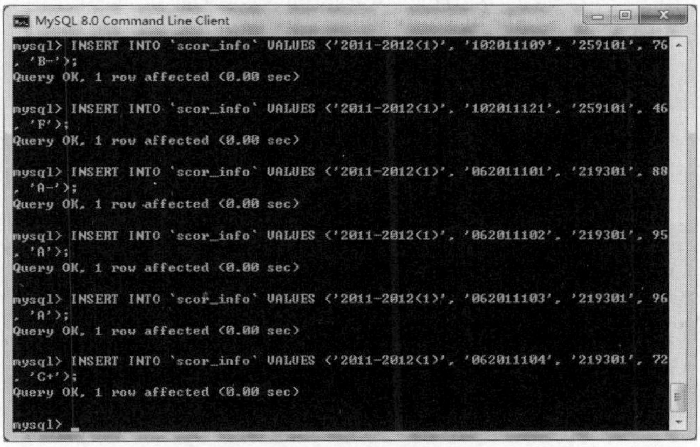

图 2-8-13　添加成绩信息表记录

提示：违反三类完整性约束的情况

- 违反实体完整性

在完成上述的数据添加后，如果再执行以下 SQL 语句，将产生主键冲突错误，如图 2-8-14 所示。因为学生信息表 stud_info 中的学号字段 studNumb 是主键，而以下 SQL 语句中的学号字段值与表中已有的记录发生冲突，所以无法执行。

```
INSERT INTO stud_info VALUES('062011101','金静','女','1992-11-12',439,'06','0620111');
```

图 2-8-14　主键冲突错误

- 违反参照完整性

由于在课程表 curi_info 中不存在课程号为'319116'的课程，根据成绩表定义时的参照完整性约束（即成绩表中的课程号字段参照课程信息表的课程号），因此以下 SQL 语句违反了参照完整性约束。

```
INSERT INTO scor_info VALUES('2011-2012(1)','062011101','319116',92,'A');
```

- 违反用户定义完整性

由于在定义学生信息表 stud_info 时，对性别字段 studGend 添加了用户定义的完整性约束：CHECK(studGend IN('男','女'))，而以下 SQL 语句中"性别"字段用了字符'F'表示'女'，因此违反了用户定义完整性约束。

```
INSERT INTO stud_info VALUES('062011105','金静','F','1992-11-12',439,'06','0620111');
```

注意：在 MySQL 中，为了提高兼容性，以便更容易地从其他 SQL 服务器中导入代码，并运行应用程序，创建带参考数据的表，对于所有的存储引擎，CHECK 子句会被分析，但是会被忽略。Innodb 存储引擎支持 REFERENCES 子句。而对于其他存储引擎，该子句同样会被分析，但是被忽略。所以在 MySQL 中以上违反参照完整性和用户定义完整性的 SQL 语句仍然可以执行，而不会出现错误提示。但我们应尽量避免这些违反完整性约束问题的发生。

2. 修改数据

使用 UPDATE 语句，将课程信息表 curi_info 中所有课程的学分加 1 分，学时加 16 课时；将学生信息表 stud_info 中学号为“082011209”的同学入学成绩改为 456 分。

【操作步骤】

在命令行窗口的“mysql>”提示符后输入以下修改数据的 SQL 语句，单击【Enter】键，执行 SQL 语句，完成数据的修改操作。执行完成后的结果如图 2-8-15 所示。

```
UPDATE curi_info SET curiCrdt=curiCrdt+1 , curiTime=curiTime+16;
UPDATE stud_info SET entrAchv=456 WHERE studNumb='082011209';
```

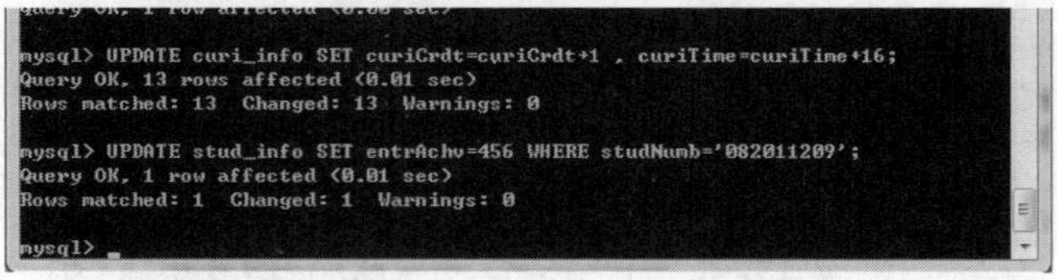

图 2-8-15　修改数据

3. 删除数据

使用 DELETE 语句，删除课程号为“020109”（多媒体技术）的课程，以及选修该课程的所有成绩。

【操作步骤】

在命令行窗口的“mysql>”提示符后输入以下 SQL 语句，单击【Enter】键，执行 SQL 语句，完成数据的删除操作。执行完成后的结果如图 2-8-16 所示。

```
DELETE FROM scor_info WHERE curiNumb='020109';
DELETE FROM curi_info WHERE curiNumb='020109';
```

由于成绩信息表与课程信息表存在参照关系，所以在进行删除操作时，应先删除成绩信息表 scor_info 中的数据，再删除课程信息表 curi_info 的数据。为保持数据操作的一致性，也可以用事务或触发器来完成，有兴趣的读者可以参考相关内容。

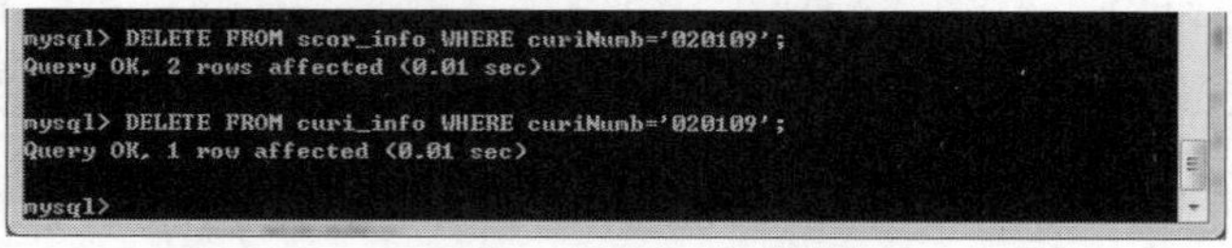

图 2-8-16　删除数据

（三）操作题 3

（1）使用 SELECT 查询语句，查询全体学生的学号、姓名、性别、入学成绩等信息（输出字段：学号、姓名、性别、入学成绩）。

【操作步骤】

根据查询要求，在命令行窗口的“mysql>”提示符后输入以下 SQL 语句：

```
SELECT studNumb, studName, studGend,entrAchv FROM stud_info;
```

单击【Enter】键，执行 SQL 语句，完成数据的查询操作。执行完成后的结果如图 2-8-17 所示。

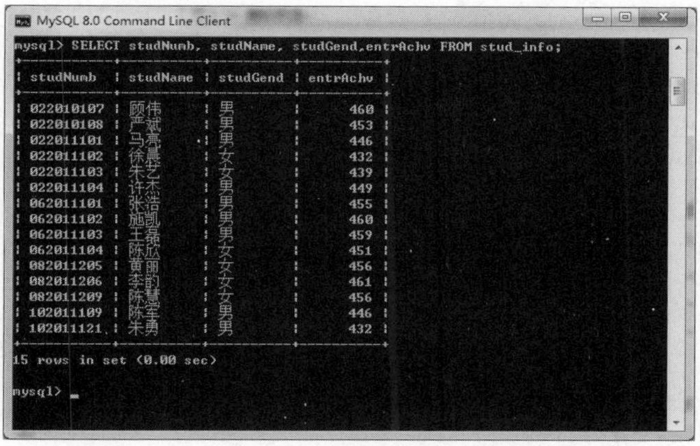

图 2-8-17　查询结果

（2）使用 SELECT 查询语句，查询所属学院为“02”的男生信息（输出字段：学号、姓名、性别、所属学院）。

【操作步骤】

根据查询要求，在命令行窗口的“mysql>”提示符后输入以下 SQL 语句，单击【Enter】键，执行 SQL 语句，完成数据的查询操作。执行完成后的结果如图 2-8-18 所示。

```
SELECT studNumb,studName,studGend,studDept
FROM stud_info
WHERE studDept='02' AND studGend='男';
```

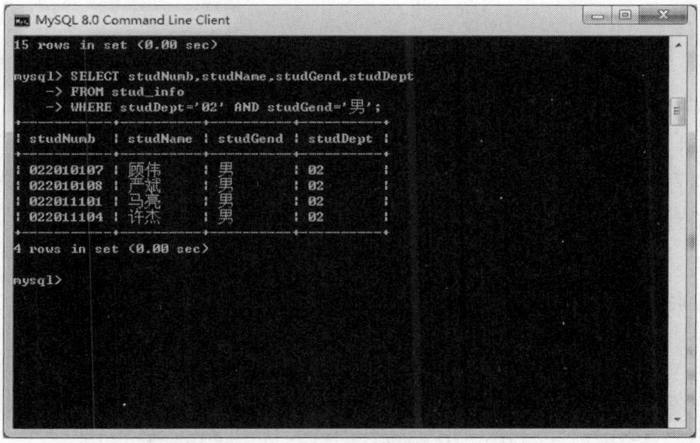

图 2-8-18　查询结果

四、实验内容

（1）使用 SELECT 语句，对 eduinfo 数据库中的表进行单表查询。

① 查询全体学生的学号、姓名、年龄等信息（输出字段：学号、姓名、年龄）。

参考语句：

```
SELECT studNumb,studName,YEAR(now())-YEAR(studBirth) AS 年龄
```

```
FROM stud_info;
```

② 查询“入学成绩”在[450，460]之间的女生信息（输出字段：学号、姓名、性别、入学成绩）。

参考语句：

```
SELECT studNumb,studName,studGend,entrAchv
FROM stud_info
WHERE (entrAchv BETWEEN 450 AND 456) AND studGend='女';
```

③ 查询哪些学生选修了课程号为“259101”的课程，要求去掉因重修该课程而产生的学号重复（输出字段：学号）。

参考语句：

```
SELECT DISTINCT studNumb
FROM scor_info
WHERE curiNumb='259101';
```

④ 查询课程名称中包括“数据”两个字的课程信息（课程字段：课程号、课程名称）。

参考语句：

```
SELECT curiNumb,curiName
FROM curi_info
WHERE curiName LIKE '%数据%';
```

⑤ 查询哪些课程没有“先修课程”，即该字段值为 NULL（输出字段：课程信息表所有字段）。

参考语句：

```
SELECT * FROM curi_info
WHERE preCuri IS NULL;
```

⑥ 查询男生入学成绩等信息，要求按“入学成绩”从高到低排序，如果成绩相同，则再按“出生日期”从早到晚排序（输出字段：学号、姓名、入学成绩、出生日期）。

参考语句：

```
SELECT studNumb, studName, entrAchv, studBirth
FROM stud_info
WHERE studGend='男'
ORDER BY entrAchv DESC, studBirth ASC;
```

注：排序默认为升序，所以以上 ORDER BY 子句最后的 ASC 可以省略。

⑦ 查询所修课程成绩全部及格的学生学号（输出字段：学号）。

参考语句：

```
SELECT studNumb
FROM scor_info
GROUP BY studNumb
HAVING MIN(score)>=60;
```

（2）使用 SELECT 语句，对 eduinfo 数据库中的表进行连接查询。

① 查询选修了“计算机应用基础”的每位学生成绩（输出字段：学期、学号、课程号、成绩）。

参考语句：

```
SELECT termNumb, studNumb, scor_info.curiNumb, score
FROM scor_info, curi_info
WHERE scor_info.curiNumb=curi_info.curiNumb AND curiName='计算机应用基础';
```

或

```
SELECT termNumb, studNumb, scor_info.curiNumb, score
FROM scor_info INNER JOIN curi_info ON scor_info.curiNumb=curi_info.curiNumb
WHERE curiName='计算机应用基础';
```

注：因为成绩表 scor_info 和课程信息表 curi_info 中都包含"课程号 curiNumb"字段，所以当该字段作为输出字段时，需要指定选择哪个关系表，以上使用 scor_info.curiNumb。

② 查询陈欣同学选修了哪几门课程（输出字段：课程号、课程名、课程学分、成绩）。

参考语句：

```
SELECT curi_info.curiNumb, curiName, curiCrdt, score
FROM curi_info, scor_info, stud_info
WHERE scor_info.curiNumb=curi_info.curiNumb AND
scor_info.studNumb=stud_info.studNumb AND studName='陈欣';
```

或

```
SELECT curi_info.curiNumb, curiName, curiCrdt, score
FROM curi_info INNER JOIN
(scor_info INNER JOIN stud_info ON scor_info.studNumb=stud_info.studNumb )
ON scor_info.curiNumb=curi_info.curiNumb
WHERE studName='陈欣';
```

③ 查询每门课程的平均分，并按平均分高到低排列（输出字段：课程名，平均成绩)。

参考语句：

```
SELECT curiName, AVG(score) AS 平均成绩
FROM curi_info, scor_info
WHERE curi_info.curiNumb=scor_info.curiNumb
GROUP BY curiName
ORDER BY 平均成绩 DESC;
```

（3）使用 SELECT 语句，对 eduinfo 数据库中的表进行嵌套查询。

查询选修人次大于 10 的课程信息（输出字段：课程号，课程名称，学分，学时）。

参考语句：

```
SELECT curiNumb, curiName, curiCrdt,curiTime
FROM curi_info
WHERE curiNumb IN
(
   SELECT curiNumb
   FROM scor_info
   GROUP BY curiNumb
   HAVING COUNT(*)>10
);
```

参考文献

[1] 黄容，陈强，赵毅. 计算机应用基础[M]. 北京：中国铁道出版社有限公司，2020.

[2] 黄容，赵毅. 计算机应用基础实验指导[M]. 北京：中国铁道出版社有限公司，2018.

[3] 胡浩民. 计算机应用基础教程[M]. 北京：清华大学出版社，2013.

[4] 周晶. 计算机应用基础实践教程[M]. 北京：清华大学出版社，2013.

[5] 高建华，徐方勤，朱敏. 大学信息技术[M]. 上海：华东师范大学出版社，2020.

[6] 高建华，朱敏. 数据分析与可视化实践[M]. 上海：华东师范大学出版社，2020.

[7] 汪燮华，张世正. 计算机应用基础教材[M]. 上海：华东师范大学出版社，2014.

[8] 汪燮华，张世正. 计算机应用基础实验指导[M]. 上海：华东师范大学出版社，2014.

[9] 肖明. 大学计算机基础[M]. 北京：中国铁道出版社有限公司，2019.

[10] 吕咏，葛春雷. Visio 2016 图形设计从新手到高手[M]. 北京：清华大学出版社，2016.

[11] Adobe 公司. Adobe Photoshop CS5 中文版经典教程[M]. 北京：人民邮电出版社，2013.

[12] 陈. Adobe Animate CC 2018 经典教程[M]. 罗骥，译. 北京：人民邮电出版社，2019.

[13] 于瑞玲. Adobe Animate CC （Flash）动画设计与制作案例教程[M]. 北京：清华大学出版社，2020.

[14] Adobe 公司. Adobe Dreamweaver CS5 中文版经典教程[M]. 北京：人民邮电出版社，2013.